龙岩优质烤烟生产养分资源管理

曾文龙　蔡海洋　熊德中　蒋代兵　周道金　著

中国农业出版社
北 京

图书在版编目（CIP）数据

龙岩优质烤烟生产养分资源管理 / 曾文龙等著 . —
北京：中国农业出版社，2021.9
ISBN 978-7-109-28825-6

Ⅰ. ①龙… Ⅱ. ①曾… Ⅲ. ①烟草－土壤有效养分－
资源管理－研究－龙岩 Ⅳ. ①S572.061

中国版本图书馆 CIP 数据核字（2021）第 201267 号

中国农业出版社出版
地址：北京市朝阳区麦子店街 18 号楼
邮编：100125
责任编辑：王琦瑢　贺志清　李　蕊
版式设计：王　晨　责任校对：吴丽婷
印刷：中农印务有限公司
版次：2021 年 9 月第 1 版
印次：2021 年 9 月北京第 1 次印刷
发行：新华书店北京发行所
开本：787mm×1092mm　1/16
印张：18
字数：400 千字
定价：90.00 元

前　言

　　龙岩市是我国最早种植烟草的地区之一，在明代已开始种植晒烟。龙岩永定的条丝烟在清宣统二年（1910年）和1914年，曾分别在南洋劝业会和巴拿马运河通航万国博览会上获奖，历史上有"烟魁"之称，曾畅销东南亚各国。清乾隆至光绪年的100余年间，是龙岩永定条丝烟的鼎盛时期。

　　1947年，在龙岩永定坎市试种烤烟获得成功。20世纪50年代起，以永定为代表的龙岩烤烟质量声名鹊起，是全国典型的"清香型"烟叶代表产区（全国烤烟三大类型之一）。此后，龙岩地区利用优越的自然地理条件，迅速推广发展烤烟生产，成为全国烤烟知名产区。20世纪50年代和60年代初，以永定烤烟为代表的龙岩烤烟的质量居全国之冠。为国内配制"熊猫"、"中华"等高档卷烟的重要原料，带动了龙岩烤烟的发展。龙岩已成为国内著名的烤烟产区和福建省卷烟工业基地，是著名的"烤烟之乡"。龙岩烤烟产业成为龙岩市的传统优势和支柱产业之一。

　　龙岩市所辖新罗区、永定区、长汀县、连城县、上杭县、武平县以及漳平市，共计7县（市、区），134个乡镇（街道），地理坐标为东经115°51′00″～117°45′00″，北纬24°23′01″～26°02′05″。龙岩烟区为亚热带海洋性季风气候，昼夜温差较大，年均气温18.5～20.5℃，光照充足，年日照时数1 624～1 766h，无霜期平均299～305d，≥10℃积温为6 340.7～7 301.55℃，非常适合于烤烟种植，被列为全国最适宜种植烤烟的烟区之一。龙岩市地处中亚热带季风气候向南亚热带季风气候过渡区，植烟土壤主要为水稻土，实行烟稻轮作。龙岩烤烟总保护面积19 027km²。历史上，烤烟最大生产规模1.6万hm²，年产量约3.25万t。近年来，受烤烟种植规模调控政策影响，年产2.5万t左右。龙岩烟区土壤pH平均值为5.24，属于酸性土壤，为优质烟叶的种植提供了良好的生态环境。龙岩烟区烤烟移栽期在1月下旬至2月上旬，6月底至7月上旬采收结束，前期适当的低温时段，有利于烟叶清香型物质基础的形成与彰显，后期在高温高湿季节到来之前结束采收，减少了病害给烟叶生产带来的损失。同时，也可避免高温促进土壤有机营养矿化释放，造成烟株二次吸收氮素营养，影响烟叶品质的固化与提升。龙岩烤烟成熟度好，色泽橘黄鲜亮、结构疏松、油分较多、身份中等。感官质量评价：清香风格明显，香气质好，香气量足，烟气细腻柔和，劲头适中，杂气较少，余味舒适，具有独特的"清甜绵柔，富萜高钾"的风格特征。

　　龙岩烟区多为烟稻轮作，复种指数较高。长期实行水稻—烤烟的连续种植，通常作物的施肥种类、养分比例、肥料用量等相对一致，由于作物对养分的选择吸收，使土壤中的养分离子产生过多、过少或不平衡，从而影响烤烟生长和烟叶质量的进一步提升。一些烟农未能依据土壤养分状况合理施用肥料，在烤烟生产中存在肥料施用量偏高，烤烟专用肥配方多年固定不变，在不同肥力的植烟土壤上，氮、磷、钾肥料的施用量基本一致，引起烤烟生理代谢失调，烤烟上部烟叶结构偏厚，烟叶品质和工业可用性受到了一定程度的潜在影响。因此，根据具体区域耕地土壤实际肥力状况及其制约烟叶品质提高的关键因素，有针对性地采取土壤培肥和施肥措施，已成为提高烤烟品质、促进烤烟产业发展的重要技术手段。因此，正值龙岩实施烟叶高质量发展战略之际，《龙岩优质烤烟生产养分资源管理》一书的出版，可为龙岩烤烟养分平衡调控提供科学依据，对龙岩烟叶产量和质量的提升具有重要的生产实践意义。

　　本书的研究工作得到龙岩市烟草公司有关课题的资助。参加本书研究工作的主要人员有：平原野、吴树松、刘欢、刘娟、李娟、周道金、易江婷、杨丽、洪雅芳、姜娜、骆园、贾慧丹、钱笑杰、梁晓红、蒋代兵、曾文龙、蔡海洋、谭茜、熊德中等。

　　由于受研究工作的条件和认识水平的限制，书中不足之处和错误在所难免，欢迎批评指正。

编　者
2021 年 5 月

目　　录

第 1 章　优质烤烟生产的氮素营养管理

烟草是我国最重要的经济作物之一，我国的烟叶和卷烟产量均居世界首位，分别约占世界总量的 35％和 32％（曹航，2011）。烟草具有很高的经济效益，在国民经济收入中占有重要的地位。虽然我国是烟草大国，但还不是烟草强国，2010—2014 年我国各类烟草产品出口比重仅占世界各类烟草出口额的 5.37％（李瑞滔，2016），烟草作为一种叶用经济作物，使用价值取决于其品质。与国外优质烟叶相比，我国烟叶的内在质量尚有相当大的差距，除在香气质与香气量上相差甚远外，还存在烟碱含量、部位之间烟叶厚度、烟叶等级之间成熟度、色度及烟气质量等差异较大等问题（刘国顺，2003）。

在烤烟生产中，氮素是影响烟叶产量和品质最为重要的营养元素。氮素供应适当，烟草形成较大的叶片，叶色正常，烟草的产量和品质均好；氮素供应不足时，植株矮小，叶片小，叶绿素含量低，蛋白质合成受阻，烟碱含量低，香气差，刺激性不够，劲头不足，产量低；氮素供应较多，会使叶片过大，叶脉粗，色深绿，成熟推迟，烟碱含量高，刺激性大，降低烟叶质量（李淮源等，2018；李春俭等，2007），硝酸盐和亚硝酸盐的含量也明显增加（许自成等，2005；Tso T. C.，1990）。

1.1　不同氮肥施入土壤后的硝化特点及对土壤 pH 的影响

硝化作用联系着矿化—生物固持等作用及氮素损失，因而是土壤氮素转化中的一个重要环节。早在 1890 年已经明确，硝化作用是由两类不同性质的自养微生物分别将铵氧化成亚硝态氮和将亚硝态氮氧化为硝态氮的生物氧化过程。

硝化作用的影响因素：普遍认为土壤 pH、基质 NH_4^+-N、温度、土壤通气状况、水分等是影响土壤中进行硝化作用的主要因子。一般说来，发生硝化作用的土壤 pH 范围为 5.5～10.0，以 pH 值 8.5 左右最佳。pH 值 6 以下时，硝化作用速率明显下降，pH 值低于 5 时，硝化作用可以忽略不计（胡国松，2001；朱兆良等，1992）。pH 值在 10 以上时，硝化作用也明显受阻。进行硝化作用的最适宜含水量是田间持水量的 50％～60％，当低于 30％时，硝化作用明显受阻（胡国松，2001），Flowers 也得到了类似的结果（Flowers T. H. et al.，1983）。因为硝化细菌是严格的好气细菌，所以土壤通气状况对硝化作用的影响极大。铵离子是硝化作用的底物，所以硝化作用首先需要铵的供应。硝化作用的最适温度是 25～30℃，因土壤的地带分布而存在差别。寒带土壤最适温度较低，热带土壤最适温度较高。一般 5℃ 以下或 40℃ 以上时，硝化作用明显减慢，50℃ 时完全停止（胡国松，2001）。但在美国爱达荷州某些土壤中，温度为 0～2℃ 时，2 个月内硝态氮形成的数量也很可观（S. L. 蒂斯代尔等，1998）。

对于土壤中的硝化作用和各种氮肥在土壤中的行为的研究和探讨已经较为深入（Nanang Z 等，2019；张昊青等，2020；李光锐等，1985；陈荣业等，1978；徐志红等，1987；方桂鑫等，1995；陆引罡等，1990），但对于在福建省的气候和土壤条件下，不同氮肥品种的硝化作用仍有待于作进一步的研究。一些研究认为酰胺态氮施入土壤后转化慢，降低烟株对氮的吸收，而且酰胺分子进入烟株会影响蛋白质的代谢（Williams L. M. et al.，1982），使天门冬酰胺显著积累，烟叶品质下降，因而烤烟不宜施用酰胺态氮。但福建省一些烟区则认为施用酰胺态氮效果良好，而且尿素的价格相对低廉。

为探明各种氮肥施入土壤后的硝化特点，选用当前常用的氮肥品种尿素、硝酸铵、碳酸氢铵、硫酸铵、磷酸一铵、磷酸二铵等进行培养试验。供试土壤前作为水稻，取土样风干后过 2mm 筛。供试土壤样品的基本性状为：pH 5.27、有机质 27.5g/kg、物理性黏粒（<0.01mm）41%、碱解氮 125mg/kg、有效磷 24.6mg/kg、速效钾 75mg/kg。供试的氮肥品种有：尿素、硝酸铵、碳酸氢铵、硫酸铵、磷酸一铵、磷酸二铵。各种处理氮肥施用量均为 0.120 0g/kg 风干土，并设置不施肥的处理为对照（CK），每一处理重复两次，在常温下培育，每日调节水分，保持土壤的含水量为田间持水量的 60%～70%，同时记录当日的温度。分别于施肥后的第 5、15、30、45、60、80 天取出，测定土壤的铵态氮、硝态氮和酰胺态氮的含量。

1.1.1　不同氮肥施入土壤后的硝化速率

在常温条件下培养 5d 后，各种氮肥处理的土壤铵态氮含量具有一定的差异，其中磷酸一铵和尿素处理的土壤铵态氮含量最高，分别比对照处理多 121.50mg/kg、120.56mg/kg；尿素处理的土壤酰胺态氮含量为 2.78mg/kg，这说明尿素施入土壤 5d 后，大部分已转化为铵态氮。磷酸二铵处理的土壤硝态氮含量比对照多 12.38mg/kg；碳酸氢铵、硫酸铵、磷酸一铵处理的土壤硝态氮含量仅比对照的高 3.12～5.48mg/kg；而尿素处理的土壤则比对照略低（表 1-1）。氮肥施入土壤后的第 15 天，尿素和碳酸氢铵处理的土壤铵态氮含量急剧下降，分别比施氮肥后第 5 天时减少了 122.02mg/kg 和 107.98mg/kg；硝态氮含量则比施氮肥后第 5 天时增加 78.70mg/kg、86.66mg/kg；但硫酸铵、磷酸一铵和磷酸二铵处理的土壤铵态氮含量仍保持较高水平。氮肥施入土壤后的第 30 天，尿素、硝酸铵、碳酸氢铵处理的土壤铵态氮含量仅比对照的高 2.4～7.0mg/kg，这表明此时 3 种氮肥中的氮已大部分转化为硝态氮。氮肥施入土壤后的第 80 天，各处理土壤的铵态氮含量已很少。

表 1-1　各种氮肥的硝化过程（mg N/kg 风干土）

肥料种类		施肥后时间（d）					
		5	15	30	45	60	80
尿素	NH_4^+	190.62	68.60	29.00	25.60	24.60	1.46
	NO_3^-	25.70	104.40	128.20	151.60	175.60	220.60
硝酸铵	NH_4^+	128.00	67.40	32.40	31.00	25.20	2.18
	NO_3^-	91.10	116.60	172.60	184.60	194.20	225.40
碳酸氢铵	NH_4^+	166.18	58.20	27.80	26.40	24.80	0.72
	NO_3^-	35.34	122.00	162.40	179.20	184.60	221.08
硫酸铵	NH_4^+	183.18	121.20	41.00	31.00	25.80	4.14
	NO_3^-	37.42	78.40	161.40	177.00	219.20	215.40
磷酸一铵	NH_4^+	191.56	114.60	44.20	41.80	27.00	4.80
	NO_3^-	35.06	86.60	155.20	175.20	189.20	236.80
磷酸二铵	NH_4^+	181.08	100.00	35.80	27.00	35.60	3.18
	NO_3^-	44.32	103.00	166.20	191.80	190.80	244.60
空白	NH_4^+	70.06	32.00	25.40	27.60	23.40	1.94
	NO_3^-	31.94	53.20	82.20	100.40	110.00	124.60

注：氮肥硝化率（%）＝（施氮肥处理 NO_3^--N 含量－对照 NO_3^--N 含量）/ { ［施氮肥处理 NH_4^+-N＋NO_3^--N（酰胺态氮）］－［对照 NH_4^+-N＋NO_3^--N（酰胺态氮）］} ×100。

　　通过计算各种氮肥的硝化率结果得出，在常温条件下培育 5d 后各种氮肥的硝化率小于 10%（图 1-1）。培养至第 15 天时，碳酸氢铵的硝化率最高，达 66.9%；硫酸铵的硝化率最小，为 22.0%。此时，各种氮肥硝化率大小顺序为：碳酸氢铵＞尿素＞硝酸铵＞磷酸二铵＞磷酸一铵＞硫酸铵。土壤培养至第 30 天时，其中碳酸氢铵的硝化率已达 97.4%。土壤培养至第 45 天时，绝大部分铵态氮（除磷酸一铵外）已转化为硝态氮。

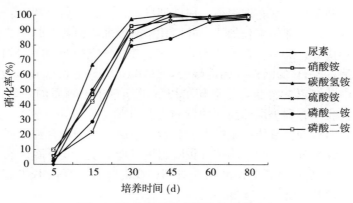

图 1-1　各种氮肥在土壤中的硝化速率

1.1.2 不同氮肥施入土壤后与土壤 pH 的关系

氮肥施入土壤后会产生分解和硝化作用，使土壤 pH 发生变化。如图 1-2 所示，当碳酸氢铵施入土壤后的第 5 天，其土壤 pH 值为 6.04，比其他铵态氮肥处理高 0.13～0.54 个单位。这有利于亚硝酸毛杆菌把 NH_4^+ 氧化为 NO_2^-，然后由硝化杆菌迅速把 NO_2^- 氧化为 NO_3^-。尿素施入土壤后第 5 天，土壤 pH 值为 6.11，比其他氮肥处理高 0.07～0.61 个单位，此时已有 90% 以上的尿素已转化为 NH_4^+。这是由于尿素施入土壤后的分解会使土壤 pH 升高，这将有利于硝化作用较快进行。酰胺态氮肥和铵态氮肥施入土壤后，随着氨化和硝化作用的进行，土壤 pH 不断下降。在施氮后 30d 时，施用硫酸铵、磷酸一铵和磷酸二铵的土壤 pH 值最低，分别为 4.15、4.11、4.20，这与它们含有硫酸根和磷酸根离子有关。之后，各处理土壤 pH 的变化趋于平缓，处理间土壤 pH 的差异越来越小。在施肥后第 60 天时，土壤 pH 最高的是施用碳酸氢铵的处理，而最低的是硫酸铵处理，其 pH 值分别为 4.24、4.03，两者相差为 0.21 个单位，这应该是各种处理中的铵态氮肥已基本转化为硝态氮的缘故。

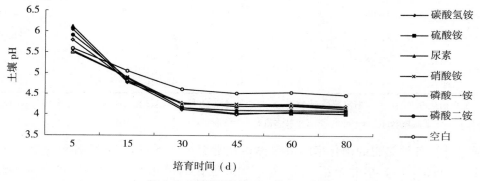

图 1-2　不同氮肥处理土壤 pH 变化

1.2　不同氮肥施用对烤烟生长和养分含量的影响

氮素能使烟草现蕾期、开花期提前，成熟期推迟，促进株高、茎围、节距、干重的增加。氮素能促进烟草地上部的生长加快、叶面积指数增加，但各个时期变化不尽相同（李君等，2020；李春俭等，2007；李宏光等，2007；李志宏等，2016）。除团棵期外，氮素能提高硝酸还原酶（NR）的活性（韩锦峰等，1996），特别是旺长期，这一趋势更明显。氮素能提高烟叶中叶绿素的含量，氮素还可以促进烟草中干物质的积累，提高体内总氮量，增加氮素的吸收，有利于烟株前期的营养生长（黎文文等，1990）。氮对烟草体内磷的含量影响不大，但对钾含量能产生极大的影响，单施氮肥烟株含钾量低，特别是显著降低了中、下部叶的钾含量，烟叶平均钾含量随氮用量增加呈直线下降（熊明彪等，1998）。Bailey 和 Anderson 认为，氮素能提高烟株对钙、镁的吸收，降低 K/Ca、K/（Ca＋Mg）的比值，从而影响烟叶燃烧性，降低品质。

为研究不同氮肥施用对烤烟生长和养分含量的影响，在福建农林大学南区盆栽房进行盆栽试验。供试土壤前作为水稻，取土样风干后过 2mm 筛。供试土壤样品的基本性状为：pH 5.27、有机质 27.5g/kg、物理性黏粒（<0.01mm）41%、碱解氮 125mg/kg、有效磷 24.6 mg /kg、速效钾 75mg/kg。试验设置 10 个处理：①50%硝态氮＋50%酰胺态氮；②25%硝态氮＋25%酰胺态氮＋50%铵态氮；③25%硝态氮＋75%铵态氮；④100%酰胺态氮（尿素）；⑤50%硝态氮＋50%铵态氮（硝酸铵）；⑥碳酸氢铵；⑦硫酸铵；⑧磷酸一铵；⑨磷酸二铵；⑩CK。各处理每盆施 N1.1g，N：P_2O_5：K_2O＝1：1：2.5，钾肥用硫酸钾，磷肥用过磷酸钙。每盆装风干土 11.5 kg，每盆栽烟 1 株，每一处理重复 4 次，随机排列。定期观察记载烟株的生物学特性。烟株见花蕾后打顶，并定时抹去腋芽。烟叶生理成熟后采摘，并烘干。采摘烘烤完结束后将烟株、茎秆、根系全部收取、洗净、烘干。测定烟株各部分的干重及养分含量。

1.2.1　不同氮肥对烤烟生长和农艺性状的影响

盆栽试验结果表明：施用不同氮肥与烤烟的生长发育状况关系密切。在烟株生长的不同时期，各处理之间存在着明显的差异。

在移栽后 15d（表 1-2），烟苗各处理的长势以碳酸氢铵处理和硝酸铵处理的最好，碳酸氢铵处理的株高达到 15.0cm，比其他处理的高 0.3～5.1cm，最大叶面积为 202.3cm^2，叶片数平均为 8.3 片，比其他处理（除硝酸铵外）多 0.3～2.3 片/株。而硝酸铵处理的株高虽只有 13.7cm，但最大叶面积达 205.04cm^2，比其他处理的多 1.22～39.36cm^2，叶片数与碳酸氢铵处理相同（平均为 8.3 片）。施用尿素处理的株高为 13.5cm，比对照多 3cm，最大叶面积为 203.82cm^2，比对照大 36.57cm^2。而烟株长势最差的是磷酸二铵的处理，比对照株高矮 0.6cm，最大叶面积小 1.57cm^2，平均叶片数少 1.7 片。

表 1-2　移栽后 15d 各处理烟株的生长状况（盆栽）

处理	株高（cm）	最大叶片		最大叶面积（cm^2）	叶片数（片/株）
		叶长（cm）	叶宽（cm）		
尿素	13.5	23.7	8.6	203.82	7.7
碳酸氢铵	15.0	23.8	8.5	202.30	8.3
硝酸铵	13.7	23.3	8.8	205.04	8.3
硫酸铵	14.7	22.7	8.6	195.22	8.0
磷酸一铵	11.4	21.3	7.8	166.14	6.0
磷酸二铵	9.9	21.8	7.6	165.68	6.3
对照	10.5	22.3	7.5	167.25	8.0

烟株移栽后 30d（表 1-3），烟苗的长势仍以碳酸氢铵为最好，其株高达 22.3cm，比其他处理高 0.6～6.8cm，最大叶面积达到 480.06cm^2，比其他处理多 7.91～310.66cm^2，平均每株叶片数为 14.8 片，仅比尿素处理少 0.2 片，茎围为 4.1cm。尿素处理的生长速度也较快，其株高为 18.3cm，比对照高 0.3cm，最大叶面积则比对照多 137.35cm^2，而株平均叶片数比对照增加 3.0 片，茎围粗 0.3cm。此时，各处理长势的优劣顺序为：碳酸氢铵＞尿素＞硝酸铵＞硫酸铵＞对照＞磷酸一铵＞磷酸二铵。

烟株移栽后 60d（表 1-4），烟株的长势总的来说以尿素最好，其株高为 66.2cm，最大叶面积 813.40cm²，每株叶片数平均为 26.3 片，比其他处理的多 0.5～4.8 片，茎围为 5.6cm，比其他处理的大 0.2～0.8cm。其次为碳酸氢铵和硝酸铵的处理。硫酸铵处理与对照相比，烟株叶片的宽度显得较为窄长，比对照处理窄了 3cm；与硝酸铵处理相比，硫酸铵处理也窄 2.3cm 之多，并且叶色较为浓绿。磷酸一铵与磷酸二铵处理均比对照矮，分别矮 8.5cm、9cm，是各处理中最矮的。Srivastava 等（1986）根据在酸性土壤上的试验结果，认为在烟草上不推荐使用磷酸铵。在本试验中也有类似的结果，这可能是因为福建省的土壤均为酸性土壤，而硫酸铵、磷酸一铵和磷酸二铵等均为生理酸性肥料，因此施用后对土壤的物理和化学性质产生了不良影响，制约了烟株对养分的吸收，因而对烟株的生长不利。

表 1-3　移栽后 30d 烟株各处理的生长状况（盆栽）

处理	株高（cm）	最大叶片		最大叶面积（cm²）	叶片数（片/株）	茎围（cm）
		叶长（cm）	叶宽（cm）			
尿素	18.3	35.5	13.5	472.15	15.0	4.2
碳酸氢铵	22.3	37.8	12.7	480.06	14.8	4.1
硝酸铵	20.8	35.5	12.6	444.78	13.9	3.9
硫酸铵	21.7	27.8	9.6	266.88	14.0	3.9
磷酸一铵	15.5	26.8	10.3	276.04	9.3	3.4
磷酸二铵	15.5	22.0	7.7	169.40	12.0	2.7
对　照	18.0	31.0	10.8	334.80	12.0	3.9

表 1-4　移栽后 60d 各处理烟株的生长状况（盆栽）

处理	株高（cm）	最大叶片		最大叶面积（cm²）	叶片数（片/株）	茎围（cm）
		叶长（cm）	叶宽（cm）			
尿素	66.2	49.0	16.6	813.40	26.3	5.6
碳酸氢铵	72.1	51.3	15.6	800.28	25.8	5.4
硝酸铵	69.6	50.7	16.4	824.92	25.2	5.1
硫酸铵	60.3	50.3	14.1	709.23	24.0	4.6
磷酸一铵	53.0	56.0	20.5	1 148.00	24.0	5.2
磷酸二铵	52.5	53.8	14.3	769.34	22.0	4.4
对照	61.5	59.6	17.1	1 019.16	21.5	5.0

根系是植株重要的营养器官，它直接从土壤中吸收水分及各种养分来满足其生长发育的要求，同时是烟草生长所需要的一些物质的合成器官，例如脱落酸主要是在根冠合成，此外烤烟最主要的化学成分烟碱也主要在根中合成，再输送到茎和叶。因此，根系的生长状况对获得高产优质的烤烟是十分重要的。

不同氮肥施入土壤后，对烤烟的根系生长产生较大的影响。试验结果表明（表 1-5），硝酸铵、碳酸氢铵和尿素等处理烟株的根系生长状况优于其他处理。其中尤以硝酸铵处理和碳酸氢铵处理最佳，两处理烟株的侧根较发达，粗根较少，根系生长状况良好。磷酸一铵处理和磷酸二铵处理的根系生长状况比对照处理差，粗根（>2mm）的数目较多（分别比对照多 3.5 条和 1.2 条），最长根系短 6.5cm 和 4.7cm，根系体积小 15.8cm³ 和 15.2cm³。说明在本试验条件下，施用磷酸一铵和磷酸二铵对烟草根系的生长有不良的影响。硫酸铵处理的烟株粗根（>2mm）为 16.3 条，是各处理中粗根最多的，比其他处理多 4.3~9.8 条，但其细根数比尿素、碳酸氢铵和硝酸铵处理的少。

表 1-5　不同氮肥处理烟株根系生长状况（盆栽）

处理	根系>2mm 的数目 （条/株）	最长根系 （cm）	根系数量	根系干重 （g/株）	根系体积 （cm³）
尿素	12.0	26.0	多	19.84	74.3
碳酸氢铵	10.0	28.0	多	20.43	75.3
硝酸铵	8.3	28.3	多	19.08	75.3
硫酸铵	16.3	28.3	较多	19.22	72.0
磷酸一铵	10.0	19.7	少	12.54	43.7
磷酸二铵	7.7	21.8	少	11.83	44.3
对照	6.5	26.5	少	13.85	59.5

1.2.2　不同氮肥与烟叶养分含量的关系

为了解施用各种氮肥对烤烟养分含量的影响，对每一处理均采集根、茎、叶进行分析测定。测定结果表明（表 1-6），施用各种氮肥的处理，叶片含氮量大于茎和根的含氮量；通常茎含氮量比根的含氮量高或相近，但不施氮肥的处理（对照），根系含氮量明显高于茎。各处理叶片的磷、钾含量一般为叶片>茎>根。施用磷酸一铵、磷酸二铵及对照的烟叶含钾量比其他处理的高 0.12~0.90 个百分点，可能是这些处理的生物量小，产生浓缩效应的缘故。正常情况下烤烟灰分中钙的含量仅次于钾，但在本试验中施用硝酸铵、碳酸氢铵和硫酸铵的叶片钙的含量却超过了钾。各处理烟叶中硫的含量除施用尿素和磷酸一铵外，都超过 0.7%，而硫酸铵处理更是高达 1.04%。有研究表明，当烟叶中硫的含量超过 0.7% 时，烟叶的燃烧性就显著减弱（Chouteau et al.，1988）。在我国烤烟种植制度中，烤烟需要的钾主要是由硫酸钾提供，因此，生产实践中应适量施用硫酸钾。

表 1-6　不同氮肥处理烟株养分含量状况（盆栽）

处理	植株部位	N（%）	P（%）	K（%）	Ca（%）	Mg（%）	S（%）
尿素	根	1.51	0.27	0.69	2.84	0.18	0.19
	茎	1.49	0.27	1.22	1.25	0.25	0.23
	叶	2.57	0.42	2.65	2.21	0.46	0.62
碳酸氢铵	根	1.65	0.34	0.77	2.47	0.18	0.27
	茎	1.61	0.37	1.55	1.27	0.28	0.25
	叶	2.65	0.48	2.89	3.20	0.72	0.76

（续）

处理	植株部位	N（%）	P（%）	K（%）	Ca（%）	Mg（%）	S（%）
	根	1.23	0.32	0.70	3.72	0.19	0.23
硝酸铵	茎	1.84	0.25	1.41	1.27	0.27	0.29
	叶	2.91	0.55	2.98	3.12	0.69	0.77
	根	1.89	0.19	1.62	3.16	0.18	0.23
硫酸铵	茎	2.38	0.40	1.50	1.20	0.20	0.35
	叶	2.91	0.50	2.85	3.37	0.75	1.04
	根	1.43	0.38	0.65	2.97	0.16	0.21
磷酸一铵	茎	1.31	0.31	1.41	1.76	0.15	0.18
	叶	2.67	0.48	3.10	2.70	0.51	0.64
	根	1.78	0.30	0.70	3.05	0.15	0.23
磷酸二铵	茎	1.74	0.32	1.70	2.02	0.20	0.31
	叶	2.78	0.53	3.55	3.09	0.59	0.79
	根	2.32	0.32	0.73	4.03	0.19	0.29
对照	茎	1.76	0.41	1.77	1.43	0.30	0.28
	叶	2.84	0.69	3.55	2.98	0.56	0.84

1.2.3 不同氮肥对烟叶氨基酸含量的影响

氨基酸是烟叶体内重要的化学成分，与烟叶品质形成有密切关系（韩富根等，2014）。移栽后 60d，对盆栽试验不同处理的烟株叶片取样分析，测定各处理烟叶中各种氨基酸含量（表 1-7）。施用尿素、碳酸氢铵、硝酸铵和硫酸铵的处理，烟叶中氨基酸总量及天门冬氨酸、精氨酸的含量差异不明显。施用磷酸一铵处理叶片中的氨基酸总量比其他处理的高 3.88%～6.46%。天门冬氨酸是合成烟碱的底物之一，因此，烟碱含量与天门冬氨酸的含量密切相关（左天觉，1993）。而烟碱中的吡咯环的形成是由精氨酸等形成的。不同处理的烟叶中天门冬氨酸含量最高的是施用磷酸一铵的处理（2.15%），其次是对照处理和磷酸二铵处理（分别为 1.65%、1.45%），而其他处理介于 1.19%～1.38%，并无显著差异。精氨酸含量最高的也是磷酸一铵处理（0.92%），其次是硝酸铵处理（0.79%），其余处理在 0.61%～0.73% 之间，差异不显著。施用尿素并没有使烟叶中的天门冬氨酸含量上升，其精氨酸的含量为 0.61%，是各处理中最低的。苯丙氨酸是烟叶中重要物质苯乙醇、苯甲醛等的前体物质（熊明彪，1998），因而对烤烟的品质也有重要的影响。各处理中以磷酸一铵处理最高（1.15%），硝酸铵处理（1.00%）次之，其他处理在 0.83%～0.93% 之间，并无显著差异。

表 1-7 不同氮肥处理烟叶中氨基酸含量状况（盆栽）（%）

处理	尿素	碳酸氢铵	硫酸铵	硝酸铵	磷酸一铵	磷酸二铵	对照
天冬氨酸	1.25	1.22	1.32	1.38	2.15	1.45	1.65

（续）

处理	尿素	碳酸氢铵	硫酸铵	硝酸铵	磷酸一铵	磷酸二铵	对照
苏氨酸	0.48	0.37	0.47	0.42	0.94	0.59	0.72
丝氨酸	0.41	0.36	0.42	0.39	0.75	0.50	0.58
谷氨酸	1.85	1.75	2.03	2.13	2.77	2.17	2.12
脯氨酸	0.46	0.36	0.41	0.50	0.62	0.54	0.53
甘氨酸	0.75	0.73	0.83	0.89	1.08	0.85	0.85
丙氨酸	0.85	0.84	0.95	1.02	1.24	0.96	0.95
胱氨酸	0.04	0.09	0.07	0.05	0.08	0.07	0.07
缬氨酸	0.92	0.86	1.01	1.08	1.25	1.03	1.02
甲硫氨酸	0.13	0.08	0.13	0.11	0.16	0.16	0.14
异亮氨酸	0.71	0.68	0.78	0.85	0.96	0.80	0.78
亮氨酸	1.31	1.23	1.44	1.57	1.78	1.50	1.40
酪氨酸	0.28	0.21	0.27	0.24	0.42	0.34	0.36
苯丙氨酸	0.85	0.86	0.93	1.00	1.15	0.89	0.90
赖氨酸	0.82	0.90	0.94	0.94	1.26	0.97	0.98
组氨酸	0.27	0.22	0.28	0.28	0.41	0.33	0.31
精氨酸	0.61	0.69	0.73	0.79	0.92	0.62	0.67
总量	11.69	11.46	13.03	13.65	17.92	13.77	14.04

1.2.4　施用不同氮肥与土壤养分的关系

不同氮肥在土壤中的化学行为不同，烟株吸收利用也有所差异，因此对土壤养分影响也不尽相同。

盆栽试验结果表明（表 1-8），烟株收获后，硫酸铵处理的土壤碱解氮为 119.3mg/kg，比其他处理小 5.9～10.7mg/kg，速效磷为 41.5mg/kg，比其他处理高 3.2～8.0mg/kg，速效钾为 71.9mg/kg，比对照小 3.1mg/kg。其他氮肥处理的土壤碱解氮、有效磷、速效钾并无明显差异。

施用磷酸一铵和磷酸二铵处理的土壤交换性钙含量最低，而其他处理的土壤交换性钙含量比磷酸一铵、磷酸二铵处理的高 48.4～157.3mg/kg，这主要是其他处理施用了含钙的磷肥所致。土壤交换性镁，各个处理在 101.7～105.6mg/kg，差异不显著。土壤有效硫以硫酸铵处理的最高，为 229.1mg/kg，是对照的 2.5 倍，比其他处理多 138.3～152.4mg/kg。

表 1-8　收获后土壤的养分和 pH 状况（盆栽）（mg/kg）

处理	碱解氮	有效磷	速效钾	交换钙	交换镁	有效硫
尿素	129.8	36.3	60.4	931.7	103.3	79.2
碳酸氢铵	125.2	35.8	61.0	996.5	105.6	90.8

（续）

处理	碱解氮	有效磷	速效钾	交换钙	交换镁	有效硫
硝酸铵	126.6	38.3	59.4	942.3	101.7	76.7
硫酸铵	119.3	41.5	71.9	1 039.4	104.2	229.1
磷酸一铵	127.3	33.5	65.6	882.1	104.4	23.7
磷酸二铵	130.0	34.6	62.5	883.3	103.1	31.2
对照	131.6	35.8	75.0	1 061.0	130.0	91.6

1.2.5　不同氮肥对烤烟生物产量的影响

不同氮肥施入土壤后转化特点不同，对烤烟生长发育的影响也不同，最终反映到烤烟的产量上。从盆栽试验结果（表 1-9），经方差分析多重比较得出各处理间总生物产量差异达显著水平。施用尿素处理的烟株生物产量最高（平均 115.30g/株），比对照处理增加45.77％；其次是碳酸氢铵处理，平均为 107.50g/株，比对照增高 35.90％；施用硝酸铵的处理也比对照增产 35.70％。从叶片产量来看，经方差分析多重比较得出各处理间烟叶产量的差异达显著水平。尿素处理的烟株叶片产量最高（平均为 66.37g/株），比对照增产 42.70％；施用硝酸铵的处理次之，平均为 61.52g/株，比对照增产 32.27％；磷酸一铵和磷酸二铵处理的生物产量和烟叶产量均最低。

表 1-9　施用各种氮肥对烟株生物产量的影响（盆栽）（g/株）

处理	根	茎	叶	总生物产重
尿素	19.84	29.09	66.37a	115.30a
碳酸氢铵	20.43	28.28	58.79abc	107.50a
硝酸铵	19.08	26.74	61.52ab	107.34a
硫酸铵	19.22	17.91	55.96abc	93.09ab
磷酸一铵	12.54	21.94	48.37bc	82.85bc
磷酸二铵	11.83	16.14	39.08c	67.05c
对照	13.85	18.74	46.51bc	79.10bc

注：采用 SAS 统计软件，Duncan 法测验，$\alpha = 0.05$。

1.3　不同氮素形态配比对烤烟生长和产量、质量的影响

不同形态的氮素进入烟株体内后，它们的运输、同化特点不尽相同，烟叶内含物质的合成也有明显的差异，不同形态的氮源对烟叶品质会产生明显的影响。但半个世纪以来，国内外对氮素形态的研究，由于各地的气候和土壤条件不同，所得出的结果也不尽相同（张小花等，2018；彭桂芬等，1994；邱尧等，2015）。如彭桂芬等（1999）和谢晋等（2014）分别在云南和广东南雄烟区不同自然条件下进行不同比例的硝态氮、铵态氮试验，得出 50％ NH_4^+-N＋50％ NO_3^--N 的配比适合云南和广东南雄烟区的气候和土壤。韩锦峰

等（1989）根据连续两年不同比例的铵态和硝态氮肥的施肥试验证明，在轻砂壤土中，NH_4^+-N 的比例为 75％，NO_3^--N 比例为 25％时，是烤烟的最佳施肥比例；而在肥力中等的砂壤土上，采用 50％无机氮（25％ NO_3^--N＋75％ NH_4^+-N）＋50％有机氮的施肥方式最佳（韩锦峰等，1990）。据研究，施用硝态氮的烟叶烘烤容易，烤后颜色橘黄，上等烟比例增加。但也有试验得出完全相反的结果，随铵态氮比例增加，烟叶产量、产值和糖含量增加（Court W A et al.，1986）。由此可见，研究在龙岩烟区的气候和土壤条件下不同氮素形态及其之间的配比，对烤烟生长发育和品质的影响，烤烟合理施用氮肥，以及专用肥生产、降低生产成本等都有较大的意义。

不同氮素形态配比对烤烟生长和产量、质量的影响试验，设置盆栽试验和大田试验。盆栽试验设置见"1.2 不同氮肥施用对烤烟生长和养分含量的影响"。大田试验地前作为水稻。土壤基本性状为：土壤 pH 5.18、物理性黏粒含量（＜0.01mm）30.0％、有机质 21.48g/kg、碱解氮 82.8g/kg、有效磷 12.6mg/kg、速效钾 55mg/kg。试验设置 6 个处理：（1）25％硝态氮＋75％铵态氮；（2）50％硝态氮＋50％铵态氮；（3）25％硝态氮＋ 25％尿素＋50％铵态氮；（4）50％硝态氮＋50％尿素；（5）100％铵态氮；（6）100％尿素。各处理亩施氮量为 8.5kg，N：P_2O_5：K_2O＝1：1.2：3，并设置常规施肥作为对照。施用方式为：基肥（分穴肥和条肥）、二次追肥和一次开面肥。每一处理重复 3 次，共 21 个小区，随机区组排列。烤烟品种为云烟 85，行株距为 1.2m×0.5m，种植密度16 665株/hm^2。

1.3.1　对烤烟生长状况的影响

烟草能够吸收各种不同形态的氮，但由于植株吸收不同氮源时的途径、同化过程和运输方式都有差别，因此也必然影响植物的其他生理过程和生长。

在盆栽试验中，烟苗移栽后 15d（表 1-10），不施氮肥的处理（对照）植株长势较差，株高、叶面积较小。不同氮素形态配比处理的烟株长势有一定的差异。移栽后 30d（表 1-11），各处理的生长情况以 50％硝态氮＋50％酰胺态氮处理和 100％铵态氮处理的生长较好。移栽后 60d（表 1-12），各处理间的烟株生长仍有一定差异，烟株高度以 100％铵态氮的最高，最大叶面积以 50％硝态氮＋50％尿素的处理较高。

表 1-10　移栽后 15d 不同氮素形态处理烟株生长状况（盆栽）

处理	株高（cm）	最大叶片（cm）		最大叶面积（cm^2）	叶片数（片/株）
		叶长	叶宽		
100％尿素	13.5	23.7	8.6	203.82	7.7
25％硝态氮＋75％铵态氮	11.2	22.5	8.5	191.25	7.0
25％硝态氮＋25％尿素＋50％铵态氮	11.2	22.3	8.6	191.78	7.3
50％硝态氮＋50％铵态氮	13.7	23.3	8.8	205.04	8.3
50％硝态氮＋50％尿素	13.3	24.3	8.6	208.98	7.3
100％铵态氮	15.0	23.8	8.5	205.04	8.3
对照	10.5	22.3	7.5	167.25	8.0

表 1-11　移栽后 30d 不同氮素形态处理烟株生长状况（盆栽）

处理	株高（cm）	最大叶片（cm）		最大叶面积（cm²）	叶片数（片/株）	茎围（cm）
		叶长	叶宽			
100％尿素	18.3	35.5	13.3	472.15	15.0	4.2
25％硝态氮＋75％铵态氮	17.3	30.5	10.6	323.30	12.7	3.6
25％硝态氮＋25％尿素＋50％铵态氮	19.0	37.3	12.7	473.71	13.7	4.0
50％硝态氮＋50％铵态氮	20.0	35.3	12.6	444.78	13.8	3.9
50％硝态氮＋50％尿素	21.0	38.7	12.6	487.62	14.6	4.2
100％铵态氮	22.3	37.8	12.7	480.06	14.8	4.1
对照	18.0	31.0	10.8	334.80	12.0	3.9

表 1-12　移栽后 60d 不同氮素形态处理烟株生长状况（盆栽）

处理	株高（cm）	最大叶片（cm）		最大叶面积（cm²）	叶片数（片/株）	茎围（cm）
		叶长	叶宽			
100％尿素	66.2	49.0	16.6	813.4	26.3	5.6
25％硝态氮＋75％铵态氮	57.7	55.7	16.5	919.05	23.3	5.2
25％硝态氮＋25％尿素＋50％铵态氮	65.7	51.2	16.3	834.56	25.7	5.8
50％硝态氮＋50％铵态氮	69.6	50.3	16.4	824.92	25.2	5.1
50％硝态氮＋50％尿素	68.3	52.7	18.0	948.60	25.0	5.8
100％铵态氮	72.1	51.3	15.6	800.28	25.8	5.4
对照	61.5	59.6	17.1	1 019.16	21.5	5.0

　　各处理根系的数量和体积以 25％硝态氮＋75％铵态氮处理、50％硝态氮＋50％尿素处理的相对较少；不施氮肥则明显影响根系生长，所以对照的根系长势最差，而其他处理的则相差不大（表 1-13）。

表 1-13　不同氮素形态配比烟株根系的生长状况（盆栽）

处理	根系＞2mm 的数目（条/株）	最长根系（cm）	根系数量	根系体积（cm³）
25％硝态氮＋75％铵态氮	9.7	27.0	较多	65.0
25％硝态氮＋25％尿素＋50％铵态氮	10.7	25.3	多	74.0
50％硝态氮＋50％尿素	8.7	27.7	较多	69.3
50％硝态氮＋50％铵态氮	8.3	28.3	多	75.3
100％铵态氮	10.0	28.0	多	75.3
100％尿素	12.0	26.0	多	74.3
对照	6.5	26.5	少	59.5

　　在田间试验中不同氮素形态配比处理的烟株生长状况与盆栽试验的有所不同。在大田烟苗移栽后 32d，长势最好的处理是 25％硝态氮＋25％尿素＋50％铵态氮处理（表 1-14），株高为 44.7cm，比其他处理高出 1.7～6.9cm；最大叶面积为 1 209.60cm²，比其他处理

大 28.0～177.6cm²。100％铵态氮处理的烟株长势较差。这与盆栽试验的结果不同。烟苗移栽 59d 时，25％硝态氮＋25％尿素＋50％铵态氮处理和 50％硝态氮＋50％尿素处理的长势较好（表 1-15），其他处理的长势相差不大。烟苗移栽 99d 时（表 1-16），25％硝态氮＋25％尿素＋50％铵态氮处理的叶片数为 9.9 片/株，因为采摘烘烤时叶片数较少，说明烟叶的落黄较早。

表 1-14　移栽后 32d 不同氮素形态配比处理烟株的生长状况（田间试验）

处理	株高（cm）	茎围（cm）	叶片数（片/株）	最大叶片（cm）		最大叶面积（cm²）
				叶长	叶宽	
25％硝态氮＋75％铵态氮	41.6	6.7	13.7	53.5	20.9	1 118.15
25％硝态氮＋25％尿素＋50％铵态氮	44.7	6.7	13.9	54.0	22.4	1 209.60
50％硝态氮＋50％铵态氮	41.9	6.7	13.7	53.7	21.9	1 176.03
50％硝态氮＋50％尿素	43.0	6.7	14.1	56.0	21.1	1 181.60
100％铵态氮	37.8	6.5	13.3	51.6	20.0	1 032.00
100％尿素	40.9	6.7	13.7	52.0	20.9	1 086.80
常规施肥	41.1	6.6	13.3	53.2	20.9	1 111.88

表 1-15　移栽后 59d 不同氮素形态配比处理烟株的生长状况（田间试验）

处理	株高（cm）	茎围（cm）	叶片数（片/株）	最大叶片（cm）		最大叶面积（cm²）
				叶长	叶宽	
25％硝态氮＋75％铵态氮	89.6	8.3	18.2	77.2	26.6	2 053.52
25％硝态氮＋25％尿素＋50％铵态氮	94.0	8.3	18.0	75.2	28.2	2 120.64
50％硝态氮＋50％铵态氮	91.9	8.2	18.7	74.8	25.6	1 914.88
50％硝态氮＋50％尿素	94.7	8.2	18.7	78.8	25.6	2 017.28
100％铵态氮	88.7	8.2	18.3	76.7	26.2	2 009.54
100％尿素	91.5	8.2	18.6	75.6	25.3	1 912.68
常规施肥	91.7	8.4	17.9	71.9	26.3	1 890.97

表 1-16　移栽后 99d 不同氮素形态配比处理烟株的生长状况（田间试验）

处理	株高（cm）	茎围（cm）	叶片数（片/株）	最大叶片（cm）		最大叶面积（cm²）
				叶长	叶宽	
25％硝态氮＋75％铵态氮	95.7	9.3	10.5	78.2	21.0	1 642.20
25％硝态氮＋25％尿素＋50％铵态氮	100.3	9.1	9.9	81.3	24.1	1 959.33
50％硝态氮＋50％铵态氮	97.8	9.3	10.7	77.6	21.1	1 637.36
50％硝态氮＋50％尿素	99.9	9.4	10.5	78.8	21.3	1 678.44
100％铵态氮	95.8	9.2	11.1	79.4	21.1	1 675.34
100％尿素	96.8	9.2	10.5	76.1	21.1	1 605.71
常规施肥	99.2	9.0	9.8	85.2	24.3	2 070.36

1.3.2 对烤烟养分及品质的影响

盆栽试验结果表明（表1-17），各处理的全氮、全磷含量的变化规律基本一致，即叶＞茎和根；全钾则是叶＞茎＞根；钙的含量一般是根＞叶＞茎（除100％铵态氮处理烟叶中的钙含量比根大）。镁含量也是叶片大于根、茎，25％硝态氮＋75％铵态氮处理与其他处理不同，根中镁的含量最高；烟叶中的硫比根和茎的高出许多。各处理烟叶硫的含量都偏高，在0.62％～0.84％间，这可能与施用的磷肥为过磷酸钙有关。烟叶中硫的含量偏高对烟叶的燃烧性将产生不良的影响。

表1-17　不同氮素形态配比烟草样品养分含量状况（盆栽）

处理	植株部位	N（％）	P（％）	K（％）	Ca（％）	Mg（％）	S（％）
25％硝态氮＋75％铵态氮	根	1.91	0.30	0.70	3.43	0.19	0.24
	茎	1.86	0.35	1.42	1.26	0.27	0.34
	叶	2.68	0.52	3.20	1.10	0.21	0.76
25％硝态氮＋25％尿素＋50％铵态氮	根	1.70	0.36	0.82	3.81	0.20	0.28
	茎	1.45	0.28	1.38	1.15	0.20	0.22
	叶	2.31	0.48	2.73	2.92	0.59	0.72
50％硝态氮＋50％尿素	根	1.22	0.18	0.73	3.93	0.18	0.25
	茎	1.31	0.31	1.47	1.65	0.17	0.22
	叶	2.31	0.42	2.97	2.75	0.53	0.69
50％硝态氮＋50％铵态氮	根	1.23	0.32	0.70	3.72	0.19	0.23
	茎	1.84	0.25	1.41	1.27	0.27	0.29
	叶	2.91	0.55	2.98	3.12	0.69	0.77
100％铵态氮	根	1.65	0.34	0.77	2.47	0.18	0.27
	茎	1.61	0.37	1.55	1.27	0.28	0.25
	叶	2.65	0.48	2.89	3.20	0.72	0.76
100％尿素	根	1.51	0.27	0.69	2.84	0.18	0.19
	茎	1.49	0.27	1.22	1.25	0.25	0.23
	叶	2.57	0.42	2.65	2.21	0.46	0.62
对照	根	2.32	0.32	0.73	4.03	0.19	0.29
	茎	1.76	0.41	1.77	1.43	0.30	0.28
	叶	2.84	0.69	3.55	2.98	0.56	0.84

为了解各种氮肥配比对烟叶中养分含量的影响，对田间试验的每一处理采集 X_2F、C_3F、B_2F 3个等级的叶样进行分析测定。测试分析结果表明，叶片氮含量在1.26％～1.78％，通常上部叶的含氮量比中、下部叶的高，但不同处理间的变化无明显规律。各处理烟叶的还原糖含量在14.16％～20.62％，通常中部叶的含糖量比上、下部叶的高（表1-18）。各处理烟叶中烟碱含量变化的规律基本一致，即 $B_2F＞C_3F＞X_2F$。各处理 X_2F 烟

叶中烟碱含量在 1.96%～2.25%，C_3F 烟叶中烟碱含量在 2.55%～3.20%，B_2F 烟叶中烟碱含量在 3.35%～3.79%。B_2F 烟叶中烟碱含量最高的处理是 100%铵态氮的处理（3.79%），其次是 25%硝态氮＋25%尿素＋50%铵态氮的处理（3.65%），而后是 50%硝态氮＋50%铵态氮的处理。当烟叶中烟碱含量大于 3.6%时，在工业上的可用性降低。因此，施肥时应注意控制烟叶中烟碱的含量，尤其是控制上部叶的烟碱含量。

烟叶品质的好坏，不仅取决于上述主要化学成分含量的多少，更重要的是取决于各成分间是否协调平衡，故常用各主要成分间的比值范围作为衡量烟叶品质的标准。如总氮/烟碱的适宜比值为 0.5～1，K/Cl 的适宜比值为 4～10（Collins W. K. et al.，1995；韩锦峰等，1986）。这些品质指标过高或过低都会影响烟叶的品质，并且它们也只适用于同一类型烟叶的比较。

各处理烟叶中总氮/烟碱的比值在 0.386～0.816，变化幅度较大，一般 X_2F 比 C_3F、B_2F 为高。X_2F 的总氮/烟碱在 0.549～0.816；B_2F 在 0.386～0.511，C_3F 在 0.387～0.565；25%硝态氮＋75%铵态氮、50%硝态氮＋50%铵态氮和 25%硝态氮＋25%尿素＋50%铵态氮这 3 个处理的总氮/烟碱的比值在 0.5～1.0。各处理烟叶中 K/Cl 的变化规律一致，即 $X_2F>C_3F>B_2F$。X_2F 的 K/Cl 在 14.6～32.9，C_3F 的 K/Cl 在 9.9～21.8，B_2F 的 K/Cl 在 4.6～9.7，各处理间的差异不明显。

表 1-18　不同氮素形态烟叶样品分析（田间试验）

处理	等级	N (%)	P (%)	K (%)	还原糖 (%)	烟碱 (%)	Cl (%)	总 N/烟碱	K/Cl
25%硝态氮＋75%铵态氮	X_2F	1.56	0.34	4.52	15.71	2.14	0.14	0.729	32.3
	C_3F	1.44	0.45	3.76	16.68	2.55	0.18	0.565	20.9
	B_2F	1.78	0.39	2.98	15.05	3.48	0.36	0.511	8.3
50%硝态氮＋50%铵态氮	X_2F	1.30	0.39	4.94	17.01	2.25	0.15	0.578	32.9
	C_3F	1.43	0.39	2.76	20.37	2.78	0.18	0.514	15.3
	B_2F	1.74	0.41	3.01	15.50	3.52	0.31	0.494	9.7
25%硝态氮＋25%尿素＋50%铵态氮	X_2F	1.54	0.33	4.90	14.99	2.06	0.16	0.748	30.6
	C_3F	1.36	0.41	3.49	16.37	2.74	0.16	0.496	21.8
	B_2F	1.64	0.41	2.38	16.25	3.65	0.34	0.449	7.0
50%硝态氮＋50%尿素	X_2F	1.60	0.42	5.44	14.16	1.96	0.18	0.816	30.2
	C_3F	1.36	0.42	2.98	18.30	3.20	0.23	0.425	13.0
	B_2F	1.57	0.43	2.79	17.23	3.48	0.31	0.451	9.0
100%铵态氮	X_2F	1.47	0.38	4.36	16.64	2.14	0.15	0.687	29.1
	C_3F	1.45	0.40	3.00	19.37	3.19	0.18	0.455	16.7
	B_2F	1.74	0.39	2.72	14.56	3.79	0.35	0.459	7.8
100%尿素	X_2F	1.45	0.43	3.67	16.72	2.19	0.15	0.662	24.5
	C_3F	1.26	0.43	2.91	20.62	2.80	0.15	0.450	19.4
	B_2F	1.47	0.38	2.55	16.68	3.35	0.30	0.439	8.5

（续）

处理	等级	N (%)	P (%)	K (%)	还原糖 (%)	烟碱 (%)	Cl (%)	总 N/烟碱	K/Cl
	X_2F	1.46	0.52	3.94	16.84	2.66	0.27	0.549	14.6
常规施肥	C_3F	1.30	0.38	2.38	19.28	3.36	0.24	0.387	9.9
	B_2F	1.48	0.39	2.07	18.05	3.83	0.45	0.386	4.6

1.3.3 对烤烟产量和产值的影响

不同氮素形态配比对烤烟产量和产值有很大的影响（邱尧等，2015；张小花等，2018；谢晋等，2014）。盆栽试验的结果表明（表 1-19），经方差分析多重比较得出各处理间总生物产量差异达显著水平。生物产量最高的是 100％尿素处理，为 115.30g/盆，比对照增产 45.77％；其次是 25％硝态氮＋25％尿素＋50％铵态氮处理（109.88g/盆），比对照增产 38.91％；产量最低的是 25％硝态氮＋75％铵态氮处理，仅为 94.17g/盆。经方差分析多重比较得出各处理间烟叶产量差异达显著水平。100％尿素处理的产量最高（66.37g/盆），比对照增产 42.7％；其次是 50％硝态氮＋50％尿素处理（65.42g/盆），比对照增产 40.7％。在本盆栽试验的条件下，随着酰胺态氮肥比例的提高，各处理的烟叶产量也增加。

表 1-19 不同氮素形态配比处理的烟株生物产量（盆栽）（g/盆）

处理	根	茎	叶	产量
25％硝态氮＋75％铵态氮	16.78	22.18	55.21bc	94.17bc
25％硝态氮＋25％尿素＋50％铵态氮	19.83	27.08	62.97ab	109.88ab
50％硝态氮＋50％铵态氮	19.08	26.74	61.52ab	107.34ab
50％硝态氮＋50％尿素	18.59	25.01	65.42a	109.02ab
100％铵态氮	20.43	28.28	58.79ab	107.50ab
100％尿素	19.84	29.09	66.37a	115.30a
对照	13.85	18.74	46.51c	79.10c

注：采用 SAS 统计软件，Duncan 法测验，$\alpha = 0.05$。

据大田试验的结果，不同氮素形态配比对烟叶的产量和产值有很大的影响。25％硝态氮＋25％尿素＋50％铵态氮处理产量和产值最高（分别为 2 677.5kg/hm²、26 724.0 元/hm²）。50％硝态氮＋50％尿素（产量为 2 488.5 kg/hm²）、100％尿素（2 470.5 kg/hm²）、25％硝态氮＋75％铵态氮（2 431.5kg/hm²）等处理间的产量差异不明显（表 1-20）。各处理单位产值的大小顺序为：25％硝态氮＋25％尿素＋50％铵态氮＞100％铵态氮＞25％硝态氮＋75％铵态氮＞50％硝态氮＋50％尿素＞100％尿素＞50％硝态氮＋50％铵态氮。上等烟的比例则以 100％铵态氮处理的最高（53.1％），其次是 25％硝态氮＋25％尿素＋50％铵态氮处理（48.1％）；而 100％尿素处理的上等烟比例显著下降，仅为 36.5％，比其他处理的低 3.6～14.6 个百分点。从本试验结果综合效益考虑，在福建省的气候和土壤条件下，施用过多的尿素，使上等烟的比例下降。但适当配施尿素，并作基肥施用，则可提高烟叶的产量和质量。

表 1-20　不同氮素形态配比处理的烟叶产量、产值情况（田间试验）

处理	鲜重 （kg/hm²）	干重 （kg/hm²）	上等烟 （%）	中等烟 （%）	下等烟 （%）	产值 （元/hm²）
25％硝态氮＋75％铵态氮	16 575	2 431.5	45.7	50.8	3.5	24 279.0
25％硝态氮＋25％尿素＋50％铵态氮	16 755	2 677.5	48.1	48.9	3.0	26 724.0
50％硝态氮＋50％铵态氮	15 570	2 323.5	45.8	45.9	8.3	22 450.5
50％硝态氮＋50％尿素	16 875	2 488.5	40.1	53.8	6.1	23 940.0
100％铵态氮	16 455	2 391.0	53.1	43.0	3.9	24 349.5
100％尿素	15 840	2 470.5	36.5	52.9	10.6	22 585.5
常规施肥	17 595	2 523.0	51.3	37.8	10.9	24 882.0

1.4　不同供氮水平对盆栽烤烟碳氮代谢及烟叶品质的影响

氮在植物生命活动中占有首要地位（丁易飞，2016），氮肥施用量的多少与作物生长和发育有着密切的关系，作物在其生长发育过程中吸收的氮素主要来自于土壤中可利用的氮和所施用的氮素肥料（蔡海洋等，2015）。烤烟对氮素的要求较严格，过多或过少都不利于优质烟的生长。

烟草碳氮代谢的协调程度不仅影响其生长发育进程，而且直接关系到烟草品质的优劣。在烟叶成熟生长过程中，只有碳氮代谢平衡协调，才能生产出优质的烟叶（连培康等，2016；Tso T. C. et al.，1990）。因此，国内外对烟草的碳氮代谢进行了大量的研究，目前，对于碳氮代谢的特性、碳氮代谢在烟草生长发育过程的动态变化都有了一些的认识。

采集土样进行盆栽试验，研究不同供氮水平对烤烟碳氮代谢及烟叶品质的影响。供试土壤为潮砂田（碱解氮含量 105.45mg/kg）、灰黄泥田（碱解氮含量 127.27mg/kg）、灰泥田（碱解氮含量 184.31mg/kg）3 种不同肥力的土壤，供试土壤的基本理化性状见表 1-21。每种土壤试验设置 5 个施氮水平，分别施氮 0g/盆、0.45g/盆、0.90g/盆、1.35g/盆、1.90g/盆，每一处理重复 4 次，共 60 盆。每盆装风干土 10kg，施磷（P_2O_5）0.6g/盆，磷钾比例为 P_2O_5：K_2O ＝0.6：2.5，磷肥用磷酸二氢钾，钾肥用硫酸钾。

表 1-21　盆栽试验供试土壤的理化性质

土壤类型	pH	有机质 （g/kg）	碱解氮 （mg/kg）	有效磷 （mg/kg）	速效钾 （mg/kg）	交换性钙 （mg/kg）	交换性镁 （mg/kg）
灰泥田	4.84	30.68	184.31	87.59	97.60	652.15	60.85
灰黄泥田	5.02	29.27	127.27	73.17	62.66	539.48	40.73
潮砂田	5.32	29.19	105.45	58.56	32.69	433.99	25.33

每盆栽烟一株，供试品种为云烟 85，随机排列，定期观察记载烟株的生物学特性，

在烤烟不同生育期测定碳氮代谢相关指标。烟株现蕾后打顶，并定时抹去腋芽。烟叶生理成熟后采摘，并烘干，采摘结束后将茎秆、根系全部收取、洗净、烘干，测定烟株各部分的干重及养分含量。

1.4.1 对烤烟农艺性状的影响

烟株移栽后 25d（表 1-22），在碱解氮含量 105.45mg/kg 的潮砂田、碱解氮含量 127.27mg/kg 的灰黄泥田、碱解氮含量 184.31mg/kg 的灰泥田上，不同氮肥施用量处理烟株的株高、茎围、平均叶片数、最大叶长、最大叶宽有所差异。在潮砂田（碱解氮 105.45mg/kg）上，各处理株高依次为 N5＞N3＞N4＞N2＞N1，其中以 N5 处理（施氮 1.90g/盆）烟株的株高最大，为 17.0cm，比其他处理的高 6.25%～31.78%。在碱解氮含量 127.27mg/kg 的灰黄泥田上，N4 处理（施氮 1.35 g/盆）烟株的株高、茎围、平均叶片数、最大叶长、最大叶宽都是最大，长势最好。在碱解氮含量 184.31mg/kg 的灰泥田上，N3 处理（施氮 0.90g/盆）烟株的株高、茎围、平均叶片数、最大叶面积分别为 25.5cm、4.4cm、9.0 片/株、697.76cm^2，N4 处理（施氮 1.35g/盆）烟株的株高、茎围、平均叶片数、最大叶面积分别为 26.7cm、4.4cm、9.0 片/株、657.90cm^2，其烟株的长势比其他处理的烟株好。可见，在烟株生长发育的早期，一定的氮肥施用量有利于提高烟株的株高、最大叶长、最大叶宽、茎围和平均叶片数；但是，在碱解氮含量 184.31mg/kg 的灰泥田和碱解氮含量 127.27mg/kg 的灰黄泥田上，过高的氮肥施用量（施氮 1.90g/盆）对烟株的生长并没有促进作用。

表 1-22　不同供氮水平对烤烟生长状况的影响（盆栽试验，移栽后 25d）

土壤类型	处理	株高 （cm）	茎围 （cm）	最大叶长 （cm）	最大叶宽 （cm）	平均叶片数 （片/株）
灰泥田 （碱解氮 184.31mg/kg）	N1	18.0	3.9	37.2	15.8	8.0
	N2	24.0	4.3	40.2	16.1	9.0
	N3	25.5	4.4	39.2	17.8	9.0
	N4	26.7	4.4	38.7	17.0	9.0
	N5	23.5	4.0	36.6	15.5	9.0
灰黄泥田 （碱解氮 127.27mg/kg）	N1	15.8	3.5	34.0	14.2	7.5
	N2	18.3	3.7	36.2	14.4	8.0
	N3	19.7	4.0	36.5	14.5	9.0
	N4	21.9	4.1	38.8	15.2	9.5
	N5	19.8	3.7	35.3	13.0	9.0
潮砂田 （碱解氮 105.45mg/kg）	N1	12.9	3.1	28.8	11.1	7.0
	N2	14.4	3.2	32.6	12.0	8.5
	N3	16.0	3.4	34.9	12.6	9.5
	N4	14.9	3.4	32.2	13.7	8.0
	N5	17.0	3.5	32.5	13.8	9.0

烟株移栽后 45d（表 1-23），在碱解氮含量 105.45mg/kg 的潮砂田上，方差分析表明，各处理烟株的株高、平均叶片数、最大叶长、最大叶宽差异显著，茎围差异不显著。N1 处理（不施氮肥）烟株的株高、茎围、最大叶长、最大叶宽、平均叶片数最小，分别

为 23.9cm、3.8cm、29.7cm、12.7cm、11.5 片/株；与 N1 处理相比，各处理烟株的株高增加了 29.71%～65.27%，茎围增加了 10.53%～21.05%，平均叶片数增加了 3～5 片/株。其他处理烟株的株高和最大叶长显著高于 N1 处理的烟株，其最大叶宽和平均叶片数极显著高于不施氮处理烟株的最大叶宽和平均叶片数。N5 处理（施氮 1.90g/盆）烟株的株高、茎围、平均叶片数最大，分别为 39.5cm、4.6cm、16.5 片/株。可见，N1 处理烟株长势最差，N5 处理烟株长势最好。

表 1-23　不同供氮水平对烤烟生长状况的影响（盆栽试验，移栽后 45d）

土壤类型	处理	株高 （cm）	茎围 （cm）	最大叶长 （cm）	最大叶宽 （cm）	平均叶片数 （片/株）
灰泥田 （碱解氮 184.31mg/kg）	N1	47.3	5.0	40.9	20.5	16.5
	N2	48.0	5.3	43.5	21.5	18.0
	N3	53.6	5.5	45.0	22.4	17.0
	N4	50.4	5.0	45.5	21.5	16.5
	N5	44.3	4.7	44.4	18.5	16.5
灰黄泥田 （碱解氮 127.27mg/kg）	N1	36.5	4.1	36.1	15.7	15.0
	N2	39.3	4.2	38.9	17.0	16.0
	N3	42.4	4.8	40.7	19.2	16.0
	N4	42.5	5.0	43.3	19.4	16.5
	N5	37.6	4.5	38.8	15.0	15.0
潮砂田 （碱解氮 105.45mg/kg）	N1	23.9c	3.8	29.7b	12.7eD	11.5cB
	N2	31.0b	4.3	36.2a	13.5dC	14.5bA
	N3	36.0ab	4.5	40.2a	16.4aA	14.5bA
	N4	36.3ab	4.2	40.1a	15.3cB	14.5bA
	N5	39.5a	4.6	39.8a	15.5bB	16.5aA

注：表中小写字母代表 0.05 差异显著性水平，大写字母代表 0.01 差异显著性水平。

在灰黄泥田（碱解氮含量 127.27mg/kg）上，N4 处理（施氮 1.35 g/盆）烟株的株高、茎围、最大叶长、最大叶宽、平均叶片数都最大，分别为 42.5cm、5.0cm、43.3cm、19.4cm、16.5 片/株，但与其他处理差异不显著。在碱解氮含量 184.31mg/kg 的灰泥田上，与对照相比，N2 处理（施氮 0.45 g/盆）、N3 处理（施氮 0.90 g/盆）、N4 处理（施氮 1.35g/盆）烟株的株高依次增加了 0.6cm、6.3cm、3.1cm；以 N3（施氮 0.90g/盆）处理烟株的株高、茎围、最大叶宽最大，分别为 53.6cm、5.5cm、22.4cm；N5 处理最小，长势最差；N4 处理烟株长势比 N3 处理长势略差一些，但各处理株高、茎围、最大叶长、最大叶宽、平均叶片数差异不显著。

烟株移栽后 75d（表 1-24），在潮砂田（碱解氮含量 105.45mg/kg）、灰黄泥田（碱解氮含量 127.27mg/kg）、灰泥田（碱解氮含量 184.31mg/kg）上，各处理烟株的株高差异显著。在潮砂田（碱解氮含量 105.45mg/kg）上，烟株的株高、最大叶长和最大叶宽、平均叶片数随着氮肥用量的增加依次增高，其中以 N5 处理（施氮 1.9 g/盆）烟株株高、茎围、最大叶长、最大叶宽、平均叶片数最大，分别为 79.7cm、5.8cm、42.9cm、17.9cm、18.0 片/株，其显著高于 N1 处理、N2 处理烟株株高、茎围、最大叶面积、平均叶片数。

在灰黄泥田（碱解氮含量 127.27mg/kg）上，N4 处理烟株的株高最大，达 87.2cm，较对照提高了 20.1%。方差分析表明，N3 处理、N4 处理、N5 处理烟株的株高和茎围差异不显著，显著高于对照；N3 处理、N4 处理、N5 处理烟株的最大叶宽极显著高于 N2 处理、N1 处理的烟株，其最大叶长和平均叶片数差异不显著。可见，N3 处理、N4 处理、N5 处理的烟株长势好于 N1 处理烟株的长势。在灰泥田（碱解氮 184.31mg/kg）上，各处理的烟株株高依次为 N5＞N4＞N3＞N1＞N2，N5 处理的烟株株高最大，为 95.5cm，但 N3 处理、N4 处理、N5 处理烟株的株高差异不显著，各处理烟株的茎围、最大叶长、最大叶宽、平均叶片数差异不显著。

表 1-24　不同供氮水平对烤烟生长状况的影响（盆栽试验，移栽后 75d）

土壤类型	处理	株高（cm）	茎围（cm）	最大叶长（cm）	最大叶宽（cm）	平均叶片数（片/株）
灰泥田（碱解氮 184.31mg/kg）	N1	82.1bc	5.8	43.2	21.6	18.5
	N2	73.5c	5.9	46.0	20.9	18.0
	N3	88.2ab	6.7	48.7	24.3	17.0
	N4	94.0a	6.4	46.9	23.5	21.5
	N5	95.5a	6.4	47.3	21.8	20.0
灰黄泥田（碱解氮 127.27mg/kg）	N1	72.5b	4.4b	36.9	15.9cC	16.0
	N2	80.9ab	5.2a	39.8	18.1bB	17.5
	N3	86.1a	6.0a	43.2	20.5aA	19.5
	N4	87.2a	5.8a	45.6	20.7aA	18.5
	N5	87.1a	5.8a	44.9	21.1aA	17.5
潮砂田（碱解氮 105.45mg/kg）	N1	43.7dD	3.6cC	29.4cC	12.4c	12.5cB
	N2	55.4cC	4.4bB	37.5bB	13.8bc	15.5bA
	N3	69.7bB	5.5aA	41.1aAB	16.4ab	16.5abA
	N4	76.0aAB	5.4aA	41.4aAB	16.6a	16.5abA
	N5	79.7aA	5.8aA	42.9aA	17.9a	18.0aA

注：表中小写字母代表 0.05 差异显著性水平，大写字母代表 0.01 差异显著性水平。

综合可知，在烟株移栽后 25d，灰泥田（碱解氮 184.31mg/kg）N2 至 N4（施氮 0.45～1.35g/盆）处理烟株的长势较好，N5 处理（施氮 1.9g/盆）烟株的生长受到抑制；灰黄泥田（碱解氮 127.27mg/kg）N4 处理（施氮 1.45g/盆）烟株的长势最好，潮砂田（碱解氮 105.45mg/kg）则以 N5 处理（施氮 1.9g/盆）烟株的长势最好。在烟株移栽后 75d，灰泥田不施氮处理（N1）烟株的长势与其他处理的烟株长势差异缩小，灰黄泥田以 N4 处理、潮砂田以 N5 处理的烟株长势最好，说明土壤碱解氮含量不同，烟株生长适宜的施氮量具有明显的差异。

1.4.2　对烤烟生育期的影响

盆栽试验观察结果表明（表 1-25）：在潮砂田（碱解氮含量 105.45mg/kg）上，不施氮肥（N1）处理，烟株明显生长不良，未出现团棵期性状，未现蕾，早衰严重，整个生育期只有 79d；施氮量 1.35～1.90g/盆（N4、N5）处理的烟株在移栽后 32d 进入团棵期，而 N2、N3 处理的烟株在移栽后 40～45d 才进入团棵期，出现早衰现象，且 N2、N3 处理的烟株比 N4、N5 处理的烟株迟 10～19d 才现蕾，生育期也分别只有 82d、89d，说明在潮砂田（碱解氮含量 105.45mg/kg）上，施氮量在 0.90g/盆以下，将严重影响烟苗生长，使烟苗团棵期明显推迟甚至不能进入团棵期，现蕾期推迟，严重影响了烟苗的生育进程。

表 1-25　不同供氮水平对烤烟生育期的影响（盆栽试验）

土壤类型	处理	移栽至团棵期天数	移栽至现蕾期天数（d）	移栽至脚叶成熟期天数（d）	中、上部烟叶落黄情况	移栽至采摘结束天数（d）
灰泥田 （碱解氮 184.31mg/kg）	N1	32	58	56	落黄偏早	96
	N2	32	59	63	落黄基本正常	102
	N3	31	61	68	落黄正常	111
	N4	30	63	72	偏青落黄较迟	122
	N5	35	66	78	贪青落黄迟	131
灰黄泥田 （碱解氮 127.27mg/kg）	N1	41	76	未成熟先黄化	早衰早落黄	84
	N2	38	70	未成熟先黄化	早衰早落黄	88
	N3	36	65	60	落黄偏早	93
	N4	33	65	62	落黄基本正常	106
	N5	33	60	66	落黄正常	113
潮砂田 （碱解氮 105.45mg/kg）	N1	—	未现蕾	未成熟先黄化	早衰严重	79
	N2	43	78	未成熟先黄化	早衰	82
	N3	40	69	未成熟先黄化	早衰早落黄	89
	N4	32	59	55	落黄偏早	103
	N5	32	59	60	落黄正常	110

在碱解氮含量 127.27mg/kg 的灰黄泥田上，施氮量 1.35g/盆（N4）、1.90g/盆（N5）处理的烟株在移栽后 33d 进入团棵期，中、上部烟叶正常落黄；N1、N2 处理的烟株比 N4、N5 处理的烟株推迟 5～8d 进入团棵期，移栽 70d 以后才现蕾，生育期分别只有 84d、88d；N3 处理的烟株移栽后 36d 进入团棵期，中、上部烟叶落黄偏早，说明在土壤碱解氮含量 127.27mg/kg 的灰黄泥田上，施氮量在 0.45g/盆以下，将严重影响烟苗的生长，使烟苗团棵期、现蕾期推迟，烟叶出现早衰现象；施氮 0.90g/盆时，中、上部烟叶的落黄偏早，生育期为 93d，比 N5 处理的早 20d 采收。

在碱解氮含量 184.31mg/kg 的灰泥田上，不施氮肥（N1）处理、施氮量 0.45g/盆（N2）、0.90g/盆（N3）、1.35g/盆（N4）处理的烟株在移栽后 30～32d 就进入团棵期；

而施氮量 1.90g/盆（N5）处理的烟株比 N1 至 N4 处理的烟株迟 3～5d 进入团棵期，各处理的烟株在移栽后 58～66d 进入现蕾期。不施氮肥（N1）处理烟株的中、上部烟叶落黄偏早；N2、N3 处理烟株的脚叶落黄在 65d 左右，中、上部烟叶正常落黄；N4、N5 处理烟株的脚叶在移栽后 70d 后才落黄，中、上部烟叶落黄也偏迟。与 N3 处理相比，N5 处理烟株的脚叶迟 10d 落黄，整个生育期长 20d，达 131d，说明在灰泥田（碱解氮 184.31mg/kg）上，团棵期以前不施用氮肥，土壤中的有效氮基本能满足烟苗苗期生长的需要；在烟苗生长中、后期，不施氮肥处理由于氮素供应不足，导致中、上部烟叶落黄偏早；施氮量达 1.90g/盆处理，由于施氮量过多，导致烟株贪青晚熟。

1.4.3 对烤烟叶片碳代谢的影响

（1）不同供氮水平对烤烟叶片光合色素的影响

叶绿体色素承担着光能的吸收、传递与转化功能，为碳水化合物的合成提供必不可少的能量（赵立红等，2004），其含量与植物的光合作用能力密切相关，可作为反映叶片光合性能强弱的指标。叶绿体色素含量的增加有利于延长叶片功能期，提高光合作用，直接影响碳水化合物的合成，是碳同化的重要生理指标（刘雪松等，1991）。

从表 1-26 可知，移栽后 30d，在潮砂田（碱解氮含量 105.45mg/kg）上，与对照（N1）相比，其他处理烟株叶片的叶绿素 a 和叶绿素 b 含量极显著高于对照，N5 处理（施氮 1.90g/盆）烟叶的叶绿素 a 含量最大，达 1.450mg/g FW。N2 处理（施氮 0.45g/盆）、N5 处理烟叶的叶绿素总量极显著高于其他处理。N2 至 N5 处理烟叶的类胡萝卜素与对照（N1）相比依次分别增加了 0.074mg/g FW、0.144mg/g FW、0.104mg/g FW、0.159mg/g FW。在灰黄泥田（碱解氮含量 127.27mg/kg）上，烤烟叶片的叶绿素 a、叶绿素 b 和叶绿素总量随着氮肥用量的增加而呈上升趋势。当施氮量 1.35～1.90g/盆时，烟叶的叶绿素 a、叶绿素 b、叶绿素总量的含量极显著高于其他处理。在灰泥田（碱解氮 184.31mg/kg）上，N4 处理、N5 处理烟叶的叶绿素 a 含量极显著高于其他处理，烟叶的叶绿素总含量显著高于其他处理；各处理烟叶的类胡萝卜素含量差异不显著，N4 处理、N5 处理烟叶类胡萝卜素含量高于其他处理，分别为 0.515mg/g FW、0.510mg/g FW。可见，在潮砂田（碱解氮含量 105.45mg/kg）、灰黄泥田（碱解氮含量 127.27mg/kg）、灰泥田（碱解氮含量 184.31mg/kg）上，在烟苗生长前期，增施氮肥有利于光合色素含量的增加，有利于提高烟叶的光合作用。

表 1-26　不同供氮水平对烤烟叶片叶绿素含量的影响（盆栽试验，移栽后 30d）

土壤类型	处理	叶绿素 a (mg/g FW)	叶绿素 b (mg/g FW)	叶绿素 (mg/g FW)	类胡萝卜素 (mg/g FW)
灰泥田 （碱解氮 184.31mg/kg）	N1	1.555bB	0.475ab	2.03bAB	0.480
	N2	1.360cC	0.410b	1.77cB	0.420
	N3	1.450cBC	0.480ab	1.93bcB	0.430
	N4	1.745aA	0.550a	2.30aA	0.515
	N5	1.735aA	0.565a	2.30aA	0.510

（续）

土壤类型	处理	叶绿素 a (mg/g FW)	叶绿素 b (mg/g FW)	叶绿素 (mg/g FW)	类胡萝卜素 (mg/g FW)
灰黄泥田 (碱解氮 127.27mg/kg)	N1	1.325bB	0.400cC	1.725cB	0.395ab
	N2	1.295bB	0.385cC	1.680cB	0.459a
	N3	1.375bB	0.510bB	1.885bB	0.353b
	N4	1.715aA	0.555bAB	2.270aA	0.459a
	N5	1.735aA	0.625aA	2.360aA	0.406ab
潮砂田 (碱解氮 105.45mg/kg)	N1	0.775cC	0.270dC	1.045cC	0.281c
	N2	1.430aA	0.535aA	1.965aA	0.355b
	N3	1.350bB	0.405cB	1.755bB	0.425a
	N4	1.335bB	0.420bcB	1.755bB	0.385ab
	N5	1.450aA	0.460bB	1.910aA	0.440a

注：表中小写字母代表 0.05 差异显著性水平，大写字母代表 0.01 差异显著性水平。

在移栽后 55d（表 1-27），在潮砂田（碱解氮含量 105.4mg/kg）上，各处理烤烟叶片的叶绿素 a、叶绿素 b、叶绿素总量和类胡萝卜素含量的差异都达到极显著水平，随着氮肥用量的增加，烟株叶片的叶绿素 a、叶绿素 b、叶绿素总量和类胡萝卜素的含量逐渐升高。不施氮处理烟株叶片的叶绿素 a、叶绿素 b、叶绿素总量和类胡萝卜素含量最低，分别只有 0.315mg/g FW、0.115mg/g FW、0.435mg/g FW、0.090mg/g FW，施氮 0.45g/盆（N2）处理烟株叶片的叶绿素 a、叶绿素 b、叶绿素总量和类胡萝卜素含量次之，分别为 0.485mg/g FW、0.170mg/g FW、0.655mg/g FW、0.150mg/g FW。可见，当施氮量≤0.45g/盆时，烟株叶片的光合色素含量较低，将会影响烟株的光合能力。

在灰黄泥田（碱解氮含量 127.27mg/kg）上，烟叶的叶绿素 a、叶绿素 b、叶绿素总量和类胡萝卜素的含量随氮肥用量的增加逐渐升高，与潮砂田上变化趋势相同。N4、N5 处理（施氮 1.35～1.90g/盆）烟株叶片的叶绿素 a、叶绿素总量和类胡萝卜素的含量极显著高于 N1 至 N3 处理，叶绿素总量分别达 1.970mg/g FW、1.980mg/g FW，较对照增加了 143%～144%；光合色素含量维持在较高的水平，烟株的光合能力得到充分发挥，植株生长良好。

在灰泥田（碱解氮含量 184.31mg/kg）上，各处理烟株叶片的叶绿素 a、叶绿素 b、叶绿素总量和类胡萝卜素含量也达到极显著水平，且随氮肥用量的增加烟叶光合色素含量有所增加。不施氮处理烟株叶片的叶绿素 a、叶绿素 b、叶绿素总量和类胡萝卜素的含量最低，分别为 0.87mg/g FW、0.285mg/g FW、1.160mg/g FW、0.244mg/g FW，烟叶的光合色素含量维持在较低的水平，影响烟株的光合能力，不利于烟株的生长发育。

表 1-27　不同供氮水平对烤烟叶片光合色素含量的影响（盆栽试验，移栽后 55d）

土壤类型	处理	叶绿素 a (mg/g FW)	叶绿素 b (mg/g FW)	叶绿素 (mg/g FW)	类胡萝卜素 (mg/g FW)
灰泥田 (碱解氮 184.31mg/kg)	N1	0.875eE	0.285dD	1.160eE	0.244dD
	N2	1.475cC	0.500bB	1.975cC	0.337bB
	N3	1.210dD	0.375cC	1.585dD	0.315cC
	N4	1.685bB	0.550aA	2.235bB	0.363aA
	N5	1.720aA	0.565aA	2.285aA	0.362aA
灰黄泥田 (碱解氮 127.27mg/kg)	N1	0.610dD	0.250cD	0.810dD	0.179eE
	N2	0.940cC	0.300bcCD	1.235cC	0.269dD
	N3	1.145bB	0.365bBC	1.510bB	0.310cC
	N4	1.505aA	0.465aAB	1.970aA	0.355bB
	N5	1.515aA	0.470aA	1.980aA	0.377aA
潮砂田 (碱解氮 105.45mg/kg)	N1	0.315eE	0.115dD	0.435eE	0.096eE
	N2	0.485dD	0.170cC	0.655dD	0.150dD
	N3	1.010cC	0.320bB	1.325cC	0.280cC
	N4	1.080bB	0.330bB	1.410bB	0.290bB
	N5	1.635aA	0.540aA	2.175aA	0.375aA

注：表中小写字母代表 0.05 差异显著性水平，大写字母代表 0.01 差异显著性水平。

　　由表 1-28 可知，移栽后 75d，在潮砂田（碱解氮含量 105.45mg/kg）、灰黄泥田（碱解氮含量 127.27mg/kg）、灰泥田（碱解氮含量 184.31mg/kg）上，烤烟叶片的叶绿素 a、叶绿素 b、叶绿素总量、类胡萝卜含量随着氮肥用量的增加呈上升趋势。在灰泥田（碱解氮含量 184.31mg/kg）上，N5 处理（施氮 1.90g/盆）烟叶的叶绿素含量仍然很高，为 2.095mg/g FW，与对照相比，高 1.555mg/g FW，说明在移栽后 75d，施氮 1.90g/盆处理烟株叶片的光合作用仍然很强，不利于烟叶的正常落黄。

　　烟苗移栽后 3 个不同时期的测定结果表明，在碱解氮含量 105.45mg/kg 的潮砂田、碱解氮含量 127.27mg/kg 的灰黄泥田、碱解氮含量 184.31mg/kg 的灰泥田上，烟叶的光合色素含量随着氮肥用量的增加而呈上升的趋势，说明氮肥的施用有利于提高烟株的光合能力。随着烟株生育期的进程，潮砂田（碱解氮含量 105.45mg/kg）上 N1 处理和 N2 处理，灰黄泥田（碱解氮含量 127.27mg/kg）上 N1 处理，烟株叶片中的叶绿素含量在整个时期保持较低的水平，但移栽后 75d 略有增加，这可能是由于烤烟生长量小，土壤中少量的氮素供应仍能使叶片的叶绿素含量不降低。其他处理烟叶的叶绿素含量逐渐下降，有利于烤烟叶片的落黄，适时采收。灰泥田（碱解氮含量 184.31mg/kg）上的 N5 处理烟株叶片的叶绿素含量在移栽后 75d 仍然很高，导致烟叶贪青晚熟，这与试验观察记录相一致。

表 1-28　不同供氮水平对烤烟叶片叶绿素含量的影响（盆栽试验，移栽后 75d）

土壤类型	处理	叶绿素 a (mg/g FW)	叶绿素 b (mg/g FW)	叶绿素 (mg/g FW)	类胡萝卜素 (mg/g FW)
灰泥田 （碱解氮 184.31mg/kg）	N1	0.395dD	0.145dC	0.540dD	0.116dD
	N2	0.690cC	0.225cB	0.915cC	0.200cC
	N3	0.715cC	0.260cB	0.975cC	0.201cC
	N4	1.435bB	0.495bA	1.935bB	0.300bB
	N5	1.540aA	0.560aA	2.095aA	0.349aA
灰黄泥田 （碱解氮 127.27mg/kg）	N1	0.660eD	0.230cB	0.895dC	0.179cB
	N2	0.770dC	0.270cB	1.045cC	0.213bB
	N3	1.050cB	0.430bA	1.485bB	0.234bB
	N4	1.515aA	0.480abA	1.995aA	0.358aA
	N5	1.465bA	0.525aA	1.995aA	0.380aA
潮砂田 （碱解氮 105.45mg/kg）	N1	0.525dC	0.195bB	0.710cD	0.134cC
	N2	0.590cC	0.240bB	0.825cCD	0.144cC
	N3	0.740bB	0.255bB	0.995bBC	0.213bB
	N4	0.790bB	0.265bB	1.055bB	0.219bB
	N5	1.125aA	0.435aA	1.560aA	0.276aA

注：表中小写字母代表 0.05 差异显著性水平，大写字母代表 0.01 差异显著性水平。

（2）不同供氮水平对烤烟叶片蔗糖转化酶的影响

蔗糖转化酶可催化植物体内主要同化产物蔗糖不可逆转地水解为单糖，促进叶绿体内磷酸丙糖向外运转，使叶绿体中淀粉积累减少，光合碳固定过程加强，其与碳转化代谢强度密切相关，因此可作为衡量碳代谢的一个重要指标（史宏志等，1999；刘卫群等，2002；史宏志，1998）。

试验结果表明（表 1-29），移栽后 30d，在灰泥田（碱解氮含量 184.31mg/kg）和灰黄泥田（碱解氮含量 127.27mg/kg）上，各处理烟株叶片的蔗糖转化酶活性差异不显著，说明在烟苗生长前期，氮肥的施用对蔗糖转化酶的活性影响较小。在碱解氮含量 105.45mg/kg 的潮砂田上，N1 处理烟株叶片的蔗糖转化酶活性最低，为 5.99mg/（g FW·h），与对照相比，N2 至 N5 处理烟株叶片的蔗糖转化酶活性依次增加了 1.03mg/（g FW·h）、4.88mg/（g FW·h）、3.16mg/（g FW·h）、3.58mg/（g FW·h）。可见，在潮砂田上，施氮 0.90～1.90g/盆，有助于烟叶转化酶活性的上升，促进碳代谢的增强。

移栽后 55d 和移栽后 75d，在灰黄泥田（碱解氮含量 127.27mg/kg）上，N5 处理烟株叶片的转化酶活性极显著高于其他处理；其转化酶活性从移栽后 30d 到移栽后 55d 呈现上升，到移栽后 75d 呈现下降，其上升和下降的程度比其他处理均大；这可能是由于当烤烟从移栽后 30d 到移栽后 55d，烤烟生长处于旺长期，后期酶活性降低有助于淀粉的积累，N5 处理有助于烟株对光合产物的运输和利用。N1、N2 处理烟株在移栽后 75d 烟叶的转化酶活性分别为 9.39mg/（g FW·h）、9.68mg/（g FW·h），极显著低于其他处理。在灰泥田（碱解氮含量 184.31mg/kg）上，移栽后 55d，N4、N5 处理烟株叶片的转化酶活性极显著高于其他处理，N1 处理烟株叶片的转化酶活性为 13.49 mg/（g FW·h），极显著低于其他处理，说明灰黄泥田 N1、N2 处理和灰泥田 N1 处理烟株的营养生长可能会受到影响，碳水化合物的合成受阻。

表 1-29　不同供氮水平对烤烟叶片蔗糖转化酶的影响

土壤类型	处理	蔗糖转化酶［mg/（g FW·h）］		
		移栽后 30d	移栽后 55d	移栽后 75d
灰泥田（碱解氮 184.31mg/kg）	N1	9.64a	13.49eE	11.15cB
	N2	12.45a	16.50cC	14.02abA
	N3	9.71a	14.50dD	13.29bA
	N4	10.64a	24.13bB	10.28dB
	N5	11.67a	29.826aA	14.17aA
灰黄泥田（碱解氮 127.27mg/kg）	N1	10.42a	16.62cC	9.39dC
	N2	12.90a	19.09bB	9.68dC
	N3	10.07a	17.72bcBC	11.66cB
	N4	13.02a	16.34cC	12.35bB
	N5	10.53a	29.48aA	13.66aA
潮砂田（碱解氮 105.45mg/kg）	N1	5.99c	14.43eE	8.99eD
	N2	7.02bc	19.175bB	10.66dC
	N3	10.87a	18.10cC	11.25cC
	N4	9.15abc	16.88dD	12.73bB
	N5	9.58ab	21.96aA	14.33aA

注：表中小写字母代表 0.05 差异显著性水平，大写字母代表 0.01 差异显著性水平。

（3）不同供氮水平对烤烟叶片可溶性糖含量的影响

在潮砂田（碱解氮含量 105.45mg/kg）上，烟株在移栽后 55d 和 75d，烤烟叶片的可溶性糖含量随着氮肥用量的增加先上升后下降，施氮量在 0～1.35g/盆的范围时，随着氮肥用量的增加，烤烟叶片的可溶性糖含量增加（图 1-3）。N4、N5 处理烟株叶片的可溶性糖含量在移栽后 55d 要低于 N1、N2、N3 处理，而在后期高于其他处理，N1 处理烟株在整个时期烟叶的可溶性糖含量缓慢上升，移栽后 75d，烤烟叶片的可溶性糖含量为 26.26%，低于其他处理。N2、N3 处理烟株叶片的可溶性糖含量从移栽后 30d 到移栽后 55d 上升的快，而从移栽后 55d 到移栽后 75d 上升缓慢，说明 N2、N3 处理烟株前期可溶性糖含量的积累高于 N4、N5 处理，不利于烟株群体的增加，可能会使烟株生长变慢，不利于烟株的生育进程。

在灰黄泥田（碱解氮含量 127.27mg/kg）上（图 1-4），烟株在移栽后 55d，施氮量 0～0.9g/盆时，随着氮肥用量的增加烟叶的可溶性糖含量上升；施氮量 1.35～1.9g/盆，随着氮肥用量的增加烟叶的可溶性糖含量下降。烟株在移栽后 75d，烟株叶片的可溶性糖含量最高的为 N3 处理，达 3.36%；与 N3 处理相比，其他处理烟叶的可溶性糖含量与

N3 处理的差异不显著。N1、N3 处理烟株在整个时期烟叶的可溶性糖含量缓慢上升；N2 处理烟株叶片的可溶性糖含量在移栽后 55d 最大，而后有所下降，施氮 0.45g/盆处理的烟株在移栽后 55d 可溶性糖含量最高，叶片中光合产物积累多，不利于烟株的生长；N4、N5 处理烟株叶片的可溶性糖含量在前期积累小于 N1、N2、N3 处理，说明施氮 1.35～1.90g/盆处理的烟株，在前期可以提供更多的碳水化合物用于烟株的生长，后期利于碳的积累代谢。

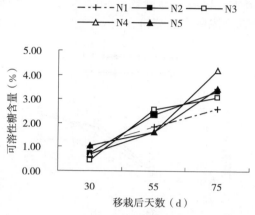

图 1-3　潮砂田不同氮肥用量对叶片可溶性糖含量的影响

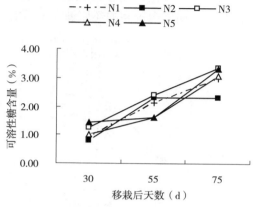

图 1-4　灰黄泥田不同氮肥用量对叶片可溶性糖含量的影响

在灰泥田（碱解氮含量 184.31mg/kg）上，烟株在移栽后 55d，烟株叶片的可溶性糖含量随着土壤氮肥用量的增加而逐渐下降，氮肥的施用抑制了可溶性糖的积累（图 1-5）。N1（施氮 0g/盆）处理的烟叶可溶性糖含量最高，为 2.30%；与 N1 处理相比，其他处理的烟叶可溶性糖含量分别降低了 5.22%、27.83%、37.36%、50.78%，N4、N5 处理烟叶的可溶性糖含量过低，在移栽后 55d，N4、N5 处理烟株叶片的光合产物积累明显小于其他处理，将有利于烟株生物量的增加。在移栽后 75d，烟叶的可溶性糖含量随氮肥用量的增加先上升后下降，N3、N4 处理烟叶的可溶性糖含量显著高于其他处理，N5 处理烟叶的可溶性糖含量

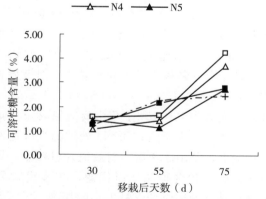

图 1-5　灰泥田不同氮肥用量对叶片可溶性糖含量的影响

仍然低，可见在移栽后 75d，N5 处理烟叶碳的积累少，可能由于氮素供应过多，不利于烟株进入正常的碳代谢，影响烟株的正常落黄；施氮 0～0.45g/盆，烟株前期氮素供应不足导致可溶性糖的积累高于其他处理，可能会使烟株生长缓慢。

（4）不同供氮水平对烤烟叶片还原糖含量的影响

由图 1-6、图 1-7、图 1-8 可知，移栽后 30d，在潮砂田（碱解氮含量 105.45mg/kg）、

灰黄泥田（碱解氮含量 127.27mg/kg）、灰泥田（碱解氮含量 184.31mg/kg）上，各处理烟株叶片的还原糖含量差异不显著。在碱解氮含量 105.45mg/kg 的潮砂田上，烟株在移栽后 55d，各处理烤烟叶片的还原糖含量大小为 N5＞N2＞N1＞N3＞N4，且各处理差异达到显著。在移栽后 75d，随着氮肥用量的增加，烟株叶片的还原糖含量逐渐上升。随着烟株生育期的进程，N1（施氮 0g/盆）和 N2（施氮 0.45g/盆）处理烟株叶片的还原糖含量先上升后下降，其他各处理烟株叶片的还原糖含量呈现上升的趋势，这说明 N1 和 N2处理烟株碳的转化代谢在移栽后 55d 左右达到最大，以后逐渐减弱，N3、N4、N5 处理烟株叶片后期体内较高的还原糖含量可能有利于其合成较多的淀粉。

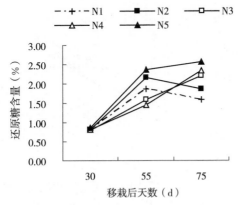

图 1-6　潮砂田不同氮肥用量对叶片还原糖含量的影响

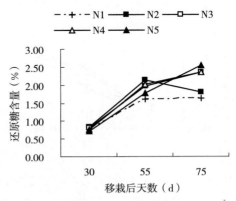

图 1-7　灰黄泥田不同氮肥用量对叶片还原糖含量的影响

在碱解氮含量 127.27mg/kg 灰黄泥田上，方差分析表明，N2（施氮 0.5g/盆）、N3（施氮 0.9g/盆）、N4（施氮 1.35g/盆）处理的烟叶还原糖含量在移栽后 55d 差异不显著，但极显著高于 N1（施氮 0g/盆）、N5（施氮 1.90g/盆）处理，可能因为 N1 处理土壤中有效氮含量严重不足，光合产物少所致；而 N5 处理的烟叶还原糖含量较低，是由于土壤中有效氮含量较多，导致较多的碳水化合物用于氮代谢。在移栽后 75d，各处理烟叶的还原糖含量大小顺序为 N5＞N4＞N3＞N2＞N1，与潮砂田的变化趋势相同。随着烟株生育期的进程，N2（施氮 0.45g/盆）处理

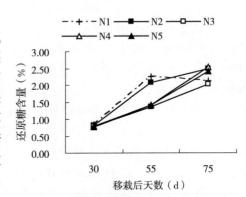

图 1-8　灰泥田不同氮肥用量对叶片还原糖含量的影响

烟叶的还原糖含量先上升后下降，N1（施氮 0.5g/盆）处理烟叶的还原糖含量先上升后趋于稳定；施氮量 0.90～1.90g/盆，烟叶的还原糖含量呈现上升的趋势；有利于后期碳的积累代谢，N1、N2 处理烟叶的还原糖含量在移栽后 55d 开始下降，可能导致烟株叶片的提前落黄。

在碱解氮含量 184.31mg/kg 的灰泥田上，移栽后 55d，各处理烤烟叶片的还原糖含量大小为 N1＞N2＞N5＞N4＞N3，经方差分析表明，N1、N2 处理极显著高于其他处理，

N3、N4、N5 处理差异不显著，且 N1 处理烟株叶片的还原糖含量达到最大，说明在移栽后 55d，施氮 0～0.45g/盆处理烟株叶片的还原糖含量高，叶片中光合产物积累多，不利于烟株的生长；施氮 0.90～1.90g/盆不利于烟叶还原糖的积累，利于烟株的氮代谢。随着烟株生育期的进程，N2、N3、N4、N5 处理烟株叶片的还原糖含量呈现上升的趋势，有利于其后期合成较多的淀粉，转入碳的积累代谢。

（5）不同供氮水平对烤烟叶片淀粉含量的影响

烟叶的淀粉是碳积累代谢的主要指标，其含量的多少与烤烟的燃烧性密切相关，淀粉含量高，烟叶的燃烧性差（中国农业科学院烟草研究所，1987；韩富根等，2014）。

在碱解氮含量 105.45mg/kg 的潮砂田、碱解氮含量 127.27mg/kg 的灰黄泥田、碱解氮含量 184.31mg/kg 的灰泥田（图 1-9、图 1-10、图 1-11）上，在移栽后 30d 和移栽后 55d，烟叶的淀粉含量随着土壤氮肥用量的增加而降低，在移栽后的 75d，各处理烟叶的淀粉含量相近。潮砂田（碱解氮含量 105.45mg/kg）、灰黄泥田（碱解氮含量 127.27mg/kg）、灰泥田（碱解氮含量 184.31mg/kg）的 N1（不施氮肥）和潮砂田（碱解氮含量 105.45mg/kg）上的 N2（施氮 0.45g/盆）处理在移栽后 55d，烟叶的淀粉含量高，说明其氮肥不足，有利于碳水化合物的积累。在灰泥田上的 N4（施氮 1.35g/盆）、N5（施氮 1.90g/盆）处理在移栽后 55d，烟叶的淀粉含量很低，说明其氮肥施用过量，不利于碳水化合物的积累。

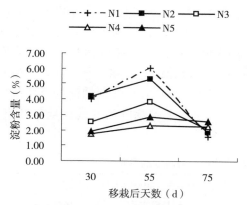

图 1-9　潮砂田不同氮肥用量对叶片淀粉含量的影响

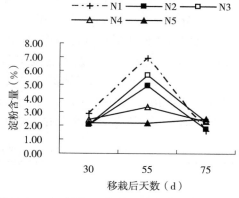

图 1-10　灰黄泥田不同氮肥用量对叶片淀粉含量的影响

随着烟株生育期的进程，在碱解氮含量 105.45mg/kg 的潮砂田上，N1（施氮 0g/盆）、N2（施氮 0.45g/盆）处理烟叶的淀粉含量在移栽后 55d 急速下降，N3（施氮 0.9g/盆）处理烟叶的淀粉含量先缓慢上升后缓慢下降，N4（施氮 1.35g/盆）、N5（施氮 1.90g/盆）处理烟叶的淀粉含量处于缓慢上升的趋势；在碱解氮含量 127.27mg/kg 的灰黄泥田上，施氮量 0～0.90g/盆，烟叶的淀粉含量先缓慢上升后缓慢下降；N4（施氮 1.35g/盆）处理的烟叶淀粉含量变化缓慢，N5（施氮 1.90g/盆）处理的烟叶淀粉含量呈缓慢上升的趋势；在灰泥田（碱解氮含量 184.31mg/kg）上，N1（施氮 0g/盆）、N2（施氮 0.45g/盆）、N3（施氮 0.90g/盆）处理烟叶的淀粉含量变化趋势与灰黄泥田上的 N1、N2、N3 处理烟叶的淀粉含量变化趋势相同，N4（施氮 1.35g/盆）、N5（施氮 1.9g/盆）

处理的烟叶淀粉含量先缓慢下降后缓慢上升。可见，潮砂田和灰黄泥田上 N4、N5 处理烟叶的淀粉含量后期缓慢上升有助于烤烟叶片的碳积累代谢。

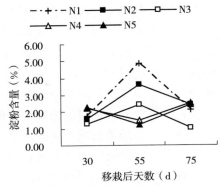

1.4.4 对烤烟氮代谢的影响

（1）不同供氮水平对烤烟叶片硝酸还原酶的影响

硝酸还原酶（NR）是植物氮代谢过程中重要的调节酶和限速酶，催化 $NO_3^- \rightarrow NO_2^-$ 转化，硝酸还原酶活性高，NO_3^- 的还原转化能力就强，其活性可作为衡量氮代谢的指标（刘国顺，2003）。硝酸还原酶活性的强弱将直接影响烟株中氮素含

图 1-11　灰泥田不同氮肥用量对叶片淀粉含量的影响

量的高低，只有植株积累的氮素达到一定量后，才能将其分配到各器官以保证各项生命活动的进行和维持。

从表 1-30 可以看出，烤烟叶片的硝酸还原酶活性随着土壤供氮水平的提高而升高，在移栽后 55d 表现的尤为明显。在碱解氮含量 105.45mg/kg 的潮砂田和碱解氮含量 127.27mg/kg 的灰黄泥田上 N1 处理（不施氮）烟株叶片的硝酸还原酶活性在整个生育期均呈较低水平，在移栽后 55d 分别为 34.43μg/（g FW·h）、39.62μg/（g FW·h），移栽后 75d 分别只有 6.04μg/（g FW·h）、8.19μg/（g FW·h），显著低于其他处理，说明不施氮肥对 NR 酶活性有抑制作用，NR 酶活性下降时间提早，导致烟株叶片早衰。在移栽后 75d，灰黄泥田（碱解氮含量 127.27mg/kg）N5（施氮 1.9g/盆）和灰泥田（碱解氮含量 184.31mg/kg）N4（施氮 1.35g/盆）、N5（施氮 1.9g/盆）处理烟叶的 NR 酶活性仍然大于 30μg/（g FW·h），酶活性维持在较高水平，上部烟叶的氮代谢依然旺盛，影响上部烟叶的正常落黄，这与试验观察记录的相一致。

表 1-30　不同供氮水平对烤烟叶片硝酸还原酶活性的影响

土壤类型	处理	硝酸还原酶活性［μg/（g FW·h）］		
		移栽后 30d	移栽后 55d	移栽后 75d
灰泥田 （碱解氮 184.31mg/kg）	N1	18.56cC	42.77eE	15.60dD
	N2	17.71dD	57.77dD	19.60cC
	N3	17.89dD	72.89cC	14.44eE
	N4	24.81bB	102.97bB	34.19aA
	N5	33.07aA	113.55aA	32.71bB
灰黄泥田 （碱解氮 127.27mg/kg）	N1	20.14eE	39.62eE	8.19eE
	N2	24.59cC	58.51dD	26.39bB
	N3	24.09dD	66.58cC	12.17dD
	N4	31.10bB	91.73bB	20.45cC
	N5	39.48aA	110.95aA	31.51aA

（续）

土壤类型	处理	硝酸还原酶活性 [μg/（g FW·h）]		
		移栽后 30d	移栽后 55d	移栽后 75d
潮砂田 （碱解氮 105.45mg/kg）	N1	15.78eD	34.43eE	6.044dC
	N2	18.24cC	46.69cC	13.24cB
	N3	24.51aA	43.75dD	15.84aA
	N4	18.68bB	84.38bB	15.91aA
	N5	18.12dC	95.19aA	15.10bA

注：表中小写字母代表 0.05 差异显著性水平，大写字母代表 0.01 差异显著性水平。

在潮砂田（碱解氮含量 105.45mg/kg）、灰黄泥田（碱解氮含量 127.27mg/kg）、灰泥田（碱解氮含量184.31mg/kg）上，烟株叶片的 NR 酶活性以移栽后 55d 最高，移栽后 30d 次之，移栽后 75d 的酶活性急剧下降，这说明移栽后 55d 时烟株叶片的氮代谢旺盛，有助于烟株合成较多的蛋白质以满足烤烟旺长的需要，移栽后 75d 的酶活性急剧下降，有利于烟株及时转向碳积累代谢。

（2）不同供氮水平对烤烟叶片可溶性蛋白质含量的影响

从图 1-12、图 1-13、图 1-14 可以看出，在移栽后 55d，在潮砂田（碱解氮含量 105.45mg/kg）、灰黄泥田（碱解氮含量 127.27mg/kg）、灰泥田（碱解氮含量 184.31mg/kg）上烟株叶片的可溶性蛋白质含量，随着氮肥用量的增加而明显升高，这与移栽后 55d 烟株叶片的硝酸还原酶活性变化趋势相同。

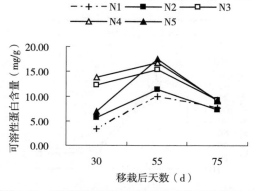

图 1-12　潮砂田不同氮肥用量对叶片可溶性蛋白质的影响

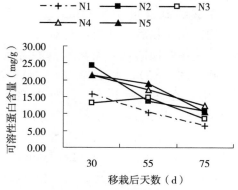

图 1-13　灰黄泥田不同氮肥用量对叶片可溶性蛋白质的影响

烟苗移栽后 55d 和 75d，在碱解氮含量 105.45mg/kg 的潮砂田上，N1、N2 处理（施氮 0～0.45g/盆）烟株叶片的可溶性蛋白质含量明显低于其他处理，且在整个生长时期烟叶的可溶性蛋白质含量都很低，说明施氮 0～0.45g/盆处理烟株叶片内的蛋白质合成缓慢，导致烤烟生长发育迟缓，影响烟株的生育进程。各处理从移栽后 30d 到移栽后 55d 烟叶的可溶性蛋白质含量上升，从移栽后 55d 到移栽后 75d 却下降，说明烟叶的氮代谢减弱。

在碱解氮含量 127.27mg/kg 的灰黄泥田上，移栽后 55d 和 75d，N1 处理烟株叶片的可溶性蛋白质含量显著低于其他处理，分别只有 8.62mg/kg、6.57mg/kg；不施氮肥严重影响烟叶可溶性蛋白质的合成，移栽后 55d，N4、N5 处理烟株叶片的可溶性蛋白质含量高于其他处理。N3（施氮 0.9g/盆）处理的烟叶可溶性蛋白质含量先缓和上升后下降，其他处理的烟叶可溶性蛋白质含量呈下降趋势，且随着土壤氮肥用量的增加，变化趋势减缓。

在灰泥田（碱解氮含量 184.31mg/kg）上，N4、N5 处理（施氮 1.35～1.90g/盆）烟株叶片的可溶性蛋白质含量移栽后 55d 明显高于其他处理，N5 处理（施氮 1.90g/盆）烟株叶片的

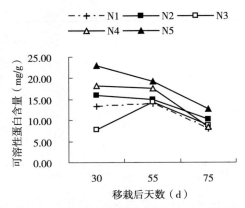

图 1-14　灰泥田不同氮肥用量对叶片可溶性蛋白质的影响

可溶性蛋白质含量最大；在烟苗移栽后 75d，N5 处理烟株叶片的可溶性蛋白质含量显著高于其他处理，其他处理烟叶的可溶性蛋白质含量差异不显著。N1（施氮 0g/盆）处理的烟叶可溶性蛋白质含量前期变化不大，后期呈下降趋势，其他处理烟叶的可溶性蛋白质含量呈下降趋势，这说明随着生育期的进程，烟叶的氮代谢逐渐减弱，氮代谢的减弱有利于烟株叶片向碳的积累代谢转化。

（3）不同供氮水平对烤烟叶片游离氨基酸含量的影响

烟叶香气量的多少及品质的优劣与氨基酸种类、数量及作用的条件有密切关系，烟叶中的氨基酸和糖的非酶棕色化反应是产生香味物质的重要过程之一。

在碱解氮含量 105.45mg/kg 的潮砂田上，烟株在移栽后 30d 时，与对照（N1）相比，其他各处理的烟叶游离氨基酸含量都高于对照（图 1-15），大小为 N3＞N5＞N2＞N4＞N1；在移栽后 55d，N4 处理烟叶的游离氨基酸含量最高，为 61.66mg/100g，与 N4 相比，N1、N2、N3、N5 处理分别降低了 41.81、36.36、31.76、26.15 mg/100g，在移栽后 75d，N5（施氮 1.9g/盆）处理烟叶的游离氨基酸含量高于其他处理，但各处理烟叶的游离氨基酸含量差异不显著。可见，施氮 1.35～1.9g/盆有利于烟叶游离氨基酸含量的增加，且 N4 处理烟株叶片的游离氨基酸

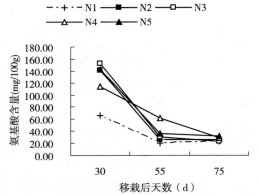

图 1-15　潮砂田不同氮肥用量对叶片游离氨基酸的影响

含量下降幅度较其他处理小，有利于烟株叶片的游离氨基酸合成蛋白质。

在灰黄泥田（碱解氮含量 127.27mg/kg）上，烟株移栽后 75d，N4、N5 处理烟叶的游离氨基酸含量高于 N1、N2、N3 处理，N1、N2、N3 处理烟叶的游离氨基酸含量差异不明显（图 1-16）；N1 处理烟叶的游离氨基酸含量在整个生育期都比较低，游离氨基酸含量先急剧下降后缓慢下降，可能由于氮肥不足导致氮代谢弱。N2、N3 处理烟叶的游离

氨基酸含量直线下降；N4、N5 处理烟叶的游离氨基酸含量先下降后变化缓慢。

在灰泥田（碱解氮含量 184.31mg/kg）上，烟株移栽后 75d，随着土壤氮肥用量的增加烟叶的游离氨基酸含量逐渐增加（图 1-17）；N5 处理烟叶的游离氨基酸高于其他处理。除 N1 处理外，其他处理的烤烟叶片游离氨基酸含量呈现先急剧下降后缓慢下降的趋势，从移栽后 30d 到移栽后 55d，烟叶的游离氨基酸含量急剧下降，可能前期游离氨基酸用于合成蛋白质，满足了烟株生长发育的需要。

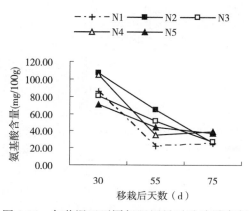

图 1-16 灰黄泥田不同氮肥用量对叶片游离氨基酸的影响

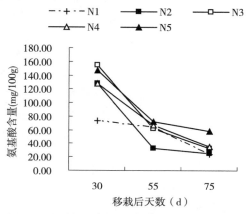

图 1-17 灰泥田不同氮肥用量对叶片游离氨基酸的影响

（4）不同供氮水平对不同时期烤烟各器官含氮量的影响

盆栽试验结果表明（表 1-31、表 1-32），土壤施氮量明显影响烟株体内的含氮量，随着土壤施氮量的增加，烟株不同叶位及不同部位氮含量均有一定程度的增加。移栽后 48d，在碱解氮含量 105.45mg/kg 的潮砂田上，N1 至 N3（施氮 0～0.90 g/盆）处理烟株上部烟叶、中部烟叶、下部烟叶的含氮量明显低于 N4、N5 处理，尤其是 N1 处理上部烟叶、中部烟叶、下部烟叶的含氮量分别为 1.64％、1.37％、1.17％，N1 处理烟株在移栽后 48d 烟叶的含氮量已经很低，烟株矮小，烟叶提早落黄。在烟株采收时，N1 处理烟株不同部位烟叶的含氮量变化不大，其他处理在烟株采收时烟叶及根、茎的含氮量都大幅下降，尤其是 N4、N5 处理，这说明在烟株后期氮代谢减弱，这与后期烟叶的氨基酸和蛋白质含量下降、硝酸还原酶活性下降相一致。施氮量 0～0.9g/盆烟株烟叶的含氮量处于较低水平。

在碱解氮含量 127.27mg/kg 的灰黄泥田上，移栽后 48d，烟株上部烟叶、中部烟叶、下部烟叶的含氮量大小顺序为 N5＞N4＞N3＞N2＞N1，施氮量 0g/盆（N1 处理）烟株烟叶的含氮量明显低于其他处理，N5 处理烟株上部烟叶、中部烟叶、下部烟叶、根、茎的含氮量最大，分别为 4.63％、4.21％、4.43％、2.69％、1.80％，与 N5 处理相比，N2、N3、N4 处理烟株上部烟叶、中部烟叶、下部烟叶、根、茎的含氮量分别下降 1.05、1.93、2.20、0.80、0.43；0.23、0.62、1.17、0.61、0.20；0.63、0.52、1.13、0.45、0.14 个百分点。可见，N3、N4 处理烟株不同部位的含氮量与 N5 处理相近。N1、N2、N3 处理烟株采收后下部烟叶和 N1 处理中部烟叶的含氮量偏低，分别为 1.22％、1.32％、1.44％、1.43％，说明这些处理中、下部烟叶的品质将会受到影响。

在碱解氮含量为 184.31mg/kg 的灰泥田上，各处理烟株根、茎的含氮量差异不大。在移栽后 48d，施氮量 1.35~1.9g/盆处理的烟株中、上部烟叶的含氮量明显高于其他处理，这可能会不利于后期烟叶的落黄。在采收结束时，N1、N2 处理烟株下部烟叶的含氮量明显低于其他处理，N5 处理烟株上部烟叶的含氮量为 2.32%，高于其他处理，这将不利于优质烟叶的形成。

表 1-31　不同供氮水平对烟株各部位含氮量的影响（盆栽试验，移栽后 48d）

土壤类型	处理	上部叶（%）	中部叶（%）	下部叶（%）	根（%）	茎（%）
灰泥田 （碱解氮 184.31mg/kg）	N1	3.32	2.88	3.19	2.02	1.42
	N2	3.76	4.74	2.73	2.16	1.36
	N3	3.41	3.06	1.67	2.41	1.56
	N4	5.79	5.67	2.34	2.41	1.87
	N5	4.95	6.12	2.48	2.34	2.01
灰黄泥田 （碱解氮 127.27mg/kg）	N1	2.61	2.19	1.83	1.70	1.37
	N2	3.58	2.28	2.23	1.89	1.37
	N3	4.40	3.59	3.26	2.08	1.60
	N4	4.00	3.69	3.30	2.24	1.66
	N5	4.63	4.21	4.43	2.69	1.80
潮砂田 （碱解氮 105.45mg/kg）	N1	1.64	1.37	1.17	1.47	1.13
	N2	2.33	1.78	1.79	2.29	1.22
	N3	3.19	2.49	2.64	1.99	1.55
	N4	4.02	4.33	4.34	2.31	1.58
	N5	4.41	4.34	4.08	2.33	2.19

表 1-32　不同供氮水平对烟株各部位含氮量的影响（盆栽试验，采收结束后）

土壤类型	处理	上部叶（%）	中部叶（%）	下部叶（%）	根（%）	茎（%）
灰泥田 （碱解氮 184.31mg/kg）	N1	1.77	1.75	1.20	1.51	0.52
	N2	1.76	1.76	1.33	1.17	0.58
	N3	2.10	2.03	1.62	1.51	1.12
	N4	1.99	2.10	1.84	1.58	0.68
	N5	2.32	2.17	1.72	1.78	1.24
灰黄泥田 （碱解氮 127.27mg/kg）	N1	1.81	1.43	1.22	1.57	0.42
	N2	1.72	1.57	1.32	1.69	0.53
	N3	1.77	1.53	1.44	1.72	0.55
	N4	1.81	1.80	1.64	1.62	0.61
	N5	2.23	1.95	1.93	1.88	1.21

（续）

土壤类型	处理	上部叶（%）	中部叶（%）	下部叶（%）	根（%）	茎（%）
潮砂田（碱解氮 105.45mg/kg）	N1	1.70	1.43	1.39	1.25	0.82
	N2	1.41	1.31	1.33	1.33	0.71
	N3	1.46	1.53	1.37	1.51	0.55
	N4	1.60	1.57	1.52	1.70	0.50
	N5	1.98	1.64	1.47	1.57	0.76

从烟株的不同部位来看，移栽后 48d 和采收时烟株不同部位的氮含量表现出烟叶＞烟根＞烟茎的规律；烟株不同部位烟叶的氮含量为上部叶＞中部叶＞下部叶，但上部烟叶与中部烟叶的氮含量相近。在潮砂田（碱解氮含量 105.45mg/kg）、灰黄泥田（碱解氮含量 127.27mg/kg）、灰泥田（碱解氮含量 184.31mg/kg）上，采收时各处理烟株的烟叶及根、茎的含氮量比移栽后 48d 都有一定程度的下降，这说明在烟株后期氮代谢减弱。

1.4.5　对采收后烤烟干物质积累量的影响

盆栽试验结果表明（表 1-33），在潮砂田（碱解氮含量 105.45mg/kg）上，烤烟采收后各部位干物质量随着氮肥用量的增加而呈上升的趋势。N5 处理（施氮 1.90 g/盆）烟株的根干重、茎干重、烟叶干重、总干物质量都最大，分别为 6.17g/株、26.77g/株、37.28g/株、70.22g/株。N1（施氮 0g/盆）、N2 处理（施氮 0.45g/盆）烟株的茎干重、烟叶干重、总干物质量分别为 3.85g/株、8.36g/株；9.29g/株、19.00g/株；14.11 g/株、29.53g/株，显著低于其他处理，且 N1、N2 处理烟株的根干重分别只有 0.97g/株、2.17g/株；N1 处理烟株的生物量最低，仅占最高生物量（N5 处理）的 20.1%。

表 1-33　不同供氮水平对烤烟干物质积累量的影响（盆栽试验，采收结束后）

土壤类型	处理	根（g/株）	茎（g/株）	叶（g/株）	整株（g/株）
灰泥田（碱解氮 184.31mg/kg）	N1	2.15bcB	23.34cB	36.81bcC	62.31cB
	N2	0.96cB	21.02cB	34.45cC	56.43cB
	N3	5.171abAB	32.76bAB	45.87bBC	82.80bB
	N4	8.50aA	42.33aA	58.50aAB	109.34aA
	N5	8.63aA	43.30aA	65.46aA	117.39aA
灰黄泥田（碱解氮 127.27mg/kg）	N1	2.91bC	12.12bB	23.50eD	38.54cC
	N2	3.95bBC	17.78bB	33.18dC	54.91bBC
	N3	7.67aABC	23.87aA	39.55cB	71.10aAB
	N4	8.06aAB	28.34aA	43.60bAB	80.00aA
	N5	9.08aA	26.32aA	48.12aA	83.51aA

（续）

土壤类型	处理	根 （g/株）	茎 （g/株）	叶 （g/株）	整株 （g/株）
潮砂田 （碱解氮 105.45mg/kg）	N1	0.97cB	3.85cC	9.29cC	14.11cC
	N2	2.17bcAB	8.36cBC	19.00bBC	29.53cBC
	N3	3.71abAB	16.400bAB	31.14aAB	51.25bAB
	N4	4.62abAB	18.88abA	30.94aAB	54.43abAB
	N5	6.17aA	26.77aA	37.28aA	70.22aA

注：小写字母代表方差分析 LSD 法 0.05 水平上差异，大写字母代表方差分析 LSD 法 0.01 水平上差异。

在灰黄泥田（碱解氮含量 127.27mg/kg）上，随着土壤氮肥用量的增加，烟株的干物质量呈增加的趋势。当施氮量为 1.90g/盆时，烟株的根干重、烟叶干重、总干物质量均达到最大，分别为 9.08g/株、48.12g/株、83.51g/株；N4 处理（施氮 1.35g/盆）烟株的茎干物质量最大，为 28.3410g/株，N5 处理烟株的茎干物质量为 26.32g/株，与 N4 处理差异不显著。N3、N4 和 N5 处理烟株的总干物质量、根干重、茎干重差异不显著，但显著高于 N1、N2 处理；N1、N2 处理烟株的总干物质量分别占 N5 处理烟株总干物质重的 46.14%、65.75%；从烟叶干重来看，N1、N2 处理烟株烟叶干重分别占 N5 处理烟叶干重的 48.85%、68.96%。方差分析表明，N2 处理烟株的烟叶干重、总干物质量显著高于 N1 处理，N1 处理烟株的总干物质量只有 38.54g/株。

在碱解氮含量 184.31mg/kg 的灰泥田上，各处理烟株的生物量大小顺序为 N5＞N4＞N3＞N1＞N2。N4、N5 处理烟株的根干重、茎干重、烟叶干重、总干物质量差异不显著，分别为 8.50g/株、8.63g/株；42.33g/株、43.31g/株；58.50g/株、65.46g/株；109.34g/株、117.39g/株，显著高于其他处理。

可见，在潮砂田（碱解氮含量 105.45mg/kg）上 N1（施氮 0g/盆）和 N2（施氮 0.35g/盆）和灰黄泥田（碱解氮含量 127.27mg/kg）上 N1 处理的烟株各部位干物质量都处于低水平，这与烟株采收时的长势情况，出现早衰现象，光合色素含量低，光合产物合成少相一致；灰泥田上 N4、N5 处理烟株的生物量较高，与其烟株生育期长，后期光合色素含量较高相关，但其烟株中、上部烟叶的落黄偏迟，生育期长，烟叶的可溶性蛋白和游离氨基酸含量较高。可见，氮肥的施用与烟株的生物量呈正相关，过高的氮肥施用将会提高烟株的生物产量，但不利于烟株叶片的正常落黄及烟叶的品质。

1.5 不同供氮水平对大田烤烟碳氮代谢及烟叶品质的影响

田间试验是在自然的土壤、气候等生态条件下进行的生物试验，最接近于生产条件，能比较客观地反映农业实际，因而所得结果对生产更有实际和直接的指导意义（蔡海洋等，2015）。龙岩烟区是福建三大烟区之一，其植烟的土壤类型主要为灰泥田和黄泥田（蔡海洋等，2017），因而本试验选择具有代表性的青格灰泥田、灰黄泥砂田和黄泥田进行不同供氮水平对大田烤烟碳氮代谢及烟叶品质的影响。

大田试验设置：供试烤烟品种 K326，试验地点在龙岩烟区，供试土壤前作为水稻。试验地土壤的基本理化性状见表 1-34。

表 1-34 田间试验土壤的基本理化性质

土壤类型	pH	有机质（g/kg）	碱解氮（mg/kg）	有效磷（mg/kg）	速效钾（mg/kg）	交换性钙（mg/kg）	交换性镁（mg/kg）
青格灰泥田	6.11	36.25	168.37	28.79	184.66	585.70	30.57
灰黄泥砂田	5.13	33.53	142.29	25.10	112.40	466.19	22.65
黄泥田	5.48	28.60	105.61	20.65	96.72	542.89	57.28

每种水稻土均设置以下 6 个处理：

N1（A 处理）：不施氮肥（CK）；

N2（B 处理）：总氮量 97.5kg/hm²；

N3（C 处理）：总氮量 120.0kg/hm²；

N4（D 处理）：总氮量 142.5kg/hm²；

N5（E 处理）：总氮量 165.0kg/hm²；

N6（F 处理）：总氮量 192.0kg/hm²。

每个处理小区栽烟 55 株（行距 120cm，株距 50cm），随机区组排列，设 3 次重复，四周设保护行。各处理氮肥基肥占 80.0%，氮肥追肥占 20.0%。施 P_2O_5 72kg/hm²，K_2O 300kg/hm²；磷肥为过磷酸钙、磷酸铵，磷肥全部作基肥；钾肥用硫酸钾平衡，硫酸钾做基肥，硝酸钾做追肥。施氧化镁 75kg/hm²；硼肥用硼砂，施硼砂 15kg/hm²。要求所有肥料在烟苗移栽后 30d 内施完，其他栽培措施按照当地技术要求规范操作。

1.5.1 对烤烟大田农艺性状的影响

田间试验结果表明（表 1-35），在青格灰泥田（碱解氮含量 168.37mg/kg）、灰黄泥砂田（碱解氮含量 142.29mg/kg）、黄泥田（碱解氮含量 105.61mg/kg）上，烟苗移栽后 60d，不施氮肥处理烟株的株高、有效叶片数、最大叶长、最大叶宽都显著低于其他处理。

在黄泥田（碱解氮含量 105.61mg/kg）上，烟株的长势以氮肥施用量 165.0kg/hm²（E 处理）较好，其株高、有效叶片数、最大叶长、最大叶宽分别为 55.00cm、15.33 片/株、70.61cm、34.37cm；在灰黄泥砂田（碱解氮含量 142.29mg/kg）上，氮肥施用量在 97.5～165.0kg/hm²（B、E 处理）范围时，烟株的长势较好；在青格灰泥田（碱解氮含量 168.37mg/kg）上，烟株的长势以氮肥施用量为 165.0kg/hm²（E 处理）的处理较好，其株高、有效叶片数、最大叶长、最大叶宽分别为 59.09cm、17.44 片/株、66.48cm、31.28cm，氮肥施用量 192.0kg/hm²（F 处理）的烟株长势较 B 处理、C 处理、D 处理、E 处理的烟株长势差，株高只有 49.67cm，与 E 处理的烟株株高相差 9.42cm。

表 1-35　不同供氮水平对烤烟田间主要农艺性状的影响（龙岩田间试验，移栽后 60d）

土壤类型	处理 （kg/hm²）	株高 （cm）	有效叶片数 （片/株）	最大叶（长×宽） （cm×cm）
青格灰泥田 （碱解氮 168.37mg/kg）	A＝0.0	27.78	15.89	50.13×20.62
	B＝97.5	58.84	17.44	64.56×29.54
	C＝120.0	58.82	17.33	64.93×30.67
	D＝142.5	58.98	17.44	65.58×30.13
	E＝165.0	59.09	17.44	66.48×31.28
	F＝192.0	49.67	17.44	63.79×30.67
灰黄泥砂田 （碱解氮 142.29mg/kg）	A＝0.0	10.79	11.56	35.58×14.78
	B＝97.5	55.56	15.89	63.98×30.52
	C＝120.0	56.11	16.00	64.97×31.26
	D＝142.5	55.63	15.89	65.38×32.13
	E＝165.0	55.89	15.89	66.22×32.29
	F＝192.0	47.83	14.78	61.41×29.72
黄泥田 （碱解氮 105.61 mg/kg）	A＝0.0	11.61	11.44	38.87×17.31
	B＝97.5	54.80	15.11	63.33×31.53
	C＝120.0	54.79	15.22	67.62×32.77
	D＝142.5	55.00	15.22	67.54×33.99
	E＝165.0	55.00	15.33	70.61×34.37
	F＝192.0	56.56	14.67	68.61×32.79

1.5.2　对烤烟不同部位烟叶单叶重的影响

单叶重也是烟叶品质的重要指标，通过增加单叶重来提高单产。但是，随着叶重的增加，叶片在大小、厚薄和化学成分含量方面的变化都很大，从而影响烟叶品质。对烤烟来说，单叶重过低或过高，烟叶品质都较差，对于红花大金元中部叶单叶重在 10g 时，新植二烯和香气成分总量最大；单叶重为 12.41g 时，中部叶评吸总分最高，感官质量综合评价最好（焦哲恒，2016）。

由表 1-36 可以看出，在黄泥田（碱解氮含量 105.61mg/kg）和灰黄泥砂田（碱解氮含量为 142.29mg/kg）上，不施氮肥处理（A 处理）烤烟的脚叶、腰叶、顶叶分别为 2.72g/片、2.33g/片；3.42g/片、2.23g/片；3.71g/片、2.11g/片；平均单叶重也分别只有 3.28g/片、2.22g/片，均远远低于 5g，烟叶品质差。黄泥田上 D 处理烤烟的平均单叶重最大，为 8.94g/片，灰黄泥砂田上 E 处理（施氮 165.0kg/hm²）烤烟的平均单叶重最大，为 6.82g/片。但 B 处理、C 处理、D 处理、E 处理、F 处理烤烟的平均单叶重差异不大。

表 1-36 不同供氮水平对烤烟不同部位烟叶单叶重的影响（龙岩田间试验）

土壤类型	处理 (kg/hm^2)	脚叶 （g/片）	腰叶 （g/片）	顶叶 （g/片）	平均单叶重 （g/片）
青格灰泥田 （碱解氮 168.37mg/kg）	A＝0.0	3.89	3.36	2.36	3.20
	B＝97.5	6.50	7.81	7.24	7.18
	C＝120.0	5.73	8.10	8.74	7.52
	D＝142.5	5.66	10.22	9.50	8.46
	E＝165.0	4.09	9.31	9.00	7.47
	F＝192.0	4.62	8.39	9.52	7.51
灰黄泥砂田 （碱解氮 142.29mg/kg）	A＝0.0	2.33	2.23	2.11	2.22
	B＝97.5	6.60	7.64	5.76	6.67
	C＝120.0	5.58	7.59	6.12	6.43
	D＝142.5	5.31	7.29	7.46	6.68
	E＝165.0	4.76	8.11	7.59	6.82
	F＝192.0	5.40	8.39	6.52	6.77
黄泥田 （碱解氮 105.61mg/kg）	A＝0.0	2.72	3.42	3.71	3.28
	B＝97.5	5.94	10.15	8.08	8.06
	C＝120.0	5.88	10.45	8.57	8.30
	D＝142.5	6.08	10.65	10.08	8.94
	E＝165.0	5.73	11.81	9.19	8.91
	F＝192.0	4.95	10.78	10.25	8.66

在碱解氮含量为 168.37mg/kg 的青格灰泥田上，A 处理烤烟的脚叶、腰叶、顶叶部位的单叶重和平均单叶重最小，分别为 3.89g/片、3.36g/片、2.36g/片、3.20g/片，均低于 5g。施氮量 142.5kg/hm² （D 处理）处理烤烟的平均单叶重最大，为 8.46g/片，与 D 处理相比，B 处理烤烟的平均单叶重小 1.28g/片，C 处理、E 处理、F 处理烤烟的平均单叶重小 0.99~0.94g/片，可见，C 处理、D 处理、E 处理、F 处理烤烟的平均单叶重差异不大。

综上可知，在碱解氮含量 105.61mg/kg 的黄泥田、碱解氮含量 142.29mg/kg 的灰黄泥砂田、碱解氮含量 168.37mg/kg 的青格灰泥田上，不施氮处理烤烟的各部位单叶重和平均单叶重远低于 5g，烟叶品质差；其他各处理烤烟的不同部位烟叶的单叶重和平均单叶重远大于不施肥处理烤烟的单叶重，这说明不施氮肥严重影响了烤烟的烟叶品质，施用氮肥有利于提高烟叶的单叶重。

1.5.3　对不同叶位的烤烟叶片碳氮化合物的影响

（1）黄泥田上不同氮肥用量对不同叶位的烟叶碳氮化合物的影响

在碱解氮含量 105.61mg/kg 的黄泥田上（表 1-37），随着氮肥施用量的增加，烤烟下部叶的烟碱含量增加，中部叶和上部叶的烟碱含量规律不明显，同一处理，不同部位的烟碱含量为上部烟叶＞中部烟叶＞下部烟叶。A 处理（不施氮肥）烤烟的上部烟叶、中部烟叶、下部烟叶的烟碱含氮量都小于 1%，分别只有 0.99%、0.55%、0.25%；且各部位的含氮量也分别只有 1.32%、1.02%、1.05%，远低于 1.5%；B 处理（施氮量 97.5kg/hm²）烤烟的中部烟叶和下部烟叶的烟碱含量小于 1%，含氮量分别为 1.21%、1.24%，也远低于 1.5%；C 处理（施氮 120.0 kg/hm²）、D 处理（施氮 142.5kg/hm²）烤烟下部烟叶的烟碱含量低于 1%。

由表 1-37 可以看出，烟叶部位不同，其总糖和还原糖含量有所差别。各处理烟叶的总糖含量以中部烟叶最高，除 B 处理、C 处理外，其他处理烟叶的还原糖含量也是以中部烟叶的含量最高；随着氮肥用量的增加，不同部位烟叶的总糖和还原糖含量有所下降，但规律不明显。从上部烟叶来看，A 处理烟叶的总糖和还原糖的含量最高，分别达 37.00%、34.00%，A 处理、C 处理、D 处理烟叶的总糖含量差异不显著，施氮量 192.0kg/hm² 处理（F 处理）烟叶的总糖和还原糖含量最低，分别为 31.07%、27.14%，与 F 处理相比，E 处理（施氮 165kg/hm²）烟叶的总糖和还原糖含量分别只大 1.29、1.58 个百分点；从中、下部烟叶来看，A 处理、B 处理烟叶的总糖和还原糖的含量过高，远高于其他处理，由于氮肥施用不足，导致烟株的碳水化合物积累高。A 处理、B 处理各部位烟叶的总糖/碱、总糖/氮比值远高于其他处理，其下部烟叶的总糖/碱、总糖/氮比值分别达到 164.32∶1、39.12∶1；114.76∶1、31.47∶1；碳氮化合物比例严重失调；K/Cl 比值过低，严重影响烟叶的燃烧性；C 处理、D 处理中、下部烟叶的总糖/碱比值分别为 30.60∶1、73.08∶1；43.71∶1、52.38∶1，远高于 E、F 处理的中、下部烟叶；E、F 处理上部烟叶、中部烟叶、下部烟叶的氮/碱比值分别为 0.54∶1、0.81∶1、1.66∶1；0.63∶1、1.06∶1、1.05∶1，其上部烟叶的总糖/碱比值为 11.64∶1、12.09∶1，较符合国际优质烟叶所要求的（氮/碱 0.5~1∶1，总糖/烟碱 10~15∶1）。

表 1-37 黄泥田（碱解氮含量为 105.61mg/kg）不同氮肥用量
对烤烟叶片的烟碱、总糖、还原糖等含量的影响

处理（kg/hm²）	等级	总氮（%）	总糖（%）	还原糖（%）	烟碱（%）	氮/碱	总糖/碱	总糖/氮	钾/氯
	B₂F	1.32	37.00	34.00	0.99	1.33	37.37	28.03	2.97
A=0	C₃F	1.02	42.80	38.89	0.55	1.85	77.82	41.96	2.78
	X₂F	1.05	41.08	38.46	0.25	4.20	164.32	39.12	2.17
	B₂F	1.42	33.87	31.42	1.18	1.20	28.70	23.85	2.91
B=97.5	C₃F	1.21	39.83	35.92	0.88	1.38	45.26	32.92	2.86
	X₂F	1.24	39.02	36.38	0.34	3.65	114.76	31.47	1.79
	B₂F	1.41	36.80	33.06	1.82	0.77	20.22	26.10	2.59
C=120.0	C₃F	1.44	37.03	32.04	1.21	1.19	30.60	25.72	4.71
	X₂F	1.56	28.50	24.78	0.39	4.00	73.08	18.27	3.28
	B₂F	1.57	35.04	31.14	2.07	0.76	16.93	22.32	3.08
D=142.5	C₃F	1.22	39.78	34.26	0.91	1.34	43.71	32.61	4.48
	X₂F	1.28	36.14	30.33	0.69	1.86	52.38	28.23	3.19

（续）

处理 (kg/hm²)	等级	总氮 (%)	总糖 (%)	还原糖 (%)	烟碱 (%)	氮/碱	总糖/碱	总糖/氮	钾/氯
	B₂F	1.50	32.36	28.72	2.78	0.54	11.64	21.57	3.05
E=165.0	C₃F	1.54	35.34	30.06	1.91	0.81	18.50	22.95	4.37
	X₂F	1.69	29.22	25.02	1.02	1.66	28.65	17.29	4.20
	B₂F	1.62	31.07	27.14	2.57	0.63	12.09	19.18	4.84
F=192.0	C₃F	1.42	38.12	32.56	1.34	1.06	28.45	26.85	7.44
	X₂F	1.41	34.92	30.61	1.23	1.15	28.39	24.77	5.28

以上分析可知，在碱解氮含量 105.61mg/kg 的黄泥田上，当施氮量≤97.5kg/hm²，各部位烟叶的烟碱和氮含量过低，总糖和还原糖含量过高，碳水化合物比例严重失调，品质差，说明氮肥施用严重不足；当施氮量在 120.0～142.5kg/hm² 时，下部烟叶烟碱和含氮量偏低，中、下部烟叶的总糖/碱比值高，说明氮肥施用稍有不足；当氮肥施用量 165.0～192.0kg/hm²，烟叶的碳氮化合物的含量较为适宜，利于优质烟叶的形成。

（2）灰黄泥砂田上不同氮肥用量对不同叶位的烟叶碳氮化合物的影响

在碱解氮含量 142.29mg/kg 的灰黄泥砂田上（表 1-38），随着氮肥施用量的增加，烤烟各部位烟叶的烟碱含量有所增加，上部烟叶的烟碱含量有较明显的增加；同一处理，不同部位的烟碱含量为上部烟叶＞中部烟叶＞下部烟叶。各处理烤烟上部烟叶烟碱含量均低于 3.5%；A 处理、B 处理、C 处理烤烟下部烟叶的烟碱含量分别为 0.53%、0.58% 和 0.80%，均低于 1%；A 处理烤烟中部烟叶的烟碱含量为 0.62%，低于 1%。A 处理、B 处理烤烟不同部位烟叶的含氮量都低于 1.5%，C 处理烤烟的下部烟叶的含氮量为 1.29%，也低于 1.5%。可见，A 处理烤烟不同部位的烟碱含量和含氮量偏低，说明不施氮肥严重影响了烟叶的品质；B 处理烤烟下部烟叶烟碱含量偏低，各部位烟叶含氮量都偏低，说明氮肥施用不足；C 处理烤烟的下部烟叶的烟碱含量和含氮量偏低，说明氮肥施用稍有不足。

表 1-38　灰黄泥砂田（碱解氮含量为 142.29mg/kg）**上不同氮肥用量
对烤烟叶片的烟碱、总糖、还原糖等含量的影响**

处理 (kg/hm²)	等级	总氮 (%)	总糖 (%)	还原糖 (%)	烟碱 (%)	氮/碱	总糖/碱	总糖/氮	钾/氯
	B₂F	1.44	37.60	33.00	1.10	1.31	34.18	26.11	5.03
A=0	C₃F	1.20	45.60	37.50	0.62	1.94	73.55	38.00	5.47
	X₂F	1.25	42.80	35.00	0.53	2.36	80.75	34.24	6.63
	B₂F	1.46	36.46	32.75	1.86	0.78	19.60	24.97	6.65
B=97.5	C₃F	1.37	37.96	34.28	1.13	1.21	33.59	27.71	5.51
	X₂F	1.37	37.14	33.36	0.58	2.36	64.03	27.11	6.40

（续）

处理 (kg/hm²)	等级	总氮 (%)	总糖 (%)	还原糖 (%)	烟碱 (%)	氮/碱	总糖/碱	总糖/氮	钾/氯
	B₂F	1.63	33.65	29.84	2.31	0.71	14.57	20.64	4.80
C=120.0	C₃F	1.63	33.89	29.67	1.05	1.55	32.28	20.79	6.62
	X₂F	1.29	38.93	34.14	0.80	1.61	48.66	30.18	9.19
	B₂F	1.63	33.55	29.76	2.39	0.68	14.04	20.58	4.63
D=142.5	C₃F	1.57	36.67	32.94	1.23	1.28	29.81	23.36	8.49
	X₂F	1.80	29.70	25.52	1.06	1.70	28.02	16.50	6.43
	B₂F	1.76	33.04	29.20	2.82	0.62	11.72	18.77	5.08
E=165.0	C₃F	1.73	35.41	30.08	2.47	0.70	14.34	20.47	6.72
	X₂F	1.65	31.74	27.73	1.18	1.40	26.90	19.24	6.80
	B₂F	1.83	31.37	27.61	3.24	0.56	9.68	17.14	5.19
F=192.0	C₃F	1.69	36.21	31.42	1.99	0.85	18.20	21.43	7.37
	X₂F	1.72	37.03	32.37	1.91	0.90	19.39	21.53	7.03

各处理上部烟叶的总糖和还原糖含量随着氮肥用量的增加而逐渐降低；F 处理（施氮 192.0kg/hm²）上部烟叶的总糖和还原糖含量最低，分别为 31.37%、27.61%；A 处理（施氮 0kg/hm²）、B 处理（施氮 97.5kg/hm²）、C 处理（施氮 120.0kg/hm²）、D 处理（施氮 142.5kg/hm²）、E 处理（施氮 165.0kg/hm²）上部烟叶的总糖含量比 F 处理分别增加了 19.86%、16.23%、7.27%、6.95%、5.32%；A 处理、B 处理、C 处理、D 处理、E 处理上部烟叶的还原糖含量比 F 处理分别增加了 19.52%、18.62%、8.08%、7.79%、5.76%；C 处理、D 处理、E 处理、F 处理上部烟叶的总糖和还原糖含量差异不显著。从中部烟叶来看，C 处理（施氮 120.0kg/hm²）烟叶的总糖和还原糖含量最低，分别为 33.89%、29.67%，与 C 处理相比，D 处理、E 处理、F 处理烟叶的总糖含量高 1.52~2.78 个百分点，烟叶还原糖含量高 0.41~3.27 个百分点，A 处理、B 处理烟叶的总糖含量分别为 45.60%、37.96%，分别高 11.71、4.07 个百分点，烟叶还原糖含量分别高 7.83%、4.61%。从下部烟叶来看，施氮量 142.5kg/hm²（D 处理）烟叶的总糖和还原糖含量最低，分别为 29.70%、25.52%。与 D 处理相比，A 处理、B 处理、C 处理、E 处理、F 处理烟叶的总糖含量分别增加了 44.11%、25.05%、31.08%、6.87%、24.68%；烟叶还原糖含量分别增加了 37.15%、30.72%、25.25%、8.66%、26.84%。以上比较可以看出，A 处理不同部位烟叶的总糖和还原糖含量明显高于其他处理；B 处理中上部烟叶的总糖和还原糖含量明显高于 C 处理、E 处理、F 处理；D 处理、E 处理烤烟的下部烟叶的总糖和还原糖含量适中。

从碳氮化合物的比例来看，E 处理烤烟中、上部烟叶、F 处理各部位烟叶的氮/碱比值在 0.5~1:1 范围内，E 处理烤烟下部烟叶的氮/碱比值也接近 1:1，为 1.40:1，A 处理、B 处理烤烟下部烟叶的氮/碱比值过高，为 2.36:1，远高于其他处理下部烟叶的氮/碱 1.70~0.90:1，且 A 处理烤烟中、上部烟叶的氮/碱比值分别为 1.94:1；1.31：

1；A 处理上部烟叶、中部烟叶、下部烟叶的总糖/碱、总糖/氮比值分别为 34.18：1、73.55：1、80.75：1；26.11：1、38.00：1、34.24：1，远高于其他处理；E 处理烤烟中、上部烟叶的总糖/碱比值分别为 11.72：1、14.34：1，符合优质烟叶的要求，B 处理、C 处理、D 处理烤烟中部烟叶的总糖/碱比值显著高于 E 处理，分别达到了 33.59：1、32.28：1、29.81：1，F 处理烤烟中、上部烟叶的总糖/碱比值为 9.68：1、18.20：1，与 E 处理的总糖/碱比值差异不大；B 处理、C 处理烤烟下部烟叶的总糖/碱比值达到 48.66：1、64.03：1。可见，A 处理烤烟不同部位的烟碱含量和含氮量偏低，且还原糖和总糖含量偏高，导致碳氮化合物比例严重失调；B 处理、C 处理、D 处理烤烟中、下部烟叶的碳氮化合物比例不当。在碱解氮含量 142.29mg/kg 的灰黄泥砂田上，当氮肥施用量 165.0～192.0kg/hm² 时，烟叶的碳氮化合物含量、比例较为适宜，利于优质烟叶的形成。

（3）青格灰泥田上不同氮肥用量对不同叶位的烟叶碳氮化合物的影响

在碱解氮含量 168.37mg/kg 的青格灰泥田上（表 1-39），烤烟各部位烟叶的烟碱含量随氮肥施用量的变化趋势与灰黄泥沙田上烤烟叶片的规律相似。A 处理、B 处理、C 处理和 D 处理烤烟的上部烟叶烟碱含量分别为 2.08%、2.65%、3.10% 和 3.13%，均低于 3.5%；E 处理和 F 处理烤烟的上部烟叶烟碱含量分别为 3.62% 和 3.75%，均超过了 3.5%。A 处理、B 处理烤烟中部烟叶和下部烟叶的烟碱含量分别为 0.69%、0.58% 和 0.74%、0.70%，均低于 1%。可见，A 处理、B 处理烤烟的中部烟叶和下部烟叶的烟碱含量偏低，且 A 处理、B 处理烤烟的中部烟叶的含氮量分别为 1.37%、1.17%，A 处理烤烟的下部烟叶的含氮量为 1.35%，均低于 1.5%，烟叶的含氮量偏低；E 处理和 F 处理烤烟上部烟叶的烟碱含量偏高，对烤烟的品质不利，烟叶的工业可用性较差。A 处理、B 处理烤烟中部烟叶和下部烟叶的氮/碱比值分别为 1.99：1、2.33：1；1.58：1、2.23：1，比值偏高且远高于其他处理烤烟中部烟叶和下部烟叶的氮/碱比值。可见，氮肥施用量在 120.0～142.5kg/hm² 时，烟叶的烟碱含量和总氮含量较为适宜。

表 1-39　青格灰泥田（碱解氮含量为 168.37mg/kg）上不同氮肥用量

对烤烟叶片的烟碱、总糖、还原糖等含量的影响

处理 (kg/hm²)	等级	总氮 (%)	总糖 (%)	还原糖 (%)	烟碱 (%)	氮/碱	总糖/碱	总糖/氮	钾/氯
A＝0	B₂F	1.62	33.70	26.02	2.08	0.78	16.20	20.80	4.88
	C₃F	1.37	43.50	33.50	0.69	1.99	63.04	31.75	4.86
	X₂F	1.35	41.42	30.20	0.58	2.33	71.41	30.68	5.44
B＝97.5	B₂F	1.72	29.04	24.46	2.65	0.65	10.96	16.88	5.00
	C₃F	1.17	35.98	31.45	0.74	1.58	48.62	30.75	4.73
	X₂F	1.56	32.84	28.14	0.70	2.23	46.91	21.05	5.20
C＝120.0	B₂F	1.85	28.82	24.27	3.10	0.60	9.30	15.58	5.76
	C₃F	1.63	35.19	29.73	1.68	0.97	20.95	21.59	9.20
	X₂F	1.73	30.60	26.45	1.02	1.70	30.00	17.69	5.36

（续）

处理 (kg/hm²)	等级	总氮 (%)	总糖 (%)	还原糖 (%)	烟碱 (%)	氮/碱	总糖/碱	总糖/氮	钾/氯
	B₂F	1.84	26.76	21.99	3.13	0.59	8.55	14.54	5.39
D=142.5	C₃F	1.61	36.91	28.64	1.63	0.99	22.64	22.93	12.91
	X₂F	1.76	30.57	24.99	1.07	1.64	28.57	17.37	7.16
	B₂F	1.98	26.92	22.07	3.62	0.55	7.44	13.60	4.46
E=165.0	C₃F	1.84	32.83	26.80	2.27	0.81	14.46	17.84	10.07
	X₂F	1.82	30.04	23.60	1.53	1.19	19.63	16.51	9.65
	B₂F	2.07	27.02	21.40	3.75	0.55	7.21	13.05	5.16
F=192.0	C₃F	1.63	32.29	26.77	1.99	0.82	16.23	19.81	8.36
	X₂F	1.72	30.38	24.86	1.20	1.43	25.32	17.66	10.32

烟叶部位不同，其总糖含量有所差别。各处理烤烟叶片的总糖含量为中部烟叶＞下部烟叶＞上部烟叶；随着氮肥用量的增加，各处理烤烟不同部位叶片的总糖含量都有所下降。对照处理（A处理）的上部烟叶、中部烟叶和下部烟叶的总糖含量均最高，其值分别达到33.70％、43.50％和41.42％。与对照相比，其他处理烤烟的上部烟叶、中部烟叶和下部烟叶的总糖含量分别降低了18.83％～20.77％、15.15％～25.77％和20.71％～27.47％。B处理、C处理、D处理、E处理、F处理烤烟上部烟叶的总糖含量差异不显著，含量在29.04％～26.76％之间，下部烟叶的总糖含量在32.84％～30.04％之间；E处理、F处理烤烟中部烟叶的总糖含量分别为32.83％、32.29％，低于其他处理，B处理、C处理、D处理烤烟中部烟叶的总糖含量相近，分别为35.98％、35.19％、36.91％。

从表1-39可以看出，烟叶还原糖含量与总糖含量有类似规律。各处理烤烟叶片的还原糖含量为中部烟叶最高，下部烟叶的次之，上部烟叶最低。对照处理（A处理）烤烟叶片的还原糖含量最高，其上部烟叶、中部烟叶和下部烟叶的还原糖含量分别为26.02％、33.50％和30.20％。B处理、C处理、D处理、E处理、F处理烤烟上部烟叶的还原糖含量分别为24.46％、24.27％、21.99％、22.07％、21.40％，与对照相比较降低了5.99％～17.76％。从中部烟叶来看，A处理、B处理中部烟叶的还原糖含量高于其他处理，E处理、F处理中部烟叶的还原糖含量差异很小，分别为26.80％、26.77％，低于其他处理。从下部烟叶来看，B处理、C处理、D处理、E处理、F处理烤烟叶片的还原糖含量较对照分别下降1.06、3.75、5.21、6.60、5.34个百分点，A处理、B处理下部烟叶的还原糖含量相近，高于其他处理，D处理、E处理、F处理下部烟叶的还原糖含量相近。A处理各部位烟叶的总糖/碱、总糖/氮比值过高，远高于其他处理，B处理中、下部烟叶的总糖/碱比值分别也达到了48.62∶1、46.91∶1，说明当施氮量≤97.5kg/hm²时，烤烟叶片的碳氮化合物比例不当，不利于优质烟叶的形成；E、F处理烤烟由于上部烟叶的烟碱含量高于3.5％，导致上部烟叶的总糖/碱比值偏低，分别为7.44∶1、7.21∶1。

可见，在碱解氮含量168.37mg/kg的青格灰泥田上，施氮量120.0～142.5kg/hm² 时，烟叶的烟碱含量和总氮含量较为适宜，总糖和还原糖含量也较好，碳氮化合物比例适当，有利于优质烟叶的形成。

1.5.4 对烤烟产量和产值的影响

田间试验结果表明（表1-40），在碱解氮含量105.61mg/kg的黄泥田上，随着氮肥施用量的增加，烤烟的产量、产值、均价逐渐增加。氮肥施用量192.0kg/hm²（F处理）处理烟株的产量、产值、均价最好，分别为2 352.45kg/hm²、26 259.15元/hm²、11.16元/kg，与F处理相比，A处理、B处理、C处理、D处理、E处理烤烟的产量、产值分别降低了65.40%、78.88%；12.57%、18.29%；7.34%、11.06%；5.60%、7.67%；1.96%、2.40%。方差分析表明，A处理烤烟的产量、产值显著低于其他处理，E处理烤烟的产量、产值与F处理差异不显著。中上等烟比例以氮肥施用量142.5kg/hm²（D处理）和165.0kg/hm²（E处理）的较好，分别为95.76%、95.40%。

表1-40 不同供氮水平对烤烟产量和产值的影响（龙岩，田间试验）

土壤类型	处理 (kg/hm²)	产量 (kg/hm²)	均价 (元/kg)	产值 (元/hm²)	中上等烟比例 (%)
青格灰泥田 （碱解氮168.37mg/kg）	A=0.0	1 019.25c	6.88	7 020.30d	85.19
	B=97.5	2 249.85b	10.58	23 793.45c	96.63
	C=120.0	2 368.95ab	10.64	25 219.50bc	95.67
	D=142.5	2 379.75ab	11.23	26 741.55abc	95.67
	E=165.0	2 575.50a	11.61	29 892.45a	93.92
	F=192.0	2 504.55a	10.85	27 168.00ab	90.57
灰黄泥砂田 （碱解氮142.29mg/kg）	A=0.0	591.75d	6.93	4 117.95c	79.51
	B=97.5	2 146.50c	10.48	22 500.15b	94.85
	C=120.0	2 273.55bc	10.77	24 482.40ab	96.30
	D=142.5	2 320.80abc	11.11	25 782.15a	95.37
	E=165.0	2 397.00ab	11.06	26 505.00a	91.86
	F=192.0	2 451.00ab	11.16	27 361.80a	93.98
黄泥田 （碱解氮105.61mg/kg）	A=0.0	813.90d	6.81	5 546.25d	78.92
	B=97.5	2 056.65c	10.43	21 457.50c	93.15
	C=120.0	2 179.80bc	10.71	23 353.80bc	92.97
	D=142.5	2 220.75b	10.92	24 245.40ab	95.76
	E=165.0	2 306.40ab	11.11	25 629.00a	95.40
	F=192.0	2 352.45a	11.16	26 259.15a	92.63

注：表中标有不相同字母者差异达5%显著水平。

在碱解氮含量142.29mg/kg的灰黄泥砂田上，各处理烤烟的产量、产值大小依次为F处理＞E处理＞D处理＞C处理＞B处理＞A处理。A处理（施氮0kg/hm²）烤烟的产量、产值、均价以及中上等烟比例显著低于其他处理,施氮量 192.0kg/hm² 处理(F 处理)烤烟的产量、产值、均价都最高,分别为 2 451.00kg/hm²、27 361.80 元/hm²、11.16 元/kg;D、E 处理烤烟的产量和产值与 F 处理差异不显著,C 处理烤烟的产值与 F 处理差异也不显著。当氮肥施用量 142.5～192.0kg/hm² 时,烤烟的产量、产值、均价以及中上等烟比例都较好。

在碱解氮含量 168.37mg/kg 的青格灰泥田上,施氮 0kg/hm² 处理烤烟的产量、产值、均价以及中上等烟比例分别为 1 019.25kg/hm²、7 020.30 元/hm²、6.88 元/kg、85.19%;显著低于其他处理。烟株的产量、产值、均价以氮肥施用量 165.0kg/hm²(E处理)的最好,其产量、产值、均价分别为 2 575.50kg/hm²、29 892.45 元/hm²、11.61 元/kg,中上等烟比例达 93.92%;与 E 处理相比,C 处理、D 处理、F 处理烤烟的产量差异不显著;D 处理、F 处理烤烟的产值差异不显著。但 F 处理烤烟的产量、产值比 E 处理有所下降,F 处理每公顷比 E 处理多施 27kg 氮肥,但产值每公顷却减少 2 724.45 元,经济效益不好。B 处理、C 处理、D 处理烤烟的中上等烟比例分别为 96.63%、95.67%、95.67%,高于其他处理;与对照相比,其他处理烟叶的均价都高于对照。因此,施氮量 120.0～142.5kg/hm² 时,烤烟的产量、产值、中上等烟比例和均价都较好。

第 2 章　优质烤烟生产的磷素营养管理

磷是烟叶中许多重要化合物的组成成分，适宜的磷素供应是保证烤烟优质、高产的主要措施之一（易江婷，2009；蔡海洋等，2015）。烤烟的总磷量一般为其干物重的 $0.15\%\sim0.60\%$（P 计）。其中，中部烟叶磷素含量一般在 $0.20\%\sim0.30\%$ 之间居多（胡国松，2000）。烤烟吸收的磷主要是以 $H_2PO_4^-$ 和 HPO_4^{2-} 离子为主的无机磷，而有机磷化合物多以磷脂、核酸和植素的形态存在。施用磷肥时，对作物的有机磷含量影响不大，但无机磷含量大大增加。不同生育阶段烤烟磷素含量不同，且随成熟度的增加而下降。也有研究认为，磷含量在整个生育期的减少很少，仅 0.1% 左右（李志强等，2004；黄燕翔等，1995）。烤烟品种不同，磷素含量也有差异。增加磷肥的施用量可以提高烤烟的磷素含量。有研究表明，磷在植物体内的分布随着生长点的转移而转移，并有明显的顶端优势，不同部位叶片中磷含量随着叶片着生部位的上升而逐渐增加。一般中部烟叶质量优于上部烟叶。成熟后的烤烟，叶部磷含量最高，茎次之，根最低（胡国松，2000）。但也有学者认为，成熟期茎中全磷含量与叶中全磷含量基本达到平衡（吴云霞等，1995）。烤烟生长对磷素的需要量不大，且与氮和钾相反，磷在整个生育期都是以稳定的速度吸收，分配也比较均匀（黄燕翔等，1995）。

磷素容易被土壤颗粒表面吸附或与土壤中的一些物质（Fe、Al、Ca 等）生成难溶的磷酸盐，从很大程度上影响磷的释放和对植物的有效性（李寿田等，2003）。南方土壤主要为酸性红壤，其铁、铝、锰等含量较高，如果通过传统方法施用磷肥，磷极易被土壤固定，作物对磷肥的当季利用率一般只有 $10\%\sim25\%$，达不到增加土壤有效磷的目的（刘灵等，2008）。土壤磷淋溶损失极小，相当一部分磷对后季作物仍然有效，随着磷肥年复一年的施用，使土壤磷素含量水平不断提高，供磷水平也逐渐增强（江朝静等，2004）。

生产上所施入的磷肥大大超出了作物所需，势必引起土壤中营养元素的供应发生变化，若不考虑磷的后效，就会出现磷肥施用量过多，对烤烟产量和品质产生负面效应的不良后果（江朝静等，2004）。鲁剑巍等（2005）指出，过量施用磷肥并不能有效提高作物产量；相反，由于过量施磷而导致作物对其他元素的吸收作用减弱，出现营养缺素的症状。郭胜利等（2005）的研究也指出，前期施入土壤中的磷肥能够降低土壤对磷肥的吸附强度和吸附量，但长期施用磷肥会降低土壤对磷素的吸附，使土壤磷素有效性和流失的可能性增加。据研究，福建烟区约有 50% 的植烟土壤有效磷含量较高，部分土壤有效磷含量较低（唐莉娜等，2008）。目前福建龙岩烟区烤烟专用肥中的磷肥比例基本一致，在有效磷含量缺乏或有效磷含量丰富的土壤上，磷肥的施用量基本相同，磷肥的施用效果不能充分发挥；在砂质土壤和有效磷含量丰富的土壤施用较多的磷肥，还可能引起磷素养分的淋失，对环境产生影响。因此，研究不同有效磷水平植烟土壤施用磷肥对土壤磷素的有效性、烤烟生长效应的影响，对于科学合理施用磷肥，保证烟叶的营养平衡，降低烟农的生产成本，提高烟叶产量和改善烟叶品质，减少或避免磷肥积累造成的环境污染都具有重要的实践意义。

为研究不同有效磷水平植烟土壤施用磷肥对烤烟生长效应的影响，在福建农林大学南区盆栽房进行了盆栽试验。供试土壤选择龙岩烟区主要的植烟土壤类型黄泥田、灰泥田和潮砂田，其基本理化性状见表 2-1。每种土壤设 5 个施磷水平，即施 P 量为 0g/盆、0.73g/盆、1.18g/盆、1.63g/盆、2.28g/盆，每一水平 4 个重复。N、K 的使用比例为 $N：K_2O=1：2.1$，施纯氮 1.2g/盆，N、K 肥分别为硝酸铵、硫酸钾。每盆装风干土 10kg，每盆栽烟 1 株，随机区组排列。供试烤烟品种为云烟 85，定期观察记载烤烟的生物学特性。烤烟现蕾后打顶，及时抹去腋芽。

表 2-1　供试土壤的基本性状

土壤类型	pH	有机质 (g/kg)	碱解氮 (mg/kg)	有效磷 (mg/kg)	速效钾 (mg/kg)	交换性钙 (mg/kg)	交换性镁 (mg/kg)
潮砂田	5.07	24.50	60.39	13.29	14.68	180.51	61.80
黄泥田	5.60	33.01	108.02	28.66	27.12	230.11	24.50
灰泥田	5.41	35.70	154.30	54.50	85.17	475.22	61.80

2.1　不同有效磷水平植烟土壤施用磷肥对烤烟农艺性状的影响

2.1.1　对烤烟株高的影响

从表 2-2 可以看出，烤烟移栽后 25d，有效磷含量为 28.66mg/kg 的黄泥田，各施磷处理的烤烟株高随施磷量的增加呈逐渐增加的趋势，最高值出现在施磷 1.35g/盆的处理上，烤烟株高为 20.2cm，施磷量 1.35g/盆和施磷 2.00g/盆的处理烤烟株高间差别很小；有效磷含量为 54.50mg/kg 的灰泥田，各施磷处理的烤烟株高随施磷量的增加先增加后降低，最高值出现在施磷量 0.90g/盆的处理上，为 29.4cm。此时，对黄泥田和灰泥田施用磷肥可以促进烤烟株高增长。烤烟移栽后 45d，潮砂田各施磷处理的烤烟株高随着施磷量的增加出现了明显的增加，烤烟株高由不施磷处理的 29.3cm 增加到施磷量为 2.00g/盆处理的 40.9cm，两处理的烤烟株高相差 11.6cm；黄泥田各施磷处理的烤烟株高保持增加的趋势，各处理的烤烟株高由不施磷处理的 31.2cm 增加到施磷量为 2.00g/盆处理的 55.4cm，两处理的烤烟株高相差 24.2cm；灰泥田各施磷处理的烤烟株高仍然是先增加后减少，最高值出现在施磷量 1.35g/盆的处理上，为 62.0cm，这与不施磷处理的烤烟株高相差 24.1cm。此时，黄泥田处理的烤烟株高受磷肥的影响最大，其次是灰泥田处理的烤烟。烤烟移栽后 60d，潮砂田、黄泥田和灰泥田各处理的烤烟株高都随施磷量的增加先增加后减少，最高值均出现在处理施磷量 1.35g/盆的处理，分别为 58.2cm、77.8cm、84.7cm，灰泥田各施磷处理的烤烟株高之间的差别较小。

表 2-2 不同有效磷水平植烟土壤施用磷肥对烤烟株高的影响（cm）

土壤类型	施磷量（g/盆）	移栽后 25d	移栽后 45d	移栽后 60d
潮砂田 （有效磷 13.29mg/kg）	0	—	29.3	43.1
	0.45	—	28.2	44.0
	0.90	—	30.3	48.4
	1.35	—	34.5	58.2
	2.00	—	40.9	60.8
黄泥田 （有效磷 28.66mg/kg）	0	13.4	31.2	50.8
	0.45	15.9	36.3	61.6
	0.90	17.7	45.3	70.9
	1.35	20.2	48.3	77.8
	2.00	19.0	55.4	73.5
灰泥田 （有效磷 54.50mg/kg）	0	16.5	37.9	56.9
	0.45	25.5	54.5	75.3
	0.90	29.4	60.3	83.1
	1.35	27.2	62.0	84.7
	2.00	23.2	58.8	84.5

从图 2-1、图 2-2 和图 2-3 中可以看出，不管是在哪个生长阶段，相同施磷水平下，烤烟株高顺序随土壤类型的变化均为灰泥田＞黄泥田＞潮砂田。移栽后 25d（图 2-1）3 种土壤处理的烤烟株高最高株和最矮株之间的差幅顺序为灰泥田（78.18%）＞黄泥田（50.75%）＞潮砂田（8.89%）；移栽后 45d（图 2-2）3 种土壤处理的烤烟株高最高株和最矮株之间的差幅顺序为黄泥田（77.60%）＞灰泥田（63.59%）＞潮砂田（45.04%）；移栽后 60d（图 2-3）3 种土壤处理的烤烟株高最高株和最矮株之间的差幅顺序为黄泥田（53.15%）＞潮砂田（35.03%）＞灰泥田（12.48%）。随着时间的推移，灰泥田上生长的烤烟株高增加速率逐渐降低，黄泥田和潮砂田上生长的烤烟株高增加速率却出现了先增后减的现象。可见在 3 种类型的土壤上，烤烟株高生长的最快时期不一致，其出现的先后顺序为灰泥田、黄泥田、潮砂田。

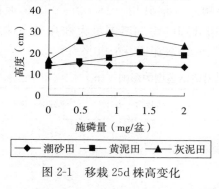

图 2-1 移栽 25d 株高变化

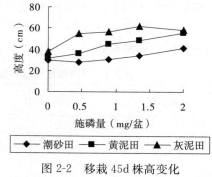

图 2-2 移栽 45d 株高变化

从表 2-2 可知，在移栽后 25d 到移栽后 60d 内，潮砂田处理的烤烟株高增长量随着施磷量的增加而逐渐增加，其最大株高增长量为 320.7％（施磷量 2.00g/盆的处理）；黄泥田处理的烤烟株高增长量随着施磷量的增加先增加后减少，其最大增长量为 300.6％（施磷量 0.45g/盆的处理）；灰泥田处理的烤烟株高增长量随着施磷量的增加先减少后增加，其株高最大增长量为 366.1％（不施磷处理）。可见，施磷对潮砂田处理的烤烟株高影响最大，黄泥田其次，灰泥田最小。但是就不施磷而言，烤烟株高增加量的顺序为灰泥田＞黄泥田＞潮砂田，说明就土壤本身，

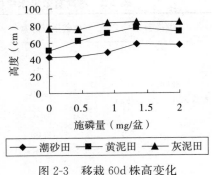

图 2-3　移栽 60d 株高变化

对烤烟株高的影响大小顺序是灰泥田＞黄泥田＞潮砂田。如图 2-4，随着施磷量的增加，灰泥田各处理烤烟株高受到的影响减小，并且小于黄泥田和潮砂田。而潮砂田各施磷处理则逐渐增加，并且在施磷 2.00g/盆的处理时超过黄泥田的影响。

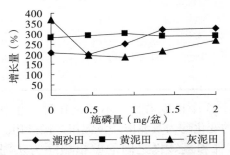

图 2-4　不同有效磷水平植烟土壤施用磷肥对烤烟株高增长量的影响

2.1.2　对烤烟茎围的影响

从表 2-3 中可以看出，相同施磷水平下，其土壤上生长的烤烟茎围顺序均为灰泥田（土壤有效磷含量 54.50mg/kg）＞黄泥田（土壤有效磷含量 28.66mg/kg）＞潮砂田（土壤有效磷含量 13.26mg/kg）。移栽后 25d 3 种土壤处理的烤烟茎围最大株和最小株之间的差幅顺序为黄泥田（35.71％）＞灰泥田（27.50％）＞潮砂田（6.67％）；移栽后 45d 3 种土壤处理的烤烟茎围最大株和最小株之间的差幅顺序为潮砂田（18.92％）＞黄泥田（10.87％）＞灰泥田（3.57％）；移栽后 60d 3 种土壤处理的烤烟茎围最大株和最小株之间的差幅顺序为潮砂田（37.84％）＞黄泥田（8.16％）＞灰泥田（6.90％）。

表 2-3　不同有效磷水平植烟土壤施用磷肥对烤烟茎围的影响（cm）

土壤类型	施磷量（g/盆）	移栽后 25d	移栽后 45d	移栽后 60d
	0	3.0	3.7	3.7
	0.45	3.0	3.8	4.4
潮砂田	0.90	3.2	4.0	4.6
	1.35	3.1	3.7	4.4
	2.00	3.0	4.4	5.1

（续）

土壤类型	施磷量（g/盆）	移栽后 25d	移栽后 45d	移栽后 60d
黄泥田	0	2.8	4.7	4.9
	0.45	3.0	4.6	5.4
	0.90	3.6	5.1	5.1
	1.35	3.9	4.7	5.3
	2.00	3.8	4.9	5.3
灰泥田	0	4.0	5.6	6.1
	0.45	4.8	5.8	5.8
	0.90	4.7	5.8	6.2
	1.35	5.1	5.7	6.1
	2.00	5.1	5.6	6.0

从图 2-5 可以看出，随着施磷量的增加，潮砂田上生长的烤烟茎围逐渐增加；黄泥田处理的烤烟茎围增加速率先降低后增加；灰泥田处理的烤烟茎围增加速率逐渐减小。可见，随着烤烟的生长，潮砂田处理的烤烟茎围受磷肥的影响增大，并超过黄泥田和灰泥田。

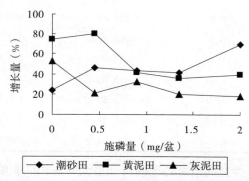

图 2-5　不同有效磷水平植烟土壤施用磷肥对烤烟茎围增长量的影响

2.1.3　对烤烟最大叶面积的影响

从表 2-4 可以看出，3 种土壤中，灰泥田（土壤有效磷含量 54.50mg/kg）各施磷处理的烤烟最大叶面积最大，黄泥田（土壤有效磷含量 28.66mg/kg）其次，潮砂田（土壤有效磷含量 13.26mg/kg）最小。对各时期各处理的最大值和最小值差幅进行比较，施磷量对潮砂田处理和黄泥田处理的烤烟，最大叶面积影响最大的时期是移栽 25d，此时，潮砂田和黄泥田各施磷处理中最大叶面积的最大相对增长量分别为 59.92%（以对照做比较，下同）、82.47%；施磷量对灰泥田处理的烤烟，最大叶面积影响最大的时期是移栽 45d，其各施磷处理中最大叶面积的较对照最大相对增长量为 42.41%。施磷量对潮砂田和黄泥田处理的烤烟最大叶面积的影响随时间的推移逐渐减弱；灰泥田处理的烤烟最大叶面积的影响则是随时间的推移先增加后减少。整体而言，施用磷肥对潮砂田处理的烤烟最大叶面积的影响最大，黄泥田处理的烤烟最大叶面积次之，灰泥田处理的烤烟最大叶面积最小。

移栽后 60d，潮砂田施磷量为 0.90g/盆的处理烤烟最大叶面积最大，为 410.25cm²；黄泥田处理的烤烟最大叶面积随施磷量的增加逐渐增加，最大值出现在施磷量 2.00g/盆的处理上，为 557.54cm²；灰泥田处理的烤烟最大叶面积随施磷量的增加也是先增加后减少，最大值出现在施磷量 1.35g/盆的处理上，为 704.27cm²。

表 2-4 不同有效磷水平植烟土壤施用磷肥对烤烟最大叶面积的影响

土壤类型	施磷量（g/盆）	移栽后 25d（cm²）	移栽后 45d（cm²）	移栽后 60d（cm²）
潮砂田	0	157.85	268.08	297.98
	0.45	199.48	303.28	327.89
	0.90	252.43	392.90	410.25
	1.35	237.84	336.97	371.46
	2.00	209.78	337.55	360.60
黄泥田	0	176.52	351.63	416.15
	0.45	242.89	368.71	430.50
	0.90	253.00	450.37	450.72
	1.35	297.29	508.87	548.38
	2.00	322.10	546.72	557.54
灰泥田	0	343.06	457.00	600.47
	0.45	448.00	590.72	615.26
	0.90	469.83	618.14	668.13
	1.35	473.21	650.80	704.27
	2.00	441.86	596.00	672.41

综上可知，磷肥对各类型的土壤处理的烤烟最大叶面积的影响主要在 3 个方面，影响烤烟最大叶面积增长的时间和增长量。潮砂田和黄泥田处理的烤烟最大叶面积受磷肥影响最大的时期是移栽后 25d 内，灰泥田处理的烤烟最大叶面积则是移栽后 45d 内。而烤烟最大叶面积增长量受磷肥影响最大的是潮砂田处理的烤烟，其次是黄泥田处理的烤烟，受影响最小的是灰泥田处理的烤烟。

潮砂田各处理的烤烟最大叶面积随施磷量的增加先增加后减少，且各时期，烤烟的最大叶面积的最大值都是出现在施磷 0.90g/盆上，其值分别为 252.43cm²（25d）、392.90cm²（45d）和 410.25cm²（60d）。黄泥田各处理的烟叶最大叶面积随施磷量的增加而增加，当施磷量为 2.00g/盆时，各时期的烤烟最大叶面积分别为：322.10cm²（25d）、546.72cm²（45d）和 557.54cm²（60d）。灰泥田各处理的烤烟最大叶面积的变化状况和潮砂田各处理一样，但是其最大叶面积的最大值出现在施磷 1.35g/盆的处理上，其值分别为：473.21cm²（25d）、650.80cm²（45d）和 704.27cm²（60d）。3 种土壤的最大叶面积大小为：灰泥田＞黄泥田＞潮砂田。

2.2　不同有效磷水平植烟土壤施用磷肥对烤烟若干生理代谢的影响

2.2.1　对不同时期烤烟光合作用的影响

(1) 叶绿素

叶绿体色素承担着光能的吸收、传递与转化功能，为碳水化合物的合成提供必不可少的能量（赵立红等，2004）。它包括两大类：一类是叶绿素；另一类是类胡萝卜素（Car），其中叶绿素又包括叶绿素 a（Chla）和叶绿素 b（Chlb）。叶绿素是植物光合作用色素中最重要的一类色素，其含量的高低是反映叶片光合性能强弱的指标之一，它直接影响到作物碳水化合物及其有机物质的积累和产量的提高；在一定范围内，叶绿素含量越高，光合作用越强，叶绿素下降是烤烟叶片衰老的特征（何萍等，1995）。但在生长后期，若烤烟叶片中仍有较高的叶绿素含量，说明烤烟不能适时落黄成熟，不利于烤烟品质的提高。磷是植物生长发育和进行光合作用不可或缺的大量元素，一定量的磷素营养是植物正常的生理生化功能得以维持的保障。烟叶产量来源于光合产物，光合生产过程的叶绿体色素决定着烟叶的品质，而施肥与叶绿体色素关系密切（柴家荣等，2006）。

植物的类胡萝卜素分为橙黄色的胡萝卜素和胡萝卜素醇（又称为叶黄素）。植物体内类胡萝卜素（Car）有两种作用：①它作为一种辅助捕光色素可有效地扩大光合器的吸收范围；②它在猝灭三线态叶绿体和清除单线态氧及其他有毒的活性氧上有保护光合器的作用（Yong A J，1991）。因此细胞内 Car 含量高有利于植物抵御不良环境。有研究指出，烟叶中的类胡萝卜素在调制、陈化过程中，绝大部分降解消失，产生二氢大马酮等几十种香气物质（中国农业科学院烟草研究所，1987；刘国顺，2003）。胡萝卜素又分为 α 胡萝卜素、β 胡萝卜素和 γ 胡萝卜素 3 种，它们是具有相同分子式的立体异构体，其中 β 胡萝卜素在光合作用中具有重要的意义。叶黄素在耗散过剩激发能、行光保护作用中具有重要的作用（匡廷云，2003）。

不同土壤有效磷水平对烤烟叶片叶绿素的影响如表 2-5 所示。潮砂田（土壤有效磷含量为 13.26mg/kg）各施磷处理在烤烟生长的 35d 时，其叶片的叶绿素随施磷量的增加先增加后减少，叶绿素的含量范围是 1.58～2.09mg/g FW。而当烤烟生长到 50d 时，烤烟叶片叶绿素含量范围是 1.44～2.01mg/g FW。当烤烟生长至 75d 时，烤烟叶片叶绿素含量最高的是施磷 0.45g/盆的处理，叶绿素含量最低的是施磷 2.00mg/kg 的处理，各处理的叶绿素含量范围是 1.39～1.65mg/g FW。潮砂田对照、施磷 0.45g/盆、施磷 0.90g/盆的处理叶绿素随着时间的变化，其含量均是先增加后减少，且仅有施磷 0.45g/盆的处理在烤烟生长的第 75d，叶片叶绿素含量较 35d 高。而施磷 1.35g/盆和施磷 2.00g/盆的处理，烤烟叶绿素在这段时间内一直呈降低的趋势，说明在这段时间内，两个高施磷处理的烤烟叶片处于衰老状态，烤烟叶片落黄早。

表 2-5　土壤有效磷水平对烤烟叶片叶绿素的影响

土壤类型	施磷量 (g/盆)	叶绿素 (mg/g FW)			类胡萝卜素 (mg/g FW)		
		35d	50d	75d	35d	50d	75d
潮砂田	0.00	1.60	1.76	1.48	0.80	0.79	0.66
	0.45	1.58	2.01	1.65	0.77	0.89	0.73
	0.90	1.64	1.96	1.39	0.74	0.87	0.61
	1.35	2.09	1.44	1.41	0.83	0.65	0.61
	2.00	1.84	1.74	1.60	0.85	0.85	0.70
黄泥田	0.00	1.26	1.67	1.48	0.63	0.75	0.68
	0.45	1.21	1.61	1.48	0.62	0.68	0.58
	0.90	1.58	1.78	1.42	0.80	0.79	0.71
	1.35	1.63	1.92	1.38	0.87	0.85	0.59
	2.00	2.11	1.82	1.02	0.98	0.80	0.47
灰泥田	0.00	1.22	1.67	1.31	0.64	0.76	0.58
	0.45	1.17	1.45	0.69	0.65	0.68	0.33
	0.90	1.96	1.52	0.82	0.94	0.70	0.37
	1.35	1.99	1.80	1.09	0.90	0.80	0.49
	2.00	2.03	1.39	0.77	0.92	0.65	0.37

黄泥田（土壤有效磷含量为 28.66mg/kg）各施磷处理的烤烟叶片在其生长到 35d，叶绿素含量随施磷量的增加而增加，各处理的烤烟叶片叶绿素含量范围为：1.21～2.11mg/g FW。当烤烟生长到 50d 时，施磷量在 0～1.35g/盆的处理，其叶绿素含量都是增加的，并且各施磷处理烤烟叶片叶绿素含量随着施磷量的增加而增加，此时各处理的烤烟叶绿素含量范围为 1.61～1.92mg/g FW。当烤烟生长到 75d 时，各处理的烤烟叶片叶绿素含量都是降低的，且它们随着施磷量的增加而减少，其含量范围为 1.02～1.48mg/g FW。在黄泥田各处理中，施磷 2.00g/盆的处理烤烟叶绿素含量一直是降低的，因而可以推断出其烤烟叶片提前衰老，落黄早。

灰泥田（土壤有效磷含量为 54.50mg/kg）施磷 0.45g/盆、0.90g/盆和 1.35g/盆的处理在烤烟生长到 35d、50d 和 75d，其烤烟叶片的叶绿素含量都随着施磷量的增加而增加。各处理的烤烟叶绿素含量范围在其生长到 35d、50d 和 75d 分别为 1.17～2.03mg/g FW、1.39～1.80mg/g FW、0.69～1.31mg/g FW。在这段时期内，对照和施磷 0.45g/盆的烤烟叶片叶绿素含量随时间的递增先增加后减少。而施磷 0.90g/盆、1.35g/盆和 2.00g/盆的处理，烤烟叶片的叶绿素含量在这个生育期一直降低，烤烟叶片落黄较前两个处理早。

潮砂田对照和施磷 1.35g/盆、施磷 2.00g/盆的处理在烤烟生长的 35～75d 内，烤烟叶片内胡萝卜素含量随时间的推移逐渐降低，而施磷 0.45g/盆和施磷 0.90g/盆的处理烤烟叶片随时间的推移其类胡萝卜素的含量先增加后降低。除对照外，其他各施磷处理的烤烟内胡萝卜素含量的变化和叶绿素含量的变化一致。

黄泥田各处理的类胡萝卜素含量变化与其叶绿素的变化一样，施磷量≤0.45g/盆的处理，其烤烟叶片的类胡萝卜素含量在这段时期内先增加后减少，而施磷≥0.90g/盆的处理，烤烟叶片类胡萝卜素含量一直保持下降的趋势。

灰泥田各处理的类胡萝卜素含量的变化与黄泥田各处理的类胡萝卜素含量的变化一样。但是灰泥田各处理的烤烟类胡萝卜素含量在烤烟生长到 75d，其含量普遍比潮砂田和黄泥田各处理的烤烟叶片类胡萝卜素低。

（2）Pn（净光合速率）

磷是核酸和生物膜的能量代谢和生物合成的重要底物之一，在光合作用、呼吸作用及一系列酶的调节作用中起重要作用，是影响植物生长和新陈代谢的最重要的矿质元素之一（任海红等，2008）。磷是电子传递、光合磷酸化、卡尔文循环、同化物运输和淀粉合成中的结构组分，对光合作用有重要的调节作用（原慧芳等，2008）。

移栽后 50d（旺长期），与对照比较，潮砂田（土壤有效磷含量 13.26mg/kg）施磷量为 0.45 g/盆和 0.90 g/盆的处理，其烤烟叶片的净光合速率变化不大，分别为 $11.01\mu mol/（m^2 \cdot s）$、$12.36\mu mol/（m^2 \cdot s）$，相互之间的差异性都没有达到显著水平，施磷 1.35 g/盆和 2.00 g/盆处理的烤烟叶片净光合速率较施磷量低的处理其烤烟叶片光合速率低，分别为 $7.18\mu mol/（m^2 \cdot s）$、$4.86\mu mol/（m^2 \cdot s）$。黄泥田（土壤有效磷含量 28.66mg/kg）各施磷处理的烤烟叶片净光合速率随施磷量的增加而增加，但是它们与对照〔净光合速率 $14.98\mu mol/（m^2 \cdot s）$〕相比较，烤烟叶片的净光合速率都有减少，分别为 $12.37\mu mol/（m^2 \cdot s）$（施磷 0.45 g/盆），$13.69\mu mol/（m^2 \cdot s）$（施磷 0.90 g/盆），$13.45\mu mol/（m^2 \cdot s）$（施磷 1.35 g/盆），$14.58\mu\mu mol/（m^2 \cdot s）$（施磷 2.00 g/盆）。灰泥田（土壤有效磷含量 54.50mg/kg）各施磷处理的烤烟叶片净光合速率随施磷量的增加而减少，并且除施磷量为 2.00g/盆的处理净光合速率〔$10.72\mu mol/（m^2 \cdot s）$〕与对照差值较大之外，其余各施磷处理的烤烟叶片净光合速率均较对照差异不大，各处理的净光合速率分别为 $15.82\mu mol/（m^2 \cdot s）$（施磷 0.45g/盆），$14.53\ \mu mol/（m^2 \cdot s）$（施磷 0.90g/盆），$14.49\mu mol/（m^2 \cdot s）$（施磷 1.35g/盆）。

（3）E（蒸腾速率）

从表 2-6 可以看出，潮砂田（土壤有效磷含量 13.26mg/kg）各施磷处理烤烟蒸腾速率最高的是施磷 2.00g/盆的处理〔蒸腾速率为 $2.91mmol/（m^2 \cdot s）$〕，而潮砂田各施磷处理烤烟蒸腾速率最低的是施磷 1.35g/盆的处理〔蒸腾速率为 $2.09mmol/（m^2 \cdot s）$〕。黄泥田（土壤有效磷含量 28.66mg/kg）各处理的蒸腾速率随施磷量的增加而增加，其数值从 $1.29mmol/（m^2 \cdot s）$ 增加到 $2.24mmol/（m^2 \cdot s）$。灰泥田（土壤有效磷含量 54.50mg/kg）施磷量为 0.90g/盆时，烤烟叶片的蒸腾速率最大，为 $2.82mmol/（m^2 \cdot s）$，当施磷量达到 2.00g/盆时，烤烟叶片的蒸腾速率降低至 $2.26mmol/（m^2 \cdot s）$，灰泥田各处理的蒸腾速率随施磷量的增加先增加后减少。3 种土壤各处理的烤烟叶片蒸腾速率大小为：潮砂田＞灰泥田＞黄泥田。

（4）CS（气孔导度）

从表 2-6 可以看出，潮砂田（土壤有效磷含量 13.26mg/kg）各处理的烤烟叶片气孔导度随施磷量的增加而减少，在施磷量＞1.35g/盆时，施磷处理〔叶片气孔导度分别为

53.23mmol/（m²·s），35.43mmol/（m²·s）〕与对照〔叶片气孔导度为96.10mmol/（m²·s）〕的烤烟叶片气孔导度之间差异显著。潮砂田上施用磷肥会降低烤烟叶片的气孔导度。

黄泥田（土壤有效磷含量28.66mg/kg）各处理烤烟的气孔导度随施磷量的增加变化波动较大，其数值范围为86.23~125.77mmol/（m²·s），各施磷处理与对照的烤烟气孔导度数值差异较大。

灰泥田（土壤有效磷含量54.50mg/kg）各施磷处理烤烟气孔导度随着施磷量的增加气孔导度减小。但当施磷量为1.35g/盆〔叶片气孔导度为66.77mmol/（m²·s）〕和2.00g/盆〔叶片气孔导度为60.40mmol/（m²·s）〕时，其处理的烤烟叶片气孔导度差异不显著。各处理的气孔导度范围在60.40~134.07mmol/（m²·s）。

(5) Ci（胞间CO_2浓度）

从表2-6可以看出，潮砂田（土壤有效磷含量13.26mg/kg）、黄泥田（土壤有效磷含量28.66mg/kg）和灰泥田（土壤有效磷含量54.50mg/kg）各处理间烤烟叶片胞间CO_2浓度均随施磷量的增加逐渐减少，但是相邻处理间的差值很小，各土壤处理烤烟叶片胞间CO_2浓度范围分别是：432.03~438.53μl/L、416.67~430.23μl/L和391.50~415.53μl/L。

潮砂田、黄泥田和灰泥田各处理的烤烟叶片胞间CO_2浓度数值大小为：潮砂田＞黄泥田＞灰泥田。

表 2-6 不同有效磷水平植烟土壤施用磷肥对烤烟叶片 Pn、E、CS、和 Ci 的影响（移栽后 50d）

土壤类型	施磷量（g/盆）	净光合速率 Pn〔μmol/（m²·s）〕	蒸腾速率 E〔mmol/（m²·s）〕	气孔导度 CS〔mmol/（m²·s）〕	胞间CO_2浓度 Ci（μl/L）
潮砂田	0	11.18	3.07	96.10	438.53
	0.45	11.01	3.09	91.50	438.50
	0.90	12.36	2.64	81.77	437.07
	1.35	7.18	2.09	53.23	433.87
	2.00	4.86	2.91	35.43	432.03
黄泥田	0	14.98	1.29	86.23	430.23
	0.45	12.37	1.57	104.50	427.87
	0.90	13.69	1.89	125.77	422.80
	1.35	13.45	2.12	105.73	418.10
	2.00	14.58	2.24	115.97	416.67
灰泥田	0	15.40	2.58	128.73	415.53
	0.45	15.82	2.65	134.07	415.07
	0.90	14.53	2.82	106.33	400.23
	1.35	14.49	2.77	66.77	397.50
	2.00	10.72	2.26	60.40	391.40

2.2.2　对不同时期烤烟叶片碳代谢的影响

（1）淀粉

如图 2-6、图 2-7、图 2-8 所示，潮砂田（土壤有效磷含量 13.26mg/kg）各施磷处理的烤烟在移栽 35～58d 的时间内烤烟叶片淀粉含量变化比较缓慢，而移栽后 58～75d 的时间内烤烟叶片淀粉含量急剧增加；黄泥田（土壤有效磷含量 28.66mg/kg）各施磷处理的烤烟叶片淀粉含量在移栽 35～58d 的增长速率较移栽后 58～75d 的增长速率慢；灰泥田（土壤有效磷含量 54.50mg/kg）各施磷处理的烤烟叶片淀粉含量在整个生长过程中都拥有较快的增长速率，并且后期的增长速率高于前期的增长速率。各土壤类型处理的烤烟叶片淀粉含量在移栽后 75d，其含量大小变化为：灰泥田＞潮砂田＞黄泥田。

在移栽后 75d，潮砂田各施磷处理烤烟叶片的淀粉含量相对于对照（叶片淀粉含量为 6.37％）具有降低的趋势，施磷 0.45g/盆的处理叶片淀粉含量最低，为 4.90％；黄泥田各施磷处理仅施磷 2.00g/盆的处理烤烟叶片的淀粉含量比对照（叶片淀粉含量为 5.17％）高，为 6.43％，其他处理的烤烟叶片淀粉含量均是降低的，但是降低的幅度比潮砂田小；灰泥田各施磷处理烤烟叶片的淀粉含量相对于对照（叶片淀粉含量为 5.68％）都是增加的，其中施磷 0.90g/盆的处理叶片淀粉含量最高，为 7.32％。

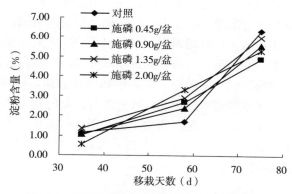

图 2-6　潮砂田各处理烤烟叶片淀粉含量变化

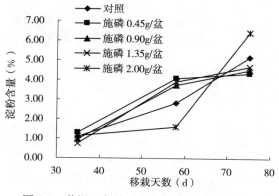

图 2-7　黄泥田各处理烤烟叶片淀粉含量变化

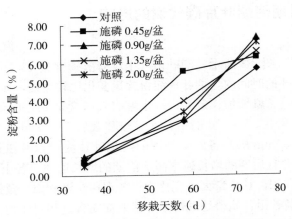

图 2-8　灰泥田各处理烤烟叶片淀粉含量变化

（2）可溶性糖

如图 2-9、图 2-10、图 2-11 所示，在移栽 35～58d，各类型土壤烤烟叶片可溶性糖含量增长快慢是：黄泥田（土壤有效磷含量 28.66mg/kg）＞灰泥田（土壤有效磷含量 54.50mg/kg）＞潮砂田（土壤有效磷含量 13.26mg/kg），但是移栽 58～75d，各类型土壤烤烟叶片可溶性糖含量增长快慢是：潮砂田＞灰泥田＞黄泥田。

黄泥田处理的烤烟叶片可溶性糖主要集中在烤烟生长前期累积；而潮砂田处理的烤烟叶片可溶性糖主要集中在烤烟生长后期累积；灰泥田处理的烤烟叶片可溶性糖在整个生长过程中的累积量比较均衡。潮砂田各施磷处理烤烟叶片可溶性糖含量间的差异较黄泥田和灰泥田的大，这主要是与烤烟的生育进程有关，烤烟生长前期，叶片主要是进行氮代谢，碳水化合物的累积量小，而在烤烟生长后期，叶片进行大量的碳水化合物的累积。本试验中潮砂田在移栽 35～58d 烤烟还处于氮代谢为主的时期，因而其可溶性糖变化曲线比较平缓，其次是灰泥田。潮砂田和灰泥田在移栽后 58～75d 较移栽后 35～58d 的烤烟叶片可溶性糖增长率快。黄泥田则反之。

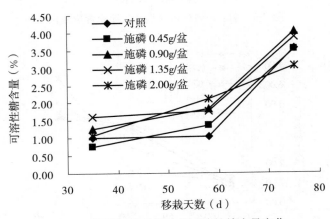

图 2-9　潮砂田各处理叶片可溶性糖含量变化

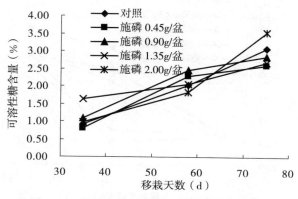

图 2-10　黄泥田各处理叶片可溶性糖含量变化

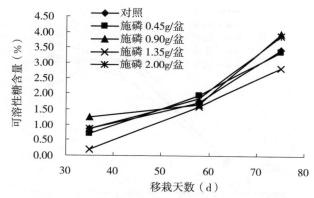

图 2-11　灰泥田各处理烤烟叶片可溶性糖含量变化

（3）还原糖

由图 2-12、图 2-13、图 2-14 可知，黄泥田（土壤有效磷含量 28.66mg/kg）和灰泥田（土壤有效磷含量 54.50mg/kg）处理的烤烟叶片还原糖含量随时间的变化趋势非常相似，即在移栽 35～58d 烤烟还原糖含量增加速率很大，而移栽 58～75d 烤烟还原糖含量增加速率很小，这主要是因为移栽 35～58d 这段时间是烤烟累积碳水化合物的阶段，因而其还原糖含量上升很快，当烤烟生长超过 58d 后，烤烟消耗碳水化合物增加，致使移栽 58～75d 这段时间烤烟还原糖增长量锐减。但是，潮砂田（土壤有效磷含量 13.26mg/kg）的对照处理（叶片还原糖含量为 2.40%）和施磷肥 0.45g/盆（叶片还原糖含量为 2.09%）处理，烤烟还原糖含量在烤烟生长的 58～75d 累积，这可能是由于这两个处理的发育进程慢（在实验中也是这两个处理没有经过打顶处理），在此时才出现还原糖的积累。

移栽后 75d，潮砂田和黄泥田处理的烤烟叶片还原糖累积量差别不大，较灰泥田还原糖的累积量大，这可能是灰泥田本身的磷素含量高，烤烟发育较潮砂田和黄泥田处理的快，碳化合物合成时间短，因此累积量少。

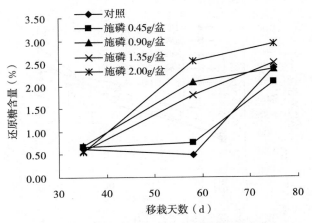

图 2-12 潮砂田各处理叶片还原糖含量变化

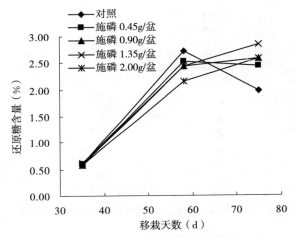

图 2-13 黄泥田各处理叶片还原糖含量变化

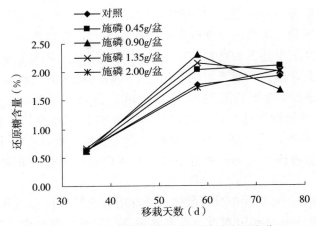

图 2-14 灰泥田各处理叶片还原糖含量变化

2.2.3　对不同时期烤烟叶片氮代谢的影响

从表 2-7 中可以看出，潮砂田（土壤有效磷含量 13.26mg/kg）和灰泥田（土壤有效磷含量 54.50mg/kg）施磷处理的烤烟可溶性蛋白含量较对照的小，黄泥田（土壤有效磷含量 28.66mg/kg）施磷处理的烤烟可溶性蛋白含量与对照差异不大。

表 2-7　不同有效磷水平植烟土壤施用磷肥对烤烟叶片氮化合物的含量（移栽后 75d）

土壤类型	施磷量（g/盆）	可溶性蛋白（mg/g）	氨基态氮含量（mg/g）
潮砂田	0	13.2	0.74
	0.45	9.4	0.74
	0.90	11.4	0.51
	1.35	10.5	0.57
	2.00	11.4	0.78
黄泥田	0	9.6	0.47
	0.45	9.8	0.73
	0.90	9.7	0.16
	1.35	10.3	0.64
	2.00	8.0	0.31
灰泥田	0	11.0	0.77
	0.45	7.2	0.25
	0.90	6.5	0.25
	1.35	10.3	0.32
	2.00	6.3	0.27

2.2.4　对烤烟叶片活性氧的影响

当植物进入成熟期时，叶片的超氧化物歧化酶（SOD）、过氧化物酶（POD）活性下降，膜脂过氧化产物丙二醛（MDA）的含量增加（李立新等，2004）。有关衰老的自由基理论认为，衰老过程是细胞和组织中不断产生自由基和体内清除自由基系统不平衡导致自由基损伤反应的总和。叶片衰老与活性氧代谢呈正相关。酶促保护体系包括 SOD、POD 和 CAT 等。这些物质的存在能使自由基与其反应而保护大分子蛋白质和细胞膜在逆境下不受伤害（何萍等，1995）。SOD 和 POD 都是植物体内的保护酶。

（1）超氧化物歧化酶（SOD）

超氧化物歧化酶（SOD）是植株体内清除自由基的最关键的酶类之一，它广泛存在于生物体内，能催化超氧负离子的金属酶类，是生物体抗氧化胁迫的关键酶，其活性决定了 O_2^- · 和 H_2O_2 的浓度。植株体内的 SOD 是一种典型的诱导酶，外部环境条件的改变能影响到植株体内 SOD 的活性水平，植株在逆境下受到的伤害以及植株对逆境抵抗能力往往与体内的 SOD 活性水平有关。旱害、寒害、热害、涝害、盐害及病害等逆境下植株正常的氧代谢受到干扰，一方面使活性氧产生速率加快，另一方面破坏了以 SOD 为主的保护酶系统，导致活性氧的积累，诱发或加速膜脂过氧化作用的链式反应，造成细胞膜系统破坏以及生物大分子的损伤，抗逆性强的植株在逆境下 SOD 活性降低幅度小或保持相对稳定（有时候甚至会有所升高），因而避免或减轻了活性氧引起的伤害（蔡海洋等，2015）。经适度的逆境处理能提高植株体内 SOD 的活性，增强植株的抗逆性。刘富林等（1991）也曾报道，钙能通过提高小麦幼苗体内 SOD 活性以适应高温环境。SOD 在增强烤烟抗逆（病）性和降低卷烟烟气 FR 方面同样具有良好的作用，但是国内外研究都较少（骆爱玲等，2000）。

随着潮砂田（土壤有效磷含量 13.26mg/kg）施磷量的增加（表 2-8），烤烟叶片中 SOD 活性逐渐降低。施磷 1.35g/盆的处理烤烟叶片的 SOD 活性最低，只有 22.75U/mg pro；随着土壤施磷量的增加，烤烟叶片中 SOD 活性不断下降，施磷 1.35g/盆、2.00g/盆的处理 SOD 活性分别减少 18.34U/mg pro、11.58U/mg pro，较对照的降低 44.63%、28.17%，差异均达到极显著水平。这说明高施磷条件下的潮砂田磷素供应会使 SOD 活性降低，烤烟逆境抵抗能力降低。

表 2-8　不同有效磷水平植烟土壤施用磷肥对烤烟叶片活性氧代谢的影响（移栽 75d）

土壤类型	施磷量 （g/盆）	SOD （U/mg pro）	POD [U/（g FW·min）]	MDA （nmol/g FW）
潮砂田	0	41.09	10.90	8.06
	0.45	40.67	7.38	10.66
	0.90	35.06	7.06	7.45
	1.35	22.75	7.27	8.30
	2.00	29.52	5.93	9.08
黄泥田	0	33.76	6.37	10.70
	0.45	34.06	7.91	13.84
	0.90	26.51	10.85	9.47
	1.35	33.90	6.91	10.47
	2.00	38.49	9.66	9.40
灰泥田	0	35.75	3.99	6.58
	0.45	30.55	10.98	6.59
	0.90	23.88	8.78	8.72
	1.35	37.58	8.60	15.12
	2.00	41.01	5.60	8.69

随着黄泥田（土壤有效磷含量 28.66mg/kg）磷肥施用量的增加，烤烟叶片中的 SOD 活性先降低后升高。施磷 0.90g/盆的处理烤烟叶片的 SOD 活性最低，施磷 2.00g/盆的处理烤烟叶片 SOD 活性最高，施磷 0.90g/盆的处理烤烟叶片中 SOD 活性减少 7.25U/mg pro，较对照的降低 21.48%，差异达到极限显著水平，施磷 2.00g/盆的处理烤烟 SOD 活性增加 4.73 U/mg pro，较对照的增加 14.01%，差异显著。黄泥田的其他施磷处理与对

照的差异不显著。

和黄泥田一样，随着磷肥施用量的增加，灰泥田（土壤有效磷含量 54.50mg/kg）各施磷处理的烤烟叶片中的 SOD 活性先降低后升高。但是，灰泥田各施磷处理与对照之间的差异较黄泥田的高。施磷 0.90g/盆的处理叶片中 SOD 活性减少 11.87U/mg pro，较对照的降低 33.20%，差异达到极限显著水平，施磷 2.00g/盆的处理烤烟 SOD 活性增加 5.26 U/mg pro，较对照的增加 14.71%，差异显著。

（2）过氧化物酶（POD）

POD 存在于细胞溶质中（骆爱玲等，2000），它的作用也是将 H_2O_2 直接分解为水和氧予以清除（耿德贵等，2002）。植株细胞内产生的超氧离子自由基经 SOD 催化反应可形成 H_2O_2，可使卡尔文循环中的酶失活，H_2O_2 若不及时清除，则叶绿体的光合能力会很快丧失。高等植物叶绿体内没有过氧化氢酶（CAT），H_2O_2 的清除是由具有较高活性的抗坏血酸过氧化物酶（Asb-POD）经抗坏血酸循环分解来完成的。POD 活性的升高对植株有两方面的影响，一方面有利于消除由过氧化氢引起的伤害；另一方面则会引起植株叶片中不饱和脂肪酸的过氧化作用，促使细胞膜透性增大，并加快叶绿素的分解速率，加剧叶片衰老（何萍等，1995）。

试验结果表明，潮砂田（土壤有效磷含量 13.26mg/kg）处理的烤烟叶片 POD 活性随土壤施磷水平的升高而降低（表 2-8 所示）。对照的烤烟叶片的 POD 活性最高，达 10.90U/（g FW·min），而施磷 1.35g/盆的处理烤烟叶片的 POD 活性最低，仅 5.93U/（g FW·min）。各处理 POD 活性差异均达到显著水平或极显著水平。

黄泥田（土壤有效磷含量 28.66mg/kg）各施磷处理的烤烟叶片 POD 活性均较对照高，施磷 0.90g/盆的处理烤烟叶片的 POD 活性最高，达到 10.85U/（g FW·min），较对照增加了 70.22%；施磷 0.45g/盆、1.35g/盆、2.00g/盆的处理的 POD 活性分别增加 1.54U/（g FW·min）、0.54U/（g FW·min）、3.29U/（g FW·min），较对照分别增加了 24.16%、8.44%、51.62%，差异均达到显著水平或极显著水平。这说明对黄泥田供应磷素会使 POD 活性增加，消除过氧化氢引起的伤害，但加剧了叶片衰老。

灰泥田（土壤有效磷含量 54.50mg/kg）各施磷处理随着施磷量的增加，烤烟叶片 POD 活性降低。但是较对照而言，各施磷处理烤烟叶片的 POD 活性都有增加，且与对照的差异均达极显著水平。此时，高磷条件下的灰泥田磷素供应会加剧烤烟叶片的衰老。

由此可见，不同有效磷含量的土壤施用较多的磷肥会导致烤烟叶片的提前衰老，而潮砂田条件下烤烟叶片 POD 活性随施磷量的升高而降低，可能是由于潮砂田的漏水漏肥性能造成的。

（3）丙二醛（MDA）

植物体内丙二醛（MDA）是植物器官衰老过程或环境胁迫条件下，导致膜脂过氧化的产物之一。MDA 含量的高低表示细胞膜脂过氧化程度和植物对逆境条件耐受的强弱（陈嘉勤等，1997）。MDA 会严重损伤生物膜及植物细胞的蛋白质代谢（陈少裕，1991）。正常情况下细胞内自由基的产生与清除处于一种动态平衡状态，一旦这种平衡遭到破坏，自由基产生积累，膜内拟脂双分子层中含有的不饱和脂肪酸就易于被氧化分解而造成膜整体的破坏（陆景陵，2003）。

不同有效磷水平植烟土壤施用磷肥对烤烟叶片丙二醛（MDA）的影响如表 2-8 所示。潮砂田（土壤有效磷含量 13.26mg/kg）施磷量为 0.45g/盆时，烤烟叶片丙二醛（MDA）含量最高，为 10.66nmol/g FW，叶片膜脂过氧化程度很严重。随着土壤施磷水平的提高，烤烟叶片 MDA 含量减少，叶片膜脂过氧化程度减轻，施磷 0.90g/盆、1.35g/盆和 2.00g/盆的处理烤烟叶片 MDA 含量差异不大，与对照的差异也较小。

黄泥田（土壤有效磷含量 28.66mg/kg）各施磷处理的 MDA 含量都很高，施用磷肥对烤烟叶片 MDA 含量的减少影响不大，相反还有增加的可能性。在施磷量为 0.45g/盆时，烤烟叶片 MDA 含量达到 13.84nmol/g FW，其他施磷处理烤烟叶片 MDA 的都大于 9.04nmol/g FW，高施磷条件下黄泥田叶片膜脂过氧化程度很严重。

灰泥田（土壤有效磷含量 54.50mg/kg）各施磷处理随施磷量的增加，烤烟叶片 MDA 含量增加。施磷 1.35g/盆的处理烤烟叶片 MDA 含量最高，达到 15.12 nmol/g FW，较对照（YP0）增加 8.54nmol/g FW，增加百分比为 129.79%。

3 种类型的土壤黄泥田处理的烤烟叶片 MDA 含量最高，其次是灰泥田处理的烤烟叶片 MDA 含量，潮砂田处理的烤烟叶片 MDA 含量相对较低。

2.3 不同有效磷水平植烟土壤施用磷肥对烤烟磷吸收量的影响及相关性研究

磷能促进烤烟早发，提前成熟。对烤烟来说，磷素营养适量，可促进地下根系和地上茎、叶、花、果实的发育，提早成熟。

2.3.1 对烤烟各器官含磷量的影响及相关性研究

盆栽试验结果表明（表 2-9），随着土壤施磷量的增加，潮砂田（土壤有效磷含量 13.26mg/kg）各施磷处理烤烟各部位的含磷量有不同程度的增加。烤烟各部位的含磷量均以施磷 0mg/盆的处理为对照，其上部烟叶、中部烟叶、下部烟叶、根和茎的含磷量分别为 2.73mg/g、1.70mg/g、1.58mg/g、1.79mg/g、1.40mg/g。下部烟叶的含磷量以施磷 0.45g/盆的处理最高，其值为 1.61mg/g。施磷 0.90g/盆处理的上部叶、中部叶、根和茎的含磷量最大，分别为 3.87mg/g、2.09mg/g、1.82mg/g 和 1.55mg/g。

黄泥田（土壤有效磷含量 28.66mg/kg）各施磷处理的烤烟各部位的磷含量均随施磷量的增加先增加，当施磷为 2.00mg/盆时，烤烟各部位的磷含量降低，即施磷量为 1.35mg/盆时，烤烟不同部位的磷含量均达到最大值，其上部叶、中部叶、下部叶、根和茎的含磷量分别为 3.72mg/g、2.12mg/g、1.74mg/g、1.94mg/g 和 1.51mg/g。

灰泥田（土壤有效磷含量 54.50mg/kg）各施磷处理烤烟各部位的含磷量有不同程度的增加。各部位的磷含量最高的处理都是施磷 2.00mg/盆的处理，它们的磷含量分别为 3.69mg/g、2.27mg/g、2.03mg/g、2.49mg/g 和 2.27mg/g。

由上述数据可知，不同有效磷水平植烟土壤各处理，其烤烟部位不同，含磷量不同，表现为：烟叶＞烟根＞烟茎，烤烟叶片部位不同，含磷量也不同，表现为：中部烟叶＞上部烟叶＞下部烟叶。

表 2-9　不同土壤类型及施磷量对烤烟各部位含磷量的影响（成熟期）

处理	施磷量 （g/盆）	上部叶 （mg/g）	中部叶 （mg/g）	下部叶 （mg/g）	叶片 （mg/g）	根 （mg/g）	茎 （mg/g）
	0	2.73	1.70	1.58	1.98	1.79	1.40
	0.45	3.03	1.85	1.61	2.10	1.79	1.21
潮砂田	0.90	3.87	2.09	1.55	2.15	1.82	1.55
	1.35	2.22	1.36	1.15	1.55	1.82	1.21
	2.00	2.97	1.82	1.30	1.91	1.70	1.18
	0	3.03	1.91	1.63	2.13	1.61	1.09
	0.45	3.24	2.00	1.67	2.33	1.76	1.15
黄泥田	0.90	3.51	2.09	1.70	2.36	1.91	1.33
	1.35	3.72	2.12	1.74	2.48	1.94	1.51
	2.00	2.13	1.73	1.55	1.83	1.73	1.09
	0	3.73	2.09	1.64	2.53	1.91	1.12
	0.45	3.03	1.76	1.52	2.26	2.16	1.67
灰泥田	0.90	3.54	1.55	1.58	2.14	2.40	1.91
	1.35	3.57	1.88	1.97	2.29	2.30	1.79
	2.00	3.69	2.27	2.03	2.60	2.49	2.27

2.3.2　对烤烟各器官磷吸收量的影响及相关性研究

试验结果表明（表 2-10），各土壤类型不同施磷处理的烤烟磷素营养在烤烟中的分配表现为：叶片＞茎＞根。

潮砂田（土壤有效磷含量 13.26mg/kg）各施磷处理的烤烟不同器官磷吸收量随施磷量的提高而提高。各处理烤烟磷的吸收量与对照相比较，叶提高了 0.36%～34.44%，除了施磷 0.45g/盆的处理与对照差异不显著外，其他施磷处理均与对照差异达到显著或极显著差异；茎增加了 18.51%～76.83%，各施磷处理都达到了显著或极显著的差异；根上升了 25.87%～136.71%，施磷量在 0.90～2.00g/盆范围内的处理烤烟根系差异不显著。各部位磷素含量随施磷量的增加幅度不大。

黄泥田（土壤有效磷含量 28.66mg/kg）各施磷处理的烤烟茎、叶随施磷量的提高，其磷吸收量提高。各处理烤烟磷的吸收量与对照相比较，叶提高了 10.07%～127.05%，除了施磷 0.45g/盆的处理与对照差异不显著外，其他施磷处理均与对照差异达到极显著差异；茎增加了 42.30%～209.63%，各施磷处理与对照之间都达到了极显著的差异；施磷处理的根系磷含量有所降低，各施磷处理间差异不显著。茎、叶磷素含量随施磷量的增加幅度较大。

灰泥田（土壤有效磷含量 54.50mg/kg）各施磷处理的烤烟，其不同器官的磷吸收量随施磷量的提高而增加。各处理烤烟磷的吸收量与对照相比较，叶提高了 47.04%～157.66%，除了施磷 0.90g/盆的处理与施磷 2.00g/盆的处理烤烟叶片磷素含量差异不显著外，其他施磷处理均与对照差异达到极显著差异；茎增加了 67.19%～251.31%，除了施磷 0.90g/盆与 1.35g/盆的处理烤烟茎磷素含量差异不显著外，其他施磷处理均与对照差异达到极显著差异；根上升了 19.65％～257.29％，施磷 0.90g/盆、1.35g/盆和 2.00g/盆的处理与对照差异达到极显著水平，各部位磷素含量随施磷量的增加幅度很大。

由上述分析可知，施用磷肥对不同类型土壤的效果不一样。本试验中，潮砂田、黄泥田和灰泥田施用磷肥对烤烟磷素累积的增加量分别为 10.20％～57.53％、14.23％～122.68％、51.10％～166.31％。

表 2-10　烤烟成熟期烤烟磷素营养的分布

土壤类型	施磷量 （g/盆）	根 （mg/盆）	茎 （mg/盆）	叶 （mg/盆）	全株 （mg/盆）
	0	5.88±1.83bB	29.78±2.07eC	34.49±7.55bB	70.15±9.83cC
	0.45	7.40±1.10bB	35.29±3.79dBC	34.62±2.54bBC	77.31±2.60cC
潮砂田	0.90	11.48±1.77aA	52.66±2.13aA	46.37±3.61aA	110.51±4.75aA
	1.35	13.91±0.74aA	47.18±0.69bA	44.27±0.81aABC	105.36±0.69abAB
	2.00	12.16±1.20aA	39.60±1.38cB	44.89±1.89aAB	96.61±1.54bB
	0	10.89±1.51aAB	12.63±3.38dD	29.95±1.75dD	53.46±6.11dC
	0.45	10.14±0.63abAB	17.97±1.29cC	32.96±2.66dD	61.07±1.32cC
黄泥田	0.90	7.66±1.47bB	24.44±1.30bB	54.69±0.88bB	86.80±2.96bB
	1.35	10.68±0.65aAB	23.16±1.52bB	49.40±2.00cC	83.24±1.63bB
	2.00	11.96±2.71aA	39.10±1.42aA	67.99±2.24aA	119.05±4.90Aa
	0	5.58±2.11cC	19.30±1.77dD	33.32±3.57dD	58.20±7.39dD
	0.45	6.67±1.11cC	32.26±0.76cC	49.00±0.71cC	87.94±0.95cC
灰泥田	0.90	10.76±0.40bB	47.21±4.78bB	74.46±7.34bB	132.44±11.14bB
	1.35	11.00±0.84bB	50.82±3.04bB	85.86±2.65aA	147.68±4.88aAB
	2.00	19.93±0.66aA	67.79±2.39aA	67.27±3.31bB	154.99±2.15aA

注：表中小写字母代表 0.05 差异显著性水平，大写字母代表 0.01 差异显著性水平，下同。

2.3.3　对烤烟各器官吸磷量的相关性研究

试验中的潮砂田有效磷含量为 13.29mg/kg，属于丰富水平。从图 2-15、图 2-16、图 2-17、图 2-18 中可以看出，潮砂田在一定施磷量范围内，可以促进烤烟各部位磷素积累。试验结果表明，除烟叶外，潮砂田施磷量与烟根、烟茎及整株的吸磷量有较好的相关性，其相关系数分别为 0.953、0.905 和 0.908，均达显著正相关（$r_{0.05}$＝0.878，$r_{0.01}$＝0.959）。

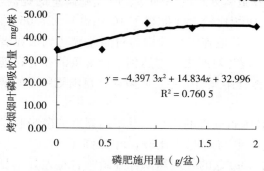

$$y = -4.3973x^2 + 14.834x + 32.996$$
$$R^2 = 0.7605$$

图 2-15　潮砂田磷肥施用量与烟叶吸磷量的相关性

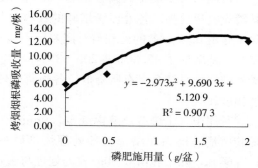

$$y = -2.973x^2 + 9.6903x + 5.1209$$
$$R^2 = 0.9073$$

图 2-16　潮砂田磷肥施用量与烟根吸磷量的相关性

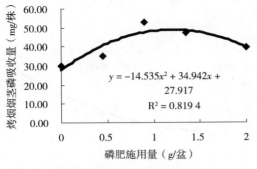

图 2-17　潮砂田磷肥施用量与烟茎吸磷量的相关性

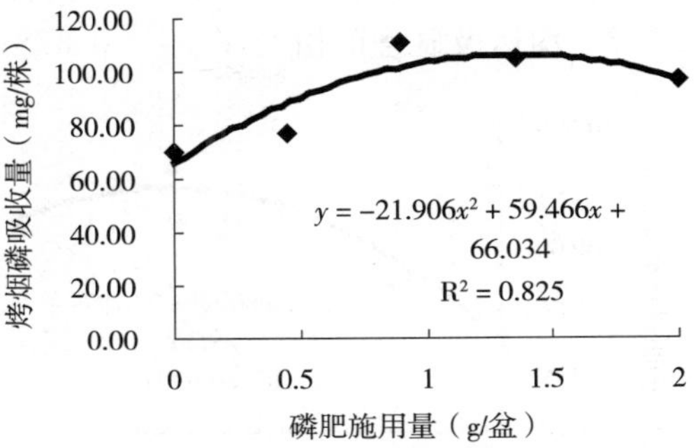

图 2-18　潮砂田磷肥施用量与烤烟吸磷量的相关性

图 2-19、图 2-20、图 2-21、图 2-22 中可以看出，黄泥田（土壤有效磷含量 28.66mg/kg）各施磷处理都会促进烤烟各部位磷素积累。试验结果表明，除烟根外，黄泥田施磷量与烟叶、烟茎及整株的吸磷量有较好的相关性，其相关系数分别为 0.935、0.962 和 0.964，均达显著正相关（$r_{0.05}=0.878$，$r_{0.01}=0.959$）。

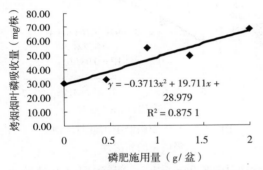

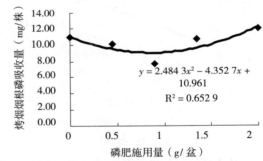

图 2-19　黄泥田磷肥施用量与烟叶吸磷量的相关性

图 2-20　黄泥田磷肥施用量与烟根吸磷量的相关性

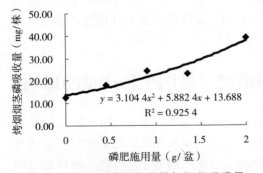

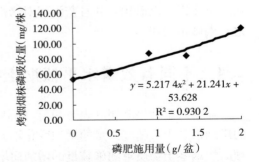

图 2-21　黄泥田磷肥施用量与烟茎吸磷量的相关性

图 2-22　黄泥田磷肥施用量与烤烟吸磷量的相关性

图 2-23、图 2-24、图 2-25、图 2-26 中可以看出，在含磷量为 80.50mg/kg 的灰泥田上施用磷肥，它仍能促进烤烟各部位磷素积累。试验结果表明，灰泥田施磷量与烟叶、烟

根、烟茎及整株的吸磷量有较好的相关性，其相关系数分别为 0.965、0.979、0.990 和 0.992，均达极显著正相关（$r_{0.05}=0.878$，$r_{0.01}=0.959$）。

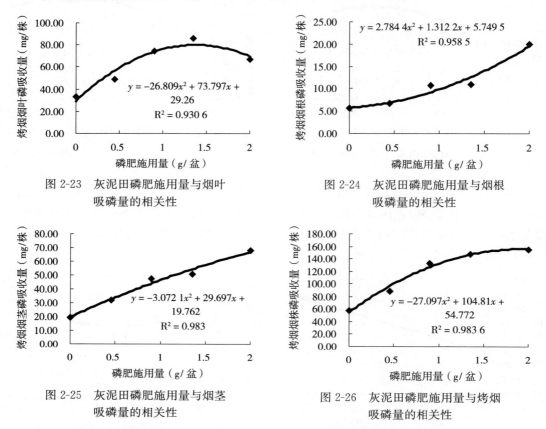

图 2-23 灰泥田磷肥施用量与烟叶 吸磷量的相关性

图 2-24 灰泥田磷肥施用量与烟根 吸磷量的相关性

图 2-25 灰泥田磷肥施用量与烟茎 吸磷量的相关性

图 2-26 灰泥田磷肥施用量与烤烟 吸磷量的相关性

从上面 12 个图可以知道，潮砂田（有效磷含量为 13.26mg/kg）、黄泥田（有效磷含量为 28.66mg/kg）和灰泥田（有效磷含量为 54.50mg/kg）施用磷肥能促进烤烟根、茎和叶的磷素累积。但是各土壤类型对烤烟磷素累积的影响不一样，其大小顺序是：灰泥田＞黄泥田＞潮砂田，并且灰泥田对烤烟吸磷量的影响与施磷量的相关性最强，黄泥田次之，潮砂田较弱。

2.4 不同有效磷水平植烟土壤施用磷肥对烤烟生物产量的影响

盆栽试验结果表明（表 2-11），潮砂田（土壤速效磷含量 13.26mg/kg）各施磷处理的烤烟根系干重随施磷量的增加变化不大，差异均没有达到显著水平。而潮砂田各施磷处理的烤烟茎干物质重随施磷量的增加而增加。各施磷处理的烤烟茎干重（茎干物质重分别为 16.45±1.18g/盆、18.31±0.98g/盆、21.20±1.39g/盆、25.82±0.94 g/盆）与对照（茎干物质重为 10.96±2.93g/盆）之间的差异达到极显著水平。潮砂田各处理的烤烟叶片干物质重也是随着施磷量的增加逐渐增加，施磷量为 0.90g/盆（叶干物质重为 24.26±1.65g/盆）、1.35g/盆（叶干物质重为 27.36±0.83g/盆）和 2.00g/盆（叶干物质重为

30.14±1.23g/盆）处理的烤烟叶片干物质重与对照（叶干物质重为 19.12±3.77g/盆）的叶片干物质重差异达极显著水平。潮砂田各处理的烤烟总干物质重也是随着施磷量的增加而增加，施磷量为 0.45g/盆的处理（烤烟总干物质重为 45.73±2.68g/盆）与对照的（烤烟总干物质重为 37.55±8.31g/盆）差异不显著，施磷为 0.90g/盆的处理（烤烟总干物质重为 49.14±2.71g/盆）与对照差异显著，而施磷 1.35g/盆（烤烟总干物质重为 60.30±2.92g/盆）和施磷 2.00g/盆（烤烟总干物质重为 63.70±3.03g/盆）的处理与对照之间达到极显著差异。

　　黄泥田（土壤速效磷含量 28.66mg/kg）各施磷处理的烤烟根系干重随施磷量的增加而增加，除施磷量为 0.45g/盆的处理（根干物质重为 3.10±0.51g/盆）与对照（根干物质重为 2.92±1.10g/盆）差异均没有达到显著水平之外，其他各处理与对照间的差异均达到极显著水平。与烤烟根系的变化相似，除施磷量为 0.45g/盆的处理（茎干物质重为 19.33±0.46g/盆）与对照（茎干物质重为 17.20±1.58g/盆）差异均没有达到显著水平之外，其他各处理与对照间的差异均达到极显著水平，并且各施磷处理的烤烟茎干物质重随施磷量的增加而增加。黄泥田各处理的烤烟叶片干物质重也是随着施磷量的增加逐渐增加。施磷量为 0.45g/盆的处理（叶干物质重为 20.03±1.45g/盆）与对照（叶干物质重为 17.38±1.19g/盆）的叶片干物质重达到显著差异，而施磷量为 0.90g/盆（叶干物质重为 28.69±0.50g/盆）、1.35g/盆（叶干物质重为 31.15±1.48g/盆）和 2.00g/盆（叶干物质重为 39.13±1.20g/盆）处理的烤烟叶片干物质重与对照的叶片干物质重差异达极显著水平。黄泥田各处理的烤烟总干物质重也是随着施磷量的增加而增加，施磷量为 0.45g/盆的处理（烤烟总干物质重为 44.18±2.67g/盆）与对照的（烤烟总干物质重为 40.11±4.08g/盆）差异不显著，施磷为 0.90g/盆的处理（烤烟总干物质重为 59.63±3.64g/盆）、施磷 1.35g/盆（烤烟总干物质重为 66.33±2.73g/盆）和施磷 2.00g/盆（烤烟总干物质重为 79.03±2.18g/盆）的处理与对照之间达到极显著差异。

　　灰泥田（土壤速效磷含量 54.50mg/kg）各施磷处理的烤烟根系，茎，叶干重随施磷量的增加先增加后减少。除施磷量为 0.45g/盆的处理（根干物质重为 4.14±0.62g/盆）与对照（根干物质重为 3.29±1.02g/盆）差异均没有达到显著水平之外，其他各处理与对照间的差异均达到极显著水平。灰泥田各施磷处理的烤烟茎干物质重随施磷量的增加而增加。各施磷处理的烤烟茎干重（茎干物质重分别为 29.11±3.13g/盆、34.05±1.37g/盆、38.90±0.57g/盆、33.46±1.17g/盆）与对照（茎干物质重为 21.32±1.48g/盆）之间的差异达到极显著水平。施磷量为 0.45g/盆的处理（叶干物质重为 31.11±0.26g/盆）与对照（叶干物质重为 25.31±2.87g/盆）的叶片干物质重达到显著差异，而施磷量为 0.90g/盆（叶干物质重为 37.95±3.99g/盆）、1.35g/盆（叶干物质重为 46.65±1.60g/盆）和 2.00g/盆（叶干物质重为 35.62±2.17g/盆）处理的烤烟叶片干物质重与对照的叶片干物质重差异达极显著水平。灰泥田各施磷处理的烤烟总干物质重与对照的总干物质重差异均达到极显著差异。

　　施用磷肥对除潮砂田各处理的烤烟根系没有显著影响之外，它对黄泥田、灰泥田根系，潮砂田、黄泥田和灰泥田处理的烤烟茎，叶和整株的干物质重都有显著甚至极显著的影响。但是，本实验中灰泥田施磷 2.00g/盆的处理有碍烤烟干物质的累积。3 种土壤本身对烤烟干物质的累积有着显著影响，在同一施磷水平条件下，烤烟干物质累积量大小为：灰泥田＞黄泥田＞潮砂田。

表 2-11　烤烟成熟期的干物质积累状况

土壤类型	施磷量 （g/盆）	根 （g/盆）	茎 （g/盆）	叶 （g/盆）	全株 （g/盆）
潮砂田	0	5.70±0.79aA	10.96±2.93dD	19.12±3.77dC	37.55±8.31dC
	0.45	5.77±0.36 aA	16.45±1.18cC	21.45±1.44cdC	45.73±2.68cdBC
	0.90	4.77±0.91 aA	18.31±0.98bcBC	24.26±1.65bcBC	49.14±2.71bcBC
	1.35	6.17±0.38 aA	21.20±1.39bB	27.36±0.83abAB	60.30±2.92abAB
	2.00	6.16±1.39 aA	25.82±0.94aA	30.14±1.23aA	63.70±3.03aA
黄泥田	0	2.92±1.10cD	17.20±1.58cC	17.38±1.19eC	40.11±4.08dC
	0.45	3.10±0.51cCD	19.33±0.46 cC	20.03±1.45dC	44.18±2.67dC
	0.90	4.49±0.17bBC	24.75±2.51bB	28.69±0.50cB	59.63±3.64cB
	1.35	4.77±0.36bB	28.36±1.70aAB	31.15±1.48bB	66.33±2.73bB
	2.00	8.01±0.27aA	29.84±1.05aA	39.13±1.20aA	79.03±2.18aA
灰泥田	0	3.29±1.02 bB	21.32±1.48dD	25.31±2.87dD	51.66±4.32dD
	0.45	4.14±0.62 bB	29.11±3.13 cC	31.11±0.26cCD	66.32±3.20cC
	0.90	6.31±0.97 aA	34.05±1.37 bB	37.95±3.99bB	80.52±4.83bB
	1.35	7.65±0.41 aA	38.90±0.57aA	46.65±1.60aA	95.04±2.47aA
	2.00	7.16±0.70 aA	33.46±1.17bBC	35.62±2.17bcBC	78.72±2.46bB

2.5　不同有效磷水平植烟土壤施用磷肥对烤烟吸收氮、钾、钙等养分的影响

植物的营养状况取决于诸多因子，营养元素在土壤—植物系统内的交互作用对改善植物营养的吸收具有重要意义。磷素营养不仅取决于土壤速效磷的含量，而且受土壤各种离子间的相互影响。了解磷素与其他养分的相互作用，尽可能发挥养分之间相互促进的作用和避免不利的相互影响，这是农业中磷素养分管理的重要目标之一。

2.5.1　对烤烟各部位含氮量及氮吸收量的影响

由表 2-12 可以看出，潮砂田（土壤速效磷含量 13.26mg/kg）各处理烟叶氮百分含量以施磷量为 1.35g/盆的处理最高，达 2.74%，烟根以施磷 0.45g/盆的处理氮百分含量最高，为 1.65%，烟茎氮百分含量最高的是施磷 2.00g/盆的处理，达 1.38%。

烤烟叶，茎的氮百分含量随施磷量的增加而增加，但根的氮百分含量随施磷量的增加而减少。

潮砂田各处理的烤烟 3 个部位的氮含量均随施磷量的增加先增加，至施磷量达到 2.00g/盆时，它们的氮含量减少。各部位最高氮含量分别为：285.45mg/株（叶）、

119.05mg/株（根）、481.00mg/株（茎）。

　　黄泥田（土壤速效磷含量 28.66mg/kg）各施磷处理的烟叶氮百分含量与潮砂田的变化状况一样，以施磷量为 1.35g/盆的处理最高，达 2.04％，而烟根却相反，它的氮百分含量先随施磷量的增加而增加，直到施磷量达到 2.00g/盆时，其氮百分含量降低，其最大氮百分含量的处理是施磷量为 1.35g/盆的处理（氮百分含量为 1.40％）。烟茎的氮百分含量随施磷量的增加而增加，其最大氮百分含量为 1.11％（施磷 2.00g/盆）。

　　黄泥田各处理的烤烟叶、根、茎的氮含量变化状况与其氮百分含量的变化状况一致，烟叶的最大氮含量是 366.60 mg/株（施磷量为 1.35g/盆），烟根最大氮含量是 86.16 mg/株（施磷量为 1.35g/盆），烟茎最大氮含量是 285.94mg/株（施磷量为 2.00g/盆）。烤烟各部位的氮素含量均是烟叶＞烟根＞烟茎。

　　灰泥田（土壤速效磷含量 54.50mg/kg）各施磷处理的烟叶氮含量和氮百分含量均随施磷量的增加而增加，它们的含量范围分别是：305.11～485.39mg/株、1.64％～2.55％。烟茎的氮含量和氮百分含量与烟叶的一致，其含量范围分别是 110.63～405.18mg/株、0.64％～1.36％。而烟根的氮含量和氮百分含量的范围是分别是 38.60～110.40mg/株、0.95％～1.86％。

　　上述各处理的烤烟，其部位不同，含氮量也不同，同一施磷量的处理，烤烟各部位氮百分含量大小是：烟叶＞烟根＞烟茎。3 种不同速效磷水平植烟土壤施用一定量的磷肥，均可提高烟叶的氮含量和氮百分含量。

表 2-12　不同土壤类型及施磷水平对烤烟各部位含氮量及氮吸收量的影响（成熟期）

处理	施磷量（g/盆）	叶（%）	根（%）	茎（%）	叶（mg/株）	根（mg/株）	茎（mg/株）	整株（mg/株）
潮砂田	0	1.89	1.63	0.77	163.80	53.59	163.71	381.10
	0.45	1.97	1.65	0.95	203.55	68.23	276.16	547.95
	0.90	2.06	1.56	1.14	266.13	98.31	389.35	753.79
	1.35	2.74	1.56	1.24	285.45	119.05	481.00	885.50
	2.00	2.67	1.54	1.38	261.28	110.18	460.68	832.15
黄泥田	0	1.75	1.20	0.36	281.56	68.32	39.19	389.07
	0.45	1.83	1.18	0.64	295.14	68.01	105.77	468.91
	0.90	1.91	1.31	0.79	355.02	62.26	144.06	561.34
	1.35	2.04	1.40	1.02	366.60	86.16	215.98	668.73
	2.00	1.68	1.00	1.11	334.42	61.76	285.94	682.12
灰泥田	0	1.64	1.32	0.64	305.11	38.60	110.63	454.34
	0.45	1.68	1.86	0.79	365.79	57.63	151.99	575.41
	0.90	1.85	0.95	1.04	387.48	42.56	256.69	686.73
	1.35	2.19	0.95	1.20	476.33	45.28	339.78	861.40
	2.00	2.55	1.38	1.36	485.39	110.40	405.18	1 000.98

2.5.2 对烤烟各部位含钾量及钾吸收量的影响

由表 2-13 可以看出,潮砂田(土壤速效磷含量 13.26mg/kg)、黄泥田(土壤速效磷含量 28.66mg/kg)和灰泥田(土壤速效磷含量 54.50mg/kg)同一施磷水平处理的烤烟各部位的含钾量大小是烟叶＞烟茎＞烟根。

潮砂田各不同施磷处理,烤烟各部位钾吸收量均随施磷量的增加而增加,烟叶、烟根和烟茎钾吸收量最高的处理分别为施磷量为 2.00g/盆(433.69mg/株)、施磷量为 1.35g/盆(64.51mg/株)和施磷量为 1.35g/盆(348.91mg/株)。烤烟部位不同,其对钾的吸收量也不同,同一施磷量水平,各部位对钾的吸收量大小为:烟叶＞烟茎＞烟根。

黄泥田各不同施磷处理,烤烟叶片和茎秆钾吸收量均随施磷量的增加而增加,烟叶、烟茎钾吸收量最高的处理分别为施磷量为 2.00g/盆(460.82mg/株)和施磷量为 2.00g/盆(224.47mg/株);烟根钾吸收量随施磷量的变化不明显。同一施磷量水平下,烤烟各部位对钾的吸收量大小为:烟叶＞烟茎＞烟根。

灰泥田各施磷处理的烤烟各部位的钾含量随施磷量的增加变化不明显。不同施磷量,烤烟各部位钾吸收量均随施磷量的增加而增加,烟叶、烟根和烟茎钾吸收量最高的处理分别为施磷量为 1.35g/盆(652.02mg/株)、施磷量为 2.00g/盆(69.82mg/株)和施磷量为 2.00g/盆(324.36mg/株)。烤烟部位不同,其对钾的吸收量也不同,同一施磷量水平,各部位对钾的吸收量大小为:烟叶＞烟茎＞烟根。

表 2-13 不同土壤类型及施磷水平对烤烟各部位含钾量及钾吸收量的影响(成熟期)

处理	施磷量 (g/盆)	叶 (%)	根 (%)	茎 (%)	叶 (mg/株)	根 (mg/株)	茎 (mg/株)	整株 (mg/株)
潮砂田	0	1.49	0.90	0.90	284.83	29.50	191.59	505.91
	0.45	1.36	0.82	0.87	290.75	33.76	253.14	577.65
	0.90	1.47	0.76	0.95	355.69	48.07	324.11	727.87
	1.35	1.47	0.84	0.90	401.37	64.51	348.91	814.80
	2.00	1.44	0.79	0.82	433.69	60.52	272.83	763.04
黄泥田	0	1.41	0.92	0.84	245.35	52.72	92.36	390.44
	0.45	1.31	0.87	0.84	263.04	50.20	138.71	451.95
	0.90	1.24	0.74	0.73	354.68	35.04	134.57	524.29
	1.35	1.30	0.84	0.79	403.51	52.12	167.30	622.92
	2.00	1.18	0.82	0.87	460.82	50.31	224.47	735.60
灰泥田	0	1.48	0.71	1.03	374.93	20.67	177.58	573.18
	0.45	1.62	0.90	1.06	503.16	27.84	205.14	736.15
	0.90	1.55	0.84	1.09	588.31	37.92	268.86	895.08
	1.35	1.40	1.01	1.01	652.02	48.04	285.85	985.91
	2.00	1.66	0.87	1.09	591.33	69.82	324.36	985.51

3 种类型的土壤处理的烤烟各部位钾含量随土壤的变化大小均是:灰泥田＞潮砂田＞

黄泥田。本试验中,烟叶钾吸收量最多的处理是灰泥田处理,烟根钾吸收量最多的处理是黄泥田处理,烟茎钾吸收量最多的处理是潮砂田。可见不同的土壤类型会影响烤烟钾素在烤烟体内的分配。

2.5.3　对烤烟叶片中微量元素吸收量的影响

如表 2-14 所示,盆栽试验结果表明:①随着磷肥施用量的提高,潮砂田(土壤速效磷含量 13.26mg/kg)各施磷处理烟叶中 Ca、Mg、Cu、Fe、Zn 和 Mn 含量增加,表明潮砂田施用磷肥能够促进烤烟对中、微量元素的吸收;黄泥田(土壤速效磷含量 28.66mg/kg)各施磷处理烟叶中 Ca、Mg、Cu、Fe、Zn 和 Mn 含量随施磷量的提高先呈现增加的趋势,当施磷量达到 2.00g/盆时,各中、微量元素的含量减少,但是烟叶 Fe 含量较对照低;灰泥田(土壤速效磷含量 54.50mg/kg)各施磷处理的烤烟叶片 Ca、Mg、Fe、Zn 和 Mn 含量均随施磷量的增加而增加,烟叶的 Cu 含量在施磷量为 0.90g/盆时达到最大值。②潮砂田处理的烤烟各施磷条件下 Ca、Mg、Cu、Fe、Zn 和 Mn 的最大增长量分别为 196.21%、87.36%、9.74%、26.62%、150.89、80.06%;黄泥田各施磷条件下 Ca、Mg、Cu、Fe、Zn 和 Mn 的最大增长量分别为 161.31%、97.98%、26.18%、2.82%、98.68%、106.01%;灰泥田各施磷条件下 Ca、Mg、Cu、Fe、Zn 和 Mn 的最大增长量分别为 83.72%、72.19%、165.50%、134.47%、85.12%、108.18%。本实验中的 3 种土壤在相同磷肥施用量条件下,对烤烟叶片各种元素的吸收增长量不一样,这可能与土壤本身的性质相关。

表 2-14　不同类型土壤及施磷量对烤烟叶片中微量元素吸收的影响(成熟期)

土壤类型	施磷量 (g/盆)	Ca (mg/盆)	Mg (mg/盆)	Cu (mg/盆)	Fe (mg/盆)	Zn (mg/盆)	Mn (mg/盆)
	0	145.88	29.63	0.74	7.60	1.04	6.61
	0.45	171.92	30.17	0.72	5.39	1.34	8.26
潮砂田	0.90	294.93	45.51	0.74	5.70	1.52	9.09
	1.35	273.80	45.80	0.80	9.57	2.17	10.11
	2.00	432.11	55.51	0.81	9.49	2.60	11.89
	0	211.33	37.20	0.99	8.54	1.15	3.26
	0.45	305.55	45.97	0.76	6.19	1.25	3.85
黄泥田	0.90	349.61	53.97	1.25	6.28	1.75	4.60
	1.35	552.21	73.65	1.21	8.78	2.28	6.71
	2.00	392.86	58.01	0.86	5.78	1.54	5.29
	0	269.82	51.19	0.38	4.25	0.49	2.55
	0.45	295.94	54.64	0.79	5.08	0.48	2.29
灰泥田	0.90	321.05	62.64	1.01	6.65	0.71	3.67
	1.35	395.73	78.40	0.85	7.80	0.91	4.74
	2.00	495.71	88.14	0.82	9.96	0.82	5.32

第 3 章 优质烤烟生产钾钙镁营养平衡调控

对于烤烟的生长发育，钾、钙、镁是必不可少的营养元素，它们中任何一种元素的缺乏都会导致烤烟产量和品质的下降。长期以来，人们对植物钾、钙、镁营养的研究比较广泛，研究内容包括钾、钙、镁的营养生理（罗鹏涛等，1992；李美如等，1996；李延等，2000；杨苞梅等，2010）、作用机制（刘勇等，2015；周卫等，1995；刘伟宏等，1999）、在土壤中的转化和作物吸收的特点等（彭正萍，2019；杨洪强等，2005；李春英等，2000）。

近年来，由于作物高产品种的推广和复种指数的提高，作物从土壤中带走的养分不断增加，致使土壤养分失调，烤烟营养障碍日益普遍。同时，福建烟区地处亚热带，气候高温多雨，土壤盐基离子淋溶作用强烈，导致土壤酸性增强，质地结构差；另一方面，土壤中钾、钙、镁养分淋失严重，造成土壤钾、钙、镁养分缺乏。

目前增施钾肥已成为提高烤烟产量、质量的重要措施之一，但钾肥用量的增加，一方面使土壤缺钾状况有所改善，另一方面也使土壤钾、钙、镁不平衡现象更加突出。当前施用石灰物质调节土壤酸度是重要的改土措施，可以有效提高土壤交换性钙含量；而土壤中交换性钙含量的提高进一步加剧了土壤和烟株钾、钙、镁间的不平衡状况，易造成烤烟的早熟或贪青，影响烤烟适时成熟，不利于烟叶产量和质量的提高。

但对于烤烟钾、钙、镁养分之间的相互关系，目前仍缺乏深入的研究。由于近年来我国南方烟区烤烟普遍出现缺镁的症状，人们才开始重视钾、钙、镁间的互作效应以及对镁吸收影响的研究（晋艳等，1999；赵鹏等，2000）。因此，探明烤烟生产过程中钾、钙、镁三者之间互作效应特点，对生产上合理施用钾、钙、镁肥，提高烤烟产量和质量具有重要的生产实践意义。

为探明钾、钙、镁肥施入土壤后的土壤交换性钾、钙、镁含量变化特点，选用当前烤烟生产中常用化肥 K_2SO_4、CaO、MgO 在室温下进行室内土壤培育试验。供试土壤为水稻土，前作水稻。取耕作层土壤风干后作土壤培育试验。供试土壤的基本性状为：pH5.09，有机质 8.17g/kg，物理性黏粒含量为 50.45%，碱解氮 84.0mg/kg，速效磷 23.4mg/kg，速效钾 63.7mg/kg，交换性钙 1258.6mg/kg，交换性镁 89.1mg/kg。试验设置 3 个钾水平（K_0、K_1、K_2）和 3 个钙水平（Ca_0、Ca_1、Ca_2），K^+ 由 K_2SO_4 提供，K_0、K_1、K_2 施用 K_2O 量分别为 0.00g/杯、0.04g/杯、0.05g/杯；Ca_0、Ca_1、Ca_2 施用 Ca

$(OH)_2$量分别为 0.00g/杯、0.11g/杯、0.21g/杯；镁源为 $MgSO_4 \cdot 7H_2O$，施用 Mg^{2+} 为 0.006g/杯。共设 14 个处理：①CK；②K_1Mg；③K_2Mg；④Ca_1Mg；⑤Ca_2Mg；⑥K_1Ca_1；⑦K_2Ca_1；⑧K_1Ca_2；⑨K_2Ca_2；⑩K_1Ca_1Mg；⑪K_1Ca_2Mg；⑬K_2Ca_1Mg；⑭K_2Ca_2Mg。培养杯装 200g 土，对照处理（CK）不施肥料，每一处理重复两次，在常温下培育，每日调节水分，保持土壤含水量为田间持水的 60%～70%，分别于培育至第 10、30、50、70、90 天称取土样测定土壤的交换性钾、钙、镁的含量。

采用盆栽试验和大田试验研究钾、钙、镁肥配施对烤烟生长、生理生化过程和品质的影响，以及在龙岩烟区气候和土壤条件下烟株体内适宜的钾、钙、镁比例。盆栽试验的供试土壤同土壤培育试验。试验地点为福建农林大学南区盆栽房。试验设置 3 个钾水平（K_1、K_2、K_3）和 3 个钙水平（Ca_0、Ca_1、Ca_2），K_1、K_2、K_3水平施用 K_2O 量分别为 1.80g/盆、2.34g/盆、2.70g/盆；Ca_0、Ca_1、Ca_2 分别施 Ca^{2+} 量为 0.00g/盆、0.20g/盆、0.50g/盆；施 Mg^{2+} 量为 0.33g/盆。共设置 10 个处理，分别为①NP；②NPK_1Mg；③NPK_1Ca_1Mg；④NPK_1Ca_2Mg；⑤NPK_2Mg；⑥NPK_2Ca_1Mg；⑦NPK_2Ca_2Mg；⑧NPK_3Mg；⑨NPK_3Ca_1Mg；⑩NPK_3Ca_2Mg。每一处理重复 4 次。NP 的施用比例为 N：P_2O_5＝1：1，施纯 N 量为 0.90g/盆；N、P 肥分别为尿素、磷酸二氢铵；K^+ 源由硫酸钾提供；Ca^{2+}、Mg^{2+} 源分别由硫酸钙和硫酸镁提供。每盆装风干土 11kg，每盆栽烟 1 株，随机排列。供试品种为 K_{326}。定期观察记载烟株的生物学特性。烟株见花蕾后打顶，并定时抹去腋芽。烟叶生理成熟后采摘，并烘干，烟叶采摘完成后将烟株的茎秆、根系全部收取、洗净、烘干，测定烟株各部分的干重和养分含量。

大田试验地前作为水稻。土壤基本性状为：pH5.46，有机质含量 13.3g/kg，物理性黏粒含量（＜0.01mm）为 49.0%，碱解氮 122.0mg/kg，速效磷 41.2mg/kg，速效钾 100.0mg/kg，交换性钙 779.3mg/kg，交换性镁 51.9mg/kg。试验设置 3 个钾水平（K_1、K_2、K_3），分别施 K_2O 270.0kg/hm^2、351.0kg/hm^2、405.0kg/hm^2；3 个钙水平分别为 Ca_0、Ca_1、Ca_2，施石灰分别为 0kg/hm^2、1 500kg/hm^2 和 3 000kg/hm^2。本试验共设置 9 个处理，分别为：①NPK_1Ca_1Mg；②NPK_1Ca_2Mg；③NPK_2Ca_1Mg；④NPK_2Ca_2Mg；⑤NPK_3Mg；⑥NPK_3；⑦NPK_3Ca_1；⑧NPK_3Ca_1Mg；⑨NPK_3Ca_2Mg。每一处理重复 3 次，随机区组排列。NP 的施用比例为 N：P_2O_5＝1：1，施纯 N 量为 135kg/hm^2，氮、磷、镁肥为常规施肥。镁肥施用硫酸镁，施用量为 225kg/hm^2。供试烤烟品种为云烟 85，行株距为 1.2m×5m，每个小区种植 28 株烟苗，种植密度16 500株/hm^2。生长期间测定烤烟农艺性状。单株留叶数为 18～20 叶，种植 110d。采收烘烤结束后，取烟叶样品测定营养指标和品质指标。

3.1 钾、钙、镁肥配施对土壤交换性钾、钙、镁含量的影响

3.1.1 钾、镁肥配施对土壤交换性钾、钙、镁含量的影响

由表 3-1 可见，在常温条件下培养 10d 后，K_1Mg 处理和 K_2Mg 处理的土壤交换性钾、钙、镁的含量发生了一定的变化。

钾肥施入土壤后，土壤交换性钾的含量迅速提高，并随着钾肥用量的提高而增加。培

育 10d 后，K_1Mg 处理的土壤交换性钾含量比对照的高出 107.4mg/kg，K_2Mg 处理的土壤交换性钾含量比 K_1Mg 处理的高出 31.5mg/kg。随着土壤培育时间的延长，两处理的土壤交换性钾的含量表现出先上升而后下降的规律。对照处理的土壤交换性钾含量在土壤培育的第 30 天达到最大值（94.0mg/kg）；K_1Mg 处理和 K_2Mg 处理的土壤交换性钾含量则在土壤培育的第 50 天达到最大值，分别为 220.6mg/kg 和 240.0mg/kg。在土壤培育的第 90 天，两处理的交换性钾含量比培育至第 10 天时下降了 9.3% 和 11.5%，可能是由于在长时间的培育过程中，土壤溶液中的 K^+ 被黏土吸附，而且部分钾可能被固定而转化为无效态。

K_1Mg 处理和 K_2Mg 处理的土壤交换性镁含量在施用镁肥后明显高于对照处理的。在整个土壤培育期间，各处理土壤交换性镁含量表现出先上升而后下降的规律。在土壤培育的第 50 天，K_1Mg 处理和 K_2Mg 处理的土壤交换性镁含量达到最大值，分别为 116.5mg/kg 和 107.3mg/kg，在土壤培育至第 90 天降至最小值（73.3mg/kg 和 63.7mg/kg）。同时，K_2Mg 处理的土壤交换性镁含量低于 K_1Mg 处理的土壤交换性镁的含量，镁的固定率分别达到了 46.5% 和 38.4%。这说明土壤交换性钾含量越多，对土壤交换性镁活性的抑制作用越明显，这可能是因为 K^+ 是一价离子，土壤胶体对其吸持能力比对 Mg^{2+} 小得多，但当这两类离子同时存在于胶体的交换位置上时，交换性镁则被迫进入双电层的内层，从而降低了交换性镁的活性（何电源，1994；袁可能，1983）。

K_1Mg 处理和 K_2Mg 处理的土壤交换性钙含量在整个土壤培育期间表现出先下降而后上升的规律，在培育至第 70 天最低值为 873.1mg/kg，在培育至第 90 天又有所上升，但仍低于第 50 天的土壤交换性钙的含量。同时，K_2Mg 处理的交换性钙的最低含量只有 836.4mg/kg，低于 K_1Mg 的处理，而 K_1Mg 处理交换性钙最低含量又低于对照处理，可能是由于土壤中存在大量的一价阳离子 K^+ 和二价阳离子 Mg^{2+}，使得交换性钙的活动性大大降低。这与卢必威（1984）和何电源等（1981）的试验结果一致。

表 3-1　钾、镁肥配施对土壤交换性 K、Ca、Mg 含量的影响（mg/kg）

处理		培育天数（d）				
		10	30	50	70	90
CK	交换性钾	86.1	94.0	86.5	84.2	80.2
	交换性钙	1 244.9	1 161.0	1 088.2	893.5	999.5
	交换性镁	62.9	78.2	97.5	75.8	50.3
K_1Mg	交换性钾	193.5	218.7	220.6	186.3	175.5
	交换性钙	1 289.2	1 167.4	1 026.7	873.1	986.7
	交换性镁	89.5	103.6	116.5	104.7	73.3
K_2Mg	交换性钾	225.0	236.2	240.0	208.0	199.1
	交换性钙	1 201.0	1 144.1	1 060.4	836.4	958.6
	交换性镁	83.8	91.4	107.3	89.0	63.7

3.1.2　钙、镁肥配施对土壤交换性钾、钙、镁含量的影响

由表 3-2 可见，钙肥施入土壤后，土壤交换性钙含量明显提高，并随着钙肥用量的增

加而提高。特别是在土壤培育的第 10 天，Ca_2Mg 处理的土壤交换性钙含量达到了 1746.7mg/kg，比 Ca_1Mg 处理的高出了 254.7mg/kg，比对照处理的高出 501.8mg/kg。随着培育时间的延长，Ca_1Mg 处理和 Ca_2Mg 处理的土壤交换性钙含量逐渐下降，在土壤培育至第 70 天时降到最低值，分别只有 959.4mg/kg 和 1161.9mg/kg，钙的固定率分别达到 37.9％和 36.6％，而在第 90 天又有所上升。

施入镁肥后，土壤交换性镁含量与对照处理的相比有了明显的提高。在整个土壤培育期间，各处理土壤交换性镁含量表现为先上升后下降的规律。在土壤培育至第 50 天，Ca_1Mg 处理和 Ca_2Mg 处理土壤交换性镁含量分别达到最大值 124.0mg/kg 和 111.5mg/kg，而在培育至第 90 天时降到最小值，土壤交换性镁的提取率分别只有 68.5％和 59.2％。同时，Ca_2Mg 处理的土壤交换性镁含量低于 Ca_1Mg 处理。在同一种土壤上增施石灰后引起土壤交换性镁下降，其原因可能与非交换性镁的释放受到抑制有关（李伏生，1994；胡国松，2000；陈星峰等，2006）；也可能与土壤中富含铁、铝化合物，被钙所置换出来的镁又重新被土壤中新形成的氧化物所沉淀有关；也可能与施石灰后土壤 pH 升高，土壤表面电荷增多，镁离子被吸附，因而交换性镁减少有关。

Ca_1Mg 处理和 Ca_2Mg 处理的土壤交换性钾含量在土壤培育的第 30 天达到最大值，分别为 122.2mg/kg 和 111.6mg/kg，随着培育时间的延长而下降，在第 90 天降到最小值（73.3mg/kg 和 69.5mg/kg）。Ca_1Mg 处理的土壤交换性钾含量在培育的前 70d 高于对照处理，但在第 90 天时，Ca_1Mg 处理和 Ca_2Mg 处理的土壤交换性钾含量都低于对照处理的交换性钾含量。同时，Ca_1Mg 处理的土壤交换性钾含量高于 Ca_2Mg 处理的，这可能是因为在一定范围内施用石灰，由于土壤胶体对 Ca^{2+} 的吸附能大于对 K^+ 的吸附能，使某些被吸附的钾离子被钙离子所置换出来（S L 蒂斯代尔，1984）；另一方面，增施石灰提高了土壤的 pH，增强了土壤对钾的固定（史瑞和等，1989；何电源，1994）。一般认为，在酸性土壤中，酸性铝离子、羟基铝离子及 H_3O^+ 与土壤吸附点有很强的亲和力，可取代钾而被土壤吸附，钾被解吸进入土壤溶液中而提高了其有效性；同时，直径较大的羟基铝进入矿物层间，支撑着层间的扩张，有利于层间钾离子的扩散。施用石灰，羟基铝脱水，正电荷消失，失去其支撑作用，层间闭合，增强了土壤对钾的固定。

表 3-2　钙、镁肥配施对土壤交换性 K、Ca、Mg 含量的影响（mg/kg）

处理		培育天数（d）				
		10	30	50	70	90
CK	交换性钾	86.1	94.0	86.5	84.2	80.2
	交换性钙	1 244.9	1 161.0	1 088.2	893.5	999.5
	交换性镁	62.9	78.2	97.5	75.8	50.3
Ca_1Mg	交换性钾	103.0	122.2	105.3	99.6	73.3
	交换性钙	1 492.6	1 202.9	1 105.0	959.4	1 012.0
	交换性镁	98.6	111.4	124.0	109.4	81.6

（续）

处理		培育天数（d）				
		10	30	50	70	90
Ca_2Mg	交换性钾	78.9	111.6	100.4	90.2	69.5
	交换性钙	1 746.7	1 545.4	1 345.4	1 161.9	1 209.4
	交换性镁	90.2	101.2	111.5	87.6	70.5

3.1.3 钾、钙、镁肥配施对土壤交换性钾、钙、镁含量的影响

由图 3-1（a）可见，土壤在 Ca_1 水平条件下施用钾肥，各处理的土壤交换性钾含量明显高于对照处理。随着钾肥用量的增加，土壤交换性钾含量有了明显的提高。K_2Ca_1Mg 处理的土壤交换性钾含量高于 K_2Ca_1 处理，其最大值为 249.4mg/kg，略高于 K_2Ca_1 处理的最大值；K_1Ca_1Mg 处理的土壤交换性钾含量也高于 K_1Ca_1 处理。各处理的土壤交换性钾含量在培育过程中表现出先上升而后下降的趋势。除了 K_1Ca_1Mg 处理的土壤交换性钾在土壤培育至第 50 天时达到最大值（224.4mg/kg）外，其他处理的交换性钾都在培育的第 30 天达到最大值。在培育至第 90 天，K_1Ca_1 处理、K_2Ca_1 处理、K_1Ca_1Mg 处理、K_2Ca_1Mg 处理钾的固定率分别达到 39.5%、41.6%、41.8%、39.9%。

由图 3-1（b）可见，各处理的交换性钙含量变化较一致，在土壤培育至第 10 天达到最大值，而后逐渐下降，在培育的第 70 天降到最低值，K_1Ca_1 处理、K_2Ca_1 处理、K_1Ca_1Mg 处理、K_2Ca_1Mg 处理钙的固定率分别达到了 42.6%、47.6%、45.7%、49.2%；在培育至第 90d 交换性钙含量又有所上升。K_1Ca_1 处理的土壤交换性钙高于 K_2Ca_1 处理，K_1Ca_1Mg 处理的土壤交换性钙也比 K_2Ca_1Mg 处理的高，说明钾离子对土壤交换性钙活性有抑制作用，交换性钙的活性随着钾离子的增加而降低。K_1Ca_1 处理和 K_2Ca_1 处理的土壤交换性钙含量分别比 K_1Ca_1Mg 处理和 K_2Ca_1Mg 处理的高，但并不明显，说明镁离子对钙离子的影响比较小，这可能是由于这两种离子与胶体的结合能比较接近，因此，镁离子对钙活度的抑制作用并不明显（袁可能，1983）。

由图 3-1（c）可见，施用镁肥处理（K_1Ca_1Mg 处理和 K_2Ca_1Mg 处理）的土壤交换性镁含量明显高于没有施用镁肥的处理（K_1Ca_1 处理和 K_2Ca_1 处理）。K_1Ca_1Mg 处理的土壤交换性镁含量在整个培育期内都最高，K_2Ca_1Mg 处理次之，而 K_1Ca_1 处理和 K_2Ca_1 处理的土壤交换性镁含量低于对照处理；土壤交换性镁含量在培育期间先是上升而后下降。在土壤培育至第 50 天达到最大值，以后随时间的延长逐步降低，在培育的第 90 天降到最低点，K_1Ca_1Mg 处理的土壤交换性镁的提取率为 55.1%，K_2Ca_1Mg 处理的为 50.0%，K_2Ca_1 处理的只有 43.1%，说明土壤中交换性钾、钙对交换性镁有抑制作用。

由图 3-2（a）可见，在 Ca_2 水平下，各处理的土壤交换性钾含量明显高于对照处理。随着钾肥用量的增加，土壤交换性钾含量有了明显的提高。K_2Ca_2Mg 处理和 K_1Ca_2Mg 处理的土壤交换性钾含量的最大值比 K_2Ca_2 处理和 K_1Ca_2 处理的略高。各处理的土壤交换性钾含量在培育期内表现出先上升而后下降的趋势，在培育至第 30 天，各处理的交换性钾达到最大值，而到第 90 天降至最小值。K_1Ca_2 处理、K_2Ca_2 处理、K_1Ca_2Mg 处理和 K_2Ca_2Mg 处理的钾的固定率分别为 52.8%、49.5%、50.5%、47.9%，与 Ca_1 水平的各处

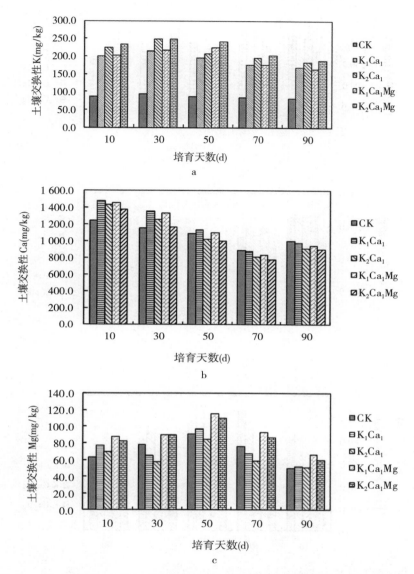

图 3-1　钾、钙（Ca₁ 水平）、镁肥配施对土壤交换性钾、钙、镁含量变化的影响

理相比，土壤钾的固定率升高了，说明增加石灰的用量，提高了钾的固定作用。

在培育期内各处理的土壤交换性钙含量变化较一致（图 3-2b），与图 3-1（b）有相似的变化趋势，都是先下降而后上升；同时，K_1Ca_2 处理的土壤交换性钙高于 K_2Ca_2 处理，K_1Ca_2Mg 处理的土壤交换性钙也比 K_2Ca_2Mg 处理的土壤交换性钙高。在土壤培育至第 70 天，K_1Ca_2 处理、K_2Ca_2 处理、K_1Ca_2Mg 处理和 K_2Ca_2Mg 处理的钙的提取率分别为 59.6%、55.6%、58.2% 和 56.8%，表明增加钾肥的用量会降低钙的活性。

由图 3-2（c）可见，施用镁肥处理的土壤交换性镁含量明显高于没有施用镁肥的处理。土壤交换性镁含量的变化趋势与图 3-1（c）相一致，也是先上升而后下降。在土壤培育至第 90 天，K_1Ca_2Mg 处理的土壤交换性镁含量最高，其提取率为 53.9%，K_2Ca_2Mg

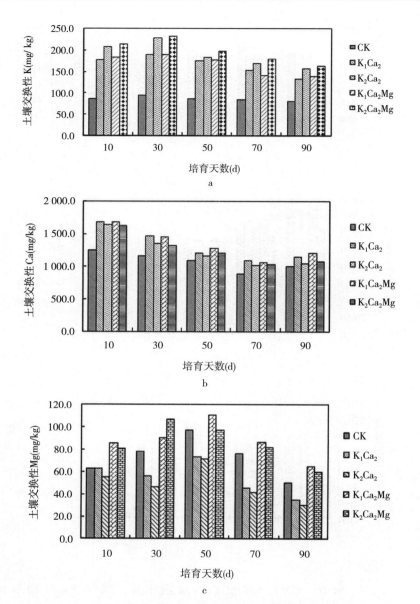

图 3-2　钾、钙（Ca_2 水平）、镁肥施入土壤后对土壤交换性钾、钙、镁含量变化的影响

处理次之，其提取率为 50.7％，而 K_1Ca_2 处理和 K_2Ca_2 处理的土壤交换性镁含量则都低于对照处理，其提取率分别只有 29.2％ 和 25.6％；与 Ca_1 水平相比，各处理的镁提取率低于 Ca_1 水平处理的镁的提取率，说明增加钾、钙肥的用量，会降低镁的活性。

3.1.4　土壤交换性钾、钙、镁含量的适宜比例

福建土壤钾、钙、镁含量普遍较低。由于福建省的土壤黏土矿物以高岭石为主，其土壤胶体的比表面积小，负电荷数量少，阳离子交换量低（袁可能，1983）；同时，福建省土壤大都呈酸性反应，土壤的酸性主要是由于铝离子引起的（何电源，1994），由于铝离

子与土壤胶体的结合能特别强，具有极强的取代吸附性盐基离子（如 K^+、Ca^{2+}、Mg^{2+}）的能力，可将土壤胶体吸附的盐基离子置换下来；同时由于福建气候高温多雨，因此会造成盐基离子的流失，加重土壤养分的缺乏。

K^+、Ca^{2+}、Mg^{2+} 之间存在拮抗作用，大量施用钾肥或是钙肥，都会对另外两种离子的吸收起抑制作用（邵岩等，1995；陆景陵，2003）。因此，养分之间的平衡应引起足够的重视。一般认为，土壤交换性钾＜150mg/kg、土壤交换性钙＜400mg/kg、土壤交换性镁＜50mg/kg 时，作物可能产生缺素现象（李春英，2000）。在对全省烟区 1 734 个土壤样品进行测定分析的结果表明，全省烟区土壤交换性钾含量的范围在 50.00～473.50mg/kg 之间，平均只有 82.82mg/kg；土壤交换性钙含量范围在 44.50～1 820.8mg/kg 之间，平均只有 586.44mg/kg；土壤交换性镁含量的范围在 4.20～229.20mg/kg 之间，平均只有 33.24mg/kg；而全省烟区土壤交换性钾＜150mg/kg 的土壤占 87%，土壤交换性钙＞400mg/kg 的土壤占 79%，所有土样中土壤交换性镁＞50mg/kg 的样点仅有 150 个，这说明全省烟区土壤钾素和镁素普遍缺乏，特别是土壤镁素缺乏情况相当严重，而全省钙素营养并不缺乏，由于连年施用过磷酸钙或石灰，土壤交换性钙含量反而有上升趋势。

从土壤养分比值来看，一般认为钙镁比在 5～10 之间较为适宜，钙镁比＜5 有可能引起烟株生理性缺钙，而钙镁比＞10 则有可能引起烟株生理性缺镁（谭军等，2017）；交换性 K/Mg 比值的临界值在 0.67～1.4 之间，大于 1.4 植物则易出现缺镁症状（邹邦基等，1985）。全省烟区土壤交换性 Ca/Mg 平均比值为 17.64，远远地大于临界值 10；土壤交换性 K/Mg 的平均比值 2.49，也超过了要求界线，这说明全省烟区土壤交换性钾、钙、镁之间的比值处于极度不平衡状态。钾肥的过量施用可能导致土壤镁活性的下降；石灰的施用也可能加剧土壤交换性镁活性的下降。在全省气候和土壤条件下，施用石灰仍是调节土壤 pH 的重要措施，在这种情况下，不宜过量施用石灰，也不宜过分强调提高钾肥用量来调节 K－Ca 之间 的平衡，在土壤交换性钙基本不缺乏的条件下，应适量施用石灰和钾肥，并充分重视烟区土壤镁素营养的供给。

3.2　钾、 钙、 镁肥不同配比对烤烟生物学性状的影响

在盆栽试验中，烟苗移栽 12d 后（表 3-3），对照处理长势较差，株高、最大叶面积都较小。而钾、钙、镁不同配比的施肥中，各处理的长势又有差别。其中以 NPK_2Ca_1Mg 处理和 NPK_1Mg 处理的长势较好，最大叶面积分别比对照处理的大 17.41% 和 18.39%。烟苗移栽 36d 后（表 3-4），烟株的生长状况发生了变化，以 NPK_1Mg 处理和 NPK_3Mg 处理的长势较好，尤其是 NPK_1Mg 处理，株高和最大叶面积都较大，分别为 20.15cm 和 879.36cm²，而 NPK_2Ca_2Mg 处理的叶面积较小，仅有 777.20cm²。烟苗移栽 58d 后（表 3-5），各处理间的差异比较明显。株高以 NPK_1Ca_2Mg 处理为最高，达到了 66.00cm，但最大叶面积比 NPK_2Ca_1Mg 处理的最大叶面积相差 204.16cm²。同时，最大叶面积并没有随施钾量的增加而提高，施用 K_3 水平的各处理的最大叶面积并没有比施用 K_2 水平的各处理的大，并表现出随钙用量的增加而减小的趋势。在施用 K_3 水平时，各处理的烟株长势没有比施用 K_1 水平处理或施用 K_2 水平处理的长势有明显提高。各处理的茎围相差不大。

在大田试验中 K_3 水平的烟株长势也表现出与盆栽试验中相似的规律。

表 3-3　烟苗移栽 12d 后的生长状况（盆栽试验）

处　理	株　高（cm）	最大叶片		最大叶面积（cm^2）	叶片数（片/株）
		叶长（cm）	叶宽（cm）		
NP	3.88	18.60	6.88	127.97	3.0
NPK_1Mg	4.58	20.81	7.28	151.50	3.5
NPK_1Ca_1Mg	4.05	20.06	7.03	141.02	4.0
NPK_1Ca_2Mg	4.03	19.67	7.00	137.69	3.5
NPK_2Mg	4.10	18.55	6.78	125.77	3.0
NPK_2Ca_1Mg	4.38	21.38	7.04	150.52	3.0
NPK_2Ca_2Mg	4.28	18.50	6.63	122.66	3.2
NPK_3Mg	3.90	19.33	6.76	130.6	3.0
NPK_3Ca_1Mg	4.83	20.07	7.35	147.51	3.3
NPK_3Ca_2Mg	4.58	18.9	6.70	126.56	3.8

表 3-4　烟苗移栽 36d 后的生长状况（盆栽试验）

处　理	株　高（cm）	最大叶片		最大叶面积（cm^2）	叶片数（片/株）	茎　围（cm）
		叶长（cm）	叶宽（cm）			
NP	18.10	38.88	18.83	732.11	14.0	5.25
NPK_1Mg	20.15	41.13	21.38	879.36	14.8	5.57
NPK_1Ca_1Mg	18.50	40.83	21.30	869.68	15.8	6.27
NPK_1Ca_2Mg	19.33	41.33	20.53	849.50	14.5	5.93
NPK_2Mg	19.03	41.08	1.55	803.11	15.5	6.10
NPK_2Ca_1Mg	18.50	40.93	19.93	815.80	14.8	5.58
NPK_2Ca_2Mg	18.65	40.00	19.43	777.20	14.5	5.65
NPK_3Mg	17.50	41.33	21.10	872.06	14.5	5.78
NPK_3Ca_1Mg	20.13	40.60	19.95	809.97	14.5	5.73
NPK_3Ca_2Mg	16.75	40.43	20.20	816.69	22.8	5.35

表 3-5　烟苗移栽 58d 后的生长状况（盆栽试验）

处　理	株　高（cm）	最大叶片		最大叶面积（cm^2）	叶片数（片/株）	茎　围（cm）
		叶长（cm）	叶宽（cm）			
NP	65.25	42.00	19.95	837.90	21.0	6.43
NPK_1Mg	65.25	43.30	19.7	853.01	19.8	6.97
NPK_1Ca_1Mg	56.75	42.16	20.00	843.20	19.0	6.87
NPK_1Ca_2Mg	66.00	41.66	18.47	769.46	21.0	6.87
NPK_2Mg	63.63	41.77	20.15	841.67	20.0	7.07
NPK_2Ca1Mg	62.88	44.60	21.83	973.62	20.3	6.73

（续）

处　理	株　高（cm）	最大叶片		最大叶面积（cm²）	叶片数（片/株）	茎　围（cm）
		叶长（cm）	叶宽（cm）			
NPK_2Ca_2Mg	63.13	44.90	20.88	937.51	20.0	6.83
NPK_3Mg	59.88	44.67	20.80	929.14	18.7	6.85
NPK_3Ca_1Mg	57.38	42.50	19.53	830.03	17.7	6.77
NPK_3Ca_2Mg	56.75	40.78	19.08	778.08	17.5	6.60

　　根系是植株重要的营养器官，它直接从土壤中吸收水分和各种养分来满足其生长发育的要求，同时也是生长所需要的一些重要物质的合成器官。因此，根系发育良好，根系发达，有利于烟株对营养物质的吸收，对获得高产优质的烤烟是十分重要的。各处理间的根系生长情况（表3-6），以 NPK_2Ca_1Mg 处理的根系长势最好，根系数量较多，颜色表现出正常的淡黄色；NPK_2Ca_2Mg 处理和 NPK_3Ca_2Mg 处理长势则较差，其根系为浅褐色，＞2mm 的根数量少而且偏细长，侧根数量少，而 NPK_1Ca_2Mg 处理和 NPK_2Mg 处理的＞2mm 的根数量较少，最长根比较短，这对根系从土壤中吸收水分和养分不利。其他处理的根系长势相差不大。

　　在田间试验中，钾、钙、镁肥不同配比的各处理的生长状况与盆栽试验有所差别。在烟苗移栽31d后（表3-7），长势最差的是 NPK_1Ca_1Mg 处理和 NPK_3Mg 处理，长势较好的是 NPK_2Ca_2Mg 处理和 NPK_3Ca_1Mg 处理；而 NPK_3Ca_1Mg 处理与 NPK_1Ca_1Mg 处理间的株高虽然只相差2.94cm，但最大叶面积相差103.97cm²。移栽57d后，烤烟进入旺长期，长势最好的是 NPK_2Ca_2Mg 处理，长势较差的是 NPK_3 处理（表3-8），其他处理相差不大。移栽100d后，顶叶进入成熟期，NPK_3Mg 处理的最大叶面积达到最大值，而 NPK_3 处理的最大叶面积则最小（表3-9）。

表 3-6　各处理烟株根系生长状况（盆栽试验）

处理	＞2mm 根系数量	最长根长（cm）	根系数量	根系干重（g/株）	根系体积（cm³）	根系颜色
NP	5.00	29.67	多	8.44	36.67	淡黄
NPK_1Mg	8.33	31.33	多	11.02	44.00	淡黄
NPK_1Ca_1Mg	6.33	25.00	多	8.80	41.67	淡黄
NPK_1Ca_2Mg	5.50	29.00	多	10.74	43.50	淡黄
NPK_2Mg	5.33	27.00	多	10.27	36.67	浅褐色
NPK_2Ca_1Mg	7.00	33.33	较多	10.30	35.67	淡黄
NPK_2Ca_2Mg	7.33	30.00	少	8.59	36.33	浅褐色
NPK_3Mg	8.00	33.00	多	11.06	50.00	淡黄
NPK_3Ca_1Mg	8.00	29.5	多	8.54	37.50	浅褐色
NPK_3Ca_2Mg	4.33	23.00	少	7.85	27.33	浅褐色

表 3-7　烟苗移栽 31d 后的生长状况（大田试验）

处理	株高（cm）	茎围（cm）	叶片数（片/株）	最大叶片（cm）		最大叶面积（cm²）
				叶长	叶宽	
NPK_1Ca_1Mg	41.73	7.21	12.33	46.07	23.20	1 068.82
NPK_1Ca_2Mg	43.87	7.25	12.40	46.27	23.93	1 107.24
NPK_2Ca_1Mg	42.73	7.22	12.33	46.90	24.00	1 125.60
NPK_2Ca_2Mg	42.93	7.21	12.33	47.60	24.47	1 164.77
NPK_3Mg	42.93	7.14	12.20	45.67	23.60	1 077.81
NPK_3	43.13	7.18	12.33	48.07	23.60	1 134.45
NPK_3Ca_1	43.07	7.28	12.53	47.80	23.27	1 112.31
NPK_3Ca_1Mg	44.67	7.25	12.47	47.17	23.67	1 172.79
NPK_3Ca_2Mg	43.40	7.12	12.33	47.47	24.60	1 167.76

表 3-8　烟苗移栽 57d 后的生长状况（大田试验）

处理	株高（cm）	茎围（cm）	叶片数（片/株）	最大叶片（cm）		最大叶面积（cm²）
				叶长	叶宽	
NPK_1Ca_1Mg	89.53	8.88	18.33	8.93	31.93	2 200.93
NPK_1Ca_2Mg	83.87	8.89	18.40	69.13	32.47	2 244.65
NPK_2Ca_1Mg	83.53	8.87	18.60	69.70	32.47	2 263.16
NPK_2Ca_2Mg	84.73	8.88	18.60	70.00	32.50	2 275.00
NPK_3Mg	82.13	8.84	18.40	67.87	33.20	2 253.00
NPK_3	83.73	8.85	18.40	68.30	31.60	2 158.28
NPK_3Ca_1	86.30	8.87	18.47	69.33	32.67	2 265.01
NPK_3Ca_1Mg	85.93	8.81	18.40	69.67	32.20	2 243.37
NPK_3Ca_2Mg	84.53	8.95	18.53	69.43	32.60	2 262.44

表 3-9　烟苗移栽 102d 后的生长状况（大田试验）

处理	茎围（cm）	叶片数（片/株）	最大叶片（cm）		最大叶面积（cm²）
			叶长	叶宽	
NPK_1Ca_1Mg	9.11	6.40	67.33	26.80	1 804.44
NPK_1Ca_2Mg	9.19	6.40	68.00	26.80	1 822.40
NPK_2Ca_1Mg	9.13	6.07	67.60	27.20	1 838.72
NPK_2Ca_2Mg	9.20	6.60	68.73	26.20	1 807.60
NPK_3Mg	9.22	6.07	69.87	27.27	1 905.35
NPK_3	9.34	6.07	68.33	25.33	1 730.80
NPK_3Ca_1	9.34	6.53	68.73	25.47	1 750.55
NPK_3Ca_1Mg	9.31	6.07	66.80	26.73	1 785.56
NPK_3Ca_2Mg	9.37	6.00	68.47	27.27	1 867.18

3.3　钾、钙、镁肥配施对烤烟养分含量的影响

3.3.1　钾、钙、镁肥配施与烤烟不同部位养分含量及吸收量的关系

钾：在盆栽试验中，由图3-3和图3-4可见，烤烟不同部位的钾含量和吸收量均随施钾水平的提高而增加，两者呈显著相关性。烤烟不同部位的含钾量差异明显，其大小次序为叶＞茎＞根。在同一供镁条件下，在施用 K_1 水平时，NPK_1Ca_2Mg 处理的叶片含钾量为3.46％，高于 NPK_1Ca_1Mg 处理（3.37％）和 NPK_1Mg 处理（3.24％）；其钾的吸收量表现出相反的规律。NPK_1Ca_1Mg 处理叶片的吸收量略高于 NPK_1Ca_2Mg 处理。在施用 K_2 水平时，施用钙肥的 NPK_2Ca_1Mg 处理和 NPK_2Ca_2Mg 处理叶片含钾量比没有施用钙肥（Ca_0 水平）的 NPK_2Mg 处理的叶片含钾量低，它们分别为 4.23％、4.33％和4.79％；其吸收量的变化与含量相反，NPK_2Ca_1Mg 处理叶片的钾吸收量为2.67g/株，高于 K_2Mg 处理叶片钾吸收量 2.51g/株。同时，NPK_2Ca_1Mg 处理的钾吸收量比 NPK_2Ca_2Mg 处理的高0.24g/株。其原因可能是增大钙肥用量的处理其生物量比没有增施钙肥的处理大，因而

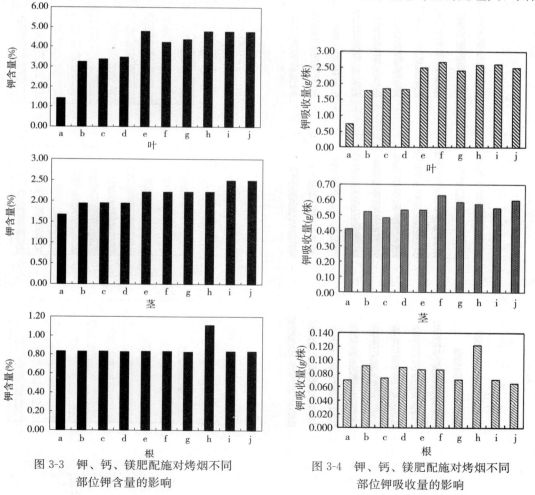

图 3-3　钾、钙、镁肥配施对烤烟不同　　　　图 3-4　钾、钙、镁肥配施对烤烟不同
部位钾含量的影响　　　　　　　　　　　部位钾吸收量的影响

叶片吸收量较高，其含钾量的降低可能与稀释效应有关；另一方面，钙肥用量的增加可能也会抑制烟株对钾的吸收。在施用 K_3 水平时，叶片钾含量差异不大，而 NPK_3Ca_1Mg 处理叶片的吸收量高于 NPK_3Ca_2Mg 处理。烟株茎的钾含量在同一供钾水平下没有很大的变化；烟株根的钾含量除了 NPK_3Mg 处理达到 1.11% 外，其他各处理的钾含量只有 0.83%。烟株茎的钾吸收量在 K_1 条件下，NPK_1Ca_1Mg 处理的钾吸收量低于同一供钾处理。在 K_3 条件下，NPK_3Ca_1Mg 处理茎的钾吸收量与 NPK_1Ca_1Mg 处理相似；在 K_2 条件下，NPK_2Ca_1Mg 处理茎的钾吸收量与 NPK_1Ca_1Mg 处理相反。烟株根的钾吸收量在 K_1 和 K_2 条件下与茎的钾吸收量相似；而 NPK_3Mg 处理根的吸收量较高。

钙：在盆栽试验中，如图 3-5，烤烟不同部位的含钙量随着施钙量的提高而增加。烤烟不同部位的含钙量的顺序为叶＞根＞茎。对照处理茎、叶的含钙量高于其他处理的含钙量，可能是由于对照处理的生物量较小，与产生浓缩效应有关。而烤烟不同部位的钙含量和吸收量随用钾水平的提高而降低（图 3-6）；在没有施用钙肥的处理（Ca_0）中，在同一供镁水平

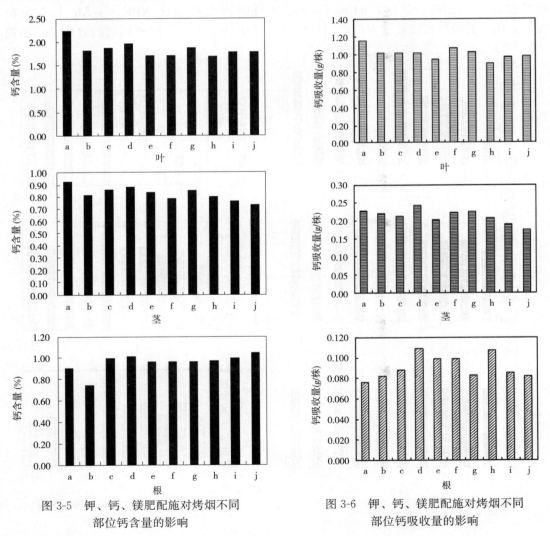

图 3-5　钾、钙、镁肥配施对烤烟不同部位钙含量的影响　　图 3-6　钾、钙、镁肥配施对烤烟不同部位钙吸收量的影响

下，随供钾量的增加，烤烟叶片的含钙量和吸收量都明显降低，烤烟叶片的含钙量大小次序为 NPK_1Mg 处理（1.87%）＞NPK_2Mg 处理（1.71%）＞NPK_3Mg 处理（1.68%），说明钾、钙之间存在吸收拮抗作用。在施用 K_2 水平时，各处理的叶片钙吸收量没有随钙肥用量的增加而提高，NPK_2Ca_1Mg 处理的钙吸收量比 NPK_2Ca_2Mg 处理的高 4.5%，这是 NPK_2Ca_1Mg 处理的生物量比较大的缘故。在施用 K_1 和 K_3 水平下的各处理，叶片钙吸收量随钙肥用量的增加而提高；而茎的钙吸收量在 K_3 水平时平均较低，并随供钙水平的提高而下降，这可能是由于茎的生物量较低的缘故。NPK_2Ca_2Mg 处理和 NPK_3Ca_2Mg 处理的根钙吸收量较低，可能与生物量较低有关。

镁：在盆栽试验中，由图 3-7 可见，烤烟不同部位的含镁量以叶最高，其次是茎，根最小。对照处理叶的镁含量略高于其他处理，但对照处理镁的吸收量并没有都比其他处理镁的吸收量高，可能是其生物量较小，产生浓缩效应的缘故。随供钾水平的提高，烤烟叶片的含镁量稍有下降，这可能是由于钾与镁之间存在着吸收拮抗作用。同时，在同一供钾条件下，Ca_0 水平的处理烟叶镁含量稍高于 Ca_2 水平的处理，而略低于 Ca_1 水平的处理，说明过量的钙肥对镁的吸收有抑制作用。烟叶镁的吸收量与烟叶镁含量变化相似（图 3-8），

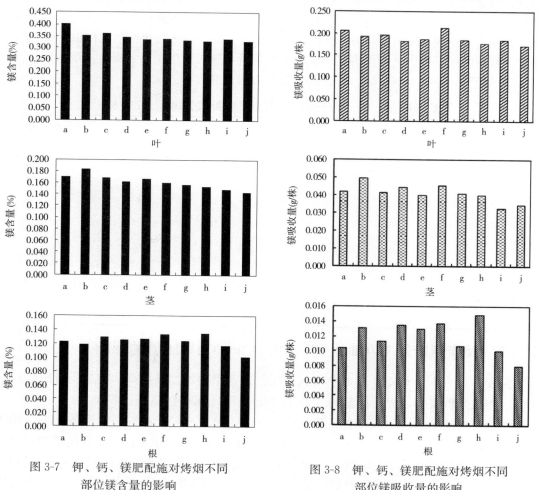

图 3-7　钾、钙、镁肥配施对烤烟不同
　　　部位镁含量的影响

图 3-8　钾、钙、镁肥配施对烤烟不同
　　　部位镁吸收量的影响

在同一供钾条件下，Ca_0 水平处理的烟叶镁吸收量稍高于 Ca_2 水平的处理，而略低于 Ca_1 水平的处理，同时，NPK_2Ca_1Mg 处理的烟叶镁吸收量较高，可能是由于其生物量较大的缘故，而其他处理的烟叶镁吸收量随供钾水平的提高而下降。烟株茎的镁含量随供钾水平的提高有下降的趋势，茎的镁吸收量与其相似。根的镁含量在 Ca_0 水平时随供钾水平的提高而上升，根的镁吸收量与其相似，说明钾对镁的吸收和运转都有一定的关系。施用钙肥的处理其茎镁含量比没有施用钙肥处理的低，并随钙肥用量的提高而下降，施用钙肥的处理其茎镁吸收量一般比没有施用钙肥处理的低。在 K_1、K_2 水平下，施用钙肥的处理其根的镁含量略高于 Ca_0 水平的处理，而在 K_3 水平时，各处理根的镁含量随钙肥用量的提高而下降，其根吸收量与之相似，可能是由于高钾、高钙肥强烈抑制了根对镁的吸收。

硼、铁等微量元素：不少研究表明，增施钾肥会降低植株对硼的吸收，特别在土壤硼水平较低时，这种情形更加严重（胡国松，2000）；钙硼存在拮抗，钙抑制了硼的吸收（秦逐初，1988；罗安程等，1995）。在本研究中（表 3-10），随着钙肥用量的增加，各处理的硼含量明显降低，表现出钙对硼的抑制作用，同时，随着施钾水平的提高，各处理的硼含量明显降低。NPK_3Ca_2Mg 处理叶片的含硼量比其他处理的低 $5.60 \sim 22.00mg/kg$。叶片铁、锰、铜、锌的含量变化与硼相似，都随施钙水平的提高而下降，这是由于增施石灰一方面引起土壤 pH 上升，另一方面钙与铁、锰、铜、锌之间存在拮抗作用导致土壤中微量元素活性的下降。从不同钾肥用量的处理来看，随着钾肥用量的提高，烟叶锰的含量呈下降的趋势，而钾与铁、铜、锌之间没有什么明显的规律。

表 3-10　钾、钙、镁配施对叶片微量元素含量的影响（大田试验）

处　理	B (mg/kg)	Fe (mg/kg)	Mn (mg/kg)	Cu (mg/kg)	Zn (mg/kg)
NPK_1Ca_1Mg	40.82	314.71	126.39	17.97	51.72
NPK_1Ca_2Mg	40.72	281.92	102.98	15.95	46.35
NPK_2Ca_1Mg	37.29	278.88	123.18	19.06	53.96
NPK_2Ca_2Mg	30.38	237.11	118.21	16.2	51.49
NPK_3Mg	46.58	373.65	160.13	22.08	62.73
NPK_3	42.5	272.10	148.28	15.78	57.79
NPK_3Ca_1	30.18	345.47	113.76	13.73	51.91
NPK_3Ca_1Mg	30.76	345.79	115.98	16.65	50.35
NPK_3Ca_2Mg	24.58	305.63	100.29	14.99	48.93

3.3.2　对烤烟叶片 K/Ca 比值、K/（Ca＋Mg）比值的影响

由表 3-11 可见，烤烟叶片 K/Mg 比值随供钾水平的增加而提高，随施镁量的增加而下降。相关分析表明，钾肥用量与烟叶 K/Mg 比值之间存在显著正相关（$r = 0.673^*$），镁肥用量与烟叶 K/Mg 比值存在显著负相关（$r = -0.725^*$）；在同一供钾条件下，烟叶 K/Mg 比值随石灰用量的增加而下降，烟叶 K/（Ca＋Mg）比值也随着石灰用量的增加而降低，这可能是因为石灰施用量的增加，抑制了烤烟对镁的吸收。烟叶 K/Ca 比值和 K/（Ca＋Mg）比值都随施钾量的增加而提高，钾肥用量与烟叶 K/Ca 比值之间存在显著正相

关，与 K/（Ca＋Mg）之间存在极显著正相关，相关系数分别为 r＝0.699* 和 r＝0.867**；钙肥用量与烟叶 K/Ca 比值之间存在极显著负相关（r＝－0.801**），在相同条件下增施镁肥，烟叶 K/Ca 比值明显下降，主要是由于施用镁肥后引起烟叶钾含量下降的幅度大于钙下降的幅度。烟叶 K/Ca 比值、K/（Ca＋Mg）比值同时也对烤烟的产量、产值有很大影响。相关分析表明，烤烟产量与烟叶 K/Ca 比值之间存在显著负相关，其回归方程为 $Y＝220.140－15.722X$（r＝－0.796*）；烤烟产量与烟叶 K/（Ca＋Mg）比值之间存在极显著负相关，其回归方程为 $Y＝213\,930－10.777X$（r＝－0.747**），所以并不是钾肥用量越多，产量越高。

表 3-11 不同处理烤烟叶片 K/Ca 比值、K/（Ca＋Mg）比值（大田试验）

处理	K（%）	Ca（%）	Mg（%）	K/Mg	K/Ca	K/（Ca＋Mg）
NPK_1Ca_1Mg	4.22	2.19	0.35	12.06	1.93	1.66
NPK_1Ca_2Mg	4.23	2.55	0.33	12.82	1.66	1.47
NPK_2Ca_1Mg	4.51	2.35	0.34	13.26	1.92	1.68
NPK_2Ca_2Mg	4.41	2.38	0.32	13.78	1.85	1.63
NPK_3Mg	4.67	1.89	0.32	14.59	2.47	2.11
NPK_3	4.97	1.95	0.27	18.41	2.55	2.24
NPK_3Ca_1	4.87	2.11	0.24	20.29	2.31	2.07
NPK_3Ca_1Mg	4.64	1.42	0.34	12.54	3.27	2.59
NPK_3Ca_2Mg	4.60	2.40	0.29	15.86	1.92	1.71

3.4 不同钾、钙、镁肥配施处理的烤烟收获后土壤养分含量的状况

不同配比的钾、钙、镁肥施入土壤后，不但对烤烟生长产生明显的影响，而且烤烟收获后不同处理间的土壤交换性钾、钙、镁含量差异也较明显（表 3-12）。在烤烟收获后，施用钾、钙、镁肥的处理土壤交换性钾、钙、镁含量有了显著的提高。施用适量的钾肥不仅可提高烟株含钾量，而且提高了土壤钾素水平，从而在提高烟叶产量、质量的同时维持和改善了土壤钾素状况。烤烟收获后土壤交换性镁含量随施钾肥水平的提高而保持较高的水平，这可能是由于烟株吸收了大量的钾，从而抑制了烟株对镁的吸收。烤烟收获后土壤交换性 Ca/K 比值随施用钙肥量的增加而提高，随施钾水平的提高而下降；而土壤交换性 K/Mg 比值的变化没有一定的规律；土壤交换性（Ca＋Mg）/K 比值随供钾量的增加有下降的趋势，施钾水平越高，比值下降越大，并随钙肥用量的增加有所提高。烤烟收获后对照处理的土壤交换性 Ca/K、（Ca＋Mg）/K 比值比其他处理都高，这可能是由于烤烟长势较差，吸收的养分较少的缘故。同时，烟叶的 Ca/K 比值与烤烟收获后土壤交换性 Ca/K 之间存在极显著的正相关（r＝0.830**），烟叶的（Ca＋Mg）/K 比值与土壤交换性（Ca＋Mg）/K 之间存在极显著的正相关（r＝0.815**），说明可以通过施肥比例调节土壤交换性钾、钙、镁的含量来平衡烤烟的 K-Ca-Mg 营养。

表 3-12　不同处理土壤交换性钾、钙、镁含量和土壤交换性 Ca/K、K/Mg、
(Ca＋Mg) /K 的比值（盆栽试验）

处理	土壤交换性钾、钙、镁（mg/kg）			Ca/K	K/Mg	(Ca＋Mg) /K
	K	Ca	Mg			
NP	38.3	1 104.8	50.5	28.8	0.8	30.2
NPK_1Mg	48.5	1 072.3	78.6	22.1	0.6	23.7
NPK_1Ca_1Mg	53.7	1 210.3	81.4	22.5	0.7	24.1
NPK_1Ca_2Mg	48.5	1 365.9	81.3	28.2	0.6	29.8
NPK_2Mg	56.2	1 076.8	81.2	19.2	0.7	20.6
NPK_2Ca_1Mg	51.1	1 247.3	78.2	24.4	0.7	25.9
NPK_2Ca_2Mg	51.1	1 416.6	81.1	27.7	0.6	29.3
NPK_3Mg	58.2	1 092.0	81.8	18.8	0.7	20.2
NPK_3Ca_1Mg	58.8	1 227.8	82.2	20.9	0.7	22.3
NPK_3Ca_2Mg	66.4	1 404.1	83.9	21.1	0.8	22.4

3.5　钾、钙、镁肥配施对烤烟若干生理代谢的影响

3.5.1　对烟叶光合色素含量的影响

叶绿素有叶绿素 a 和叶绿素 b 两种，其中叶绿素 a 在光合作用中最为重要，因为其他色素所吸收的光能都必须首先传递给叶绿素 a 才能起作用（韩锦峰等，1986）。叶绿素下降是烤烟叶片衰老的特征（何萍等，1999）。由图 3-9 可见，对照处理的叶绿素 a、叶绿素 b、叶绿素和类胡萝卜素的含量都明显高于其他处理，其原因可能是由于盆栽土的某些养分并不特别缺乏，特别是土壤交换性钙的含量比较高，由于 Ca^{2+} 在烟株氮代谢的几个重要过程中起作用，能使烟株总氮量提高（韩锦峰等，1986）。同时，对照处理的叶片吸收了较多的氮素，与其他处理相比，其含钾量较低，造成其叶片较厚，颜色暗绿。其他各处理的光合色素含量变化较复杂。在施用 K_1 水平下，叶绿素 a 和叶绿素 b 的含量随钙肥用量的增加而降低。与 NPK_1Mg 处理相比，NPK_1Ca_1Mg 处理和 NPK_1Ca_2Mg 处理的叶绿素 a 分别下降了 4.5％和 13.4％，叶绿素 b 则下降了 20.3％和 25.4％，叶绿素的含量也随之降低；类胡萝卜素含量的变化与叶绿素含量变化相反。在施用 K_2 水平时，叶绿素 a、叶绿素 b 的含量随钙肥用量的增加而提高。NPK_2Ca_1Mg 处理和 NPK_2Ca_2Mg 处理叶绿素的含量比 NPK_2Mg 处理高 17.2％和 56.3％，而 NPK_2Ca_2Mg 处理的类胡萝卜素含量则比 NPK_2Ca_1Mg 处理下降了 65.0％。在施用 K_3 水平时，NPK_3Ca_2Mg 处理的叶绿素 a、叶绿素 b、叶绿素和类胡萝卜素含量都比较低，分别比 NPK_3Mg 处理的下降了 50.0％、50.0％、48.7％和 85.2％，特别是类胡萝卜含量下降比较多，这可能是由于大量施用钾、钙肥后，极大地抑制了烟株对镁的吸收，烟叶镁含量较低，仅为 0.28％，影响了叶绿素的合成和运输，最终导致叶片的过早衰老。烟叶类胡萝卜素含量对烤烟有重要意义。类胡萝卜素的降解产物是烟气香味的重要来源之一，类胡萝卜素含量的下降，会引起香气量和香气质的改变（韩锦峰等，1986）。由图 3-10 可以看出，对照处理的叶绿素 a/叶绿素 b 比值不是很高，NPK_2Mg 处理和 NPK_2Ca_1Mg 处理的叶绿素 a/叶绿素 b 比值较高。

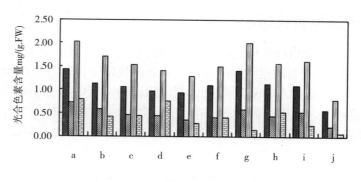

图 3-9 不同处理叶片光合色素含量

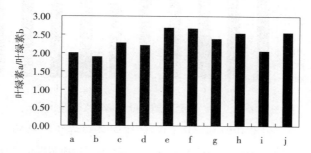

图 3-10 不同处理叶片的叶绿素 a/叶绿素 b 比值

（注：a. NP b. NPK$_1$Mg c. NPK$_1$Ca$_1$Mg d. NPK$_1$Ca$_2$Mg e. NPK$_2$Mg f. NPK$_2$Ca$_1$Mg g. NPK$_2$Ca$_2$Mg h. NPK$_3$Mg i. NPK$_3$Ca$_1$Mg j. NPK$_3$Ca$_2$Mg，以下图同。）

3.5.2 对烟叶硝酸还原酶（NR）活性的影响

硝酸还原酶是植物氮代谢中的关键酶。植物吸收的硝酸根离子，首先通过硝酸还原酶的催化，被还原成亚硝酸根离子，而叶片是硝酸根离子还原的主要器官（史瑞和，1989）。钾、钙、镁肥的施用对硝酸还原酶活性产生很大影响。在各处理当中（图 3-11），以 NPK$_2$Ca$_1$Mg 处理的 NR 活性较高，其次为 NPK$_3$Mg 处理，NPK$_1$Mg 处理的 NR 活性比较低，只有 NPK$_2$Ca$_1$Mg 处理 NR 活性的 46％，这表明钾、钙、镁肥的适宜配比能显著提高功能叶的 NR 活性，促进硝酸根离子的还原，有利于对氮的进一步同化和利用，增加对氮的吸收。

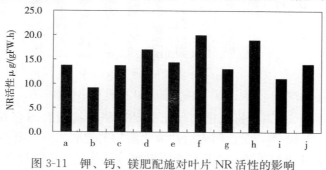

图 3-11 钾、钙、镁肥配施对叶片 NR 活性的影响

3.5.3　对烟叶活性氧代谢的影响

丙二醛（MDA）：膜脂过氧化的产物为丙二醛（MDA），其含量的大小反映出脂膜受活性氧伤害的程度，在衰老的过程中又可反映衰老的快慢（付国占等，1997）。从图 3-12 可见，NPK_2Ca_1Mg 处理的 MDA 含量较低，其他处理的 MDA 含量变化没有一定的规律，MDA 含量相差也不大。在施用 K_3 水平下各处理的 MDA 含量一般高于施用 K_1、K_2 水平的处理，说明膜脂过氧化程度加剧。NPK_3Ca_2Mg 处理的 MDA 含量最高，说明钾、钙肥过量导致 MDA 含量增加，从而加速衰老。

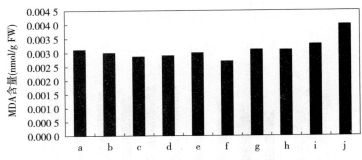

图 3-12　钾、钙、镁肥配施对叶片 MDA 含量的影响

过氧化物酶（POD）：过氧化物酶（POD）是与衰老有关的一种酶，它参与叶绿素的降解，活性氧的产生，并引发脂膜过氧化（何萍等，1999；丁燕芳等，2015）。POD 活性的升高一方面有利于消除 H_2O_2 产生的危害，另一方面也会引起烟叶中不饱和脂肪酸的过氧化作用，促使细胞膜透性增大，并加大叶绿素的分解，由此加剧叶片衰老（陈振国等，2015）。由图 3-13 可知，在施用 K_1 水平下，随供钙浓度的提高，NPK_1Ca_1Mg 处理和 NPK_1Ca_2Mg 处理叶片的 POD 活性比 NPK_1Mg 处理分别提高了 46.7% 和 72.8%；在施用 K_2 水平下，NPK_2Ca_1Mg 处理的 POD 活性低于 NPK_2Ca_2Mg（g）处理和 NPK_2Mg（e）处理；在施用 K_3 水平时，钙肥用量增加，POD 活性反而下降，NPK_3Ca_2Mg 处理的 POD 活性比 NPK_3Mg 处理的低 17.6%。在所有处理当中，NPK_2Ca_1Mg 处理的 POD 活性最低。

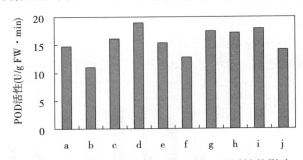

图 3-13　钾、钙、镁肥配施对叶片 POD 活性的影响

超氧化物歧化酶（SOD）：超氧化物歧化酶是需氧生物中普遍存在的一种含金属的酶，歧化 O_2^- 为 H_2O_2 和 O_2，是细胞内活性氧代谢的关键酶之一（刘国顺等，2009）。它与过氧化物酶、过氧化氢酶等协同作用防御活性氧或其他过氧化物自由基对细胞膜系统的

伤害，从而防止细胞衰老。从图3-14可见，对照处理的SOD活性最高，说明细胞内经常遇到超氧化自由基的消除问题，而施用钾、钙、镁肥各处理的SOD活性明显低于对照。在施用K_1水平下，SOD活性随钙肥用量的增加而下降；在施用K_2水平下，NPK_2Ca_1Mg处理的SOD活性分别比NPK_2Ca_2Mg处理和NPK_2Mg处理的低19.6%和46.7%；在施用K_3水平下，随钙水平的提高，SOD活性也随之提高。

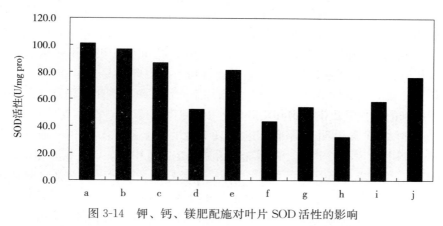

图3-14　钾、钙、镁肥配施对叶片SOD活性的影响

过氧化氢酶（CAT）：过氧化氢酶（CAT）催化H_2O_2分解为O_2和H_2O，从而防止O_2^-和H_2O_2的积累，也是植物体内清除活性氧的关键酶之一（曾庆宾等，2016）。对不同处理烟叶CAT活性的测定表明（图3-15），在各处理当中，NPK_2Ca_1Mg处理的CAT活性最低，只有对照处理的50%，同时，没有施用钙肥（Ca_0）各处理的CAT活性，平均比施用钙肥各处理的CAT活性高。在施用K_1水平下，施用Ca_1水平的NPK_1Ca_1Mg处理其CAT活性比施用Ca_0水平的NPK_1Mg处理下降了14.2%；施用Ca_2水平的NPK_1Ca_2Mg处理其CAT活性比NPK_1Mg处理高14.2%。在施用K_2水平下也表现出相似的规律。在施用K_3水平下NPK_3Mg处理的CAT活性比NPK_3Ca_1Mg处理和NPK_3Ca_2Mg处理都高。

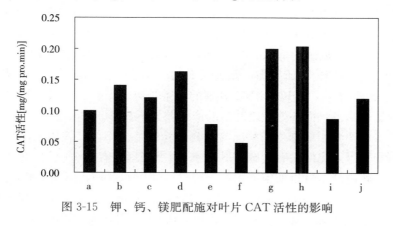

图3-15　钾、钙、镁肥配施对叶片CAT活性的影响

3.5.4　烟叶钾—钙—镁的平衡与植物生理代谢的关系

钾、钙、镁是植物生长发育的重要营养元素，它们不仅是植物组织中不可缺少的成

分，而且在植物生理代谢过程中起重要作用。已有研究发现，活性氧清除酶的合成通常受细胞底物水平的调控，在一定浓度范围内，随活性氧浓度的升高，植物体内清除活性氧的酶活力是升高的（Bowler C，1992）。本研究发现，只施氮、磷肥的对照处理其 MDA 含量比较大，SOD、POD、CAT 活性也比较大，而施钾、钙肥或镁肥的处理与对照处理的相比，SOD、POD、CAT 活性则明显下降，特别 K_2Ca_1Mg 处理 MDA 含量较低，其SOD、POD、CAT 活性也较低，这是由于活性氧代谢处于一种平衡状态，植物体内存在的各种酶促和非酶促保护系统，能及时清除 O_2^- 使其保持在较低的水平，脂膜受到的伤害较轻；K_3Ca_2Mg 处理 MDA 含量较高，表明 K-Ca-Mg 之间处于极度不平衡的状态，进而导致活性氧代谢的失调，叶绿素和类胡萝卜素含量下降，叶片易过早衰老。关于植物衰老的理论认为，衰老是活性氧伤害所致，即当细胞内活性氧的产生与消除之间的平衡遭到破坏，积累起来的活性氧攻击不饱和脂肪酸，引起膜脂的氧化，产生 MDA，使细胞膜系统受到损伤，叶绿素含量明显降低，进而衰老死亡（赵会杰，1996；Scandalios J G，1993；Mishra N P et al.，1993）。在烟株现蕾期测定叶片中钾、钙、镁含量的比例为 1：0.46：0.08 时，K、Ca、Mg 三元素之间达到一个较好的平衡状态，对活性氧代谢的平衡产生很大影响，有利于延缓烤烟叶片的衰老，并使烟叶适熟期变宽，不仅有利于采收，同时也有利于烟叶中物质的充分转化和积累，获得内含物充实、化学成分协调的烟叶，进而提高烟叶的产量和改善烟叶的内在品质。

3.6　钾、钙、镁肥不同配比对烤烟产量和品质的影响

3.6.1　对烤烟产量的影响

钾、钙、镁肥不同配比对烤烟产量和产值有很大影响。盆栽试验结果表明（表3-13），总生物量最高的是 NPK_2Ca_1Mg 处理，达到 101.12 g/株，与对照处理的相比差异达到极显著水平。各处理之间的烟叶产量也有差别。NPK_2Ca_1Mg 处理的烟叶产量较高，达到 64.54 g/株，比对照高出 12.72g/盆，增产 24.55%，与其他处理烟叶产量相比差异达到极显著水平，而其他各处理之间的烟叶产量差异不显著。NPK_3Ca_2Mg 处理的烟叶产量较低，比 NPK_2Ca_1Mg 处理的低 18.96%。同时，施用 K_2 水平各处理的烟叶产量和总生物量比施用 K_1 水平各处理的有所提高，而施用 K_3 水平各处理的烟叶产量和生物量并没有比施用 K_1 水平各处理的高。NPK_3Ca_2Mg 处理的根系长势较差，其根系产量与 NPK_3Mg 处理的差异达到显著水平，而各处理之间茎的产量差异不显著。

大田试验（表3-14）烟株生长状况与盆栽试验的结果相似，施用 K_3 水平各处理的烟叶产量、产值和上等烟比例没有比施用 K_1、K_2 水平处理的有显著提高，说明并不是钾肥用量越高，产量就越高，盲目增施钾肥不一定收到理想的效果。田间试验以 NPK_2Ca_2Mg 处理亩产量最高，为 2 958.0kg/hm^2，而且上等烟比例也较高，达到了 57.97%；其次为 NPK_2Ca_1Mg 处理，分别达到了 2 864.4kg/hm^2 和 56.11%。而 NPK_1Ca_2Mg 处理上等烟的比例最低，仅为 48.10%，比其他处理低 0.09～9.87 个百分点，这说明在施用 K_2 水平下，施用 Ca_2 水平的钙肥以及镁肥，获得了较高的生物产量，这是由于在福建省气候条件下，土壤酸度高，施用石灰不仅可以提供烤烟营养的需要，而且调节了土壤 pH，使土壤

pH 达到烤烟生长所需的适宜条件，同时由于 NPK_2Ca_2Mg 处理的产量和上等烟比例与 NPK_2Ca_1Mg 处理的差异不显著，因此可适当降低石灰的施用量。

3.6.2　对烤烟品质的影响

钾是公认的品质元素，施用钾肥能提高作物的产量和品质（蔡海洋等，2017）。有研究认为，钾对蛋白质含量有显著影响。也有一些研究表明，钾能促进吸收的氮向蛋白质转化（邹铁祥等，2006）。通常认为，蛋白质含量高，烟草品质不好，燃烧性不良，且发出难闻的气味，制成品吸味苦涩、辛辣；蛋白质含量过少，则吸用时不够丰满，劲头不足。一般优质烟的蛋白质含量为 8%～10%。许多研究表明，增加钾肥用量会降低烟碱的含量，烟叶烟碱含量与钾含量之间呈负相关（舒海燕等，2007）。此外，有报道认为，烟叶钾的浓度与还原糖含量之间没有一致的相关性，也有报道，还原糖含量和烟叶含钾量之间为负相关关系（胡国松，2000）。也有人认为，烟叶还原糖含量随施钾水平的提高而增加（汪邓民等，1999）。钙素和镁素的缺乏无疑会造成烟草产量和质量的降低。据研究，烟叶烟碱含量与钙含量以及与镁含量都呈极显著正相关，烟叶的还原糖含量与钙含量呈极显著负相关，烟叶镁含量与还原糖含量之间没有一定的相关性（胡国松，2000）。

本研究发现（表 3-15），烟叶钾含量和钙含量与还原糖含量之间没有一定的相关性。在施用 Ca_1 水平时，烟碱含量随钾水平的提高而稍有增加，蛋白质含量随钾用量的提高而降低，而 NPK_2Ca_1Mg 处理的氮/碱比和糖/碱比高于 NPK_1Ca_1Mg 处理和 NPK_3Ca_1Mg 处理；在施用 Ca_2 水平时，烟碱随钾肥用量的提高有明显的下降，蛋白质含量、氮/碱比以及糖/碱随钾含量的提高有显著的增加。氮/碱比对于质量好的烤烟来说，其比值应小于1，一般在 0.8～0.9 之间最好（韩锦峰等，1986）。而烤烟品质的好坏不仅仅取决于个别元素含量的多少，而更多取决于各个内在化学成分之间的平衡。相关分析表明，还原糖与烟碱之间呈极显著负相关（$r=-0.887$**），而还原糖与烟叶全氮的关系没有还原糖与烟碱之间的密切；糖/碱比与氮/碱比之间的差异也达到极显著正相关（$r=0.828$**）。因此，要获得高品质的烤烟，必须注意均衡施肥，以达到烤烟内在养分的协调平衡。

表 3-13　不同处理的烟株各部位生物量

处理	干物重（g/株）				生物量增加比例（与 NP 对照）（%）
	叶	根	茎	总生物量	
NP	51.82±1.25Bb	8.44±1.09Abc	24.59±2.11Aa	84.85±4.26Bc	—
NPK_1Mg	54.86±1.06Bb	11.02±0.32Aa	24.99±1.83Aa	90.87±1.69ABab	7.09
NPK_1Ca_1Mg	54.73±2.92Bb	8.80±0.91Aabc	24.79±1.03Aa	88.32±3.74ABb	4.09
NPK_1Ca_2Mg	52.25±1.40Bb	10.74±0.19Aab	27.48±0.81Aa	87.79±2.28ABb	3.46
NPK_2Mg	55.58±3.39Bb	10.27±0.64Aabc	24.14±1.75Aa	89.99±4.67ABb	6.06
NPK_2Ca_1Mg	64.54±1.91Aa	10.30±0.56Aabc	26.27±2.30Aa	101.12±4.39Aa	19.17
NPK_2Ca_2Mg	55.50±0.84Bb	8.59±0.17Aabc	26.41±1.46Aa	90.50±2.36ABb	6.66
NPK_3Mg	53.87±1.31Bb	11.06±0.06Aa	25.89±0.65Aa	90.82±1.26ABab	7.04
NPK_3Ca_1Mg	54.73±1.60Bb	8.54±0.98Aabc	21.98±1.97Aa	85.25±2.59Bb	0.47
NPK_3Ca_2Mg	52.33±1.14Bb	7.85±1.42Ac	24.82±2.18Aa	85.00±4.52Bb	0.18

表3-14　大田试验分级测产统计表

处理	产量 (kg/hm²)	产值 (元/hm²)	上等烟	中等烟	下等烟	上等烟	中等烟	下等烟
			kg/hm²			上、中下等烟叶比例（%）		
NPK₁Ca₁Mg	2 850.0	29 652.0	1 492.5	1 306.5	51.0	52.38	45.85	1.77
NPK₁Ca₂Mg	2 814.0	28 588.5	1 353.0	1 399.5	61.5	48.10	49.73	2.17
NPK₂Ca₁Mg	2 865.0	29 956.5	1 608.0	1 195.5	61.5	56.11	41.74	2.15
NPK₂Ca₂Mg	2 958.0	30 154.5	1 714.5	1 123.5	120.0	57.97	37.96	4.06
NPK₃Mg	2 742.0	27 394.5	1 324.5	1 372.5	43.5	48.34	50.09	1.57
NPK₃	2 778.0	27 130.5	1 338.0	1 302.0	136.5	48.19	46.88	4.94
NPK₃Ca₁	2 712.0	27 588.0	1 489.5	1 102.5	120.0	54.91	40.65	4.44
NPK₃Ca₁Mg	2 743.5	28 305.0	1 434.0	1 303.5	6.0	52.28	47.50	0.22
NPK₃Ca₂Mg	2 782.5	29 202.0	1 525.5	1 258.5	0	54.80	45.20	0.00

表3-15　不同处理的烟叶化学成分比较

处理	N (%)	K (%)	Ca (%)	Mg (%)	还原糖 (%)	烟碱含量 (%)	糖/碱比	氮/碱比	蛋白质含量 (%)
NPK₁Ca₁Mg	1.57	4.22	2.19	0.35	15.50	2.28	6.80	0.69	9.81
NPK₁Ca₂Mg	1.46	4.23	2.55	0.33	16.71	2.28	7.33	0.64	9.13
NPK₂Ca₁Mg	1.56	4.51	2.35	0.34	15.19	2.21	6.87	0.71	9.75
NPK₂Ca₂Mg	1.66	4.41	2.38	0.32	16.61	2.14	7.76	0.78	9.69
NPK₃Mg	1.55	4.67	1.89	0.32	14.32	2.71	5.28	0.57	10.38
NPK₃	1.00	4.97	1.95	0.27	15.24	2.38	6.40	0.42	6.25
NPK₃Ca₁	1.50	4.87	2.11	0.24	18.01	1.99	9.05	0.75	9.38
NPK₃Ca₁Mg	1.41	4.64	1.42	0.37	13.85	2.49	5.56	0.57	8.81
NPK₃Ca₂Mg	1.60	4.60	2.40	0.29	17.21	1.87	9.20	0.86	10.00

3.6.3　烟叶中钾、钙、镁营养比例及钾、钙、镁肥的施用

烤烟的产量和品质受到气候条件、土壤、施肥、品种、栽培烘烤技术等诸多因素的影响，当环境条件和品种一定时，肥料是调控烟叶产量和品质的核心，适宜的肥料用量及养分配比是保证优质烟叶生产的关键技术（韩小斌，2014）。在烟叶生产中，施肥不合理，营养比例失调，常导致烟叶产量提高而品质却下降，或者产量、品质同时下降。大田试验结果表明，产量和产值均是NPK₂Ca₂Mg处理的较大，上等烟比例也较高，其烟叶内在化学成分比较协调，品质较好。在K₃水平时钾肥配施钙肥的处理（如NPK₃Ca₁处理），上等烟比例比没有配施钙肥的处理（如NPK₃处理）高出6.72个百分点，产值也较NPK₃处理的高。在K₃水平钾肥配施镁肥的处理（NPK₃Mg处理）表现出相似的规律。在本研究中，当烘烤后烟叶中的钾、钙、镁含量比例1：0.54：0.07时，获得了较高的产量和产值。有研究认为，镁在烟叶中占0.4%～1.5%（干重）属正常，0.2%～0.4%为轻度缺镁，小于0.2%表明缺镁，而小于0.15%则明显缺镁（中国农业科学院烟草研究所，

1987；冉邦定，1986）。从测定烟叶钾、钙、镁的含量来看，钾、钙的含量比较正常，而镁的含量偏低。有研究认为，植株体内的 K/Mg 比在 5～10 范围内，缺镁一般不显著，如果 K/Mg 比超过 15～20，则易导致烟株缺镁症的出现（袁可能，1983；谭军等，2017）。从田间试验叶片 K/Mg 比值的结果来看，叶片 K/Mg 比值超过 10，NPK_3Ca_1 处理叶片 K/Mg 比值甚至超过了 20，说明烟株内钾、钙、镁的含量之间极度不平衡。因此，考虑到烟叶的镁含量仍处于较低水平，则应适当提高烟叶镁含量，烟叶中的钾、钙、镁含量比例在 1.0：（0.5～0.55）：（0.1～0.15）时较适宜。

　　钾、钙、镁肥的适量施用比例由于受到土壤营养条件的影响而产生较大的差异。由盆栽试验的结果来看，K^+、Ca^{2+}、Mg^{2+} 的施用比例为 1：1.05：0.16 时能获得较高的生物量，但考虑到烟叶中含镁量仍较低，应适当提高镁肥用量，K^+、Ca^{2+}、Mg^{2+} 的施用比例在 1.0：1.0：（0.15～0.2）时比较适宜，而田间试验的结果与盆栽试验的结果有一定的差异。田间试验结果表明，K^+、Ca^{2+}、Mg^{2+} 的施用比例为 1：1.9：0.08 时获得较高的产量，这可能是由于田间试验土壤交换性钙含量（779.3mg/kg）低于盆栽试验土壤交换性钙含量（1 258.56mg/kg）的缘故。同时，大田生产的烟叶镁含量同样偏低。因此，在大田生产中，应考虑适当降低石灰的用量，同时增加镁肥的用量。另一方面，从田间试验结果来看，过量施用钾肥并没有显著提高烤烟的产量和质量。施用 K_3 水平处理的产量和产值并没有比施用 K_1、K_2 水平处理的产量和产值高。而"奢侈消耗"在烤烟生产中经常发生，它的意思是植物吸收了超过其正常生长需要的某种元素，这样就会引起这种元素在植物体内的积聚，而生长却没有相应地增加（S. L. 蒂斯代尔，1984）。换言之，该元素的使用是无效的和不经济的。因此，在全省土壤和气候条件下，K^+、Ca^{2+}、Mg^{2+} 的施用比例在 1.0：（1.0～2.0）：（0.1～0.15）之间时比较适宜。

第 4 章　烤烟专用肥配方优化调整

　　烟草是我国重要的经济作物，且我国的烟叶和卷烟产量均居世界首位（窦逢科等，1992；曹航，2011），其内在品质、外观色泽与施用肥料的种类等紧密相关（危跃等，2008；喻曦等，2008）。虽然我国是烟草大国，但还不是烟草强国，在国际市场中的贸易份额不足 5％。通常烤烟施用的肥料以化肥或复合肥为主，这些肥料施入土壤后存在降解快，施肥点肥料浓度高，以及挥发、淋失、土壤固定等问题。虽然施用的肥料供肥猛，但是持续时间较短，与烤烟吸收养分的规律不一致，造成化肥利用率低等问题（Davis D L et al.，2003）。龙岩市是全国优质烤烟生产区之一，属于中亚热带海洋性季风气候，富有良好的植烟原生态条件。龙岩市土地资源丰富，耕地面积 13.8 万 hm^2，其中宜烟面积 9.5 万 hm^2，适合种烟的地形地貌以丘陵山地和河谷盆地为主，植烟土壤都为水稻土，实行烟稻轮作，土壤肥力中等。烤烟是龙岩市主要的经济作物，从烤烟栽培品种上来看，主要栽培的烤烟品种有 K326、云烟 85、云烟 87 等。

　　目前龙岩烤烟专用肥采用的肥料种类有磷酸一铵、硝酸磷肥、尿素、硫酸钾、硫酸锌、硼砂、填充料（黏质红泥土）。龙岩烤烟专用肥各种肥料结构比例为：硝态氮和铵态氮占肥料总 N 量的 89.1％，酰胺态氮占总 N 量 10.9％，磷肥 100％为水溶性磷，钾肥 100％为硫酸钾，填充料（黏质红泥土）占肥料总重量的 16.0％。龙岩烟区降雨量较大，植烟土壤都为酸性或较强酸性，龙岩烤烟专用肥存在磷酸一铵比例偏大、填充料（黏质红泥土）比例太大，龙岩烤烟专用肥的肥料结构与植烟土壤的特性不能很好相适应。因此，龙岩烤烟专用肥新配方的调整，重点是研究配方对烤烟产量和品质的影响，以便得出最佳肥料组成配比，提出质量好、效果优的烤烟专用肥新配方，为龙岩优质烤烟生产的可持续发展提供重要依据。

4.1　龙岩烤烟新配方专用掺混肥物理化学性状的评价

　　依据现有的龙岩烤烟专用肥为基础，N：P_2O_5：K_2O＝10：7：21，对肥料组成进行调整，设置 15 个新配方，并以现有龙岩烤烟专用肥为对照 2（CK2），以龙岩现有烤烟专用肥不加填充剂进行混合（不造粒）为对照 1（CK1），共设置 17 个处理：

　　①磷肥中 50％的磷酸铵（硝酸磷肥）改为钙镁磷，减少的氮用尿素提供。

　　②磷肥中 40％的磷酸铵（硝酸磷肥）改为钙镁磷，减少的氮用尿素提供。

③磷肥中 30% 的磷酸铵（硝酸磷肥）改为钙镁磷，减少的氮用尿素提供。

④磷肥中 10% 的磷酸铵（硝酸磷肥）改为钙镁磷，减少的氮用尿素提供。

⑤填充剂用 10% 生物质炭（炭化谷壳）替代。

⑥填充剂用 5% 生物质炭（炭化谷壳）替代。

⑦填充剂用 2.5% 生物质炭（炭化谷壳）替代。

⑧磷肥中 50% 的磷酸铵（硝酸磷肥）改为钙镁磷，减少的氮用尿素提供；加 3% 氯化钾（替代硫酸钾），加 5% 生物质炭。

⑨磷肥中 40% 的磷酸铵（硝酸磷肥）改为钙镁磷，减少的氮用尿素提供；加 3% 氯化钾（替代硫酸钾），加 5% 生物质炭。

⑩磷肥中 30% 的磷酸铵（硝酸磷肥）改为钙镁磷，减少的氮用尿素提供；加 3% 氯化钾（替代硫酸钾），加 5% 生物质炭。

⑪磷肥中 10% 的磷酸铵（硝酸磷肥）改为钙镁磷，减少的氮用尿素提供；加 3% 氯化钾（替代硫酸钾），加 5% 生物质炭。

⑫磷肥中 50% 的磷酸铵（硝酸磷肥）改为钙镁磷，减少的氮用尿素提供；加 3% 氯化钾（替代硫酸钾），加 2.5% 生物质炭。

⑬磷肥中 40% 的磷酸铵（硝酸磷肥）改为钙镁磷，减少的氮用尿素提供；加 3% 氯化钾（替代硫酸钾），加 2.5% 生物质炭。

⑭磷肥中 30% 的磷酸铵（硝酸磷肥）改为钙镁磷，减少的氮用尿素提供；加 3% 氯化钾（替代硫酸钾），加 2.5% 生物质炭。

⑮磷肥中 10% 的磷酸铵（硝酸磷肥）改为钙镁磷，减少的氮用尿素提供；加 3% 氯化钾（替代硫酸钾），加 2.5% 生物质炭。

⑯现有烟草专用肥肥料不加填充剂进行混合（不造粒）：CK1。

⑰现有烟草专用肥（造粒）：CK2。

各配方中各种原料配比如表 4-1 所示。

表 4-1 龙岩烤烟新配方专用掺混肥各种原料配比（%）

处理	硝酸磷肥	磷酸一铵	钙镁磷肥	过磷酸钙	尿素	硫酸钾	氯化钾	炭化谷壳
CK2	33.00	6.50	—	—	2.50	41.00	—	—
CK1	39.79	7.79	—	—	3.58	48.85	—	—
1	16.90	3.30	23.80	—	13.00	41.90	—	—
2	20.80	4.10	19.60	—	11.30	43.10	—	—
3	25.00	4.93	15.10	—	9.40	44.40	—	—
4	34.20	6.79	5.40	—	5.30	47.30	—	—
5	35.10	6.91	—	—	2.70	43.60	—	10.60
6	37.10	7.30	—	—	2.80	46.10	—	5.60
7	38.20	7.50	—	—	2.90	47.40	—	2.90
8	16.04	3.16	22.63	—	12.41	37.01	2.92	4.86

（续）

处理	硝酸磷肥	磷酸一铵	钙镁磷肥	过磷酸钙	尿素	硫酸钾	氯化钾	炭化谷壳
9	19.78	3.90	18.61	—	10.70	38.02	3.00	5.00
10	23.73	4.67	14.35	—	8.90	39.10	3.08	5.14
11	32.34	6.37	5.07	—	4.97	41.45	3.27	5.45
12	16.40	3.20	23.20	—	12.70	37.90	3.00	2.50
13	20.30	4.00	19.10	—	11.00	39.00	3.10	2.60
14	24.36	4.80	14.73	—	9.13	40.13	3.16	2.64
15	33.20	6.50	5.20	—	5.10	42.60	3.40	2.80

剩余原料用硫酸锌、硼砂、填充料补充，施硼砂 $15kg/hm^2$、硫酸锌 $22.5kg/hm^2$，其余用填充料补充。

其中生物质炭（炭化谷壳）过 2mm 筛，按各种肥料的实际测定结果：硝酸磷肥的养分以 N＝26.5％，P_2O_5＝10.5％为计算依据；磷酸一铵的养分以 N＝11％，P_2O_5＝47％为计算依据；尿素的养分以 N＝46.2％为计算依据；硫酸钾的养分以 K_2O＝51％为计算依据。过磷酸钙含 P_2O_5 以 14％计；钙镁磷肥含 P_2O_5 以（枸溶性磷）14％计；氯化钾含 K_2O 以 60％计，氯化钾含氯 46％。（硝酸磷肥的主要成分：磷酸二钙、磷酸一铵、硝酸铵、硝酸钙，其所含的 N 素中 50％是硝态氮）。各种肥料及生物质炭均由龙岩市烟草公司复混肥厂提供。

各种新的配方肥料混合均匀后，每种配方肥料每袋装 10kg（肥料包装袋由龙岩市烟草公司复混肥厂提供）储存于仓库，每种配方两次重复。每天早上 8 点、下午 5 点观察仓库的温度和湿度状况。

于 2015 年 12 月 1 日、2016 年 1 月 26 日、2016 年 2 月 15 日和 2016 年 5 月 16 日对各处理肥料进行称重，后 3 次肥料重量分别减去第一次的重量得到肥料的增减量。观察物理化学性质的变化，包括吸湿性、肥料氨的挥发性、肥料重量的变化、有无结块现象。

新的配方肥料混合均匀后 2015 年 12 月第 1 天取样测定速效磷、钾含量，2016 年 7 月第 1 天再取样测定样品速效磷、钾，前后两次测定结果的差值即为速效磷、钾含量的增减状况。

4.1.1 新配方专用肥 pH 的变化

一般常用的肥料都是碱基和酸根组成的盐类，肥料溶解于水中后，由于其碱基和酸根的相对强弱关系会导致肥料水溶液的 pH 有呈酸性或呈碱性反应的差异。在 2015 年 12 月 1 日和 2016 年 7 月 30 日分别对各配方掺混肥肥料取样，对样品的 pH 进行测定。测定结果（表4-2）显示，各处理新配方肥 pH 均偏酸性，与对照 CK2 配方肥 pH 变化（5.22～5.23）相比，处理 1～7 配方肥 pH 变化在 4.44～4.88，处理 8～15 配方肥 pH 范围在 5.36～5.72。直到试验结束，任何新配方 pH 均未呈碱性，不会造成氨的挥发。

表 4-2　新配方肥料 pH 变化

处理	pH	
	第一次取样	第二次取样
1	4.72±0.14gh	4.61±0.17g
2	4.88±0.21ef	4.66±0.01fg
3	4.56±0.03i	4.44±0.25g
4	4.67±0.10hi	4.71±0.04fg
5	4.77±0.18fgh	4.85±0.18e
6	4.82±0.12hi	4.74±0.01efg
7	4.81±0.03gh	4.76±0.02ef
8	5.61±0.03ab	5.63±0.25ab
9	5.49±0.27cd	5.53±0.34cd
10	5.72±0.13a	5.72±0.01ab
11	5.46±0.02bc	5.46±0.01cd
12	5.52±0.01abc	5.56±0.09abc
13	5.36±0.06bcd	5.38±0.01cd
14	5.65±0.07a	5.67±0.14a
15	5.42±0.03bcd	5.43±0.02cd
CK1	5.22±0.25fg	5.34±0.04d
CK2	5.23±0.01de	5.24±0.15bc

注：LSD 法多重比较，平均数之间的差异用最低显著性差异法（LSD）进行检测，$P < 0.05$；表中数据为平均值±标准差，小写字母表示 5%的差异显著水平。

4.1.2　新配方专用肥吸湿性及重量的变化

化肥的临界相对湿度，是指某种化肥从空气中吸收水分的速率和向空气中散失水分速率达到平衡时的空气相对湿度。高于这一湿度点，这种化肥开始净吸收空气中水分，增加含水量。因此，某种化肥临界相对湿度，也就是这种化肥的吸湿点，显然，化肥的临界相对湿度越高，这种化肥在常温下越稳定。对储藏烤烟掺混肥料的仓库进行相对湿度、温度记录，从 2015 年 12 月 1 日到 2016 年 7 月 30 日期间每个月的平均湿度分别为 34.23%RH、28.62%RH、31.77%RH、57.35%RH、58.61%RH、56.88%RH、36.45%RH 和35.39%RH（3～5 月是梅雨季节，湿度最高），每个月的平均温度分别为 13.66℃、10.12℃、12.48℃、19.33℃、21.35℃、23.65℃、25.77℃ 和 28.16℃，5～7 月平均温度高于 1～2 月平均温度（图 4-1、图 4-2）。

在 2015 年 12 月 1 日将 17 种重量为 10kg 肥料包装后放置在仓库，并于 2015 年 12 月 1 日、在 2016 年 1 月 26 日、2016 年 2 月 15 日和 2016 年 5 月 16 日分别对肥料称重，后 3 次肥料重量分别减去第一次的重量得到肥料的增减量。

由图 4-1 和图 4-2 可以看出，在月平均温度和月平均湿度较低的月份（2016 年 1 月和 2 月），各处理肥料重量的变化较小，而在月平均温度和月平均湿度较高的 5 月，各处理

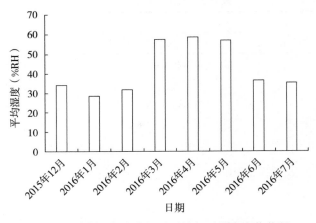

图 4-1　储藏肥料仓库的月平均相对湿度变化状况

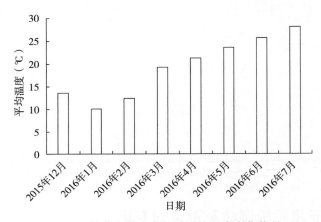

图 4-2　储藏肥料仓库的月平均温度变化状况

肥料的重量相比 2016 年 1 月和 2 月有了较大幅度的增加。

　　由表 4-3 可知，2016 年 1 月各处理重量的变化范围为－11.33～23.72g；2016 年 2 月各处理肥料均表现为增重，CK1 和 CK2 的增重最大，分别为 82.54g 和 77.40g，各个新配方肥料的增重范围为 12.57～38.44g。2016 年 5 月各处理肥料的增重范围为 26.83～141.77g，新配方处理增重小于对照处理（CK1 和 CK2）的为处理 8 至处理 15，说明相比原来的烤烟专用肥配方其吸湿性较低，受外界环境条件的影响较小，性质较为稳定。

表 4-3　新配方肥料重量的增减状况

处理	10kg 肥料的增减量（g）		
	2016 年 1 月 26 日	2016 年 2 月 15 日	2016 年 5 月 16 日
1	－11.33±1.16	35.47±1.05ef	141.67±1.61a
2	－6.02±1.63	45.84±2.63c	141.77±2.11a
3	12.12±1.02gh	38.44±1.61de	131.98±2.58b

（续）

处理	10kg 肥料的增减量（g）		
	2016 年 1 月 26 日	2016 年 2 月 15 日	2016 年 5 月 16 日
4	10.33±0.61hi	34.23±1.62ef	108.04±1.02d
5	15.15±1.09def	26.47±1.55ghi	126.61±4.47bc
6	21.66±1.63b	37.43±0.58d	121.33±1.61c
7	23.66±1.58a	33.52±1.83f	109.67±3.22d
8	23.72±1.63ab	34.91±1.04ef	54.53±1.02f
9	12.66±0.61g	26.23±3.11gh	46.72±0.59g
10	16.33±0.61cd	23.94±1.62i	34.94±1.64hi
11	9.76±1.02i	12.57±1.08i	26.83±2.17i
12	16.45±1.08cde	18.99±1.64i	40.55±2.14h
13	17.67±1.08c	24.10±1.04hi	50.93±2.21g
14	14.66±0.58ef	27.43±1.02g	37.01±1.08hi
15	16.53±1.57cd	27.24±1.04g	33.23±0.59i
CK1	13.31±1.55fg	82.54±2.82a	95.57±5.84e
CK2	12.23±1.62g	77.40±2.81b	92.26±3.71e

注：LSD 法多重比较，平均数之间的差异用最低显著性差异法（LSD）进行检测，$P < 0.05$；表中数据为平均值±标准差，小写字母表示 5% 的差异显著水平。

4.1.3　新配方专用肥结块率

在 2016 年 5 月一些肥料配方处理出现明显的结块现象，于 2016 年 5 月 16 日对新配方肥料进行结块率的测定（表 4-4）可知，与对照 CK2 相比，处理 8 至处理 15 的结块率分别增加 3.67、3.17、2.20、1.37、2.95、3.60、2.49 和 1.86 个百分点；处理 1 至处理 7 的结块率亦高于对照处理 CK2，分别增加 7.46、8.49、6.35、5.09、6.27、5.30、5.21 个百分点。

表 4-4　新配方肥料的结块率

处理	结块率（%）
	2016 年 5 月 16 日
1	14.32±0.11b
2	15.35±0.71a
3	13.21±0.01c
4	11.95±0.01d
5	13.13±0.06c
6	12.16±0.54d
7	12.07±0.43d
8	10.53±0.02e

（续）

处理	结块率（%）
	2016 年 5 月 16 日
9	10.03±0.74ef
10	9.06±0.08gh
11	8.23±0.01h
12	9.81±0.39f
13	10.46±0.02e
14	9.35±0.01g
15	8.72±0.02h
CK1	7.92±0.02i
CK2	6.86±0.01i

注：LSD 法多重比较，平均数之间的差异用最低显著性差异法（LSD）进行检测，$P < 0.05$；表中数据为平均值±标准差，小写字母表示 5% 的差异显著水平。

4.1.4 新配方专用肥有效磷钾含量的变化状况

掺混肥速效磷钾增减量（2016 年 7 月 30 日测定速效磷钾含量分别减去 2015 年 12 月 1 日测定速效磷钾含量，为速效磷钾含量的增减状况）的结果如表 4-5 所示，与对照 CK2 相比，处理 1 至处理 4 掺混肥速效磷增减量在 −17.15～16.27mg/kg；处理 5 至处理 7 掺混肥速效磷增减量在 −18.34～14.02mg/kg；处理 8 至处理 15 掺混肥速效磷增减量在 8.73～11.37mg/kg。

处理 1 至处理 7 的速效钾增减量与对照 CK2 相比，分别增加了 3.26mg/kg、3.20mg/kg、2.27mg/kg、1.27mg/kg、2.10mg/kg、1.18mg/kg、2.13mg/kg。处理 8 至处理 15 的速效钾增减量与对照 CK2 相比无显著差异，仅增加了 0.08mg/kg、−0.01mg/kg、0.08mg/kg、0.18mg/kg、0.15mg/kg、−0.01mg/kg、−0.01mg/kg 和 −0.03mg/kg。说明经过 8 个月的储存，各处理肥料的水溶性钾含量并未发生明显的变化。

表 4-5 掺混肥新配方速效磷增减量

处理	速效磷增减量（mg/kg）	速效钾增减量（mg/kg）
1	15.35±0.14b	8.22±0.39a
2	16.27±0.29a	8.16±0.08b
3	−17.15±0.42	7.23±0.01c
4	15.25±0.26b	6.23±0.14d
5	14.02±0.21c	7.06±0.28c
6	−18.34±0.71	6.14±0.25d
7	−17.02±0.16	7.09±0.04c
8	10.33±0.01f	5.04±0.11e

（续）

处理	速效磷增减量（mg/kg）	速效钾增减量（mg/kg）
9	9.03±0.02hi	4.95±0.02ef
10	8.73±0.02i	5.04±0.11ef
11	9.72±0.33gh	5.14±0.01e
12	11.37±0.26d	5.11±0.24e
13	10.86±0.12e	4.95±0.01ef
14	9.03±0.04hi	4.95±0.02ef
15	10.33±0.02f	4.93±0.21e
CK1	9.71±0.01g	4.83±0.02f
CK2	9.53±0.28gh	4.96±0.17ef

注：LSD 法多重比较，平均数之间的差异用最低显著性差异法（LSD）进行检测，$P < 0.05$；表中数据为平均值 ±标准差，小写字母表示 5% 的差异显著水平。

　　了解龙岩烤烟新配方专用掺混肥物理化学性质的变化，是进行肥料合理配置的基础。对 17 个专用肥配方的 pH 进行两次取样测定，结果表明：对照处理（CK1 和 CK2）pH 变化范围在 5.22～5.34，处理 1 至处理 7 配方肥的 pH 变化在 4.44～4.88，处理 8 至处理 15 配方肥的 pH 变化在 5.36～5.72。在 2016 年 1 月、2 月和 5 月分别对 17 个专用肥料进行称重，测定结果表明：2016 年 1 月各处理肥料重量（10kg）的增减量为 −11.33～23.72g；2016 年 2 月，CK1 和 CK2 的增重最大，分别为 82.54g 和 77.40g，各个新配方肥料（10kg）的增重范围为 12.57～38.44g；2016 年 5 月各处理肥料的增重范围为 26.83～141.77g。处理 8 至处理 15 配方肥料增重小于对照处理（CK1 和 CK2）。结果说明，处理 8 至处理 15 配方肥料的吸湿性比对照 CK2（现有烤烟专用肥）低，受外界环境条件的影响较小，性质相对稳定。于 2016 年 5 月 16 日对新配方肥料进行结块率的测定得出，与对照 CK2 相比，处理 8 至处理 15 结块率增加的范围在 1.37～3.67 个百分点，处理 1 至处理 7 结块率增加的范围在 5.09～8.49 个百分点。在肥料储存过程中，通常肥料叠置的高度与结块率明显相关，肥料堆置越高，肥料的结块率也会越大。本试验中各种配方肥料在仓库储存期间肥料没有进行叠置堆放，故而所测的结块率可能会偏小。

　　综上，根据上述 17 个烤烟专用肥新配方理化性状的评价结果，加入生物质炭的烤烟专用肥配方，其 pH 与原配方接近，理化性状较好，吸湿性较小，结块率相对较小，速效养分变化也较小，故选择添加生物质炭的处理 8 至处理 15 进行盆栽试验。

4.2　龙岩烤烟新配方专用肥料对烤烟生长、生理特性和土壤养分的影响

　　根据上述 15 个烤烟专用肥新配方理化性状的评价结果，得出加生物质炭的配方，其理化性状较好，故选择加生物质炭的处理 8 至处理 15 进行盆栽试验，分别用处理 A、B、C、D、E、F、G、H 表示，并以现有烤烟专用肥为对照 CK2，以现有烤烟专用肥不加填

充剂进行混合（不造粒）为对照 CK1，为计算烤烟对肥料的利用率，增设 NP、NK、PK 3 个处理，共 13 个处理。各处理设置如下：

处理 A：磷肥中 50％的磷酸铵（硝酸磷肥）改为钙镁磷，减少的氮用尿素提供；加 3％氯化钾（替代硫酸钾），加 5％生物质炭。

处理 B：磷肥中 40％的磷酸铵（硝酸磷肥）改为钙镁磷，减少的氮用尿素提供；加 3％氯化钾（替代硫酸钾），加 5％生物质炭。

处理 C：磷肥中 30％的磷酸铵（硝酸磷肥）改为钙镁磷，减少的氮用尿素提供；加 3％氯化钾（替代硫酸钾），加 5％生物质炭。

处理 D：磷肥中 10％的磷酸铵（硝酸磷肥）改为钙镁磷，减少的氮用尿素提供；加 3％氯化钾（替代硫酸钾），加 5％生物质炭。

处理 E：磷肥中 50％的磷酸铵（硝酸磷肥）改为钙镁磷，减少的氮用尿素提供；加 3％氯化钾（替代硫酸钾），加 2.5％生物质炭。

处理 F：磷肥中 40％的磷酸铵（硝酸磷肥）改为钙镁磷，减少的氮用尿素提供；加 3％氯化钾（替代硫酸钾），加 2.5％生物质炭。

处理 G：磷肥中 30％的磷酸铵（硝酸磷肥）改为钙镁磷，减少的氮用尿素提供；加 3％氯化钾（替代硫酸钾），加 2.5％生物质炭。

处理 H：磷肥中 10％的磷酸铵（硝酸磷肥）改为钙镁磷，减少的氮用尿素提供；加 3％氯化钾（替代硫酸钾），加 2.5％生物质炭。

NP 处理：$N：P_2O_5：K_2O＝10：7：0$，尿素 N 以 46.2％计，过磷酸钙含 P_2O_5 以 14％计，N、P 的施用量与对照处理一致。

NK 处理：$N：P_2O_5：K_2O＝10：0：21$，尿素 N 以 46.2％计，硫酸钾的养分以 $K_2O＝51％$计，N、K 的施用量与对照处理一致。

PK 处理：$N：P_2O_5：K_2O＝0：7：21$，过磷酸钙含 P_2O_5 以 14％计，硫酸钾的养分以 $K_2O＝51％$计，P、K 的施用量与对照处理一致。

各配方中的具体原料配比如表 4-6 所示。

表 4-6　盆栽试验中烤烟新配方专用掺混肥各种原料配比（％）

处理	硝酸磷肥	磷酸一铵	钙镁磷肥	过磷酸钙	尿素	硫酸钾	氯化钾	炭化谷壳
CK2	33.00	6.50	—	—	2.50	41.00		—
CK1	39.79	7.79	—	—	3.58	48.85		—
A	16.04	3.16	22.63	—	12.41	37.01	2.92	4.86
B	19.78	3.90	18.61	—	10.70	38.02	3.00	5.00
C	23.73	4.67	14.35	—	8.90	39.10	3.08	5.14
D	32.34	6.37	5.07	—	4.97	41.45	3.27	5.45
E	16.40	3.20	23.20	—	12.70	37.90	3.00	2.50
F	20.30	4.00	19.10	—	11.00	39.00	3.10	2.60
G	24.36	4.80	14.73	—	9.13	40.13	3.16	2.64
H	33.20	6.50	5.20	—	5.10	42.60	3.40	2.80

采集土样进行盆栽试验，供试土壤为黄泥田耕作层土壤，土壤风干捣碎过筛。每盆装风干土 10kg，每一处理重复 4 次，共 52 盆，随机区组排列，定期轮换。除 NP、PK、NK 处理外，其余各处理的 N：P_2O_5：K_2O＝10：7：21，每盆施用 N 为 1.00g、P_2O_5 为 0.70g、K_2O 为 2.10g，施硼砂 0.04g、硫酸锌 0.06g。

试验地点：福建农林大学南区盆栽房。

供试土壤的基本理化性状为：pH 5.16、碱解氮 100.94mg/kg、有效磷 45.76mg/kg、速效钾 151.12mg/kg。

4.2.1　烤烟新配方专用肥对烤烟生长发育的影响

（1）对烤烟生物学性状的影响

烤烟移栽后 30d 的烟株农艺性状如表 4-7 所示，处理 A、B、C、D、E 和 G 的株高高于对照 CK2，分别提高 6.66％、4.41％、13.45％、8.79％、7.27％和 11.33％；处理 C 在茎围方面大于对照 CK2，提高了 16.29％。和对照 CK2 相比，处理 E 的最大叶长提高了 1.59％；在最大叶宽的表现上，处理 A、C 和 G 高于对照 CK2，分别提高 6.32％、3.86％和 2.31％；各处理之间的叶片数差异不显著。

表 4-7　在烟株移栽后 30d 烟株农艺性状

配方	株高（cm）	茎围（cm）	最大叶长（cm）	最大叶宽（cm）	叶片数（片/株）
A	33.62±0.11abc	3.19±0.13bc	39.93±1.48cd	22.05±0.76a	8.58±0.01ab
B	32.91±0.03bc	3.09±0.14bcd	40.35±0.44cde	20.51±0.49de	9.17±0.52ab
C	35.76±0.27a	3.57±0.09a	39.98±0.01a	21.54±0.01a	10.01±0.11a
D	34.29±0.49c	3.01±0.10cd	37.47±0.02def	20.28±0.50de	9.05±0.15ab
E	33.81±1.25ab	3.27±0.33ab	40.89±0.33bc	20.22±0.01bcd	8.30±0.30bc
F	28.07±0.02f	2.64±0.05d	38.47±0.02fg	20.23±0.02e	6.73±0.43abc
G	35.09±0.21abc	3.50±0.37ab	39.51±0.27ab	21.22±0.45ab	8.64±0.24bc
H	32.66±0.07d	2.65±0.11d	39.91±0.01efg	20.92±0.70cde	7.44±0.18abc
CK1	32.85±0.03e	3.02±0.02bc	36.90±1.38g	19.01±0.08de	7.49±0.02abc
CK2	31.52±0.80de	3.07±0.15bc	40.25±0.01cd	20.74±0.67bc	8.01±0.53bc

注：LSD 法多重比较，平均数之间的差异用最低显著性差异法（LSD）进行检测，$P < 0.05$；表中数据为平均值±标准差，小写字母表示 5% 的差异显著水平。

从表 4-8 可以得出，烟株株高方面，处理 D 最大，为 103.71cm，长势较好，和对照 CK2 相比显著高 4.94cm，处理 F 的株高最矮，为 87.74cm，比对照处理 CK2 低 11.03cm。处理 A 的株高比对照 CK2 提高 3.39％。从茎围来看，与对照 CK2 相比，处理 C 提高 6.17％，处理 A 和 D 仅提高 1.16％和 1.73％。在节距方面，与对照 CK2 相比，处理 A 和 C 分别提高了 4.26％和 10.17％。

从烟株的最大叶长和最大叶宽来分析，不同肥料配方处理下的烟株，最大叶片较长的处理 C 为 61.79cm，其次是处理 A 为 57.96cm，而处理 F 烟株最大叶长最小，为

50.96cm。不同肥料配方处理下的烟株最大叶片宽最大的是处理C，与对照CK2相比，提高1.52%。

表4-8　在烟株移栽后60d新配方对烟株农艺性状的影响

配方	株高 （cm）	茎围 （cm）	节距 （cm）	最大叶长 （cm）	最大叶宽 （cm）	叶片数 （片/株）
A	102.16±0.34a	5.25±0.01bc	4.41±0.09b	57.96±2.25bc	39.45±1.09bc	18.10±0.10bc
B	96.86±7.18bc	4.79±0.05de	4.07±0.02d	55.31±0.85bc	39.15±0.02bc	18.41±0.73
C	93.63±4.72a	5.51±0.06a	4.66±0.01a	61.79±0.62a	41.37±0.19a	19.76±0.03a
D	103.71±2.85a	5.28±0.01ab	4.09±0.02b	57.79±0.99ab	38.60±1.85ab	18.73±0.21ab
E	92.44±4.36bc	4.79±0.13d	4.05±0.07cd	54.85±1.33c	38.08±0.03b	17.63±0.21d
F	87.74±1.79d	5.16±0.12ab	3.55±0.01g	50.96±1.59d	36.11±1.21d	14.32±0.06g
G	88.86±1.29bcd	4.55±0.02ef	3.9±0.04ef	54.56±0.42c	38.85±0.01bc	16.10±0.65ef
H	91.16±0.09cd	4.60±0.08f	3.81±0.02f	55.29±0.75c	36.98±0.02c	15.41±0.03f
CK1	96.49±4.23bc	4.84±0.24bc	4.20±0.15c	56.29±3.07c	37.47±0.02bc	15.54±0.80e
CK2	98.77±5.44ab	5.19±0.05bc	4.23±0.01bc	57.14±1.25ab	40.75±1.19a	18.37±0.52c

注：LSD法多重比较，平均数之间的差异用最低显著性差异法（LSD）进行检测，$P<0.05$；表中数据为平均值±标准差，小写字母表示5%的差异显著水平。

（2）对烤烟生物产量的影响

烟株根茎叶干重能彰显烟苗的生长势，根据表4-9可以看出，对各配方的烟株根茎叶干重进行分析，处理A、C、D、E和G均比对照CK2烟根干重高，分别比对照CK2提高16.96%、41.21%、23.03%、13.33%和23.03%。在烟茎干重方面，处理A、C、D、E和G均大于对照CK2，分别增加了19.06%、23.86%、21.46%、14.63%、17.99%和17.75%。处理A、B、C、G的烟叶干重高于对照CK2，分别提高了10.27%、5.47%、15.23%、5.37%、2.48%和12.34%。在全株干重方面，和对照CK2相比，处理A、C、D、E和G分别提高12.87%、19.14%、10.93%、7.66%和14.54%。

表4-9　不同新配方对烤烟生物产量的影响

处理	烟根干重 （g/株）	烟茎干重 （g/株）	烟叶干重 （g/株）	全株干重 （g/株）
A	1.93±0.01bc	9.93±0.34cd	21.36±0.58a	33.15±0.13b
B	1.66±0.05d	8.22±0.07e	20.43±0.45bc	30.32±1.27e
C	2.33±0.06a	10.33±0.22ab	22.32±0.51a	34.99±0.59a
D	2.03±0.06b	10.13±0.49a	20.41±0.72cd	32.58±0.04bc
E	1.87±0.01c	9.56±0.17d	19.85±0.01d	31.62±0.59cd
F	1.52±0.01e	7.92±0.18f	19.84±0.02d	29.29±0.11f
G	2.03±0.08bc	9.84±0.02c	21.76±0.46ab	33.64±0.39b
H	1.73±0.01d	9.82±0.11bc	19.86±0.01d	31.41±0.49de

（续）

处理	烟根干重 （g/株）	烟茎干重 （g/株）	烟叶干重 （g/株）	全株干重 （g/株）
CK1	1.37±0.05f	6.86±0.04g	17.56±0.61e	25.81±0.40g
CK2	1.65±0.06d	8.34±0.10e	19.37±0.51d	29.37±0.08f

注：LSD 法多重比较，平均数之间的差异用最低显著性差异法（LSD）进行检测，$P < 0.05$；表中数据为平均值±标准差，小写字母表示 5% 的差异显著水平。

4.2.2　烤烟新配方专用肥对烤烟生理特性的影响

（1）对烤烟氮磷钾养分吸收量的影响

由表 4-10 来看，不同肥料配方处理氮吸收量显示：处理 1 至处理 15 的烟根吸氮量范围在 15.31～27.50mg/株，烟茎吸氮量范围在 91.20～153.18mg/株，烟叶吸氮量范围在 284.15～399.84mg/株，处理 C 的烟根、烟茎氮吸收量最大，烟叶的吸氮量以处理 D 最高。不同肥料配方处理磷吸收量可以看出，处理 1 至处理 15 的烟根吸磷量范围在 3.48～5.13mg/株，烟茎吸磷量范围在 15.62～26.93mg/株，烟叶吸磷量范围在 41.72～62.46mg/株；处理 E 的烟根吸氮量最高，处理 C 的烟茎吸氮量最大，处理 D 的烟叶吸磷量最大。从不同肥料配方处理钾吸收量可以看出，处理 1 至处理 15 的烟根吸钾量范围在 40.17～56.75mg/株，烟茎吸钾量范围在 201.94～320.85mg/株，烟叶吸钾量范围在 458.75～646.23mg/株。

表 4-10　烤烟新配方专用掺混肥对烟株氮磷钾养分吸收量的影响

处理	氮吸收量（mg/株）			磷吸收量（mg/株）			钾吸收量（mg/株）		
	烟根	烟茎	烟叶	烟根	烟茎	烟叶	烟根	烟茎	烟叶
A	18.82± 0.14cd	137.75± 6.01b	314.29± 3.31d	4.05± 0.15f	19.82± 0.83d	53.46± 0.01d	49.33± 0.14d	288.36± 12.67d	508.83± 11.56cd
B	17.70± 0.05d	96.06± 0.87de	398.78± 0.83a	4.35± 0.15ef	15.62± 0.02f	59.33± 0.63c	46.08± 0.51e	201.94± 0.02f	646.23± 0.36a
C	27.50± 0.35a	153.18± 4.19a	354.73± 13.42b	4.65± 0.14cd	26.93± 0.29a	62.46± 2.54c	71.75± 0.46a	320.85± 9.57a	568.91± 24.45b
D	21.61± 1.77b	147.18± 6.24b	399.84± 15.16a	5.07± 0.11bc	18.26± 0.32e	65.27± 3.75b	56.75± 1.75b	309.56± 0.01b	644.63± 0.01a
E	18.52± 0.13d	131.11± 2.46c	284.15± 12.45f	5.13± 0.51a	24.85± 1.17b	41.72± 2.58e	48.37± 1.48d	274.64± 0.02d	458.75± 6.44f
F	15.40± 0.34e	91.20± 2.12e	345.04± 0.05bc	3.48± 0.14g	15.86± 0.01f	51.55± 1.11d	40.93± 0.63f	188.73± 0.02g	531.43± 4.05c
G	20.11± 0.79c	139.03± 0.14b	298.39± 15.46f	5.26± 0.12ab	19.73± 0.01d	60.96± 2.03c	52.76± 0.69c	291.83± 9.46bc	481.33± 27.81e
H	15.31± 0.73e	137.34± 5.45b	327.53± 0.39cd	4.54± 0.21de	18.64± 0.02e	59.54± 1.87c	40.17± 0.21f	288.43± 10.99c	530.01± 2.50bc

（续）

处理	氮吸收量（mg/株）			磷吸收量（mg/株）			钾吸收量（mg/株）		
	烟根	烟茎	烟叶	烟根	烟茎	烟叶	烟根	烟茎	烟叶
CK1	12.42± 1.06f	74.21± 0.32f	297.11± 10.63ef	2.62± 0.14i	18.55± 0.45e	65.03± 2.57a	36.73± 0.44g	196.46± 10.28fg	495.74± 8.03de
CK2	15.44± 0.36e	99.37± 3.38d	312.18± 20.66de	3.16± 0.07h	22.54± 0.01c	65.92± 1.56ab	45.32± 1.87e	242.97± 0.02e	525.45± 8.67cd

注：LSD法多重比较，平均数之间的差异用最低显著性差异法（LSD）进行检测，$P<0.05$；表中数据为平均值±标准差，小写字母表示5%的差异显著水平。

（2）对烤烟氮肥利用的影响

由表4-11可以看出，不同肥料配方处理对烟株氮肥利用率的范围在36.58%～43.73%，其中处理C对氮肥的利用率最高，为43.73%，处理A对氮肥的利用率较高，达到41.58%。与对照CK2相比，处理A、B、C、D和F分别提高了11.80%、6.51%、17.59%、5.19%和6.64%。

表4-11　不同肥料配方处理对烟株氮肥利用率的影响

处理	烟根干重 （g/株）	烟茎干重 （g/株）	烟叶干重 （g/株）	氮含量（%）			氮肥利用率 （%）
				烟根	烟茎	烟叶	
A	1.93±0.01c	9.93±0.43a	21.36±0.03b	0.97±0.01de	1.39±0.03a	1.47±0.05d	41.58±0.01b
B	1.66±0.01e	8.22±0.11b	20.43±0.66bc	1.06±0.01bc	1.17±0.06e	1.65±0.03ab	39.61±2.07bc
C	2.33±0.08a	10.33±0.36a	22.32±0.87a	1.18±0.01a	1.28±0.06b	1.49±0.11de	43.73±0.21a
D	2.03±0.08b	10.13±0.26a	20.41±0.43bc	1.06±0.03b	1.25±0.01c	1.46±0.03cd	39.12±1.56de
E	1.87±0.02c	9.56±0.47a	19.85±0.11cd	0.97±0.04d	1.37±0.01a	1.43±0.07de	37.85±0.96cd
F	1.52±0.03f	7.92±0.22b	19.84±0.69cd	1.03±0.01c	1.15±0.02de	1.74±0.05ab	39.66±1.92cd
G	2.03±0.01b	9.84±0.67a	21.76±0.98b	0.98±0.04d	1.21±0.01cd	1.37±0.03e	38.27±1.06cd
H	1.73±0.08d	9.82±0.16a	19.86±0.97b	0.88±0.02f	1.20±0.01cd	1.45±0.07de	36.58±1.09de
CK1	1.37±0.04g	6.86±0.03c	17.56±0.01f	0.91±0.05ef	1.08±0.04f	1.69±0.06a	32.86±1.64f
CK2	1.65±0.03e	8.34±0.17b	19.37±0.05de	0.93±0.01de	1.19±0.03de	1.61±0.02bc	37.19±1.52e
PK	0.43±0.01h	1.25±0.02d	7.09±0.02g	0.52±0.01g	0.56±0.01g	0.65±0.01f	—

注：LSD法多重比较，平均数之间的差异用最低显著性差异法（LSD）进行检测，$P<0.05$；表中数据为平均值±标准差，小写字母表示5%的差异显著水平。

（3）对烤烟磷肥利用的影响

从表4-12可以看出，不同肥料配方处理对烟株磷肥利用率在5.41%～8.72%，以处理C最高，其磷肥利用率达到了8.72%；其次是对照处理CK2，其磷肥利用率为8.35%；处理D烟株的磷肥利用率也较高，为7.94%；处理F烟株的磷肥利用率最低，为5.41%。处理A、B、E、G和H的磷肥利用率分别比对照CK2减少24.19%、20.84%、33.65%、9.58%和15.33%。

表 4-12　不同肥料配方处理对烤烟磷肥利用率的影响

处理	烟根干重 (g/株)	烟茎干重 (g/株)	烟叶干重 (g/株)	磷含量（%） 烟根	烟茎	烟叶	磷肥利用率 (%)
A	1.93±0.04cd	9.93±0.14bc	21.36±0.98d	0.21±0.01f	0.22±0.01ef	0.25±0.06ef	6.33±0.04g
B	1.66±0.06f	8.22±0.12d	20.43±0.01cd	0.26±0.02c	0.25±0.02bcd	0.28±0.02c	6.61±0.14f
C	2.33±0.05a	10.33±0.30ab	22.32±0.01a	0.20±0.03g	0.21±0.01fg	0.27±0.06de	8.72±0.09a
D	2.03±0.04bc	10.13±0.24abc	20.41±0.71bc	0.25±0.01d	0.25±0.07bc	0.33±0.04b	7.94±0.31c
E	1.87±0.05d	9.56±0.44ab	19.85±0.60de	0.27±0.01a	0.27±0.05a	0.22±0.01f	5.54±0.03h
F	1.52±0.01g	7.92±0.08d	19.84±0.01de	0.23±0.02e	0.23±0.05cde	0.26±0.01de	5.41±0.18h
G	2.03±0.01b	9.84±0.38a	21.76±0.32ab	0.26±0.06ab	0.26±0.08ab	0.27±0.08cd	7.55±0.12d
H	1.73±0.06e	9.82±0.42c	19.86±0.87cd	0.26±0.03bc	0.27±0.04a	0.31±0.01b	7.07±0.01e
CK1	1.37±0.02h	6.86±0.16e	17.56±0.50f	0.19±0.01h	0.18±0.01h	0.36±0.03a	7.58±0.11d
CK2	1.65±0.08f	8.34±0.58d	19.37±0.01e	0.19±0.05gh	0.18±0.06gh	0.33±0.01b	8.35±0.13b
NK	0.91±0.01i	2.59±0.08f	10.82±0.01g	0.22±0.03f	0.23±0.03def	0.23±0.01f	—

注：LSD法多重比较，平均数之间的差异用最低显著性差异法（LSD）进行检测，$P<0.05$；表中数据为平均值±标准差，小写字母表示 5% 的差异显著水平。

（4）对烤烟钾肥利用的影响

分析表 4-13 可以得出，不同肥料配方处理对烟株钾肥的利用率在 28.67%～39.75%，与对照 CK2 相比，处理 C 提高 21.49%，处理 A、B、D 和 H 分别提高 4.83%、11.77%、12.53% 和 6.54%。

表 4-13　不同肥料配方处理对烤烟钾肥利用率的影响

处理	烟根干重 (g/株)	烟茎干重 (g/株)	烟叶干重 (g/株)	钾含量（%） 烟根	烟茎	烟叶	钾肥利用率 (%)
A	1.93±0.05d	9.93±0.18b	21.36±0.79bcd	2.55±0.06f	2.93±0.11abc	2.37±0.04f	34.31±1.34c
B	1.66±0.03ef	8.22±0.02d	20.43±0.83abc	2.75±0.08b	2.44±0.12de	3.16±0.03a	36.57±0.09b
C	2.33±0.01a	10.33±0.01a	22.32±1.09a	3.00±0.01a	3.12±0.16a	2.56±0.01e	39.75±0.28a
D	2.03±0.08b	10.13±0.26b	20.41±1.38bcd	2.52±0.06f	2.62±0.07d	2.85±0.06b	36.82±0.25b
E	1.87±0.05d	9.56±0.15c	19.85±1.04cd	2.54±0.04f	2.86±0.01c	2.32±0.01g	31.23±0.02de
F	1.52±0.01g	7.92±0.02e	19.84±1.22d	2.72±0.01bc	2.37±0.04e	2.67±0.01cd	30.24±0.18e
G	2.03±0.01c	9.84±0.02bc	21.76±0.82ab	2.61±0.01de	2.96±0.12abc	2.22±0.07g	33.32±1.19c
H	1.73±0.01e	9.82±0.25b	19.86±0.53bcd	2.32±0.05g	2.94±0.16ab	2.68±0.09de	34.86±1.12c
CK1	1.37±0.01h	6.86±0.33f	17.56±1.15e	2.66±0.10cd	2.85±0.03bc	2.83±0.05b	28.67±0.09f
CK2	1.65±0.01f	8.34±0.02d	19.37±1.33d	2.75±0.02b	2.93±0.02abc	2.72±0.01c	32.72±1.44d
NP	0.98±0.03i	0.66±0.03g	6.77±0.19f	1.12±0.02h	1.24±0.04f	1.57±0.04h	—

注：LSD法多重比较，平均数之间的差异用最低显著性差异法（LSD）进行检测，$P<0.05$；表中数据为平均值±标准差，小写字母表示 5% 的差异显著水平。

4.2.3 不同肥料配方处理对烤烟植株叶片光合作用的影响

光合作用是绿色植物生长的物质基础，贯彻整个生长周期，也受到各种内外因素的干扰。营养元素的作用主要是扩大光合作用区域，延长光合时间，最终实现光合能力的增强；GS气孔导度，Ci细胞间二氧化碳浓度和EVAP蒸腾速率则是彰显光合作用强度的基本指标（廖兴国等，2014）。值得一提的是，与物理蒸发不同，蒸腾作用不仅要受来自外部环境条件的作用，更要受植物体自身调节和控制的影响（孟繁静，1987）。

合理施肥能改良植物吸收和运输水分的能力，提升蒸腾速率，使烤烟叶片光合作用机制正常运行（蔡海洋等，2017）。由表4-14可知，各处理烤烟的叶片蒸腾速率（EVAP）以处理C最高，其次是处理D和处理A，蒸腾速率分别为5.24mmol/（m²·s）、5.22mmol/（m²·s）、5.21mmol/（m²·s），与对照CK1相比，分别提高10.32%、9.89%和9.68%。处理F和处理H蒸腾速率较小，蒸腾速率分别为4.82mmol/（m²·s）和5.05mmol/（m²·s）。

各处理叶片的气孔导度大小依次为处理C>处理D>处理A>对照CK2>处理E>处理B>处理G>处理H>处理F>处理CK1。与对照CK2相比，处理C、D和A的气孔导度仅增加1.57%、1.01%和0.79%，但是各处理之间无显著差异，表明这些处理的叶片气孔张开程度最大，有利于烟叶叶片进行光合作用。

处理C的胞间二氧化碳浓度（Ci）为各处理中的最大值，达到480.70μl/L。与对照CK1相比，处理C的胞间二氧化碳浓度提高3.95%，由于处理C的气孔导度最高，使得处理C的胞间二氧化碳浓度在各处理中最大。这可能是由于烟叶的胞间二氧化碳浓度并非由单一因素所控制，气孔导度也有所影响。

表4-14 配方肥对烤烟叶片E、GS和Ci的影响

处理	蒸腾速率E [mmol/（m²·s）]	气孔导度GS [mmol/（m²·s）]	胞间CO₂浓度Ci （μl/L）
A	5.21±0.01ab	423.86±38.66a	478.8±10.05ab
B	5.12±0.01abc	416.92±0.41a	476.16±0.02ab
C	5.24±0.02a	427.15±0.01a	480.70±10.37b
D	5.22±0.23cd	424.77±0.85a	479.93±28.15a
E	5.12±0.01abc	419.33±0.02a	477.49±10.46c
F	4.82±0.18d	409.66±10.92a	468.31±9.95ab
G	5.07±0.01bcd	413.14±0.02a	475.94±0.02ab
H	5.05±0.02cd	412.76±1.57a	472.16±8.36bc
CK1	4.75±0.01e	407.26±7.48a	462.43±0.02bc
CK2	5.14±0.05abc	420.53±8.40a	478.43±0.01ab

注：LSD法多重比较，平均数之间的差异用最低显著性差异法（LSD）进行检测，P<0.05；表中数据为平均值±标准差，小写字母表示5%的差异显著水平。

4.2.4　烤烟新配方专用肥对烟株叶片活性氧代谢的影响

(1) 超氧化物歧化酶 (SOD)

从表 4-15 可知，处理 C 的超氧化物歧化酶 (SOD) 活性最高，为 377.55U/mg pro；处理 D 的 SOD 活性较高，为 373.84U/mg pro，处理 F 的 SOD 活性最低，与对照 CK2 相比降低 3.41%。处理 A、B、C、D 和 E 均高于对照处理 CK2，分别高出 2.71%、1.84%、4.02%、3.00% 和 2.37%；与对照处理 CK2 相比，处理 G 和 H 的超氧化物歧化酶分别降低 1.88%、1.93%。不同烤烟专用掺混肥新配方处理 C、D、A、E 和 B 的烟苗都具有较高的保护酶活性，防御外部不良环境的能力也会对应增强。

(2) 过氧化物酶 (POD)

从表 4-15 可知，处理 C 的过氧化物酶 (POD) 活性最高，为 9.56U/ (g FW·min)，较对照 CK2 上升 8.14%；与对照 CK2 相比，处理 D 的 POD 含量增加 7.12%；处理 A 比对照 CK2 上升 5.66%。各处理过氧化物酶活性含量与对照 CK2 差异显著。

(3) 丙二醛 (MDA)

处理 F 的烤烟叶片丙二醛 (MDA) 活力最高，为 13.85nmol/g FW，与对照 CK2 相比提升 34.99%，表示处理 F 的叶片膜脂过氧化程度很严重。随着烤烟叶片 MDA 含量减少，叶片膜脂过氧化程度减轻，各处理丙二醛的含量从高到低，分别为处理 F>处理 H>处理 G>处理 B>处理 E>对照 CK2>对照 CK1>处理 A>处理 D>处理 C。处理 C、处理 D 与处理 A 的丙二醛含量较低，分别为 7.45nmol/g FW、9.07nmol/g FW、9.73nmol/g FW。

(4) 过氧化氢酶 (CAT)

过氧化氢酶 (CAT) 是活性较高的一种酶，在植物体中最为常见，属于血红蛋白酶。植物的呼吸作用、光合作用及生长素的氧化等都离不开过氧化氢酶的作用。过氧化氢酶更能反映植物在抗逆性方面的能力，以呈现出植物发育的优良现象。从表 3-10 看，处理 C 的过氧化氢酶活性最高，为 6.77μg/ (mg·pro·min)，与对照 CK2 相比，处理 C 的过氧化氢酶活性上升，高出 8.49%；处理 F 的过氧化氢酶活性最低，较对照 CK2 相比降低 17.47%。

表 4-15　专用肥新配方对烤烟叶片活性氧代谢的影响

处理	SOD (U/mg pro)	POD [U/ (g FW·min)]	MDA (nmol/g FW)	CAT [mg/ (mg·pro·min)]
A	372.77±10.34a	9.34±0.41cd	9.73±0.02f	6.33±0.40a
B	369.64±1.41ab	9.16±0.25bc	11.66±0.59d	6.07±0.21bc
C	377.55±12.38a	9.56±0.25ab	7.45±0.13h	6.77±0.01a
D	373.84±15.44abc	9.47±0.37a	9.07±0.27g	6.73±0.02a
E	371.57±12.18abc	9.26±0.17cd	11.27±0.19d	6.16±0.01b
F	350.54±2.18c	8.72±0.01de	13.85±0.08a	5.15±0.24d
G	356.14±22.73bc	9.17±0.08cd	12.07±0.11c	6.15±0.01b

（续）

处理	SOD (U/mg pro)	POD [U/ (g FW · min)]	MDA (nmol/g FW)	CAT [mg/ (mg · pro · min)]
H	355.95±8.11c	8.93±0.22de	13.04±0.02b	5.43±0.03d
CK1	358.65±17.47abc	8.33±0.05f	10.15±0.34ef	5.83±0.08c
CK2	362.95±10.22abc	8.84±0.28ef	10.26±0.01e	6.24±0.16b

注：LSD法多重比较，平均数之间的差异用最低显著性差异法（LSD）进行检测，$P<0.05$；表中数据为平均值±标准差，小写字母表示 5% 的差异显著水平。

4.2.5 烤烟新配方专用掺混肥对土壤 pH 及速效养分含量的影响

盆栽试验结束后，采集盆栽试验土壤，测定 pH 及速效养分含量。由表 4-16 可以看出，不同肥料配方处理 A 至处理 H 的 pH 范围在 5.02～5.35，处理 F 的 pH 最大，为 5.35。

从碱解氮含量来看，处理 C 的碱解氮含量最高，为 132.17mg/株，处理 A、D 的碱解氮含量较高，分别为 131.21mg/株和 131.88mg/株，与对照 CK2 相比，处理 A、C 和 D 的碱解氮含量分别增加 0.05mg/株、1.01mg/株和 0.72mg/株。

从有效磷含量来看，处理 C 有效磷水平最高，为 83.52mg/kg，处理 A、C 和 D 的有效磷含量，分别比对照 CK2 多 2.77mg/kg、7.62mg/kg 和 3.18mg/kg；处理 F、G 和 H 的有效磷含量与对照 CK2 相比，分别低 12.46mg/kg、4.90mg/kg、7.81mg/kg。与对照 CK2 相比，处理 C、D 的有效磷含量呈显著差异。

从速效钾含量来看，不同肥料配方处理速效磷含量水平最高的是处理 C，为 168.13mg/kg；处理 F 速效钾含量最少，为 152.75mg/kg。处理 C、D、A 速效钾含量分别比对照 CK1 减少 8.99mg/kg、6.51mg/kg、5.62mg/kg。

表 4-16　新配方对土壤 pH 及速效养分的含量的影响

处理	pH	碱解氮 (mg/kg)	有效磷 (mg/kg)	速效钾 (mg/kg)
A	5.06±0.04cd	131.21±0.01ab	78.72±3.73c	164.76±6.16ab
B	5.17±0.08bcd	130.36±5.28b	74.96±1.47d	161.57±8.10ab
C	5.02±0.01d	132.17±0.02ab	83.52±0.36a	168.13±6.01ab
D	5.23±0.14cd	131.88±0.01ab	79.12±0.75b	165.65±10.91a
E	5.16±0.02abcd	130.75±0.02ab	76.15±0.02cd	163.12±7.71ab
F	5.35±0.29abcd	112.56±4.21cd	64.24±0.02f	152.75±8.97ab
G	5.12±0.01bcd	117.82±0.03c	71.76±1.89e	157.87±6.29ab
H	5.27±0.02ab	114.67±4.56d	68.87±1.18e	155.46±14.27b
CK1	5.27±0.01ab	129.76±0.04b	75.94±3.26bc	159.14±2.93ab
CK2	5.37±0.15a	131.16±5.39a	76.66±0.11c	163.82±13.35ab
原土	5.16±0.11abc	100.94±3.29e	45.76±2.32g	151.12±9.19b

注：LSD法多重比较，平均数之间的差异用最低显著性差异法（LSD）进行检测，$P<0.05$；表中数据为平均值±标准差，小写字母表示 5% 的差异显著水平。

4.3　烤烟新配方专用掺混肥对烤烟产量和产值的影响

供试烤烟品种为云烟 87，试验地点设在福建省龙岩市的永定区烟草试验站和上杭县烟草试验站。供试土壤前作为水稻，其基本理化性状见表 4-17。

表 4-17　田间试验土壤的基本理化性状

试验点	土壤类型	pH	有机质 (g/kg)	碱解氮 (mg/kg)	有效磷 (mg/kg)	速效钾 (mg/kg)	水溶性氯 (mg/kg)
永定	潮砂田	5.76	24.97	112.04	61.67	45.55	12.53
上杭	灰泥田	6.33	26.52	87.96	51.67	37.59	19.86

根据烤烟新配方专用掺混肥的盆栽试验，选出 5 个表现较优配方进行田间试验，同时设置烟草专用肥肥料不加填充剂进行混合（不造粒）CK1 和烟草专用肥（造粒）CK2 作为对照。各处理施纯 N 每亩为 8.5kg，N∶P₂O₅∶K₂O＝10∶7∶21。

每个处理小区栽烟 55 株（行距 120cm，株距 50cm），每一处理 3 次重复，随机区组设计，四周设置保护行。施肥及其他栽培措施均按照当地技术要求规范操作。不同处理设置如下：

处理 Ta：磷肥中 50％的磷酸铵（硝酸磷肥）改为钙镁磷，减少的氮用尿素提供；加 3％氯化钾（替代硫酸钾），加 5％生物质炭。

处理 Tb：磷肥中 40％的磷酸铵（硝酸磷肥）改为钙镁磷，减少的氮用尿素提供；加 3％氯化钾（替代硫酸钾），加 5％生物质炭。

处理 Tc：磷肥中 30％的磷酸铵（硝酸磷肥）改为钙镁磷，减少的氮用尿素提供；加 3％氯化钾（替代硫酸钾），加 5％生物质炭。

处理 Td：磷肥中 10％的磷酸铵（硝酸磷肥）改为钙镁磷，减少的氮用尿素提供；加 3％氯化钾（替代硫酸钾），加 5％生物质炭。

处理 Te：磷肥中 50％的磷酸铵（硝酸磷肥）改为钙镁磷，减少的氮用尿素提供；加 3％氯化钾（替代硫酸钾），加 2.5％生物质炭。

处理 CK1：现有烟草专用肥肥料不加填充剂进行混合（不造粒）

处理 CK2：现有烟草专用肥（造粒）。

各配方中具体原料配比如表 4-18 所示。

表 4-18　烤烟专用掺混肥田间试验优选配方（％）

处理	硝酸磷肥	磷酸一铵	钙镁磷肥	过磷酸钙	尿素	硫酸钾	氯化钾	炭化谷壳
CK2	33.00	6.50	—	—	2.50	41.00	—	—
CK1	39.79	7.79	—	—	3.58	48.85	—	—
Ta	16.04	3.16	22.63	—	12.41	37.01	2.92	4.86
Tb	19.78	3.90	18.61	—	10.70	38.02	3.00	5.00

（续）

处理	硝酸磷肥	磷酸一铵	钙镁磷肥	过磷酸钙	尿素	硫酸钾	氯化钾	炭化谷壳
Tc	23.73	4.67	14.35	—	8.90	39.10	3.08	5.14
Td	32.34	6.37	5.07	—	4.97	41.45	3.27	5.45
Te	24.36	4.80	14.73	—	9.13	40.13	3.16	2.64

注：另施硼砂 15kg/hm²，硫酸锌 22.5kg/hm²。

4.3.1 烤烟新配方专用掺混肥对烤烟农艺性状的影响

从表 4-19 可知，永定试验点的大田试验结果表明，不同烤烟新配方专用掺混肥对烤烟农艺性状影响也不相同。在株高方面以 Ta 处理表现最高，为 106.2cm，比 CK1 高 3.0cm，比 CK2 高 2.6cm；其次是 Td 处理，株高为 105.7cm；而 Tb 处理和 Te 处理的株高分别为 101.9cm 和 102.6cm，比对照 CK1 和 CK2 还低。各处理茎围相差不大，在 9.5～9.9cm 之间，各处理茎围从大到小的顺序是 Tc 处理＞CK1 对照＞CK2 对照＞（Ta 处理＝Tb 处理＝Td 处理＝Te 处理）。节距在 6.1～6.8cm 之间，各处理节距最大的是 Ta 处理，为 6.8cm；其次是 Tc 处理、Td 处理和对照 CK2，其节距均为 6.5cm；节距最小的是对照 CK1，其节距仅为 6.1cm。有效叶数以对照 CK1 最多，为 16.9 片；Ta 处理最少，仅为 15.7 片，平均比 CK1 少 1.2 片/株，比 CK2 少 0.2 片/株。永定试验点不同专用肥掺混肥新配方的大田试验，各个处理的农艺性状以 Ta 处理和 Tc 处理的长势较好，而对照 CK1 处理的长势较差，其余处理的长势中等。

上杭试验点不同新配方专用掺混肥大田试验的农艺性状结果显示，在所有处理中 Td 处理株高、有效叶数、茎围表现最好，分别为 99.4cm、15.5 片/株、10.9cm 和 15.5cm。Tb 处理脚叶最大叶叶面积、顶叶最大叶叶面积最大，分别为 2836.6cm² 和 1057.4cm²，但 Tb 处理叶面积的标准差最大；其株高、节距、茎围长势也较好，仅次于 Td 处理，分别为 97.7cm、6.6cm 和 10.7cm。各处理中 Te 处理农艺性状表现最差，无论是株高、节距、茎围均最小。而对照处理 CK1 和 CK2 的长势，对照 CK1 的腰叶最大叶叶面积最小（1776.6cm²）外，株高、节距、茎围等指标仅优于 Te 处理，其农艺性状表现一般。

表 4-19　新配方专用掺混肥对烤烟农艺性状的影响

试验点	处理	株高（cm）	茎围（cm）	节距（cm）	有效叶数（片）	脚叶最大叶叶面积（cm²）	腰叶最大叶叶面积（cm²）	顶叶最大叶叶面积（cm²）
永定	Ta	106.2±5.6a	9.5±0.3a	6.8±0.3a	15.7±0.5a	981.2±31.8a	1606.3±61.8ab	551.3±18.1a
	Tb	101.9±3.3a	9.5±0.6a	6.3±0.2a	16.3±1.1a	918.5±30.2a	1666.4±68.3ab	439.7±14.4a
	Tc	105.3±4.7a	9.9±0.3a	6.5±0.2a	16.3±0.9a	1053.2±34.7a	1743.5±71.4a	455.5±15.0a
	Td	105.7±4.3a	9.5±0.4a	6.5±0.4a	16.2±0.8a	961.6±42.7a	1696.2±69.5ab	470.2±15.5a
	Te	102.6±3.6a	9.5±0.5a	6.3±0.4a	16.3±1.3a	969.7±36.9a	1565.7±65.1b	443.6±14.6a
	CK1	103.2±3.7a	9.8±0.3a	6.1±0.2a	16.9±1.6a	890.3±29.3a	1561.6±62.0b	405.7±13.3a
	CK2	103.6±3.9a	9.6±0.2a	6.5±0.5a	15.9±0.7a	980.2±32.7a	1644.2±67.4b	458.2±15.1a

（续）

试验点	处理	株高 （cm）	茎围 （cm）	节距 （cm）	有效叶数 （片）	脚叶最大叶 叶面积（cm²）	腰叶最大叶 叶面积（cm²）	顶叶最大叶叶 面积（cm²）
	Ta	97.3±5.9a	14.6±1.3a	6.6±1.9a	10.4±2.1a	2658.7±525.3a	1845.5±186.7a	887.2±157.8a
	Tb	97.7±5.5a	14.8±0.6a	6.6±0.5a	10.7±0.6a	2836.6±830.4a	1984.6±493.2a	1057.4±748.6a
	Tc	96.3±5.6a	14.6±1.2a	6.6±1.5a	10.4±1.7a	2458.5±513.7a	2062.7±96.9a	938.3±243.1a
上杭	Td	99.4±6.7a	15.5±0.8a	6.4±0.7a	10.9±0.5a	2369.6±408.9a	2012.2±94.5a	988.6±145.4a
	Te	92.6±4.8a	15.2±0.3a	6.1±1.2a	10.0±1.3a	2438.4±252.1a	1778.3±103.5a	952.2±132.7a
	CK1	94.7±5.2a	15.4±0.9a	6.1±0.9a	10.2±0.9a	2632.2±321.0a	1776.6±136.4a	894.2±206.1a
	CK2	93.6±3.1a	15.1±0.7a	6.2±0.7a	10.4±0.7a	2482.2±234.1a	1926.4±150.7a	901.1±147.1a

注：LSD 法多重比较，平均数之间的差异用最低显著性差异法（LSD）进行检测，$P < 0.05$；表中数据为平均值±标准差，小写字母表示 5% 的差异显著水平。

4.3.2 施用烤烟新配方专用掺混肥烤烟发病状况

从表 4-20 可以看出，永定试验站处理 Ta、Td 和对照 CK1 无花叶病发生，其他处理花叶病零星发生，发病率最高的处理 Tc 也仅为 1.61%。

上杭试验站中，处理 Tb 花叶病发病率最高为 60.0%，处理 Ta、Td、Te 花叶病发病率较高，分别为 33.3%、31.7%、30.0%，处理 CK1 花叶病发病率相对较低，为 23.3%。

表 4-20 烟叶发病率状况

试验点	处理	Ta	Tb	Tc	Td	Te	CK1	CK2
永定	花叶病 发病率（%）	0.00	0.60	1.61	0.00	1.11	0.00	0.60
上杭	花叶病 发病率（%）	33.3b	60.0a	25.0b	31.7b	30.0b	23.3b	26.7b

注：LSD 法多重比较，小写字母表示 5% 的差异显著水平。

4.3.3 不同新配方掺混肥对烤烟经济性状的影响

由表 4-21 可得，根据永定试验点来看，在烟叶产量方面，对照 CK2 和处理 Td 的产量较高，分别为 2 623.65kg/hm² 和 2 610.15kg/hm²，处理 Ta 和对照 CK1 产量较低，均为 2 502.45kg/hm²，各处理单位面积产量差异不明显；从烟叶产值看，处理 C 和处理 D 的单位面积产值较高，分别为 72 927.45 元/hm²、72 956.85 元/hm²，处理 B 和对照 CK1 单位面积产值较低，分别为 69 158.25 元/hm²、67 006.50 元/hm²，处理 C 和处理 D 与对照 CK1 差异明显；从均价上看，以处理 Tc 的均价最高，为 28.11 元/kg，对照 CK1 和对照 CK2 的均价都较低，分别为 26.77 元/kg 和 26.99 元/kg，处理 C 和处理 D 与对照 CK1 差异明显，与对照 CK2 差异不显著；在上等烟比例方面，以 Tc 处理的上等烟比例最高，为 72.8%，比对照 CK1 高 3.26%，比对照 CK2 处理高 3.63%，以处理 Td 的上等烟比例最低，为 67.00%，比对照 CK1 低 2.54%，比对照 CK2 低 2.17%；从上中等烟比例看，以 Ta 处理的最高，为 98.54％，比对照 CK1、CK2 分别高 1.86％、1.77％。以处理 Tc 的最低，为 96.42％，比 CK1、CK2 分别低 0.26％、0.35％。

表 4-21　烤烟新配方掺混肥对永定烤烟经济性状的影响

试验点	处理	产量 (kg/hm²)	产值 (kg/hm²)	均价 (元/kg)	上等烟比例 (%)	上中等烟比例 (%)	上部叶单叶重 (g/片)	中部叶单叶重 (g/片)	下部叶单叶重 (g/片)
	Ta	2 502.45± 310.27a	69 610.50± 1 782.62ab	27.82± 2.36ab	72.48± 4.24a	98.54± 4.13a	12.47± 3.37a	11.51± 0.56b	7.34± 3.07a
	Tb	2 551.95± 245.23a	69 158.25± 2 039.14ab	27.09± 0.74ab	68.83± 3.89a	97.10± 3.48a	11.34± 2.42a	11.30± 0.78b	8.39± 2.31a
	Tc	2 598.90± 268.38a	72 927.45± 1 671.05a	28.11± 1.23a	72.80± 3.45a	96.42± 3.66a	11.49± 3.56a	13.89± 0.31a	6.63± 3.24a
永定	Td	2 610.15± 259.23a	72 956.85± 1 203.82a	28.02± 1.78a	67.00± 2.37a	97.48± 3.95a	11.39± 2.67a	11.47± 0.73b	7.77± 2.28a
	Te	2 530.95± 252.57a	70 530.45± 1 530.94a	27.83± 0.85ab	72.26± 3.08a	97.94± 4.05a	11.41± 3.61a	12.32± 0.84a	7.02± 1.25a
	CK1	2 502.45± 231.24a	67 006.50± 2 132.67b	26.77± 2.38b	69.54± 2.63a	96.68± 3.23a	12.09± 3.28a	11.22± 0.37b	8.51± 2.31a
	CK2	2 623.65± 260.36a	70 887.75± 1 805.26ab	26.99± 0.94a	69.17± 2.41a	96.77± 3.17a	11.26± 2.73a	11.49± 0.36b	7.88± 1.29a

注：LSD法多重比较，平均数之间的差异用最低显著性差异法（LSD）进行检测，P＜0.05；表中数据为平均值±标准差，小写字母表示 5％的差异显著水平。

从上杭试验点来看（表 4-22），在烟叶产量方面，对照 CK2 和处理 Td 的产量较高，分别为 2 320.65kg/hm²、2 230.50kg/hm²，处理 b（花叶病严重）产量较低，为 1 676.85kg/hm²；从烟叶产值看，对照 CK2 和处理 D 的单位面积产值较高，分别为 45 434.85 元/hm²、46 379.10 元/hm²，处理 B 单位面积产值较低，为 28 877.70 元/hm²；从均价上看，以处理 Tc 的均价最高，为 20.35 元/kg，处理 B、处理 D 的均价都较低，分别为 17.22 元/kg、1 787 元/kg；从上等烟比例看，以 Tc 处理的上等烟比例最高，为 48.24％，比 CK2 高 0.47％，比对照 CK1 低 0.95％，以 Tb 处理的上等烟比例最低，为 32.67％，比 CK1 低 16.52％，比 CK2 低 15.10％。

表 4-22　烤烟新配方掺混肥对上杭烤烟经济性状的影响

试验点	处理	产量 (kg/hm²)	产值 (kg/hm²)	均价 (元/kg)	上等烟比例 (%)	上中等烟比例 (%)	上部叶单叶重 (g/片)	中部叶单叶重 (g/片)	下部叶单叶重 (g/片)
	Ta	2 088.90± 206.31a	41 805.40± 2 678.82a	20.01± 1.72ab	42.44± 2.52ab	92.08± 2.61a	12.10± 2.08a	13.57± 2.13a	12.69± 2.45a
	Tb	1 676.85± 147.62b	28 877.70± 4 541.24b	17.22± 3.45b	32.67± 3.27b	88.83± 4.06ab	14.34± 1.45a	14.15± 1.47a	12.12± 1.52a
上杭	Tc	2 123.55± 199.63a	43 213.65± 1 802.84a	20.35± 1.65a	48.24± 1.73aa	90.47± 3.16ab	13.73± 1.52a	14.07± 1.68a	10.28± 1.35a
	Td	2 595.15± 243.92a	46 379.10± 2 081.35a	17.87± 1.84ab	37.47± 1.86ab	93.15± 2.58a	13.6± 2.07a	15.36± 1.72a	11.99± 2.01a

（续）

试验点	处理	产量 （kg/hm²）	产值 （kg/hm²）	均价 （元/kg）	上等烟比例 （%）	上中等烟比例 （%）	上部叶单叶重 （g/片）	中部叶单叶重 （g/片）	下部叶单叶重 （g/片）
上杭	Te	2 213.55± 208.12a	41 248.50± 1 629.84a	18.63± 1.31ab	41.53± 1.19ab	85.44± 1.93b	10.82± 1.34a	10.58± 2.54a	10.09± 1.76a
	CK1	2 230.50± 209.63a	44 783.85± 1 940.92a	20.08± 1.06a	49.19± 1.57a	88.95± 2.09ab	15.56± 2.39a	14.00± 2.01a	10.37± 1.39a
	CK2	2 320.65± 218.11a	45 434.85± 2 038.21a	19.58± 1.35ab	47.77± 2.01ab	92.16± 2.23a	13.09± 1.71a	14.94± 1.45a	10.56± 2.06a

注：LSD 法多重比较，平均数之间的差异用最低显著性差异法（LSD）进行检测，$P<0.05$；表中数据为平均值±标准差，小写字母表示 5% 的差异显著水平。

4.3.4　烤烟新配方专用掺混肥对烟叶内在化学成分的影响

烤烟内在化学成分与烤烟的品质关系密切，不同化学成分对应着不同的烟叶质量指标，其中总氮、总碱、总糖和还原糖影响吸味，而总钾和总氯则直接影响到烟叶的燃烧性（杜文等，2007）。一般认为优质烟叶内在化学成分适宜的含量范围为：总氮 1.5%～2.2%，总碱 2.0%～3.5%，总糖 18%～24%，还原糖 16%～22%，总钾＞2.0%，总氯 0.3%～0.8%。国际型优质烟叶的标准为总氮/烟碱 0.5～1∶1，总糖/烟碱 10～15∶1，K/Cl 4～10∶1。

分析田间试验烟叶品质数据可以得出（表 4-23），烤烟烟叶不同部位烟碱含量的大小顺序是上部烟叶＞中部烟叶＞下部烟叶。从中部烟叶来看，处理 Ta、处理 Tc 的烟碱含量分别为 2.48%、2.76%，高于对照 CK2 处理中部烟叶烟碱含量，处理 Tb、处理 Td 和处理 Te 的烟碱含量较低，分别为 2.34%、2.18%、2.27%，低于对照处理烟碱含量；从上部烟叶来看，处理 Tb 烟碱含量较对照 CK2 的高，为 3.12%，对照 CK2 处理烟碱含量为 2.78%，各处理不同部位烟叶烟碱含量均处于优质烟叶范围。处理 Te 烤烟上、中、下部烟叶的含氮量为 1.91%、1.76%、1.75%，高于对照 CK2 处理。烟叶含氮量范围在 1.53%～2.06%，各处理烤烟不同烟叶部位总氮的含量基本在优质烟叶总氮含量的范围内。各处理不同部位烟叶的氮碱比范围在 0.64～0.93，都在适宜的范围内。处理 Tb 的下部叶总糖碱比为 19.26，处理 Tc 的下部叶总糖碱比为 16.85，处理 Td 的中部叶、下部叶总糖碱比分别为 16.35、15.97，处理 Te 的下部叶总糖碱比为 16.63，对照 CK1 的中部叶、下部叶分别为 16.50、20.58，对照 CK2 的下部叶为 16.97，上述处理部位的烟叶总糖碱比偏大，其他处理部位的烟叶总糖碱比都在适宜范围内。

表 4-23　烤烟新配方掺混肥对永定试验点烟叶内在质量的影响

试验点	部位	处理	总烟碱 （%）	总糖 （%）	还原糖 （%）	总氮 （%）	总氯 （%）	总钾 （%）	氮/碱	糖/碱
永定	上部叶	Ta	2.68± 0.18a	36.24± 1.58a	30.12± 1.43a	1.80± 0.15a	0.20± 0.02a	2.76± 0.18a	0.67± 0.02a	13.52± 0.65a
		Tb	3.12± 0.24a	32.19± 1.31a	28.31± 1.36a	1.99± 0.26a	0.24± 0.01a	2.31± 0.14a	0.64± 0.02a	10.32± 0.71a

（续）

试验点	部位	处理	总烟碱（%）	总糖（%）	还原糖（%）	总氮（%）	总氯（%）	总钾（%）	氮/碱	糖/碱
永定	上部叶	Tc	3.22±0.19a	31.70±1.29a	27.3±1.21a	2.06±0.16a	0.27±0.05a	2.37±0.11a	0.64±0.01a	9.84±0.52a
		Td	2.68±0.21a	34.91±1.43a	30.02±1.63a	1.81±0.15a	0.21±0.01a	2.31±0.21a	0.68±0.02a	13.03±0.82a
		Te	2.75±0.13a	32.88±1.34a	28.41±1.26a	1.91±0.23a	0.21±0.04a	2.34±0.14a	0.69±0.04a	11.96±0.75a
		CK1	2.40±0.27a	35.22±2.04a	30.58±1.35a	1.81±0.05a	0.19±0.02a	2.37±0.26a	0.75±0.03a	14.68±0.93a
		CK2	2.78±0.28a	34.37±1.70a	29.52±1.21a	1.98±0.08a	0.25±0.01a	2.30±0.17a	0.71±0.05a	12.36±0.78a
	中部叶	Ta	2.48±0.17a	34.13±1.25a	29.67±0.89a	1.60±0.04a	0.18±0.16a	2.54±0.18a	0.65±0.26a	13.76±0.77a
		Tb	2.34±0.27a	34.89±1.08a	30.03±0.90a	1.61±0.05a	0.15±0.26a	2.76±0.32a	0.69±0.21a	14.91±0.84a
		Tc	2.76±0.18a	35.42±1.51a	29.64±0.88a	1.79±0.11a	0.18±0.21a	2.07±0.16a	0.65±0.16a	12.83±0.72a
		Td	2.18±0.16a	35.65±1.11a	30.76±0.92a	1.55±0.04a	0.18±0.07a	2.69±0.28a	0.71±0.17a	16.35±0.62a
		Te	2.27±0.21a	33.45±0.93a	28.33±0.84a	1.76±0.17a	0.16±0.05a	2.74±0.16a	0.78±0.25a	14.74±0.83a
		CK1	2.11±0.11a	34.82±1.07a	30.37±0.91a	1.66±0.16a	0.19±0.11a	2.84±0.09a	0.79±0.15a	16.50±0.93a
		CK2	2.40±0.14a	33.57±1.04a	28.34±0.85a	1.74±0.23a	0.19±0.08a	2.78±0.14a	0.73±0.26a	13.99±0.79a
	下部叶	Ta	2.18±0.26a	30.78±1.41a	26.84±1.83a	1.76±1.05a	0.22±0.09a	2.93±0.72a	0.81±0.13a	14.12±1.48a
		Tb	1.82±0.15a	35.05±1.65a	30.72±1.95a	1.53±1.21a	0.25±0.07a	3.02±0.62a	0.84±0.22a	19.26±1.66a
		Tc	1.99±0.26a	33.54±1.11a	28.86±1.91a	1.63±1.45a	0.26±0.11a	3.10±0.73a	0.82±0.16a	16.85±1.58a
		Td	2.07±0.36a	33.06±1.39a	28.3±1.88a	1.69±1.36a	0.26±0.14a	3.11±0.63a	0.82±0.07a	15.97±1.55a
		Te	1.95±0.42a	32.43±1.97a	27.88±1.86a	1.75±1.65a	0.26±0.07a	3.09±0.57a	0.90±0.09a	16.63±2.57a
		CK1	1.68±0.55a	35.03±1.65a	30.44±1.94a	1.56±1.03a	0.23±0.10a	2.98±0.92a	0.93±0.04a	20.85±1.71a
		CK2	2.02±0.45a	34.28±1.13a	30.01±1.93a	1.68±1.12a	0.25±0.12a	3.09±1.03a	0.83±0.03a	16.97±2.58a

注：LSD法多重比较，平均数之间的差异用最低显著性差异法（LSD）进行检测，$P<0.05$；表中数据为平均值±标准差，小写字母表示5%的差异显著水平。

从表 4-24 可以看出，在上杭试验点，处理 Ta 的上部叶、下部叶烟碱为 3.68％、3.71％；处理 Te 的上部叶、下部叶烟碱分别为 4.48％、3.51％；上述处理部位的烟叶总烟碱含量偏大，其他处理部位的烟叶总烟碱含量都在优质烟叶范围内。

处理 Ta 的下部叶总氮含量为 1.45％，其他各处理不同烟叶部位总氮的含量基本在优质烟叶总氮含量的范围内。处理 Ta 的下部叶总糖碱比为 27.99，处理 Tb 的下部叶总糖碱比为 20.02，处理 Te 的下部叶总糖碱比为 17.82，对照 CK2 的下部叶总糖碱比为 19.38，上述处理部位的烟叶总糖碱比偏大，其他处理的部位总糖碱比都在优质烟叶的范围内。各处理不同部位烟叶的氮碱比范围在 0.56～1.05，都在适宜的范围内。其他各处理不同部位总氯的含量范围在 0.27％～0.74％，均在适宜的范围内。

表 4-24　烤烟新配方掺混肥对上杭试验点烟叶内在质量的影响

试验点	处理	处理	总烟碱（％）	总糖（％）	还原糖（％）	总氮（％）	总氯（％）	总钾（％）	氮/碱	糖/碱
上杭	上部叶	Ta	3.68±1.53a	31.72±2.12a	26.13±2.03ab	2.42±1.56ab	0.45±0.12a	2.46±1.18a	0.66±0.25a	8.62±2.08a
		Tb	3.11±1.99a	33.05±2.72a	27.26±1.14ab	2.47±0.93ab	0.39±0.15a	2.17±0.97a	0.79±0.14a	10.63±1.59a
		Tc	2.85±1.78a	34.13±2.51a	26.79±1.52ab	2.62±1.34ab	0.32±0.23a	2.51±2.35a	0.92±0.09a	11.98±1.67a
		Td	3.07±1.89a	38.10±2.79a	31.47±1.34a	2.21±1.26b	0.34±0.09a	2.04±1.23a	0.72±0.17a	12.41±2.29a
		Te	4.48±1.28a	28.21±2.06a	23.52±2.09b	2.69±1.24a	0.67±0.21a	2.38±1.06a	0.60±0.23a	6.30±1.75a
		CK1	3.19±1.21a	32.49±2.38a	27.21±2.15ab	2.54±1.13ab	0.37±0.26a	2.48±1.49a	0.80±0.24a	10.18±1.97a
		CK2	3.02±2.19a	34.18±2.50a	27.34±2.34ab	2.35±0.72b	0.36±0.17a	2.41±2.01a	0.78±0.19a	11.32±1.63a
	中部叶	Ta	3.71±0.31a	32.78±2.35a	26.68±0.65a	2.36±0.76a	0.32±0.24a	2.71±0.89a	0.64±0.14a	8.84±2.74a
		Tb	2.44±0.73b	36.08±2.31a	28.93±0.76a	1.78±0.54a	0.44±0.27a	2.49±1.07a	0.73±0.16a	14.79±1.08a
		Tc	3.02±0.26ab	38.35±2.46a	32.55±0.85a	1.84±0.34a	0.43±0.21a	2.49±1.23a	0.61±0.21a	12.7±2.92a
		Td	2.53±0.34ab	36.02±2.31a	28.38±0.74a	1.85±0.74a	0.29±0.18a	2.65±1.78a	0.73±0.14a	14.24±1.74a
		Te	3.51±0.19ab	36.80±2.56a	30.21±0.79a	1.96±0.55a	0.38±0.16a	2.36±1.07a	0.56±0.33a	10.48±1.76a
		CK1	2.51±0.24b	36.58±2.35a	27.61±0.72a	1.72±0.24a	0.25±0.14a	2.66±0.98a	0.69±0.28a	14.57±2.06a
		CK2	2.61±0.14ab	35.69±2.29a	27.88±0.73a	1.78±0.34a	0.27±0.11a	2.91±1.29a	0.68±0.24a	13.67±2.99a

（续）

试验点	处理	处理	总烟碱 （%）	总糖 （%）	还原糖 （%）	总氮 （%）	总氯 （%）	总钾 （%）	氮/碱	糖/碱
上杭	下部叶	Ta	1.39± 0.56a	38.91± 1.52a	30.56± 2.23a	1.45± 0.74a	0.32± 0.12a	2.94± 0.76a	1.04± 0.18a	27.99± 1.56a
		Tb	1.72± 0.67a	34.43± 1.52a	27.33± 1.99a	1.75± 0.65a	0.31± 0.16a	3.22± 0.56a	1.02± 0.27a	20.02± 1.34a
		Tc	2.13± 0.79a	31.52± 1.39a	25.07± 1.83a	2.23± 0.67a	0.74± 0.04a	2.98± 0.65a	1.05± 0.13a	14.8± 1.64a
		Td	2.20± 0.49a	29.49± 1.32a	23.43± 1.71a	2.02± 0.46a	0.56± 0.03a	3.37± 0.47a	0.92± 0.17a	13.40± 1.03a
		Te	1.77± 0.67a	31.55± 1.59a	25.49± 1.86a	1.82± 0.66a	0.43± 0.12a	3.28± 0.17a	1.03± 0.21a	17.82± 1.37a
		CK1	2.12± 0.59a	26.69± 1.18a	21.67± 1.58a	2.14± 0.57a	0.53± 0.07a	3.35± 0.27a	1.01± 0.24a	12.59± 0.97a
		CK2	1.68± 0.47a	32.56± 1.44a	26.49± 1.93a	1.68± 0.45a	0.35± 0.09a	3.47± 0.18a	1.00± 0.15a	19.38± 1.49a

注：LSD法多重比较，平均数之间的差异用最低显著性差异法（LSD）进行检测，$P<0.05$；表中数据为平均值±标准差，小写字母表示5%的差异显著水平。

综上所述，永定试验点比上杭试验点烟叶产值、产量高，这是由于上杭试验点花叶病的病害比永定试验点严重的缘故，影响了烟叶的产量和产值。

目前龙岩烤烟专用肥（对照CK2）各种肥料结构比例为：硝态氮和铵态氮占肥料总N量的89.1%，酰胺态氮占总N量的10.9%，磷肥100%为水溶性磷，钾肥100%为硫酸钾，填充料（黏质红泥土）占肥料总重量的16.0%。但从大田试验初步得出，磷肥中10%～30%的磷酸铵（硝酸磷肥）改为钙镁磷，减少的氮用尿素提供，加3%氯化钾（替代硫酸钾），加5%生物质炭的处理烟株生长较好，烟叶产量和产值较高。即：硝态氮和铵态氮占肥料总N量的62.4%～80.2%，酰胺态氮占总N量的19.8%～37.6%；磷肥中水溶性磷占70.0%～90.0%，枸溶性磷占10.0%～30.0%；钾肥中硫酸钾占总K量的92.9%，氯化钾占总K量的7.1%；炭化谷壳占肥料总重量的5.0%。

目前龙岩烤烟专用肥是采用蒸汽造粒法的颗粒肥料，本试验则采用掺混型复混肥料（通称B.B.肥）。相比颗粒肥料，B.B.肥加工简便、生产成本低、无污染、配方灵活，可根据烤烟营养、植烟土壤肥力水平等条件的不同而灵活改变配方。B.B.肥设备投资省，生产成本低，仅为挤压造粒法的36.8%，蒸汽造粒法的30.8%，化学造粒法的19.5%。应针对烤烟B.B.肥施用效应进一步深入研究，伺机推广应用。

第 5 章 不同配比畜禽粪便的施用效应

　　有机肥不仅含有作物所必需的营养元素，还含有对作物根际营养起特殊作用的微生物群落和大量有机物质及其降解产物，能增强作物的抗逆能力，提高土壤有机碳含量，利于土壤团聚体的形成，改善土壤耕性。已有研究表明，施用有机肥改善了烟草生长状况，增强了烟草的生理代谢能力，为形成优质烟奠定了基础，提高了烟叶品质；有机肥在改良植烟土壤的物理性状、增加土壤微生物活力、为作物提供较完全的养分等方面具有独特的作用（刘添毅等，2000；沈红等，1998）。但也有研究认为（曹志洪，1991），有机肥中养分的释放与优质烟叶的需肥规律不完全吻合，有机肥的缓效性对烤烟的早期生长不利，后期又会导致烟叶贪青晚熟，影响烟叶的品质。目前，有关有机肥在烟叶生产中的施用研究较多，主要侧重于有机肥对烟叶产量和品质的影响，而有关有机肥的种类和施用时期对烟田土壤养分状况和土壤性状的影响涉及较少。因此，在福建烟区开展不同畜禽粪便有机肥配比施用效应的研究具有重要意义。

　　近年来，随着福建省畜禽养殖规模化、专业化程度的提高，畜禽粪便产生量剧增。根据福建省畜牧部门统计（叶夏等，2009），截至 2007 年 12 月，生猪存栏量为 1 077 万头，牛存栏量为 5.22 万头，养鸡数为 3 066.38 万羽，畜禽粪便排放总量为 1 949.65 万 t。由于畜禽粪便产生量很大，80% 以上的畜禽养殖场没有综合利用和处理设施，畜禽粪便中氮、磷的流失量约为化肥流失量的 122% 和 132%（张树清等，2005）。畜禽粪便导致的环境污染，已经成为我国农村面源污染的主要来源之一。因此，开展畜禽粪便综合开发利用是解决畜禽粪便污染的有效措施。其中将畜禽粪便经生物发酵无害化处理转化为商品有机肥料是治理畜禽粪便污染的重要途径，符合废弃物治理减量化、资源化、无害化和生态化的原则，减少畜禽粪便对环境的污染，提高土壤肥力和促进农业发展具有重要意义（徐志平，2003）。

　　畜禽粪便富含有机质和作物所必需的营养元素，是一种良好的有机肥资源。然而，随着 Cu、Zn、As 等微量元素添加剂在饲料中的广泛应用，造成大量重金属积累在畜禽粪便中。研究表明，商品有机肥中重金属含量与所使用的有机物料中重金属含量呈显著正相关（刘荣乐等，2005）。长期施用这类畜禽粪便或以畜禽粪便为原料的有机肥可能会给环境带来风险，对土壤—植物系统构成威胁。因此，开展福建烟区有机肥资源状况的调查及其在烤烟生产上施用的效果和安全性评估，探明植烟土壤施用有机肥的养分释放规律及对烤烟生长发育、产量和品质的影响，对于培肥地力、改善烟叶内在品质、提高肥料使用效益、降低烤烟生产成本、增强福建烟叶在国内外市场的竞争能力具有十分重要的意义。

5.1 福建烟区主要畜禽粪便基本理化性状及重金属含量

有机肥中不仅含有 N、P、K 养分、各种中微量元素以及其他对作物生长有益的元素（Si、Co、Se、Na 等）（王竹林等，2001），还含有丰富的有机养分，包括纤维素、半纤维素、淀粉、糖类、蛋白质、核酸、氨基酸、磷脂、有机酸、维生素、激素、酶类、脂肪、胡敏酸等（张夫道等，1984；胡霭堂，2003）。施用有机肥可改善植烟土壤的理化和生物特性，增强土壤肥力。

施用有机肥对土壤中重金属含量的影响是明显的，但不同重金属元素的影响程度是有差别的。王开峰等（2008）的研究表明，施厩肥不影响土壤全量 Pb，却明显提高了土壤全 Cu、Zn、Cd 含量水平；在施高量厩肥处理下，提高幅度分别为 18.7%、6.1% 和 8.3%，这可能与施用厩肥中含有一定量的 Cu、Zn 和 Cd 元素有关。大量研究表明，长期施用有机肥会明显提高土壤中重金属元素的有效性以及明显改变其形态（邵孝候等，1993），一方面，有机物本身向土壤带入的有机体结合态微量元素的生物有效性较强；另一方面，有机物腐解过程对土壤中强结合态微量元素有活化效应（高明等，2000；刘杏兰等，1996）。施用厩肥明显提高了土壤重金属的有效态含量和活化率，有机肥的"激活"效应是导致长期施肥土壤有效态重金属含量显著提高的主要机制。

为了更好地掌握福建主要畜禽粪便资源养分状况，在福建省的南平、龙岩、三明三大烟区选择具有代表性的大型畜禽养殖场，按有机肥料样品的采集与处理方法，采集畜禽粪便样品 63 个，其中猪粪 22 个、牛粪 14 个、鸡粪 27 个。畜禽粪便样品采用多点采样，经混匀、风干后过 1mm 尼龙筛，置于样品袋中储存备用。

5.1.1 畜禽粪便中 pH、有机质及矿质元素含量

由表 3-1 看出，所采集畜禽粪便的 pH 范围在 6.40～9.81 之间，平均为 7.99。其中鸡粪的 pH 在 6.89～9.22，平均值为 8.35，变异系数（CV）为 5.75%，说明鸡粪的 pH 变异程度较小，较集中在平均数的范围；猪粪、牛粪的 pH 分别为 6.40～9.12、6.68～9.81，平均值分别为 7.84、7.81。鸡粪、猪粪、牛粪的 pH 属微碱性，且鸡粪的 pH 平均值比猪粪、牛粪的略高。

畜禽粪便中有机质（OM）含量范围在 18.01%～62.70% 之间，平均含量为 45.24%。猪粪、牛粪、鸡粪的有机质含量范围分别在 29.83%～62.70%、35.10%～59.57%、18.01%～54.34% 之间，平均值分别为 44.87%、47.46%、41.75%。牛粪有机质含量的变异系数要比猪粪、鸡粪的小，说明牛粪的有机质含量较集中在平均数范围。

测定结果表明，相同种类或不同种类的畜禽粪便氮磷钾养分状况存在较大差异（表 5-1）。畜禽粪便的全 N 含量范围在 0.86%～4.12% 之间，平均含量为 2.38%。猪粪、牛粪、鸡粪的全 N 含量范围分别在 1.34%～4.12%、1.26%～2.56%、0.86%～3.90% 之间，平均值分别为 2.38%、1.93%、2.23%。畜禽粪便的全 P 含量范围在 0.36%～

4.62%之间，平均含量为 1.72%。猪粪、牛粪、鸡粪的全 P 含量范围分别在 0.48%~
4.62%、0.36%~1.40%、0.43%~2.08% 之间，平均值分别为 2.30%、0.89%、
1.48%。畜禽粪便的全 K 含量范围在 0.20%~4.47%之间，平均含量为 1.79%。猪粪、
牛粪、鸡粪的全 K 含量范围分别在 0.20%~2.02%、0.81%~4.47%、0.47%~3.49%，
平均值分别为 1.19%、1.61%、2.35%。总的来看，3 种畜禽粪便中以猪粪的总 N、P 养
分含量最高，鸡粪的全 K 含量最高。因此，施用畜禽粪便将有利于提高土壤中氮磷钾含
量，提高土壤肥力。3 种畜禽粪便养分中 P、K 含量的变异系数较大，表明集约化养殖场
饲料中总磷钾水平存在较大差异。

表 5-1　畜禽粪便的 pH、有机质及 N、P、K 含量

元素	项目	猪粪（n＝22）	牛粪（n＝14）	鸡粪（n＝27）
pH	变幅	6.40~9.12	6.68~9.81	6.89~9.22
	平均	7.84±0.84	7.81±0.82	8.35±0.48
	CV（%）	10.71	10.50	5.75
OM	变幅（%）	29.83~62.70	35.10~59.57	18.01~54.34
	平均（%）	44.87±7.78	47.46±6.83	41.75±11.11
	CV（%）	17.34	14.39	26.61
N	变幅（%）	1.34~4.12	1.26~2.56	0.86~3.90
	平均（%）	2.38±0.55	1.93±0.36	2.23±0.66
	CV（%）	23.11	18.65	29.60
P	变幅（%）	0.48~4.62	0.36~1.40	0.43~2.08
	平均（%）	2.30±1.17	0.89±0.36	1.48±0.39
	CV（%）	50.87	40.45	26.35
K	变幅（%）	0.20~2.02	0.81~4.47	0.47~3.49
	平均（%）	1.19±0.52	1.61±0.88	2.35±0.89
	CV（%）	43.70	54.65	37.87

由于矿物元素添加剂在饲料中的广泛使用，畜禽粪便中含有丰富的中微量营养元素，
使其更具有补充和平衡土壤养分的作用。畜禽粪便中量元素 Ca、Mg、S 及微量元素 Fe、
Mn、B 的含量（表 5-2）范围分别为 0.77%~7.44%、0.25%~0.55%、0.14%~
0.99%、927.25~15 887.93mg/kg、139.33~1 320.73mg/kg、4.75~31.33mg/kg，平
均含量分别为 2.51%、0.41%、0.42%、3 358.72mg/kg、636.05mg/kg、14.28mg/kg。
猪粪、牛粪、鸡粪中 Ca 的平均含量分别为 2.23%、1.41%、3.12%；Mg 的平均含量分
别为 0.45%、0.35%、0.40%；S 的平均含量分别为 0.42%、0.33%、0.45%。Fe 的平
均含量分别为 3 407.56mg/kg、4 089.23mg/kg、3 150.13mg/kg；Mn 的平均含量分别为
620.30mg/kg、767.16mg/kg、639.97mg/kg；B 的平均含量分别为 7.78mg/kg、
12.05mg/kg、19.86mg/kg。由此看出，猪粪的 Mg 含量比牛粪、鸡粪的高，B 含量比牛
粪、鸡粪的低；牛粪的 Ca、Mg、S 含量比猪粪和鸡粪的低，Fe、Mn 含量则比猪粪和鸡

粪的高；鸡粪 Ca、S、B 平均含量较高。因此，不同种类畜禽粪便以一定比例配合施用，将有利于土壤养分平衡和植物的生长。畜禽粪便中 Fe 含量的变异系数很大，尤其是鸡粪，这可能与饲料中不同种类的矿物添加剂有关。Mn 元素在畜禽粪便中含量较高，长期施用可能在土壤中富集。

表 5-2　畜禽粪便的中、微量元素含量

元素	项目	猪粪（n=22）	牛粪（n=14）	鸡粪（n=27）
Ca	变幅（%）	1.08～3.89	0.77～1.77	1.21～7.44
	平均（%）	2.23±0.78	1.41±0.34	3.12±1.70
	CV（%）	34.98	24.11	54.49
Mg	变幅（%）	0.25～0.55	0.25～0.41	0.30～0.46
	平均（%）	0.45±0.08	0.35±0.06	0.40±0.04
	CV（%）	17.78	17.14	10.00
S	变幅（%）	0.25～0.63	0.27～0.36	0.14～0.99
	平均（%）	0.42±0.10	0.33±0.03	0.45±0.18
	CV（%）	23.81	9.09	40.00
Fe	变幅（mg/kg）	1 914.09～9 542.18	2 339.16～8 371.26	927.25～15 887.93
	平均（mg/kg）	3 407.56±1 915.08	4 089.23±1 717.21	3 150.13±3 152.79
	CV（%）	56.20	41.99	100.08
Mn	变幅（mg/kg）	278.00～919.82	472.92～1 320.73	139.33～1 055.52
	平均（mg/kg）	620.30±143.42	767.16±313.23	639.97±182.81
	CV（%）	23.12	40.83	28.57
B	变幅（mg/kg）	4.75～15.87	8.80～16.42	10.34～31.33
	平均（mg/kg）	7.78±2.52	12.05±2.85	19.86±6.74
	CV（%）	32.39	23.65	33.94

5.1.2　畜禽粪便的氨基酸、蛋白质含量

由于畜禽对饲料的消化吸收能力低，畜禽粪便中常含有大量未消化的蛋白质，猪粪、牛粪、鸡粪的干物质中粗蛋白含量分别为 19.38%、11.69%、24.38%。畜禽粪便中粗蛋白含量高于大麦、小麦和玉米，但低于饼肥。对代表性的猪粪、牛粪、鸡粪的测定表明（表 5-3），畜禽粪便中氨基酸品种齐全，且含量丰富，猪粪、牛粪、鸡粪中含有 17 种氨基酸，其质量分数达到 10.09%、6.34%、8.17%。畜禽粪便中含量较高的氨基酸是天门冬氨酸和谷氨酸，猪粪中含量分别是 1.11%、1.15%，牛粪中含量分别是 0.69%、0.77%，鸡粪中含量分别是 0.84%、1.07%。畜禽粪便中含有的有机养分有利于烟叶香气物质合成，增加烟叶油分和还原糖含量，促进烟株后期对氮素的吸收，使总氮含量增加，烟碱含量增加，游离氨基酸含量增加，可溶性蛋白质含量下降，提高烟叶产量和上等烟比例等，提高土壤肥力，有利于烟草的稳产高产。

表 5-3　畜禽粪便中氨基酸含量（占干物质％）

项目	猪粪	牛粪	鸡粪	饼肥
天门冬氨酸	1.11	0.69	0.84	2.47
苏氨酸	0.58	0.37	0.42	1.51
丝氨酸	0.49	0.32	0.39	1.35
谷氨酸	1.15	0.77	1.07	5.17
甘氨酸	0.73	0.46	0.63	1.75
丙氨酸	0.81	0.52	0.65	1.66
胱氨酸	0.07	0.04	0.04	0.35
缬草氨酸	0.61	0.39	0.51	1.90
甲硫氨酸	0.24	0.10	0.32	0.41
异亮氨酸	0.55	0.34	0.41	1.46
亮氨酸	0.87	0.54	0.66	2.45
酪氨酸	0.31	0.13	0.17	0.72
苯丙氨酸	0.57	0.37	0.43	1.49
赖氨酸	0.51	0.34	0.38	1.17
组氨酸	0.20	0.13	0.16	0.82
精氨酸	0.44	0.27	0.32	1.46
脯氨酸	0.87	0.59	0.81	3.76
总量	10.09	6.34	8.17	29.90

注：饼肥为菜籽饼。

5.1.3　畜禽粪便的重金属含量

（1）畜禽粪便中 Cu、Zn 的含量状况

Cu、Zn 是动物生长发育所必需的重要微量元素，各种铜锌制剂的使用在提高饲料利用率的同时，也导致了 Cu、Zn 在畜禽粪便中的大量残留。3 种畜禽粪便 Cu 含量（表 5-4）的变幅为 $14.65 \sim 1\,352.34\,mg/kg$，平均 $295.06\,mg/kg$；其中猪粪 Cu 含量变幅为 $110.78 \sim 1\,352.34\,mg/kg$，平均 $731.69\,mg/kg$；牛粪 Cu 含量变幅为 $49.38 \sim 162.71\,mg/kg$，平均 $87.80\,mg/kg$；鸡粪 Cu 含量变幅为 $14.65 \sim 162.31\,mg/kg$，平均 $64.05\,mg/kg$。畜禽粪便 Cu 平均含量的高低顺序为猪粪＞牛粪＞鸡粪，猪粪 Cu 含量分别是牛粪、鸡粪的 8.33、11.42 倍。Cu 也是植物必需的微量营养元素，我国未制定有机肥 Cu 含量的限量标准。参照德国腐熟堆肥部分重金属限量标准（Cu 全量最高限值为 $100\,mg/kg$），3 种畜禽粪便均存在 Cu 超标问题，其中猪粪超标率为 100％，牛粪为 18.18％，鸡粪为 12.00％。

3 种畜禽粪便的 Zn 含量变幅为 $104.74 \sim 1\,375.68\,mg/kg$，平均 $533.67\,mg/kg$；其中猪粪的 Zn 含量变幅为 $251.80 \sim 1\,375.68\,mg/kg$，平均 $871.32\,mg/kg$；牛粪的 Zn 含量变幅为 $116.45 \sim 603.91\,mg/kg$，平均 $209.41\,mg/kg$；鸡粪的 Zn 含量变幅为 $104.74 \sim 889.85\,mg/kg$，平均 $454.07\,mg/kg$。畜禽粪便 Zn 平均含量的高低顺序为猪粪＞鸡粪＞牛粪，其中猪粪 Zn 含量的平均值分别是牛粪、鸡粪的 4.16、1.92 倍。Zn 也是植物必需的

微量营养元素之一，我国未制定有机肥 Zn 含量的限量标准。参照德国腐熟堆肥部分重金属限量标准（Verdonck O et al.，1998；Brinton W F，2000），未腐熟堆肥（6～10 周）和成熟堆肥（12～16 周）中 Zn 全量最高限值为 400mg/kg。据此本次样品猪粪、牛粪、鸡粪均存在 Zn 含量超标问题，超标率分别为 95.00％、9.09％、72.00％。

表 5-4　畜禽粪便的 Cu、Zn 含量状况

元素	项目	猪粪（n＝22）	牛粪（n＝14）	鸡粪（n＝27）
Cu	变幅（mg/kg）	110.78～1 352.34	49.38～162.71	14.65～162.31
	平均（mg/kg）	731.69±393.64	87.80±30.46	64.05±32.20
	CV（％）	53.80	34.69	50.27
	超标率（％）[a]	100	18.18	12.00
Zn	变幅（mg/kg）	251.80～1 375.68	116.45～603.91	104.74～889.85
	平均（mg/kg）	871.32±300.07	209.41±132.66	454.07±160.21
	CV（％）	34.44	63.35	35.28
	超标率％[a]	95.00	9.09	72.00

[a]　畜禽粪便等有机废弃物参考德国腐熟堆肥中部分重金属限量标准。

3 种畜禽粪便 Cu 含量的分布状况见图 5-1，其中牛粪、鸡粪 Cu 含量＜200mg/kg、＜100mg/kg（未超标）的样品占总样品数的 81.82％、88.00％。猪粪样品 Cu 含量主要集中在 500～1 000mg/kg 和＞1 000mg/kg，占总样品数的 65.00％，这说明猪粪中 Cu 超标普遍且严重。由图 5-2 看出，猪粪 Zn 含量的分布状况为，Zn 含量＜400mg/kg、400～600mg/kg、600～1 000mg/kg、＞1 000mg/kg 的样品占总样品数的 5％、15％、45％、35％，其中＞600mg/kg 的样品占到 80％，这表明猪粪中 Zn 超标严重。鸡粪中 Zn 含量＜400mg/kg、400～600mg/kg、600～1 000mg/kg 的样品分别占 28％、64％、8％，仅有 28％的样品不超标，说明鸡粪中 Zn 超标也很严重。

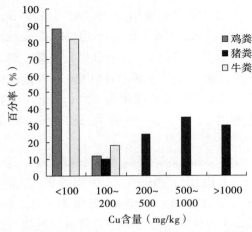

图 5-1　畜禽粪便中 Cu 含量分布状况

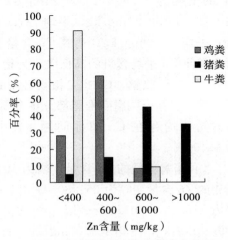

图 5-2　畜禽粪便中 Zn 含量分布状况

（2）畜禽粪便中 Pb、Cd、As、Hg 的含量状况

畜禽粪便中 Pb 含量差异显著（表 5-5），变幅为 17.00～113.10mg/kg，平均 47.56mg/kg，猪粪、牛粪、鸡粪的 Pb 含量范围分别为 16.00～86.01mg/kg、8.25～113.10mg/kg、16.80～75.37mg/kg。从平均含量看，3 种畜禽粪便 Pb 含量的高低顺序，牛粪＞猪粪＞鸡粪，其中牛粪 Pb 含量是猪粪的 1.43 倍，是鸡粪的 2.44 倍。参照德国腐熟堆肥部分重金属限量标准（Verdonck O et al.，1998；Brinton W F，2000），其中 Pb 全量的最高限值为 150mg/kg，本次有机肥样品没有超标。参照我国有机肥料行业标准（NY525—2002）（Pb 全量的最高限值为 100mg/kg），牛粪 Pb 含量超标率为 62.5%。

畜禽粪便重金属 Cd 的含量差异不大，变幅为 0.36～15.36mg/kg，平均 7.73mg/kg，猪粪 Cd 的含量范围是 0.40～15.31mg/kg，平均值为 9.09mg/kg，牛粪 Cd 的含量范围是 0.36～10.35mg/kg，平均值为 6.35mg/kg，鸡粪 Cd 的含量范围是 0.47～15.76mg/kg，平均值为 7.62mg/kg。3 种畜禽粪便 Cd 含量平均值的高低顺序为猪粪＞鸡粪＞牛粪。参照德国腐熟堆肥部分重金属限量标准（Verdonck O et al.，1998；Brinton W F，2000），其中 Cd 全量的最高限值为 1.5mg/kg，本次采集的猪粪、牛粪、鸡粪样品均存在超标的现象，Cd 含量的超标率分别为 94.45%、92.86%、92.59%。以平均值来看，猪粪、牛粪、鸡粪 Cd 含量分别是限量标准的 6.06 倍、4.23 倍、5.08 倍。参照我国有机—无机复混肥料国家标准（GB18877—2002）（Cd 全量的最高限值为 10mg/kg），猪粪、牛粪、鸡粪 Cd 含量的超标率分别为 50%、7.14%、22.22%。

畜禽粪便 As 含量的变幅较大，为 0.49～185.87mg/kg，平均 19.29mg/kg，3 种畜禽粪便中以牛粪的变异系数最小，说明牛粪 As 含量较集中在平均值范围，猪粪、鸡粪变幅较大。3 种畜禽粪便 As 含量以猪粪最高，其次是鸡粪、牛粪，猪粪 As 含量的平均值是鸡粪、牛粪的 4.27 和 2.60 倍。参照我国有机肥料行业标准（NY525—2002）（As 全量的最高限值为 30mg/kg），猪粪、鸡粪都存在超标，As 含量的超标率分别为 31.82%、7.41%。

畜禽粪便 Hg 含量较小，变幅为 0.000 1～0.630 7mg/kg，平均为 0.094 9mg/kg。参照我国有机肥料行业标准（NY525—2002）和德国腐熟堆肥部分重金属限量标准，3 种畜禽粪便都不存在的 Hg 超标，从平均含量看，3 种畜禽粪便 Hg 含量的高低顺序是：牛粪＞猪粪＞鸡粪。

表 5-5　畜禽粪便中重金属的含量状况

元素	项目	猪粪（n=22）	牛粪（n=14）	鸡粪（n=27）
Pb	变幅（mg/kg）	16.00～86.01	8.25～113.10	16.80～75.37
	平均（mg/kg）	51.85±18.27	73.98±36.15	30.27±13.89
	CV（%）	35.24	48.86	45.89
	超标率（%）[a]	0	0	0
	超标率（%）[b]	0	62.5	0

（续）

元素	项目	猪粪（n=22）	牛粪（n=14）	鸡粪（n=27）
Cd	变幅（mg/kg）	0.40～15.31	0.36～10.35	0.47～15.76
	平均（mg/kg）	9.09±3.84	6.35±3.27	7.62±3.46
	CV（%）	42.24	51.50	45.41
	超标率（%）[a]	94.45	92.86	92.59
	超标率（%）[b]	86.36	71.43	88.89
	超标率（%）[c]	50.00	7.14	22.22
As	变幅（mg/kg）	1.46～180.84	2.03～19.00	0.49～185.87
	平均（mg/kg）	35.63±51.39	8.35±5.66	13.69±35.21
	CV（%）	144.23	67.78	257.20
	超标率（%）[b]	31.82	0	7.41
	超标率（%）[c]	18.18	0	3.70
Hg	变幅（mg/kg）	0.000 1～0.203 8	0.044 0～0.297 4	0.039 8～0.630 7
	平均（mg/kg）	0.066 9±0.039 9	0.131 3±0.070 8	0.101 5±0.113 7
	CV（%）	59.64	53.92	112.02
	超标率（%）[a]	0	0	0

[a] 畜禽粪便等有机废弃物参考德国腐熟堆肥重金属限量标准，[b] 参考我国"有机肥料行业标准（NY 525—2002）"，[c] 有机—无机复混肥料国家标准（GB 18877—2002）。

5.2 施用畜禽粪便对植烟土壤理化性质的影响

施用有机肥可调节土壤 pH，改善田间土壤小气候环境，有利于土壤有机和无机复合体的改善和水稳定性团粒结构的形成，从而使土壤透气性和持水性增强，熟化程度提高，增加土壤微生物数量和酶的活性，从总体上改善植烟土壤的理化和生物特性，增强土壤肥力。

采用土壤培育试验研究施用禽畜粪便对植烟土壤理化性质的影响。供试土壤采自植烟区水稻土的耕层土壤（0～20cm），土壤类型为黄泥田，前作为水稻，土壤采集后风干过2mm 筛。供试土壤的基本理化性状见表 5-6。

表 5-6 供试土壤的基本理化性状

土壤类型	pH	碱解氮（mg/kg）	有效磷（mg/kg）	速效钾（mg/kg）	全铅（mg/kg）	有效态铅（mg/kg）	全镉（mg/kg）	有效态镉（mg/kg）
黄泥田	4.71	96.63	21.43	74.99	90.46	12.18	3.71	0.31

供试的畜禽粪便选用目前福建烟区畜禽粪便中施用数量最大的鸡粪、猪粪、牛粪进行试验，并用饼肥作对照。从养殖场采集鸡粪、猪粪、牛粪，对 3 种畜禽粪便及饼肥分别进行堆肥腐熟，腐熟后测定各有机肥料的 pH、有机质、氮磷钾及重金属含量状况（表 5-7）。

表 5-7　供试有机肥料的基本性质

肥料类型	pH	有机质（%）	全氮（g/kg）	全磷（g/kg）	全钾（g/kg）	重金属含量（mg/kg）			
						Pb	Cd	As	Hg
猪粪	8.50	50.50	31.00	42.90	13.40	61.45	11.00	3.86	0.20
鸡粪	8.46	45.63	39.00	20.80	25.40	36.43	15.76	8.71	0.11
牛粪	6.68	44.85	13.00	8.00	8.80	86.15	7.94	13.14	0.14
饼肥	7.21	65.84	49.00	17.40	13.50	51.03	8.52	1.27	0.07

　　试验主要研究畜禽粪便在植烟土壤中养分释放特点，并以饼肥作对照；设 5 个处理：①CK（不施肥）；②Z-OM；③J-OM；④N-OM；⑤B-OM。其中，Z-OM、J-OM、N-OM、B-OM 分别代表猪粪、鸡粪、牛粪和饼肥（菜子饼）。每个处理重复 3 次，每个培养杯装土 1kg，猪粪、鸡粪、牛粪和饼肥的施入量均为 20g，在室温和田间持水量 70% 下培养，分别在 0、7、15、30、50d 时取样测定。

5.2.1　对植烟土壤 pH 的影响

　　酸碱度是土壤基本性质之一，它对土壤养分的存在状态、转化和有效性以及土壤的物理性质等都有很大影响（黄昌勇等，2010）。土壤中有机态养分要经过土壤微生物参与活动，才能使其转化为速效养分供植物吸收，而这些微生物大多数在接近中性的环境条件下生长发育，因此土壤中养分的有效性一般以接近中性反应时为最大（陆景陵，2003）。有研究表明，我国烟草最适宜的土壤 pH 为 5.5～6.5，最高不宜超过 7.0（王子青，2014）。

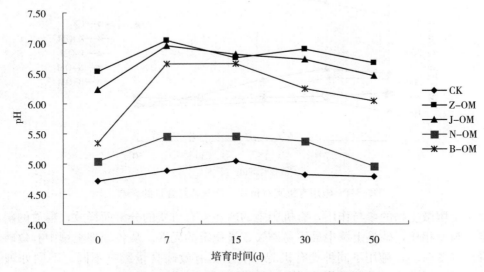

图 5-3　施用不同有机肥对植烟土壤 pH 值的影响

　　施用不同有机肥对植烟土壤 pH 的影响表明（图 5-3），植烟土壤中施入有机肥后，土壤 pH 有所变化，其变化程度随施入有机肥种类的不同而不同。施用有机肥的土壤 pH 均比处理 CK（对照）有所增加，其中施入猪粪的处理 pH 最大，其次是鸡粪、饼肥、牛粪，这与有机肥本身的 pH 相一致。这表明施用有机肥能提高酸性植烟土壤的 pH，提高土壤肥力，为优质烤烟的生长提供良好的酸碱环境。随着时间的推移，施用有机肥处理的土壤 pH 均呈现先增加后减小的趋势，且在第 7 天时达到最大值，这可能与有机肥养分缓慢释放有关。培育 50d 后，施入猪粪、鸡粪、牛粪、饼肥的土壤 pH 要比对照分别升高 1.89、1.68、0.17、1.26 个单位。

5.2.2 对植烟土壤碱解氮、有效磷和速效钾含量的影响

从图 5-4 看出，在有机肥施用量（20g/kg）相同的情况下，不同有机肥在植烟土壤中的分解速度和碱解氮含量的增加具有明显的差异。在有机肥刚施入土壤时，施用猪粪、鸡粪、牛粪、饼肥等有机肥的土壤碱解氮含量，分别比对照增加 111.70mg/kg、129.33mg/kg、65.11mg/kg 和 319.61mg/kg。在猪粪、鸡粪施用后的第 7 天，土壤中的碱解氮含量达到最高，此后，随培育时间的延长，土壤碱解氮的含量呈缓慢下降的趋势。施用饼肥后的第 15 天，土壤中的碱解氮含量的值达到最大，随后开始降低。这表明猪粪、鸡粪的分解速度较快。与其他有机肥不同，牛粪施入土壤后碱解氮含量就呈现微弱的下降趋势，这可能与牛粪中氮含量较低有关。至培育 30d 后，施用猪粪、鸡粪、牛粪处理的土壤碱解氮含量变化基本趋于平稳。培育至 50d 时，施用猪粪、鸡粪、牛粪、饼肥的土壤碱解氮含量分别比对照提高 1.99mg/kg、4.02mg/kg、30.32mg/kg 和 268.24mg/kg，以饼肥处理的土壤碱解氮含量最高，猪粪最低。

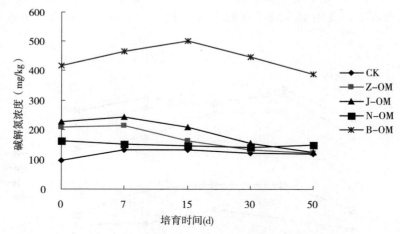

图 5-4 施用有机肥对植烟土壤碱解氮含量的影响

由于土壤微生物的参与作用，有机肥中的磷随着有机质的分解而释放，释放的磷也会被固定。与氮相比，磷是土壤中最不易淋失、最稳定的元素。从各处理土壤中有效磷含量变化看出（图 5-5），施用不同种类有机肥，对土壤有效磷含量影响不同。不同处理土壤中有效磷含量的大小顺序为：猪粪＞鸡粪＞饼肥＞牛粪＞对照，这与有机肥中含磷量相一致。施用猪粪的处理在培育 7d 时，土壤有效磷含量达到最大值，比对照增加 224.34mg/kg。此后，随培育时间的延长，土壤有效磷含量下降。施用鸡粪、饼肥的处理，土壤中有效磷的含量先降低后趋于平稳。在整个培育期中，施用牛粪的土壤有效磷含量变化不

大，这可能与牛粪中含磷量较少有关。

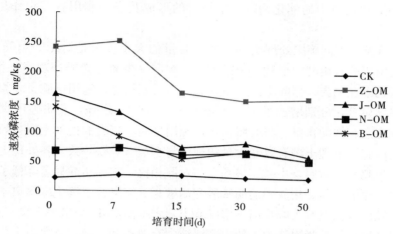

图 5-5 施用有机肥对植烟土壤速效磷的影响

钾是烤烟生长重要的品质因素，烟叶钾含量的高低也是制约优质烟叶生产的关键指标。福建省土壤速效钾小于 80mg/kg 比例达到 58.4%，有 87.3% 的植烟土壤缺钾（陈江华等，2008）。施用有机肥能显著提高土壤中速效钾含量（图 5-6），各处理土壤速效钾含量依次是鸡粪＞饼肥＞猪粪＞牛粪＞对照，这与有机肥含钾量次序一致。施入猪粪、鸡粪、牛粪、饼肥等有机肥后，土壤速效钾含量分别比对照增加 263.19mg/kg、391.58mg/kg、187.69mg/kg 和 276.42mg/kg。有机肥处理的土壤速效钾含量呈先增加后减小的趋势，在培育 30d 达到最大后开始降低。

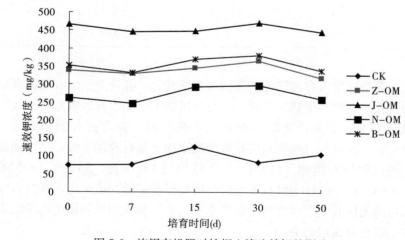

图 5-6 施用有机肥对植烟土壤速效钾的影响

5.2.3 对植烟土壤有效态铁、锰、铜、锌含量的影响

烤烟生长发育过程中除了需要大量元素氮磷钾之外，还需要铁锰铜锌等微量元素。微量元素锰参与呼吸、氧化还原、铁的活化及发芽种子酶的活化等；微量元素铜在氧

化还原过程中起着重要作用，另外对延缓叶绿素的衰老，增强植株抗性有一定作用；微量元素锌为氧化反应中的催化剂，对生长素的形成及光合作用有一定作用（陆景陵，2003）。

由表 5-8 可见，不同施肥处理土壤有效铁含量的大小依次是饼肥＞鸡粪＞对照＞牛粪＞猪粪，与施用的有机肥中全铁、全锰含量的顺序（牛粪＞猪粪＞鸡粪＞饼肥）不同，这可能与铁锰元素在牛粪、猪粪中的形态有关。与对照相比，施用饼肥、鸡粪的处理土壤有效铁含量差异显著，分别增加了 170.91mg/kg、73.31mg/kg，表明施用饼肥、鸡粪显著提高了土壤有效态铁的含量。与对照相比，施用牛粪、猪粪的处理土壤有效态铁含量呈降低趋势。不同施肥处理土壤有效锰含量的规律与土壤有效铁一致，各处理土壤中有效态锰含量为饼肥＞鸡粪＞对照＞牛粪＞猪粪。与对照相比，施用猪粪显著降低了土壤中有效态铁锰的含量，原因可能是猪粪中的胡敏酸和胡敏素等能络合土壤中金属离子并生成难溶的络合物，以及施入猪粪后大幅提高土壤的 pH，增加土壤 pH 会增强土壤有机/无机胶体及土壤黏粒对金属离子的吸附能力，使土壤溶液中有效态和交换态金属离子含量减少（张青等，2006）。

表 5-8　施用有机肥对植烟土壤有效态铁、锰、铜、锌含量的影响（mg/kg）

处理	有效态铁	有效态锰	有效态铜	有效态锌
CK	120.90c	38.85c	1.65d	3.26d
Z-OM	76.78d	15.52e	5.40a	11.61a
J-OM	194.21b	45.35b	3.12b	7.71b
N-OM	112.40c	23.70d	1.79d	4.97c
B-OM	291.81a	61.15a	2.18c	2.59e

注：小写字母表示 5% 水平，下同。

土壤有效铜含量随施入有机肥种类不同而有所变化，各处理土壤有效铜含量大小的顺序为：猪粪＞鸡粪＞饼肥＞牛粪＞对照，这与有机肥中全铜含量的规律相一致。与对照相比，施用猪粪、鸡粪、牛粪、饼肥的处理，土壤有效态铜含量分别增长了 227.23%、88.87%、8.76%、32.11%，说明施用有机肥能增加土壤有效态铜含量，这可能是因为施用有机肥后产生的溶解性有机物（DOM）与土壤中的 Cu 结合，形成了 DOM-Cu 络合物（吕建波等，2005）。根据酸性土壤有效铜的分级与评价指标（黄建国，2003），施用鸡粪、牛粪、饼肥处理的土壤有效铜含量属于中等水平，施用猪粪的处理属于高等水平，长期施用有可能造成土壤重金属铜污染。

与对照相比，施用有机肥（除饼肥处理外）显著提高了土壤有效态锌含量。其中，与对照相比，施用猪粪、鸡粪、牛粪的处理，土壤有效态锌含量分别增加了 8.35mg/kg、4.45mg/kg、1.71mg/kg。根据酸性土壤有效态锌的分级与评价指标（黄建国，2003），其结果如表 5-9 所示，施用猪粪、鸡粪、牛粪处理的土壤有效态锌含量属于高等水平，长期施用有可能造成土壤重金属锌污染。

表 5-9　土壤有效铜锌含量分级与评价（mg/kg）

分级	评价	0.1mol/L HCl 提取	
		有效铜含量	有效锌含量
I	很低	<1.0	<1.0
II	低	1.0～2.0	1.0～1.5
III	中	2.1～4.0	1.6～3.0
IV	高	4.1～6.0	3.1～5.0
V	很高	>6.0	>5.0
	缺乏临界值	2.0	1.5

5.2.4　对植烟土壤有效态铅镉的影响

由图 5-7 看出，土壤有效铅含量随施用有机肥种类的不同而不同。与对照相比，施用有机肥处理的土壤有效态铅含量显著降低。施用猪粪、鸡粪、牛粪、饼肥处理的土壤，有效态铅含量分别要比对照减少 51.45%、29.72%、9.66%、12.32%，这可能是因为有机肥中含有一定比例的可与 Pb 结合的有机质（OM），因而降低了土壤有效态 Pb 的含量。4种有机肥处理的土壤有效态铅的含量大小顺序依次是：牛粪＞饼肥＞鸡粪＞猪粪，这与 4种有机肥中全量铅的规律牛粪＞猪粪＞饼肥＞鸡粪不同，这可能与不同有机肥中 Pb 的存在形态有关。

不同有机肥对植烟土壤中有效态镉含量的影响差异明显（图 5-8）。在猪粪、鸡粪、牛粪、饼肥、对照处理中，土壤有效态镉含量分别为 0.23mg/kg、0.06mg/kg、0.17mg/kg、0.10mg/kg、0.29mg/kg。各处理土壤有效态镉含量由高到低依次为，对照＞猪粪＞牛粪＞饼肥＞鸡粪。与对照相比，猪粪、鸡粪、牛粪、饼肥处理土壤有效态镉含量分别降低了 19.50%、79.70%、42.50%、65.20%，且有机肥处理与对照处理的差异显著，施用有机肥能明显降低土壤有效态镉含量，这可能是有机肥与土壤中重金属 Cd 形成了较强的结合态形式，说明猪粪、鸡粪、牛粪、饼肥对土壤中的重金属 Cd 有一定的固定作用，施用一定量的有机肥能降低镉的有效程度，其中以鸡粪的效果最好。

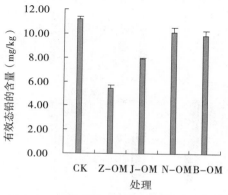

图 5-7　施用有机肥对植烟土壤有效态铅的影响

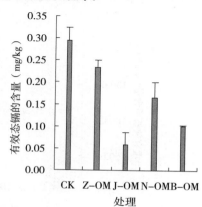

图 5-8　施用有机肥对植烟土壤有效态镉的影响

5.3 施用猪粪对土壤中外源添加铅镉有效性的影响

施用猪粪对土壤中外源添加铅镉有效性影响的试验设 17 个处理：①CK（不施肥）；②Z-OM；③Pb1＋Z-OM；④Pb2＋Z-OM；⑤Pb3＋Z-OM；⑥Cd1＋Z-OM；⑦Cd2＋Z-OM；⑧Cd3＋Z-OM；⑨Pb1Cd1＋Z-OM；⑩Pb1Cd2＋Z-OM；⑪Pb1Cd3＋Z-OM；⑫Pb2Cd1＋Z-OM；⑬Pb2Cd2＋Z-OM；⑭Pb2Cd3＋Z-OM；⑮Pb3Cd1＋Z-OM；⑯Pb3Cd2＋Z-OM；⑰Pb3Cd3＋Z-OM。其中，Z-OM 代表猪粪；Pb1、Pb2、Pb3 分别代表铅的加入量为 50mg/kg、100mg/kg、200mg/kg；Cd1、Cd2、Cd3 分别代表镉的加入量为 0.3mg/kg、0.5mg/kg、1.0mg/kg。铅、镉分别以醋酸铅、氯化镉的形式加入，每个处理重复 3 次。

5.3.1 对土壤中铅镉吸附固定的影响

猪粪是福建烟区数量最大的畜禽粪便，为探讨施用猪粪对外源进入土壤铅有效性的影响，设置了添加低浓度（Pb1）、中浓度（Pb2）、高浓度（Pb3）铅的处理。从图 5-9 可以看出，土壤有效态铅含量随铅添加量的增加而提高，在铅刚施入土壤时，Pb1、Pb2、Pb3 处理的土壤有效态铅含量分别为 62.46mg/kg、112.32mg/kg、212.79mg/kg，土壤对施用铅的吸附固定率为 0.38%、0.33%、0.06%〔土壤对施用铅的吸附固定率（％）＝〔添加的铅量－（施用猪粪和铅处理土壤有效态铅含量－施猪粪处理土壤有效态铅含量）〕/添加的铅量×100〕。在铅施入土壤 30d 后，Pb1、Pb2、Pb3 处理的土壤有效态铅含量分别下降至 24.72mg/kg、40.16mg/kg、63.01mg/kg，土壤对施用铅的吸附固定率为 68.22%、68.67%、72.91%。在铅施入土壤 50d 后，Pb1、Pb2、Pb3 处理的土壤有效态铅含量分别下降至 25.31mg/kg、34.20mg/kg、55.40mg/kg，土壤对施用铅的吸附固定率为 60.27%、71.24%、75.02%。试验表明，添加猪粪促进了土壤对施用铅的吸附固定，固定率随着施用铅浓度的增加而增加。施用 30d 后，添加的铅有 50%以上被土壤固定，50d 后，土壤对施用铅的吸附固定率变化不大。

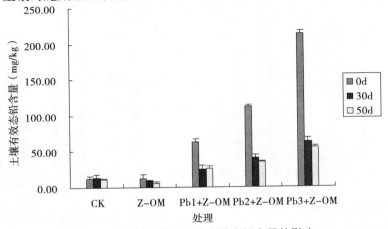

图 5-9　施用猪粪对土壤有效态铅含量的影响

猪粪对外源进入土壤镉的有效性影响随添加浓度的不同而有所不同，随着培育时间的延长，不同添加镉浓度的土壤中有效态镉含量呈现不同变化（图 5-10）。设置了添加低浓度（Cd1）、中浓度（Cd2）、高浓度（Cd3）镉的处理。从图 5-10 可以看出，土壤有效态镉含量随镉添加量的增加而提高，在镉刚施入土壤时，Cd1、Cd2、Cd3 处理的土壤有效态镉含量分别为 0.604mg/kg、0.803mg/kg、1.305mg/kg，土壤对施用镉的吸附固定率为 0.11%、0.07%、0.06 %｛土壤对施用镉的吸附固定率（%）=［添加的镉量-（施用猪粪和镉处理土壤有效态镉含量-施猪粪处理土壤有效态镉含量）］/添加的镉量×100｝。30d 后，Cd1、Cd2 处理的土壤有效态镉含量分别下降至 0.424mg/kg、0.602mg/kg，土壤对施用镉的吸附固定率为 54.03%、36.85%。Cd3 处理的土壤有效态镉含量略有增加，比刚施入时增加了 0.041mg/kg。50d 后，Cd1、Cd2、Cd3 处理的土壤对施用镉的吸附固定率为 31.57%、8.38%、11.08%。与 30d 相比，Cd1、Cd2 处理的土壤有效态镉含量略有增加，Cd3 处理的土壤有效态镉含量开始降低。试验表明，30d 后，施用低中浓度镉处理，猪粪促进了土壤对镉的吸附固定。50d 后，土壤对施用镉的吸附固定率变化不大。

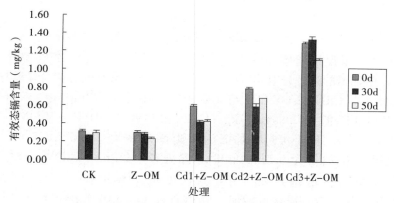

图 5-10　施用猪粪对土壤有效态镉含量的影响

5.3.2　铅镉不同用量对土壤铅镉吸附固定的影响

在外源添加铅的量为 50mg/kg 时，土壤中有效态铅含量随施加镉含量的增加而变化（图 5-11）。处理 Pb1Cd1+Z-OM、Pb1Cd2+Z-OM 的土壤有效态铅的含量分别与对照（Pb1+Z-OM）差异显著，分别比对照减小了 2.20mg/kg、2.45mg/kg。Pb1+Z-OM、Pb1Cd1+Z-OM、Pb1Cd2+Z-OM、Pb1Cd3+Z-OM 处理中土壤对铅的吸附固定率为 60.27%、64.66%、65.16%、61.62%。外源添加铅的量为 100mg/kg 时，施加镉后增加了土壤有效态铅的含量，处理 Pb2Cd1+Z-OM、Pb2Cd2+Z-OM、Pb2Cd3+Z-OM 分别比对照（Pb2+Z-OM）增加了 9.82mg/kg、6.50mg/kg、2.40mg/kg，其中处理 Pb2Cd1+Z-OM、Pb2Cd2+Z-OM 与对照差异达显著水平。Pb2+Z-OM、Pb2Cd1+Z-OM、Pb2Cd2+Z-OM、Pb2Cd3+Z-OM 处理中土壤对铅的吸附固定率为 71.24%、61.42%、64.74%、68.84%。外源添加铅的量为 200mg/kg 时，施加镉的处理均与对照（Pb3+Z-OM）差异显著，都显著提高了土壤有效态铅的含量，分别比对照高出 7.38mg/

kg、19.56mg/kg、10.07mg/kg。Pb3＋Z-OM、Pb3Cd1＋Z-OM、Pb3Cd2＋Z-OM、Pb3Cd3＋Z-OM 处理中土壤对铅的吸附固定率为 75.02％、71.33％、65.24％、69.99％。试验表明，外源添加低浓度铅时，施入镉促进土壤对铅的吸附固定；外源添加中高浓度铅时，施入镉抑制土壤对铅的吸附固定。

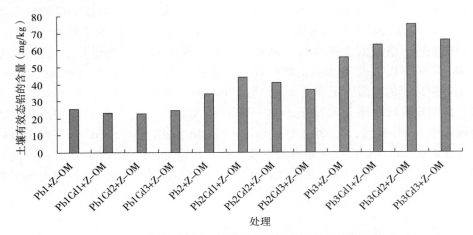

图 5-11　猪粪对外源添加铅镉的土壤中有效态铅的影响

土壤中有效态镉含量随施加铅含量的变化情况见图 5-12。在外源添加镉的量为 0.3mg/kg 时，施加铅的处理与对照（Cd1＋Z-OM）间土壤有效态镉含量差异显著，且处理 Cd1Pb1＋Z-OM、Cd1Pb2＋Z-OM 与对照相比增加了 0.072mg/kg、0.061mg/kg，处理 Cd1Pb3＋Z-OM 降低了 0.094mg/kg。Cd1＋Z-OM、Cd1Pb1＋Z-OM、Cd1Pb2＋Z-OM、Cd1Pb3＋Z-OM 处理中土壤对镉的吸附固定率为 31.57％、7.41％、11.26％、29.43％。外源添加镉的量为 0.5mg/kg 时，除处理 Cd2Pb2＋Z-OM 与对照（Cd2＋Z-OM）土壤有效态镉含量差异显著外，其他处理差异不显著。与对照相比，处理 Cd2Pb2＋Z-OM 土壤有效态镉含量增加了 0.047mg/kg。Cd2＋Z-OM、Cd2Pb1＋Z-OM、Cd2Pb2＋Z-OM、Cd2Pb3＋Z-OM 处理中土壤对镉的吸附固定率为 8.38％、6.87％、

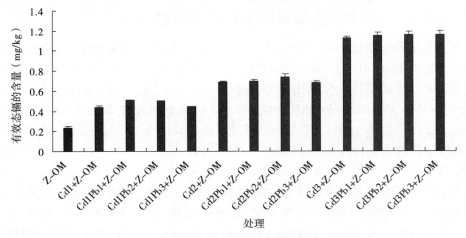

图 5-12　猪粪对外源添加铅镉的土壤中有效态镉的影响

3.05％、10.10％。外源添加镉的量为 1.0mg/kg 时，土壤中有效态镉含量随施加铅的变化不大，各处理间差异不显著。Cd3＋Z-OM、Cd3Pb1＋Z-OM、Cd3Pb2＋Z-OM、Cd3Pb3＋Z-OM 处理中土壤对镉的吸附固定率为 11.10％、8.41％、7.58％、7.80％。试验表明，外源添加镉时，施入铅的处理土壤对镉的吸附固定率均要小于对照（不施铅的处理），施入铅抑制了土壤对镉的吸附固定作用。

5.4　施用不同配比畜禽粪便对烤烟生长发育的影响

采用盆栽试验研究施用不同配比畜禽粪便对烤烟生长发育的影响。供试土壤样品采自植烟区水稻土的耕层土壤（0～20cm），土壤类型为黄泥田，前作为水稻，供试土壤的基本理化性状见表 5-10。土壤采集后风干过筛，备用。试验地点为福建农林大学南区盆栽房。

表 5-10　供试土壤的基本理化性状

土壤类型	pH	有机质(g/kg)	全氮(g/kg)	碱解氮(mg/kg)	有效磷(mg/kg)	速效钾(mg/kg)	全铅(mg/kg)	全镉(mg/kg)
黄泥田	5.14	18.12	0.93	112.12	14.41	102.10	70.08	2.49

试验主要进行鸡粪、猪粪、牛粪不同配比施用效果的研究，并以饼肥作对照。3 种畜禽粪便及饼肥分别进行堆肥腐熟。有机肥施用量占烤烟总施氮量的 25％，鸡粪、猪粪、牛粪按照含氮量设定不同比例，试验设置 10 个处理：

处理 CK1：纯化肥；
处理 CK2：25％饼肥＋化肥；
处理 A1：25％有机肥（1/3 鸡粪，2/3 猪粪）＋化肥；
处理 A2：25％有机肥（1/2 鸡粪，1/2 猪粪）＋化肥；
处理 B1：25％有机肥（1/3 鸡粪，2/3 牛粪）＋化肥；
处理 B2：25％有机肥（1/2 鸡粪，1/2 牛粪）＋化肥；
处理 C1：25％有机肥（1/3 猪粪，2/3 牛粪）＋化肥；
处理 C2：25％有机肥（1/2 猪粪，1/2 牛粪）＋化肥；
处理 C3：25％有机肥（2/3 猪粪，1/3 牛粪）＋化肥；
处理 D：25％有机肥（1/3 鸡粪，1/3 猪粪，1/3 牛粪）＋化肥。
各处理有机肥按比例称取后混合均匀，作基肥施用。

每盆施 N：1.4g，P_2O_5：0.7g，K_2O：2.5g，其中配施有机肥的处理 N、P、K 不足部分分别用硝酸铵、磷酸一铵、硫酸钾补充。每个处理重复 4 次，共 40 盆，每盆装风干土 10kg，种烟 1 株，品种为 K326，随机排列。

有机肥与化肥以基肥形式，与土壤混合一次施入，同时分别加入相同含量的钙、镁、硼肥料，保持土壤湿润两天，移栽烟苗，定期观察记载烟株的农艺性状。烟株现蕾后打顶，并定时抹去胚芽。烟叶生理成熟后采摘并烘干。烟叶采摘完后将烟株的茎秆、根系全部收取、洗净、烘干，测定各部分的干物质积累量、主要养分含量和重金属含量。

5.4.1 对烤烟农艺性状的影响

株高是营养体生长的主要表现之一，株高的增加往往伴随着叶片数的增加、茎围的扩大，也是烟株生长发育过程中内在协调性强弱的外在表现。烟株生长快慢，从一定程度上反映了其生理代谢的强弱。茎围能直接反映烟株茎秆的健壮程度，与烟株营养密切相关。叶片是光合作用的重要器官，叶面积的大小是衡量烟叶优劣的重要指标。施用有机肥可产生多种生理活性物质，刺激烟株生长，活化并促进植物对营养元素的吸收（石屹等，2002），使烟株均衡生长，成熟落黄一致，确保提高烟叶成熟度（林贵华等，2003）。

表 5-11　配施畜禽粪便对烤烟农艺性状的影响（盆栽试验，移栽 30d）

处理	株高（cm）	茎围（cm）	最大叶面积（cm²）	叶片数（片/株）
CK1	28.17d	3.44bc	483.35d	10.00a
CK2	28.00d	3.63abc	503.04bcd	10.25a
A1	25.37e	3.26c	432.86d	9.67a
A2	30.23bcd	4.03a	573.14abc	10.00a
B1	25.53e	3.29c	497.59cd	10.25a
B2	35.60a	4.02a	657.25a	11.00a
C1	31.43bc	3.83ab	617.28a	10.25a
C2	32.00b	3.84ab	586.65ab	10.50a
C3	32.33b	3.98a	634.50a	9.75a
D	29.23cd	3.98a	606.60a	10.75a

从烟苗移栽 30d 后观察记载状况可以看出（表 5-11），不同配比畜禽粪便处理的烤烟株高、茎围和最大叶面积的增长规律不同。从株高生长状况来看，除了处理 A1（1/3 鸡粪，2/3 猪粪）和处理 B1（1/3 鸡粪，2/3 牛粪）外，不同配比畜禽粪便的其他各处理均比对照的高。处理 B2、C1、C2、C3 的株高与对照 CK2（饼肥）相比差异显著，说明不同配比畜禽粪便比饼肥更能促进烤烟株高的生长。处理 C1、C2、C3 的株高增长规律基本一致，处理间不存在显著性差异。处理 A2（1/2 鸡粪，1/2 猪粪）的烟株显著高于处理 A1（1/3 鸡粪，2/3 猪粪）的烟株，处理 B2（1/2 鸡粪，1/2 牛粪）的烟株也显著高于处理 B1（1/3 鸡粪，2/3 牛粪）的烟株，说明相同的畜禽粪便不同的配比对烟株生长产生明显的影响。各个处理中以处理 B2 的株高最大，烟株生长较快。从茎围生长状况来看，处理 A2、B2、C3、D 和处理 CK1 的茎围相比差异显著，和处理 CK2 相比差异不显著。处理 A2 和处理 A1 的茎围差异显著，处理 B2 和处理 B1 的茎围差异显著，这可能与猪粪、鸡粪、牛粪的养分释放规律不同有关。从最大叶面积的状况来看，除了处理 A1 外，其他处理最大叶面积均比对照 CK1（纯化肥）的大。处理 B2、C1、C3、D 和对照 CK2 的最大叶面积相比差异显著，分别比对照 CK2 高出 154.21cm²、114.24cm²、131.46cm²、103.56cm²。处理 A2 与处理 A1 间、处理 B2 和处理 B1 间最大叶面积差异显著，且处理 A2 要比处理 A1 的最大叶面积大 32.41%，处理 B2 要比处理 B1 的最大叶面积

大 32.09％。

以上结果表明，在烟株移栽 30d 时，纯化肥（CK1）与配施饼肥（CK2）处理间的烟株生长状况差异不明显，而畜禽粪便不同配比处理间烟株的生长状况具有明显的差异，以处理 B2（1/2 鸡粪，1/2 牛粪）的烟株生长较好，说明处理 B2 有利烟苗移栽后的生长。在株高、茎围、最大叶面积等农艺性状上，处理 A1（1/3 鸡粪，2/3 猪粪）与 A2（1/2 鸡粪，1/2 猪粪）差异显著，处理 B1（1/3 鸡粪，2/3 牛粪）与 B2（1/2 鸡粪，1/2 牛粪）差异显著，均以鸡粪∶猪粪＝1∶1、鸡粪∶牛粪＝1∶1 处理的烟株生长较好，这说明配比的不同会影响烤烟农艺性状，影响烟株生长状况。处理 A1、B1 与 CK1（纯化肥）相比，烟株株高、茎围较小，生长较慢，说明烟株生长前期，鸡粪∶猪粪为 1∶2、鸡粪∶牛粪为 1∶2 的畜禽粪便养分释放较慢。

表 5-12　配施畜禽粪便对烤烟农艺性状的影响（盆栽试验，移栽 40d）

处理	株高（cm）	茎围（cm）	最大叶面积（cm²）	有效叶数（片/株）
CK1	53.50cd	4.60d	767.62ef	15.00ab
CK2	59.07bc	4.88bcd	909.76cde	15.50ab
A1	55.50cd	4.80cd	742.09f	15.33ab
A2	58.52bc	5.05abc	1070.73ab	15.50ab
B1	49.83d	4.58d	839.50def	14.75b
B2	65.42ab	5.12abc	1 058.69abc	17.25a
C1	62.75ab	5.05abc	1 055.93abc	15.75ab
C2	68.45a	5.05abc	940.75bcd	15.75ab
C3	63.52ab	5.28a	1 115.93a	15.75ab
D	67.37a	5.17ab	1 059.31abc	15.75ab

烟株移栽 40d 后（表 5-12），不同配比畜禽粪便处理的烤烟株高、茎围和最大叶面积的增长规律基本相同。从株高生长状况来看，处理 A2、B2 的株高均比处理 A1、B1 高，分别高出 3.02cm、15.59cm，且处理 B2 的株高与处理 B1 相比差异显著。处理 C1、C2、C3 间不存在显著性差异，说明猪粪与牛粪混合对烟株株高的影响与比例无关。处理 C2、D 与对照 CK2 的株高相比差异显著，且高于对照 CK2。各处理中以处理 C2、D 的株高增长最快，分别增加了 11.39、13.05 个百分点，这可能与不同配比畜禽粪便养分释放特点有关。从茎围生长状况来看，除了处理 C3 外，其他各处理与对照 CK2 无显著差异。处理 B2 和 B1 之间茎围差异显著，处理 B2 的茎围比 B1 长出 0.54cm。从最大叶面积生长状况来看，处理 B2 与 B1 间差异显著，处理 A2、D 与对照 CK2 间差异显著。

在烟株移栽 40d 时，纯化肥（CK1）与配施饼肥（CK2）处理间的烟株生长状况差异不明显；猪粪与牛粪不同配比处理间的烟株生长状况差异不明显，鸡粪与牛粪不同配比处理间的烟株生长状况差异显著。处理 B2（1/2 鸡粪，1/2 牛粪）、C1（1/3 猪粪，2/3 牛粪）、C2（1/2 猪粪，1/2 牛粪）、C3（2/3 猪粪，1/3 牛粪）、D（1/3 猪粪，1/3 鸡粪，1/3 牛粪）等处理的烟株生长较快，优于饼肥处理。处理 A1、B1 与 CK1（纯化肥）相比，烟株农艺性状差异不显著。

表 5-13 配施畜禽粪便对烤烟农艺性状的影响（盆栽试验，移栽 60d）

处理	株高（cm）	茎围（cm）	最大叶面积（cm²）	有效叶数（片/株）
CK1	110.83bc	5.33cd	1 067.77d	24.75ab
CK2	108.67bc	5.52bcd	1 262.82abc	25.75a
A1	115.67abc	5.69abcd	1 201.08c	24.33ab
A2	121.67a	6.03a	1 375.70a	26.00a
B1	107.33c	5.28d	1 269.30abc	25.00ab
B2	115.33abc	5.88ab	1 243.08bc	24.25ab
C1	117.00ab	5.75abc	1 200.42c	24.00ab
C2	122.17a	5.78ab	1 235.83bc	24.75ab
C3	115.17abc	5.92ab	1 374.18a	23.75ab
D	113.67abc	5.83ab	1 322.83ab	22.50b

烟苗移栽 40d 到 60d 期间是烟株生长最旺盛的时期，也是对土壤养分需求最多的时期。移栽 60d 时，各处理烟株在株高、茎围、最大叶面积上的增长状况不同（表 5-13），处理 A2、C2 与对照处理 CK1 相比差异显著，且分别比对照 CK1 高出 10.84cm、11.34cm。处理 A1 与处理 A2 的株高差异不显著，处理 B1 与处理 B2 的株高差异不显著，处理 C1、C2、C3 间株高差异不显著，说明畜禽粪便的不同配比对烟株后期株高影响不明显。从茎围、最大叶面积的生长状况来看，处理 A1 与处理 A2 的茎围差异不显著，处理 B1 与处理 B2 的茎围差异显著，处理 A2、B2 与对照处理 CK1 的茎围相比差异显著。除了处理 B1 外，其他各处理的茎围均比对照 CK1 的大。除处理 A2 与对照 CK2 的茎围差异显著外，其他处理与对照 CK2 差异不显著，这可能与烟株生长规律有关，烟株生长后期茎围变化不大。处理 A1 的最大叶面积增长较大，与处理 CK1 相比差异显著，且比对照大 133.31cm²。不同配比畜禽粪便的处理均与处理 CK1（纯化肥）的最大叶面积差异显著，与处理 CK2（饼肥）差异不显著，烟株生长后期以氮代谢向碳代谢转变，叶的光合作用增强。处理 A1、B1 的最大叶面积增长均比处理 A2、B2 的大，说明处理 A1（1/3 鸡粪，2/3 猪粪）和处理 B1（1/3 鸡粪，2/3 牛粪）的肥效后劲较足，烟株仍保持旺盛，影响烤烟的适时落黄。

5.4.2 对烤烟干物质积累的影响

烤烟干物质积累量状况是反映烟株生长状况的重要标志，积累量的多少直接影响烟叶的产量，对品质的形成也有间接的影响。畜禽粪便与化肥配合施用后，烟株最大叶面积和有效叶片数增幅加快，烤烟干物质积累量增加。可能是畜禽粪便施入土壤后，土壤微生物数量显著增加，酶活性增强，改善了植烟土壤的肥力状况，从而促进了烤烟的生长发育和代谢作用，烤烟的光合作用增强，有利于烟株碳水化合物的积累，烤烟生物产量会明显提高。

从烟株总干物质积累量看（表5-14），各处理均呈现叶＞茎＞根的规律。其他各处理的全株干物质积累量与对照 CK1（纯化肥）差异显著，且比对照全株干物质增加了17.59%～41.85%，这说明猪粪、鸡粪、牛粪混合配施，要比单一施用化肥能增加烟草的生物产量。处理 A2、B2、C3 的全株干物质积累量与处理 CK2（饼肥）差异显著，且处理 A2 的全株干物质积累量最大，达到 96.80g/株，原因可能是猪粪、牛粪、鸡粪混合后养分较充足，畜禽粪便除含有 NPK 养分外，还含有生长素、氨基酸等，可提高烤烟生长后期干物质的积累和维持根系的吸收能力，促进烤烟的生长发育。从全株干物质积累量来看，处理 C1、C2、C3 间差异不显著，说明猪粪与牛粪不同配比混合对烟草产量影响不大。各处理叶片的干物质积累量与对照 CK1（纯化肥）差异显著，且比对照 CK1 叶片的干物质增加了18.71%～41.76%。处理 A2、B2、C1、C2、C3 叶片的干物质积累量与对照 CK2（饼肥）差异显著，且以处理 A2 的叶片干物质积累量最高，达到 55.45g/株，说明不同配比畜禽粪便的施用促进了烟株生长，提高了烟叶产量。处理 A2（1/2 鸡粪，1/2猪粪）与处理 A1（1/3 鸡粪，2/3 猪粪）间叶片的干物质积累量差异显著，且处理 A2 比处理 A1 增加了 19.00%。处理 B2（1/2 鸡粪，1/2 牛粪）与处理 B1（1/3 鸡粪，2/3 牛粪）间叶片的干物质积累量差异显著，且处理 B2 比处理 B1 增加了 10.73%。根的干物质积累量除了处理 D 与对照 CK1 差异不显著外，其他处理均与对照差异显著，且其余处理分别比对照有不同程度的增加。各处理茎的干物质积累量均比对照大，分别比对照增加了9.18%～40.42%，其中处理 A2 的茎的干物质积累量最大，达到 30.95g/株。处理 A2 与处理 CK2 的根、茎、叶、整株的干物质积累量均差异显著，说明鸡粪、猪粪混施要比单一施用饼肥的效果好。

表 5-14　施用不同配比畜禽粪便对烤烟干物质积累的影响（盆栽试验，成熟期，g/株）

处理	根	茎	叶	全株
CK1	7.09c	22.04d	39.11f	68.24d
CK2	8.19bc	25.62bcd	46.43e	80.24c
A1	9.16ab	26.60bc	46.60de	82.36bc
A2	10.41a	30.95a	55.45a	96.80a
B1	9.87a	24.06cd	47.94cde	81.87c
B2	10.11a	29.30ab	53.09abc	92.50ab
C1	10.52a	28.02abc	51.97abcd	90.51abc
C2	9.00ab	27.61abc	52.53abc	89.14abc
C3	9.51ab	28.83abc	54.06ab	92.40ab
D	8.22bc	28.05abc	49.14bcde	85.34bc

可见，不同配比畜禽粪便与化肥配施后，促进了烟株根茎叶的生长，提高了根、茎、叶的干物质积累量。与纯化肥处理相比，显著提高了烟株产量。不同配比畜禽粪便处理烟株生长状况较好，烟草干物质积累量较大，且 A2、B2、C3 的整株干物质积累量与处理CK2（饼肥）差异显著，施用效果优于饼肥处理。

5.4.3 对烤烟吸收氮、磷、钾养分的影响

氮是植物的主要营养元素，氮的多少和氮肥种类影响着烟株的生长发育以及烟叶内在化学成分的协调（中国农业科学院烟草研究所，1987）。氮素在烟株生长发育过程中起着重要作用，特别是对烤烟产量、品质影响很大，可直接影响烟叶内在成分的积累。氮素在烤烟不同器官中的分布不同。烤烟体内的氮素主要存在于烟碱、蛋白质和叶绿素中，一般烟叶中氮素含量较高。磷是重要的生命元素，在烤烟体内它是许多有机化合物的组成成分，并对促进烤烟生长发育和新陈代谢有十分重要的作用。烤烟的产量和品质均同磷素的含量密切相关。钾是烟草吸收量最多的营养元素，在烤烟中钾是以离子形态、水溶性盐类或吸附在原生质表面等方式存在，它对参与碳水化合物代谢的多种酶起激活作用，能提高细胞的渗透压，也能促进机械组织的形成，从而增加烟株的抗旱性、耐寒性、抗病性。烟株体内含钾量高低直接影响烟草的品质，而提高烟叶中钾的含量是改善烟叶质量的关键措施之一（胡国松，2000）。

本试验研究表明（表 5-15），烤烟各器官中氮含量分别为叶＞根＞茎（除处理 C2外）。各器官中氮的分配比例范围分别为：根 29%～42%，茎 17%～22%，叶 40%～53%。不同配比畜禽粪便与化肥配施对烤烟各器官氮素含量的影响不尽相同，各处理根系中氮素含量均比对照 CK1 低（除处理 C2、D 外），叶片中氮素含量均比对照 CK1 低。相同种类不同配比畜禽粪便对烤烟各器官中氮素的含量影响不同，处理 A1（1/3 鸡粪，2/3 猪粪）根、茎、叶中氮素含量要比处理 A2（1/2 鸡粪，1/2 猪粪）的低；处理 B1（1/3 鸡粪，2/3 牛粪）叶中氮素含量要比处理 B2（1/2 鸡粪，1/2 牛粪）的低，根、茎中氮素含量则要高，可能是处理 A1、B1 在烟株生长前期养分释放缓慢，氮素供应不足，导致烟株生长缓慢瘦小，叶片含氮量降低；处理 C1、C2、C3 相比，氮素在根、茎、叶中分配比例为：根为处理 C2＞C1＞C3，茎为处理 C3＞C2＞C1，叶为处理 C1＞C3＞C2。这说明，不同配比会影响氮素在烤烟各器官中的分配比例。

从表 5-16 中看出，不同配比畜禽粪便与化肥配施对烤烟氮吸收量的影响与含氮量的规律不同，这与烤烟干物质积累相关。烤烟各部位氮吸收量大小依次为叶＞茎＞根。烤烟叶片的氮吸收量，除处理 A1、C2 外，其他处理均高于对照，且以处理 C3 最高，比对照高出 3.52 个百分点。茎的氮吸收量其他处理均高于对照 CK1。说明施用畜禽粪便有利于提高茎、叶中氮的吸收量。

表 5-15　配施畜禽粪便对烤烟各器官 N、P、K 含量的影响（盆栽试验，成熟期，%）

处理	N			P			K		
	根	茎	叶	根	茎	叶	根	茎	叶
CK1	1.080ab	0.527abc	1.391a	0.163de	0.157d	0.224abc	0.703a	1.467ab	2.790bcd
CK2	0.863abc	0.537abc	1.368ab	0.157e	0.227ab	0.224bc	0.513d	1.367c	2.750cde
A1	0.690c	0.470bc	1.067de	0.147e	0.207abc	0.250ab	0.480d	1.503a	2.683fg
A2	0.797bc	0.493abc	1.146cde	0.207abc	0.170cd	0.229abc	0.597bc	1.247d	2.767cde
B1	0.937abc	0.583ab	1.188cd	0.167de	0.183bcd	0.229abc	0.673a	1.510a	2.733eg

（续）

处理	N			P			K		
	根	茎	叶	根	茎	叶	根	茎	叶
B2	0.690c	0.417c	1.238bc	0.233a	0.253a	0.234abc	0.463d	1.240d	2.827ab
C1	0.907abc	0.430c	1.126cde	0.200abcd	0.170cd	0.231abc	0.597bc	1.067e	2.797bc
C2	1.083ab	0.450bc	1.031e	0.183bcde	0.243a	0.245abc	0.653ab	1.413bc	2.677g
C3	1.033ab	0.623a	1.361ab	0.213ab	0.227ab	0.249a	0.583c	1.397c	2.853a
D	1.117a	0.560abc	1.216c	0.170cde	0.237a	0.220c	0.493d	1.260d	2.743de

表 5-16　配施畜禽粪便对烤烟各器官 N、P、K 吸收量的影响（盆栽试验，成熟期，mg/株）

	处理	CK1	CK2	A1	A2	B1	B2	C1	C2	C3	D
N	根	76.63	70.75	63.04	83.10	92.27	70.05	95.58	97.72	98.31	91.93
	茎	116.55	137.93	124.80	153.3	140.98	122.00	120.38	124.82	180.19	156.56
	叶	543.94	635.22	496.91	635.27	569.83	657.31	584.93	541.78	735.55	597.73
	整株	737.12	843.9	684.75	871.66	803.08	849.36	800.88	764.31	1 014.05	846.22
P	根	11.50	13.00	13.48	21.66	16.48	23.25	21.23	16.29	20.16	13.81
	茎	34.28	58.26	55.03	53.07	44.63	74.26	47.55	66.47	65.52	65.93
	叶	87.42	103.77	116.54	126.96	110.00	124.15	120.25	128.94	134.56	108.36
	整株	133.19	175.03	185.04	201.69	171.10	221.66	189.03	211.71	220.24	188.10
K	根	100.10	84.13	87.85	124.46	132.61	93.94	126.22	117.57	110.97	80.99
	茎	647.48	700.90	799.25	771.93	726.05	725.79	597.43	780.1	805.36	705.62
	叶	2 180.74	2 554.00	2 498.58	3 070.34	2 619.89	2 999.70	2 906.07	2 813.17	3 085.00	2 697.40
	整株	2 928.32	3 339.04	3 385.68	3 966.73	3 478.55	3 819.44	3 629.71	3 710.84	4 001.33	3 484.02

不同配比畜禽粪便与化肥配施对烤烟各器官的磷含量影响不同，各器官磷含量分别为：处理 CK1、A2、C1，叶＞根＞茎；处理 CK2、A1、B1、C2、C3，叶＞茎＞根；处理 B2、D，茎＞叶＞根。各器官磷的分配比例范围分别为：根 24%～34%，茎 28%～38%，叶 32%～41%。除处理 A1 外，其他处理根系中磷素含量均比对照 CK1 高；茎的磷素含量，各处理均比对照 CK1 高；除处理 D 外，其他叶片中磷素含量均比对照 CK1 高。说明畜禽粪便与化肥配施能促进烤烟各器官对磷素的吸收。烤烟各器官对磷素吸收量的大小为叶＞茎＞根。各处理根、茎、叶的磷素吸收量均比对照 CK1 高，且叶片磷素吸收量要比对照高出 1.87～5.39 个百分点。方差分析和多重比较表明，处理 A1 和 A2 根的磷素吸收量差异显著，且处理 A2 要比 A1 高出 6.07 个百分点，处理 B1 和 B2 根的磷素吸收量差异显著，且处理 B2 要比 B1 高出 4.11 个百分点。

不同配比畜禽粪便与化肥配施对钾素在烤烟各器官的分配与对照 CK1 一致，各部位含钾量依次为叶＞茎＞根，分配比例范围依次为 56%～63%，24%～32%，10%～14%。处理 A1 与 A2，B1 与 B2，C1、C2 与 C3 间叶片钾含量差异显著，说明畜禽粪便不同配比影响烟株叶片对钾的吸收。烤烟各部位钾吸收量依次为叶＞茎＞根。叶中钾吸收量均远高于对照 CK1，且要比对照 CK1 高出 1.45～4.15 个百分点。处理 B2、C3 叶中钾含量高于对照 CK2，且与对照 CK2 差异显著。茎中钾吸收量，除处理 C1 外，其他处理均大于对照 CK1。处理 A2、B1、C1、C2、C3 根中钾吸收量均比对照 CK1 高，且高出 10.90%～32.50%。处理 A1、B2、D 根中钾吸收量均比对照 CK1 低，且下降 6.20%～19.10%。

5.4.4 对烤烟吸收铁、锰养分的影响

铁主要分布在叶绿体内，参与叶绿素的合成过程，是多种酶和载体的构成成分，如过氧化物酶、过氧化氢酶、细胞色素氧化酶等。锰是许多氧化酶的组成成分，在与氧化还原有关的代谢过程中起重要作用。研究认为，锰可促进烟株叶片和茎的生长，增加烤烟营养生长的干物质重量（周冀衡，1996；沈锦辉等，2000）。烟草是高度需锰的作物，烟草含锰量为 50～260mg/kg。胡国松等（2000）研究结果表明，铜、锌、锰对烤烟香味呈正效应，适量增加其含量可改变烟叶品质。

由表 5-17 看出，不同配比畜禽粪便与化肥配施对烤烟不同部位铁含量不同。其中以烤烟根中含量最高，叶次之，茎最低。根中铁含量以对照 CK1（纯化肥）的最大，处理 CK2（饼肥）的最小，这可能与施用化肥有关。各处理叶中铁含量均比对照 CK1 高，说明施用畜禽粪便可促进养分铁向烟株叶片转移。原因可能是根系在活化有机肥的作用下，其吸收和合成能力增强，使烟叶中积累更多的矿质营养（叶协锋等，2008）。叶中铁含量以处理 B2 最高，比对照 CK1 提高 135.99mg/kg，高出 55.54%。施用不同配比畜禽粪便处理的烟株根系，铁含量与对照 CK2（饼肥）差异显著，饼肥处理含量最低，这可能与饼肥中含铁量最低有关。从烤烟对铁的吸收量来看，对照和处理 A1 都呈现根＞叶＞茎的规律，而其他处理则是叶＞根＞茎，表明施用不同配比的畜禽粪便与化肥，使烤烟叶、根中铁的分配比例发生了变化。

表 5-17 施用不同配比畜禽粪便对烤烟含铁量及吸收量的影响

处理	铁含量（mg/kg）			铁吸收量（mg/株）			
	根	茎	叶	根	茎	叶	整株
CK1	3 251.22a	109.51a	244.85e	23.05	2.41	9.57	35.04
CK2	741.22e	65.57b	262.03cde	6.07	1.68	12.17	19.92
A1	1 676.90b	71.02b	295.62bc	15.36	1.89	13.78	31.02
A2	1 022.53cd	109.10a	283.01bcd	10.64	3.38	15.69	29.71
B1	1 002.62cd	54.06b	256.86de	9.89	1.30	12.32	23.51
B2	1 042.62cd	61.74b	380.84a	10.54	1.81	20.22	32.57
C1	1 145.91cd	50.63b	273.76bcde	12.06	1.42	14.22	27.70
C2	1 159.38c	54.65b	268.61cde	10.43	1.51	14.11	26.06
C3	984.89d	43.70b	307.45b	9.37	1.26	16.62	27.25
D	1 136.67cd	57.43b	250.30de	9.34	1.61	12.30	23.25

由表 5-18 可以看出，不同配比畜禽粪便与化肥配施对烤烟不同部位锰含量影响不同。烤烟各部位锰含量依次为叶＞根＞茎。其他处理根、茎、叶中锰的含量均比对照小，表明

施用畜禽粪便有利于降低烤烟各部位中锰的含量。处理 A2 烤烟各部位锰含量与处理 A1 差异显著，且比处理 A1 低；处理 B2 烤烟各部位锰含量与处理 B1 差异显著，且比处理 B1 低，这说明不同配比畜禽粪便对烤烟各部位锰含量有影响。从烤烟对锰的吸收量来看，处理 B1 各部位对锰的吸收量依次为叶＞根＞茎，其他处理为叶＞茎＞根。除处理 C3 外，其他处理对锰的吸收量均比对照小，这可能与处理 C3 烟株干物质积累量较高有关，说明施用畜禽粪便能降低烟株对重金属锰的积累。

表 5-18　施用不同配比畜禽粪便对烤烟含锰量及吸收量的影响

处理	锰含量（mg/kg）			锰吸收量（mg/株）			
	根	茎	叶	根	茎	叶	整株
CK1	118.40a	52.86a	200.12a	0.84	1.16	7.83	9.83
CK2	76.09d	49.39b	157.61b	0.62	1.27	7.32	9.21
A1	99.25bc	49.36b	131.78d	0.91	1.31	6.14	8.36
A2	83.49d	33.75f	111.48g	0.87	1.04	6.18	8.09
B1	108.70ab	40.94c	130.64d	1.07	0.99	6.27	8.33
B2	76.17d	34.89ef	125.63e	0.77	1.02	6.67	8.46
C1	84.15d	37.17de	122.63ef	0.89	1.04	6.37	8.30
C2	97.62c	38.06d	126.13e	0.88	1.05	6.62	8.55
C3	82.18d	35.36ef	151.21c	0.78	1.02	8.18	9.98
D	84.24d	39.32cd	118.63f	0.69	1.10	5.83	7.62

总体来看，在畜禽粪便的作用下，烟株对矿质元素的利用得到改善，有利于其产量和品质的形成。

5.4.5　配施畜禽粪便对烤烟重金属含量与积累量的影响

铜是氧化酶类、酪氨酸、抗坏血酸等的组成成分，参与氧化还原过程。锌是氧化还原过程中一些酶的激活剂，是色氨酸不可缺少的组成成分（陆景陵，2003）。锌可促进烟株根茎叶协调生长，增加叶片中 SOD 活性，减轻烟株受活性氧自由基的伤害，表现为 MDA 含量明显降低，同时根干重极显著提高，根冠比增加（汪邓民等，2000）。施用畜禽粪便后，畜禽粪便分解所产生的腐殖质含有一定量的有机酸、糖类和酚类，N、S 的杂环化合物具有活性基团，与土壤中 Cu、Zn、Pb、Cd 等重金属元素络合或螯合，从而影响作物对重金属元素的吸收。有机质作为配位体与重金属络合或螯合，改变了重金属的行为和有效性（刘雪琴，2007；华珞等，2002）。因此，利用增施有机肥可以改变土壤中重金属元素的化学行为，阻碍作物对其吸收，使重金属元素的植物活性降低，从而降低重金属的毒性。

（1）对烤烟铜含量的影响

从各处理不同部位叶片的铜含量看出，下部叶的铜含量在 200.88～377.86mg/kg，中部叶的铜含量在 44.31～101.96mg/kg，上部叶的铜含量在 6.21～15.55mg/kg（表 5-19），可见烤烟叶位铜含量依次为下部叶＞中部叶＞上部叶。不同配比畜禽粪便与化肥配施对烤烟叶片铜含量的影响不同，处理 B1 叶片的铜含量最高（137.21mg/kg），处理 A2 叶片的铜含量最低（89.72mg/kg），差异达显著水平。不同配比畜禽粪便与化肥配施对烤烟不同部位铜含量影响不同。处理 A1、A2、C1、C3、D 和对照烤烟各部位铜含量依次为叶＞根＞茎，处理 B1、B1、C2 烤烟各部位铜含量依次为叶＞茎＞根，这表明鸡粪与牛粪混合施用能够促进烤烟茎对铜元素的吸收。处理 B1 与 B2 上部叶、下部叶铜含量差异显著，且处理 B2 上部叶铜含量要比处理 B1 高出 73.40%，处理 B1 下部叶铜含量要比处理 B2 高出 69.0%，这表明鸡粪与牛粪 1∶2 混合处理促进了烟株上部叶对铜的吸收，鸡粪与牛粪 1∶1 混合处理促进了烟株下部叶对铜的吸收。

表 5-19　配施畜禽粪便对烤烟各部位铜含量的影响

处理	铜含量（mg/kg）					
	上部叶	中部叶	下部叶	叶	茎	根
CK1	7.38cd	62.30f	294.35c	114.45d	21.21b	103.41a
CK2	10.17bc	101.96a	272.53d	134.96ab	21.11b	23.68bc
A1	10.92b	80.05d	341.51b	128.28c	20.30b	31.05b
A2	9.68bc	44.31h	200.88h	89.72g	21.51b	23.41bc
B1	8.97bcd	50.12g	377.86a	137.21a	25.21a	24.76bc
B2	15.55a	50.97g	223.55g	95.58f	20.03b	19.02c
C1	6.21d	84.93c	261.19e	113.97d	20.76b	21.99c
C2	7.87bcd	61.74f	243.94f	101.83e	21.35b	20.72c
C3	8.66bcd	68.91e	218.18g	101.43e	22.45ab	24.05bc
D	7.28cd	91.19b	299.87c	132.76b	22.04ab	22.46bc

（2）对烤烟锌含量的影响

由表 5-20 可以看出，不同处理烤烟各部位锌含量的变化规律不同。对照烤烟各部位锌含量为根＞叶＞茎，处理 A1、A2、B2、C1、C2、C3、D 烤烟各部位锌含量为叶＞根＞茎，处理 B1 为叶＞茎＞根，这可能与畜禽粪便中含有大量锌，促进了叶片对锌的吸收。不同配比畜禽粪便处理的烤烟叶部锌含量要高于对照 CK1 处理，高出 9.20%～36.90%，而对照处理的烤烟根部锌含量要比不同配比有机肥处理高，这表明有机肥处理促进了锌元素向烤烟叶片的转移。烤烟叶位锌含量规律除处理 C3 为下部叶＞上部叶＞中部叶，其他处理依次为下部叶＞中部叶＞上部叶。处理 C1、C2、C3 间上部叶、下部叶锌含量差异不显著，中部叶差异显著，这表明猪粪与牛粪不同配比，影响了烤烟不同叶位对锌元素的吸收，猪粪与牛粪 1∶1 处理促进了锌元素向中部叶的转移。

表 5-20　配施畜禽粪便对烤烟各部位锌含量的影响

处理	锌含量（mg/kg）					
	上部叶	中部叶	下部叶	叶	茎	根
CK1	14.48e	32.65de	74.25c	42.35cd	42.11a	55.78a
CK2	39.41a	22.99f	63.39d	39.51d	26.29b	47.30abc

（续）

处理	锌含量（mg/kg）					
	上部叶	中部叶	下部叶	叶	茎	根
A1	26.28bcd	45.06bc	76.79bc	47.84abcd	40.03a	42.97bc
A2	21.29d	50.95ab	85.61a	57.88a	28.52b	47.00abc
B1	24.79cd	51.79ab	76.36bc	57.96a	43.55a	42.94bc
B2	24.37d	56.67a	72.81c	52.49abc	27.02b	49.95ab
C1	27.17bcd	46.86bc	80.24abc	53.50ab	27.00b	40.09c
C2	31.66b	57.45a	77.96abc	55.19ab	27.26b	43.32bc
C3	30.89bc	26.91ef	83.41ab	46.27bcd	25.18b	44.43bc
D	23.39d	40.04cd	76.86bc	50.91abc	27.57b	44.59bc

（3）对烤烟铅含量的影响

由表 5-21 可以看出，不同配比畜禽粪便与化肥配施对烤烟不同部位铅含量影响不同。处理 B2、C3 烤烟各部位铅含量依次为根＞茎＞叶，其他处理为根＞叶＞茎，这表明烤烟根系对铅元素的吸收能力要比地上部强。不同配比畜禽粪便处理的烤烟根、茎、叶各部位铅含量均比对照 CK1 低，这说明施用畜禽粪便能明显降低烟株对重金属铅的吸收。处理 A1、A2 间烤烟根、茎、叶铅含量均差异显著，且处理 A2 烤烟根、茎、叶铅含量分别比处理 A1 低 5.94mg/kg、0.74mg/kg、1.26mg/kg，这说明鸡粪与猪粪 1∶1 混合施用要比鸡粪与猪粪 1∶2 混合施用更能降低烟株对重金属铅的吸收。不同处理不同叶位铅含量不同，处理 A2、B2 为上部叶＞下部叶＞中部叶，处理 E 为中部叶＞上部叶＞下部叶，其他处理为上部叶＞中部叶＞下部叶。

表 5-21　配施畜禽粪便对烤烟各部位铅含量的影响

处理	铅含量（mg/kg）					
	上部叶	中部叶	下部叶	叶	茎	根
CK1	7.63a	4.41a	3.85a	5.18a	4.03a	16.61a
CK2	3.62de	4.35a	3.47a	3.90b	3.33bcd	16.51ab
A1	6.09b	4.10ab	2.14cd	4.17b	3.09bcd	14.41bc
A2	5.65bc	1.26c	3.24ab	2.91c	2.35e	8.46e
B1	4.44cd	4.12a	3.10ab	3.90b	3.00cd	15.39abc
B2	4.46cd	1.25c	3.87a	3.01c	3.43abcd	11.46d
C1	7.39a	3.26b	2.52bc	4.17b	3.69ab	13.75c
C2	4.51cd	4.36a	3.13ab	4.03b	2.84de	15.98ab
C3	2.66e	2.05c	1.57d	2.05d	3.54abc	15.09abc
D	6.63ab	3.91ab	2.41bcd	4.21b	1.57f	13.64c

（4）对烤烟镉含量的影响

由表 5-22 可以看出，烤烟各部位镉含量以茎部最低。除处理 B1、B2 外，其他处理烤烟叶片中镉含量均比对照 CK1 低，这表明配施有机肥的处理有利于降低叶片中镉的含量。施用鸡粪与牛粪配比（处理 B1、B2）的烤烟叶片中镉含量最高，施用猪粪与牛粪配比（处理 C1、C2、C3）的次之，施用鸡粪与猪粪配比（处理 A1、A2）的最小，这可能与鸡粪、猪粪、牛粪中含镉量不同有关。处理 CK2 烤烟叶位镉含量依次为下部叶＞上部叶＞中部叶，其他处理为下部叶＞中部叶＞上部叶，这说明下部叶是烤烟叶位中最容易积累镉的部位。不同配比畜禽粪便处理烤烟上部叶中镉含量均比对照 CK1 低，不同配比畜禽粪便处理（除处理 B1、B2 外）烤烟中部叶中镉含量均比对照 CK1 低，不同配比畜禽粪便处理（除处理 B2 外）烤烟下部叶中镉含量均比对照 CK1 高，这说明施用不同配比畜禽粪便能明显改善镉元素在烤烟各叶位的分布，有利于降低上部叶、中部叶镉含量，存在增加下部叶镉超标的危险。

表 5-22　配施畜禽粪便对烤烟各部位镉含量的影响

处理	镉含量（mg/kg）					
	上部叶	中部叶	下部叶	叶	茎	根
CK1	0.70a	1.03b	1.12c	0.96b	0.72a	0.96a
CK2	0.74a	0.66de	1.59a	0.97b	0.74a	0.92b
A1	0.36de	0.48g	1.36b	0.68e	0.65bc	0.85de
A2	0.33de	0.48g	1.14c	0.67e	0.58d	0.89bc
B1	0.60b	1.12b	1.34b	1.05a	0.66b	0.86cde
B2	0.48c	1.33a	1.10c	1.01ab	0.60cd	0.83e
C1	0.39d	0.58ef	1.36b	0.75d	0.50e	0.82e
C2	0.35de	0.50fg	1.37b	0.72de	0.64bc	0.87cd
C3	0.32e	0.87c	1.58a	0.95b	0.52e	0.91bc
D	0.32de	0.73d	1.60a	0.89c	0.61bcd	0.89bc

由此可见，配施不同配比畜禽粪便的情况下，都对烟草中各类重金属含量有着极大的影响，大多数处理都降低了烟叶中 Cd、Pb 的含量，只有少数处理高于对照（纯化肥），这与畜禽粪便的选用和烟草不同部位对其重金属的吸收能力及重金属在烟草内的分布特点有关。

叶是烟株中重金属 Cu、Zn、Pb、Cd 积累量最高的部位，这与烟株不同部位干物质积累量有关。各处理中 Cu 的整株积累量以对照 CK2（饼肥）的最小，处理 A2 的最高，其他处理要比对照 CK2 高出 2.99%～30.81%。Zn 的整株积累量以对照的最低，处理 A2 的最高。

表 5-23　配施畜禽粪便对烤烟各部位铜、锌、铅、镉积累量的影响（mg/株）

处理		CK1	CK2	A1	A2	B1	B2	C1	C2	C3	D
	根	0.19	0.73	0.28	0.24	0.24	0.19	0.23	0.19	0.23	0.18
	茎	0.54	0.47	0.54	0.61	0.67	0.59	0.58	0.59	0.65	0.62
Cu	叶	6.27	4.47	5.98	6.58	4.97	5.07	5.92	5.35	5.48	6.52
	整株	7.00	5.68	6.80	7.43	5.88	5.85	6.73	6.13	6.36	7.33

（续）

处理		CK1	CK2	A1	A2	B1	B2	C1	C2	C3	D
Zn	根	0.39	0.40	0.39	0.42	0.49	0.51	0.42	0.39	0.42	0.37
	茎	0.67	0.93	1.06	1.05	1.04	0.79	0.76	0.75	0.73	0.77
	叶	1.83	1.66	2.23	2.78	3.21	2.79	2.78	2.90	2.50	2.50
	整株	2.90	2.98	3.69	4.25	4.74	4.08	3.96	4.04	3.65	3.64
Pb	根	0.135	0.118	0.132	0.152	0.088	0.116	0.145	0.144	0.143	0.112
	茎	0.085	0.089	0.082	0.072	0.073	0.101	0.103	0.078	0.102	0.044
	叶	0.181	0.203	0.194	0.187	0.162	0.160	0.216	0.212	0.111	0.207
	整株	0.402	0.409	0.408	0.411	0.322	0.376	0.464	0.434	0.357	0.363
Cd	根	0.007 5	0.006 8	0.007 8	0.008 5	0.009 3	0.008 3	0.008 7	0.007 8	0.008 6	0.007 4
	茎	0.019 0	0.015 9	0.017 2	0.015 7	0.017 9	0.017 6	0.013 9	0.017 8	0.015 0	0.017 2
	叶	0.090 1	0.075 3	0.063 2	0.100 7	0.074 1	0.107 5	0.078 2	0.075 8	0.103 2	0.087 1
	整株	0.116 6	0.098 0	0.088 1	0.125 1	0.101 3	0.133 4	0.100 8	0.101 4	0.126 8	0.111 7

5.5　施用不同配比畜禽粪便对植烟土壤理化性质的影响

烟草对土壤化学性状的适应性较强，在土壤 pH4.5～8.5 的范围内均能生长，但不同的土壤酸碱条件对烟叶品质有明显影响。从对烟叶品质的需求来说，土壤化学性状要在合适的范围内。不同土壤的成土母质不同，其矿物组成和化学组成亦不同，因而又影响着土壤的化学成分和土壤内部化学过程的进行。土壤的化学性状影响着土壤养分的固定与释放及有效性，因而对烟草的生长发育和烟叶品质有直接的影响。

畜禽粪便对土壤理化性质影响的试验采用盆栽试验进行。试验设置同"5.4 施用不同配比畜禽粪便对烤烟生长发育的影响"。

5.5.1　对植烟土壤 pH 和有机质的影响

土壤 pH 的高低不仅与土壤组成有关，还受外界因素如施肥、作物种类的影响。不同种类畜禽粪便中糖类、纤维素、半纤维素、蛋白质、有机酸等的含量也有差别，对土壤 pH 有不同的影响。土壤有机质在农业生产上的作用很大，它通过影响土壤的物理、化学和生物学性质而改善和调节土壤的肥力状况，并可消除或缓解某些逆境条件对作物生长的不利影响，其含量的高低直接影响土壤的肥沃性、保墒性、耕性、通气状况。

从由表 5-24 可以看出，植烟土壤中施用不同配比畜禽粪便对土壤 pH 有一定影响。各处理 pH 均比对照高，其中以处理 A1 的土壤 pH 最高，要比对照高出 0.19，这说明施用畜禽粪便有利于改良土壤，提高酸性土壤的 pH。有机质在一定程度上反映了土壤的肥力状况，施用不同畜禽粪便处理间土壤有机质差异不显著，施用畜禽粪便的土壤有机质与对照 CK1 差异显著，比对照 CK1 高出 0.73～1.33g/kg。不同种类畜禽粪便合理配施能够有效地提高土壤有机质的含量，使土壤中已经逐渐老化的腐殖质得到更新与活化。

表 5-24　施用不同配比畜禽粪便对植烟土壤 pH 和有机质的影响

处理	CK1	CK2	A1	A2	B1	B2	C1	C2	C3	D
pH	4.76c	4.77c	4.95a	4.81bc	4.82bc	4.86ab	4.82bc	4.92ab	4.84abc	4.84abc
有机质（g/kg）	17.93e	18.46cde	18.78abc	19.22ab	18.97abc	19.26a	19.10ab	18.66bcd	18.76abc	19.19ab

5.5.2　对植烟土壤速效养分的影响

由表 5-25 可以看出，施用不同配比畜禽粪便可显著提高土壤肥力，但各处理之间有一定差异。植烟土壤碱解氮含量，除处理 C2、D 比对照略低外，其他处理均比对照高，这说明施用不同配比畜禽粪便的处理土壤中残留一定的养分，使烤烟生长后期仍有可能提供速效养分供应，影响烤烟的适时落黄。施用畜禽粪便的土壤速效磷含量均比对照 CK1 高，高出 0.93～3.23 个百分点，这可能与有机肥中含有丰富的磷有关。不同配比畜禽粪便处理间差异不显著，这说明不同种类有机肥混合配施对土壤有效磷影响一致。与对照 CK2（饼肥）相比，不同配比有机肥的处理土壤有效磷含量均有所增加，这可能由于鸡粪、猪粪、牛粪是缓释有机肥，可以在整个试验过程中缓慢释放作物所需的营养肥料，并减少了养分的淋失，从而使作物能充分而有效地利用有机肥源，供给作物生长发育所需养分，同时也减少了肥料的损失。施用不同配比的有机肥对土壤速效钾含量影响不同，与对照 CK1 相比，处理 A1、B1、C2 增加了土壤中速效钾的含量，其他处理则降低了土壤中速效钾的含量。

表 5-25　施用不同配比畜禽粪便对植烟土壤速效养分的影响

处理	碱解氮（mg/kg）	速效磷（mg/kg）	速效钾（mg/kg）
CK1	119.97cde	17.53e	94.12bcd
CK2	119.91cde	19.16de	99.04bc
A1	130.44ab	21.62abc	98.98bc
A2	130.81ab	22.52ab	75.56e
B1	124.50bcd	22.29abc	112.40a
B2	128.71ab	20.38cd	88.90cd
C1	127.45abc	22.19abc	83.98de
C2	119.14de	21.95abc	104.07ab
C3	133.46a	23.20a	85.79de
D	117.73de	21.27bc	85.71de

5.5.3　对植烟土壤微量元素的影响

由表 5-26 可以看出，与对照 CK1 相比，施用畜禽粪便明显增加了土壤中有效态铁、锰、锌的含量，有效态铜的含量却呈明显降低的趋势。处理 C3 的有效态铁含量，处理 A1 的有效态锰含量，处理 A2 的有效态铜、锌含量增长最明显，分别比对照高出 7.51mg/kg、4.58mg/kg、0.11mg/kg、0.66mg/kg。铁、锰、铜、锌是烤烟生长必需的微量营养元素，但含量达到一定程度时不仅会造成土壤污染，更会引起烤烟潜在毒害。

表 5-26　施用不同配比畜禽粪便对植烟土壤微量元素有效态的影响

处理	有效铁 (mg/kg)	有效锰 (mg/kg)	有效铜 (mg/kg)	有效锌 (mg/kg)
CK1	115.25bcd	27.33e	2.40a	2.92bc
CK2	117.09bcd	29.69b	1.91e	2.84c
A1	119.06abc	31.91a	2.39ab	3.33abc
A2	116.75bcd	27.32e	2.51a	3.58a
B1	114.52d	27.62e	2.37abc	2.89c
B2	116.83bcd	28.38cde	2.19d	3.48a
C1	119.13ab	29.38bc	2.12d	2.92bc
C2	119.47ab	28.78cd	2.24bcd	3.46ab
C3	122.76a	31.07a	2.14d	3.22abc
D	114.60cd	28.03de	1.96e	3.10abc

5.5.4　对植烟土壤铅镉含量的影响

收获烟株后测得的土壤重金属 Pb、Cd 的含量见表 5-27。结果表明，施用不同配比畜禽粪便都不同程度的影响了土壤重金属的含量。与对照 CK1（纯化肥）相比，处理 C1、C2 总铅的含量显著增加，处理 A1、A2、B1 总铅的含量显著降低，各处理有效态铅的含量均比对照有所降低。施用不同配比畜禽粪便对土壤总镉含量影响显著，除处理 C3、D 外，与对照 CK1 相比均增加了土壤中总镉含量。各处理土壤中有效态镉含量与对照 CK1 差异显著，降低了 32.30%～74.20%。

表 5-27　施用不同配比畜禽粪便对植烟土壤铅镉含量的影响

处理	总铅 (mg/kg)	有效态铅 (mg/kg)	总镉 (mg/kg)	有效态镉 (mg/kg)
CK1	95.57c	18.90a	3.62ef	0.31a
CK2	99.37bc	12.94c	2.47fg	0.19b
A1	60.59d	18.41ab	3.44ef	0.33a
A2	70.89d	18.17ab	5.16cd	0.18b
B1	62.58d	12.08cd	4.05de	0.21b
B2	90.32c	17.48b	5.37c	0.12c
C1	109.07ab	12.59cd	8.79a	0.19b
C2	116.09a	11.65d	7.20b	0.10c
C3	94.87c	12.05cd	1.39g	0.18b
D	96.14c	11.87cd	1.08g	0.08c

第 6 章　施用有机肥定位效应研究

　　福建以生产优质烤烟而闻名，其烟叶质量居全国前列，并以其特有的清香醇和而闻名全国，深受各烟厂的青睐。有机肥含有作物所必需的营养元素，含有对作物根际营养起特殊作用的微生物群落和大量有机物质及其降解产物，能增强作物的抗逆境能力（文启孝，1983）。施用有机肥能改善烟草生长状况，增强烟草的生理代谢能力，为形成优质烟奠定了基础，提高了烟叶品质（朱贵明等，2002；Sugges C W，1986）；施用有机肥在改良植烟土壤的物理性状、增加土壤微生物的活力、为作物提供较完全的养分等方面具有独特的作用；为实现烟草生产的可持续发展，创造了一个良好的土壤环境。但也有研究认为（Sugges C W，1986；曹志洪，1991），有机肥中氮素的释放量较少，对烤烟生长没有十分重要的作用；有机肥的缓效性对烤烟的早期生长不利，后期又会导致烟叶贪青晚熟，影响烟叶的品质。有些地区研究得出，烟稻轮作不仅可以创效增收、解决粮烟争地矛盾，还可防治烟草病害、多产优质烟（谭荫初，2002）。在烟—稻水旱轮作的条件下，能够促进氧化亚铁等有毒物质的分解，改善了土壤团粒结构，且土壤中潜在的氮、磷、钾等元素分解转化为速效肥，有利于作物吸收，能够提高烟草和水稻对肥料的利用率（张春芳，2001）。烟—稻轮作改变了稻田的生态环境，可以避免或减轻病虫害。同时，烟叶收获后茎秆还田，既是肥料，烟秆中的烟碱又是杀虫剂，减少了水稻病虫害的发生（张春芳，2001）。水旱轮作，使稻田土壤的理化性状得到改良、土壤肥力得到提高，避免或减轻了病虫害对烤烟和水稻的危害，有利于作物的生长发育（张春芳，2001）。

　　在烟稻轮作中，烟草施肥水平较高，土壤养分存留量也较高，前作对后茬作物的生长有一定的影响。李杰（2008）研究了有机肥在水稻生产中的施用效果，在水稻上施用有机肥，每 667m² 稻谷可增加 46.7kg，增产率最高达到 8.8%。还有研究表明，有机肥料与化肥配合施用，水稻增产作用明显（李菊梅等，2005）。一些研究结果表明，在水稻上应用有机肥能改善其生育性状并提高产量，提高种粮效益（李杰，2008；余雄波，2006；郑祥灯等，2012；赵铁铮等，2013）。

　　目前，烟稻轮作中水稻施肥残留对后茬烤烟的影响、施用有机肥的养分释放特点等仍缺乏深入研究，对指导烤烟施肥产生较大的误区。为此，研究烟稻轮作条件下施用有机肥后土壤中氮、磷、钾等主要速效养分的变化状况，烟稻轮作中施用有机肥效应多年的定位试验，对指导烟农合理施肥，培肥地力，平衡供给烤烟营养，提高烟叶品质，促进福建烤烟生产的可持续发展具有重要作用。

6.1　土壤干湿交替条件下施用有机肥对土壤主要养分含量的影响

研究不同土壤施用有机肥后，土壤干湿交替（模拟烟稻轮作的土壤水分管理模式）条件下的养分释放特点。试验采集福建烟区有代表性的植烟土壤，土壤类型为潮砂田和灰泥田，供试土壤的基本理化性状见表 6-1。土样风干后过 2mm 筛，供培育试验用。有机肥采用福建烟区通常施用的有机肥品种（鸡粪、饼肥、牛粪、猪粪、稻草），有机肥经堆沤腐熟，供试有机肥料的氮、磷、钾含量状况见表 6-2。

每种土壤设 6 个处理，即分别施用鸡粪、饼肥、牛粪、猪粪、稻草、对照，有机肥施用量为 12.5g/kg 土壤，每培养杯加 600g 土壤。培育土壤水分管理模式设置 2 种：①湿润至淹水；②淹水至湿润。在培育过程中淹水处理土壤保持水层 2cm 左右，湿润处理保持土壤水分为田间持水量的 60% 左右；每种水分管理模式的每一处理重复 2 次。培养杯在室温下培养 200d，土壤培育的前 100d 淹水（或湿润）、土壤培育的后 100d 改为湿润（或淹水）。培育期间每 10d 或 20d 测定土壤有效氮、磷、钾的含量。

表 6-1　供试土壤的基本理化性状

土壤	有机质 (g/kg)	pH	碱解氮 (mg/kg)	有效磷 (mg/kg)	速效钾 (mg/kg)	交换性钙 (mg/kg)	交换性镁 (mg/kg)
潮砂田	24.50	5.07	60.39	18.21	64.68	180.51	61.80
灰泥田	35.70	5.41	95.34	32.81	135.17	475.22	61.80

表 6-2　供试有机肥料的氮、磷、钾含量状况（%）

养分	鸡粪	饼肥	牛粪	猪粪	稻草
全氮	2.21	4.33	1.48	2.09	0.88
全磷	0.91	1.21	0.82	1.23	0.72
全钾	1.70	1.38	1.71	0.75	2.00

6.1.1　对植烟土壤碱解氮含量的影响

（1）潮砂田

①湿润至淹水培育土壤碱解氮含量变化状况

a. 湿润培育

在湿润条件下施用等量的有机肥，结果表明（图 6-1），5 种有机肥在潮砂田中有效氮含量的变化状况具有明显的差异。饼肥的氮素分解释放量最大，在施用后 20d，有较多的有机氮转化为速效氮。饼肥处理的土壤碱解氮含量最高（289.36mg/kg），而后是鸡粪处理的土壤（190.623mg/kg）。施用牛粪、猪粪处理土壤中的碱解氮含量也有明显的增加，在牛粪、猪粪施用后的第 20 天，土壤中的碱解氮含量达最高，分别比对照增加了 60.01mg/kg、61.47mg/kg；稻草处理的土壤碱解氮最低，仅比对照的多 28.00mg/kg，这与稻草含氮量较低有关。饼肥在施用 20d 后，土壤碱解氮含量呈下降趋势。等量的鸡粪、牛粪、猪粪和稻草等有机肥料施入潮砂田的第 20 天，土壤碱解氮含量达最高（图 6-1），此后，随培育时间的延长，土壤碱解氮含量下降，对照处理的土壤碱解氮含量变化规律与此相似。

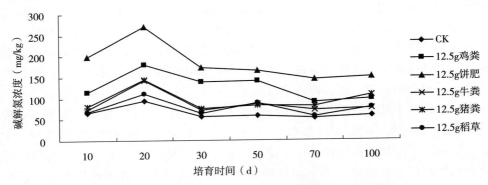

图 6-1　潮砂田湿润条件下施用有机肥对土壤碱解氮含量的影响

b. 湿润转换为淹水培育

土壤培育 100d 后，原来的湿润条件转换为淹水环境，在培育的 100～110d 期间，土壤碱解氮的含量呈下降趋势（图 6-2），但仍然以饼肥处理的碱解氮含量较高。在培育 110d 后随培育时间的延长，各处理土壤碱解氮的含量呈缓慢的上升趋势，而后逐渐下降；在培育后第 200 天与刚淹水前比，鸡粪、饼肥、猪粪和稻草处理的土壤碱解氮含量分别下降了 60.31%、36.69%、43.15% 和 18.85%。

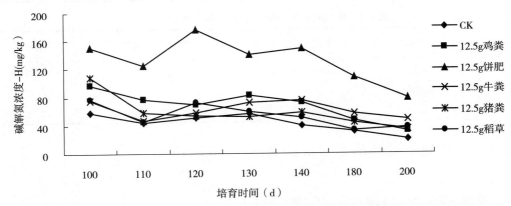

图 6-2　施用有机肥各处理（湿润转淹水培育）潮砂田碱解氮含量的变化

②淹水至湿润培育土壤碱解氮含量变化状况

a. 淹水培育

由图 6-3 看出，淹水条件下在潮砂田中施入等量的有机肥，各处理土壤碱解氮含量在培育前 20d 均呈上升趋势，其中饼肥处理上升幅度最大，碱解氮增加量达到 97.76mg/kg；其他处理的土壤碱解氮含量在第 20 天时分别比对照增加了 77.33mg/kg、48.71mg/kg 48.66mg/kg 和 18.71mg/kg。淹水培育至 100d 时，施用鸡粪、饼肥、牛粪、猪粪、稻草及对照处理土壤碱解氮含量分别为 51.30mg/kg、82.75mg/kg、33.49mg/kg、60.34mg/kg、35.17mg/kg 及 34.84mg/kg。

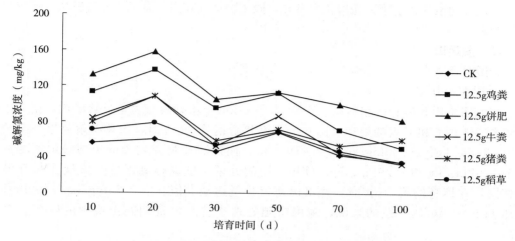

图 6-3　潮砂田淹水条件下施用有机肥对土壤碱解氮含量的影响

b. 淹水转换为湿润培育

培育 100d 后，淹水条件转换为湿润环境，在淹水条件转换为湿润环境培育的第 110 天土壤碱解氮含量分别比对照增加 39.32mg/kg、99.98mg/kg、34.53mg/kg、29.53mg/kg、56.54mg/kg（图 6-4），饼肥处理在湿润培育的前 10d，土壤碱解氮含量达到峰值，比培育第 110 天增加 55.72mg/kg，提高 37.6%；在培育 120～130d 内呈下降趋势，之后基本趋于平稳。与淹水条件下的土壤碱解氮相比，施用鸡粪、牛粪、猪粪和稻草 4 个处理土壤碱解氮含量增加量的变化幅度小。

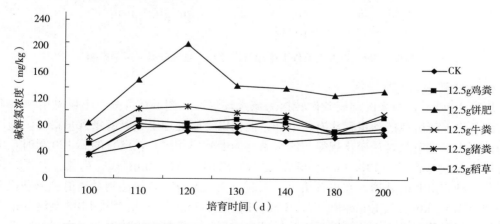

图 6-4　施用有机肥各处理（淹水转湿润培育）潮砂田碱解氮含量的变化

湿润和淹水培育试验结果表明，在淹水条件下第 100 天，鸡粪、饼肥、牛粪、猪粪及稻草处理的土壤碱解氮含量与湿润相比，分别降低 36.14mg/kg、65.34mg/kg、49.15mg/kg、44.30mg/kg 及 42.46mg/kg，表明在湿润、淹水条件下施用有机肥料对土壤碱解氮含量的影响不同，湿润条件下培育的土壤碱解氮含量大于淹水条件的土壤碱解氮含量。因为淹水条件的土壤，通气状况不良，微生物活性较低，有机质分解慢，速效养分释放少；湿润条件的土壤，通气状况良好，微生物活性较高，有机质分解较快，速效养分释放较多。

（2）灰泥田

①湿润至淹水培育土壤碱解氮含量变化状况

a. 湿润培育

灰泥田施用5种有机肥料后，在培育10～20d土壤碱解氮含量显著增加，猪粪、稻草和牛粪3种有机肥料的处理（图6-5），在培育的第20天时，土壤碱解氮增加量分别为50.34mg/kg、20.30mg/kg和2.47mg/kg，而饼肥和鸡粪处理的土壤碱解氮增加量为167.92mg/kg和70.98mg/kg。施用饼肥的处理土壤碱解氮含量变化规律与潮砂田的相同，在培育的第20天时，土壤碱解氮含量达最大值（267.25mg/kg），比培育前增加171.91mg/kg。总的来说，施用饼肥处理在整个培育期间土壤中的碱解氮含量较高。

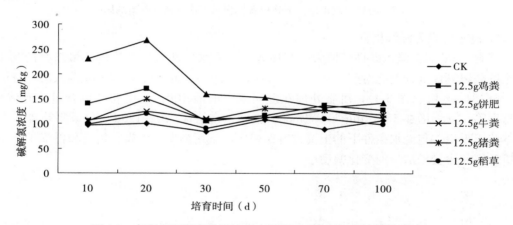

图6-5 灰泥田湿润条件下施用有机肥对土壤碱解氮含量的影响

b. 湿润转换为淹水培育

培育100d后，原来的湿润条件转换为淹水环境，从图6-6可知，土壤碱解氮的含量与湿润条件下碱解氮的含量相比有所下降，但仍以饼肥处理土壤碱解氮含量最高。施用饼肥的处理土壤碱解氮含量变化规律与淹水条件的潮砂田相同，在培育的第120天时，土壤碱解氮含量达最高值（148.63mg/kg），比对照增加了57.05mg/kg。鸡粪、牛粪、猪粪和稻草4种有机肥的处理，在培育第120天时，土壤碱解氮含量达到最高值，分别比对照增加26.71mg/kg、15.43mg/kg、19.84mg/kg、7.39mg/kg。培育从140d至培育结束处于平缓的下降状态。由上述可以看出，转换模式后淹水条件下土壤碱解氮含量均较低，而且在培育末期土壤碱解氮含量变化较小，这可能与环境有关。

②淹水至湿润培育土壤碱解氮含量变化状况

a. 淹水培育

从图6-7可以看出，淹水模式下灰泥田施用12.5mg/kg有机肥料，在培育20d时，

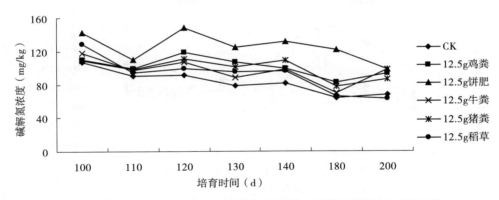

图 6-6　施用有机肥各处理（湿润转淹水培育）灰泥田碱解氮含量的变化

5 种有机肥处理的土壤碱解氮含量都有不同程度的增加，与对照相比，施用鸡粪、饼肥、牛粪、猪粪和稻草处理的土壤碱解氮增加量分别为 64.93mg/kg、152.12mg/kg、26.13mg/kg、35.96mg/kg、6.01mg/kg；培育至第 50 天时土壤碱解氮含量均有所增加，这与培育期间温度及有机肥氮的含量高低有关。淹水模式下土壤碱解氮的增加量与湿润模式下土壤碱解氮的增加量相比，整体比湿润模式的小，培育第 20 天时尤为显著，各施肥处理在湿润模式下土壤碱解氮的增加量分别比淹水模式下的增加量多 3.64～56.03mg/kg。

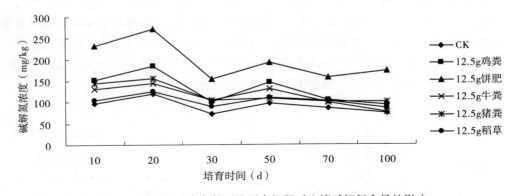

图 6-7　灰泥田淹水条件下施用有机肥对土壤碱解氮含量的影响

b. 淹水转换为湿润培育

淹水培育转换为湿润环境，灰泥田培育 10d（即培育的第 110 天），灰泥田中的碱解氮含量均有所上升。由图 6-8 看出，培育至第 120 天各处理的土壤碱解氮含量与培育第 110 天相比，各施肥处理分别增加了 43.29mg/kg、38.98mg/kg、17.79mg/kg、29.57mg/kg 及 42.92mg/kg。湿润环境下培育至 200d 后，各施肥处理与培育第 100 天相比土壤中碱解氮均呈下降的趋势，分别下降了 0.66mg/kg、33.43mg/kg、3.00mg/kg、13.29mg/kg、0.82mg/kg，表明有机肥中的氮在培育后期释放速率减小。

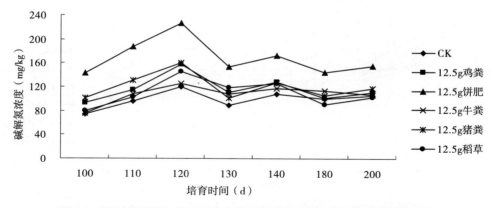

图 6-8 施用有机肥各处理（淹水转湿润）培育灰泥田碱解氮含量的变化

6.1.2 对植烟土壤有效磷含量的影响

（1）潮砂田

①淹水至湿润培育土壤有效磷含量变化状况

a. 湿润培育

各种有机肥处理土壤有效磷的含量变化不同，在潮砂田中分别施用 12.5g/kg 鸡粪、饼肥、牛粪、猪粪和稻草有机肥处理（图 6-9），在湿润条件下培育第 20 天，各处理土壤的有效磷含量分别为 65.28mg/kg、63.57mg/kg、55.81mg/kg、76.45mg/kg、52.04mg/kg，对照为 46.10mg/kg。在培育第 100 天时，猪粪处理的土壤有效磷增加量最大，分别是鸡粪、饼肥、牛粪和稻草处理土壤增加量的 1.38～3.16 倍，表明潮砂田中有效磷增加量以施用猪粪的最高，与其含磷量较多有关。土壤有效磷的含量不是越多越好，过多易造成地下水污染，所以应当在生产上提倡适量施肥。

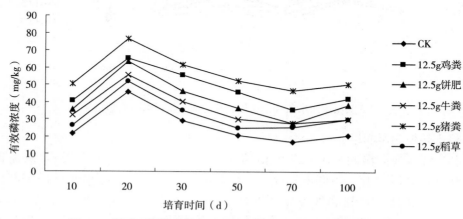

图 6-9 潮砂田湿润条件下施用有机肥对土壤有效磷含量的影响

b. 湿润转换为淹水培育

培育 100d 后，原来的湿润条件转换为淹水环境，第 110 天时淹水环境下各有机肥处理的土壤有效磷含量均比湿润条件下第 100 天小 11.28mg/kg、16.42mg/kg、12.80mg/

kg、5.01mg/kg 和 14.08mg/kg（图 6-10）。在淹水环境的培育过程中，以第 140 天的增加幅度较大，分别比培育第 110 天增加了 15.18mg/kg、11.21mg/kg、5.81mg/kg、26.69mg/kg 和 6.37mg/kg。总的来说，施用猪粪的处理在整个培育期间土壤有效磷的含量较高。

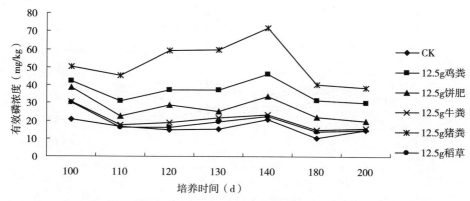

图 6-10　施用有机肥各处理（湿润转淹水培育）潮砂田有效磷含量的变化

②淹水至湿润培育土壤有效磷含量变化状况

a. 淹水培育

在淹水条件下，施入 12.5g/kg 的鸡粪、饼肥、牛粪、猪粪和稻草有机肥处理（图 6-11），潮砂田中的有效磷含量峰值出现的时间是第 20 天，总体趋势为在培育前 20d 土壤有效磷含量明显增加。各施肥处理分别比对照增加了 12.59mg/kg、9.93mg/kg、2.51mg/kg、23.93mg/kg、4.43mg/kg，其中仍以猪粪处理的土壤有效磷增加量最大。在 20d 以后，除施用饼肥的处理在第 70 天有所增加外，其他处理均处于平稳下降的趋势。培育结束时土壤有效磷含量大小分别为猪粪（28.16mg/kg）＞牛粪（23.44mg/kg）＞鸡粪（22.49mg/kg）＞饼肥（22.49mg/kg）＞稻草（18.07mg/kg）。

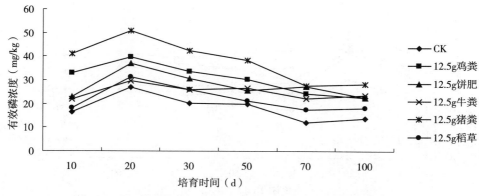

图 6-11　潮砂田淹水条件下施用有机肥对土壤有效磷含量的影响

b. 淹水转换为湿润培育

培育 100d 后，淹水条件转换为湿润环境，在湿润环境下培育第 110 天与淹水条件第 100 天相比，各有机肥的土壤有效磷含量分别增加 9.12mg/kg、2.11mg/kg、5.04mg/

kg、2.29mg/kg 和 19.71mg/kg（图 6-12）。各有机肥在湿润条件下培育前 30d 土壤有效磷含量均有所下降，猪粪、饼肥和鸡粪 3 种有机肥处理到第 30 天，土壤有效磷含量达到峰值，比培育 110d 时增加了 11.52％、9.36％和 14.37％。

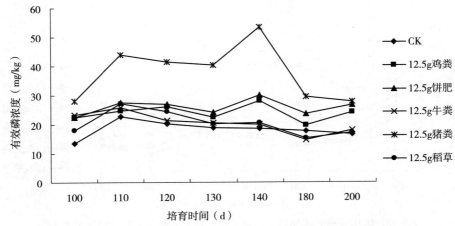

图 6-12　施用有机肥各处理（淹水转湿润培育）潮砂田有效磷含量的变化

（2）灰泥田

①湿润至淹水培育土壤有效磷含量变化状况

a. 湿润培育

在灰泥田中施用 12.5g/kg 鸡粪、饼肥、牛粪、猪粪和稻草有机肥处理的土壤有效磷含量变化趋势比较一致（图 6-13），从培育初逐渐增加至第 20 天达到峰值，且土壤有效磷含量的峰值依次为猪粪（70.08mg/kg）＞鸡粪（65.74mg/kg）＞饼肥（63.36mg/kg）＞牛粪（62.68mg/kg）＞稻草（60.89mg/kg），比培育初增加了 12.29mg/kg、12.29mg/kg、10.77mg/kg、13.92mg/kg 和 13.92mg/kg，而培育 20d 后处于下降趋势。

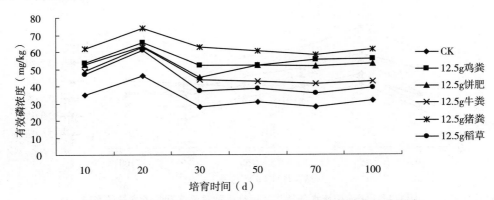

图 6-13　灰泥田湿润条件下施用有机肥对土壤有效磷含量的影响

b. 湿润转换为淹水培育

如图 6-14 可以看出，培育 100d 后，原来的湿润条件转换为淹水条件，淹水条件下在灰泥田中 5 种 12.5g/kg 有机肥，在培育 110～130d 均表现为平稳增长的趋势，在 140d 时土壤有效磷含量最高，比对照高 2.63～31.69mg/kg，其中以猪粪处理的土壤有效磷含量在整个培育过程中均处于较高水平。由图 6-13 和图 6-14 可以看出，淹水条件下对照的平均含磷量为 33.91g/kg，略高于湿润环境下对照的平均含磷量（33.25g/kg），这可能是因为淹水条件下不利于土壤有机磷的分解释放，但有利于土壤中无机磷的释放，所以对照在淹水条件下土壤有效磷的含量可能比湿润的高。

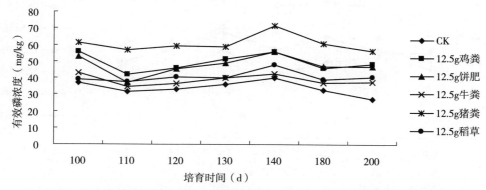

图 6-14　施用有机肥各处理（湿润转淹水培育）灰泥田有效磷含量的变化

②淹水至湿润培育土壤有效磷含量变化状况

a. 淹水培育

由图 6-15 可以看出，淹水条件下在灰泥田中施用 12.5g/kg 不同种类有机肥后，土壤有效磷含量变化比较相似。鸡粪、饼肥、牛粪、猪粪和稻草各处理第 20 天的土壤有效磷含量分别为 71.39mg/kg、65.90mg/kg、59.79mg/kg、87.17mg/kg 和 59.95mg/kg，与对照相比增加了 7.90～35.28mg/kg，表明有机肥的施用对土壤有效磷含量有一定的增加作用。由上述可以看出，淹水条件下，灰泥田中土壤有效磷的增加量均较低，而且有效磷含量在培育末期变化较小，可能与土壤质地有关。

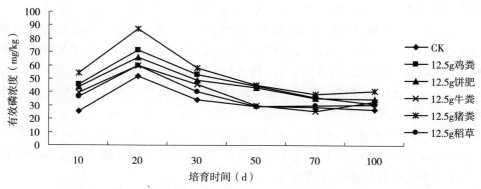

图 6-15　灰泥田淹水条件下施用有机肥对土壤有效磷含量的影响

b. 淹水转换为湿润培育

淹水条件转换为湿润环境培育的第 110 天，土壤有效磷含量分别比淹水第 100 天增加了 0.75～10.39mg/kg（图 6-16），这可能与微生物活性有关。在湿润环境下培育第 140 天时，各有机肥处理土壤有效磷含量达到了峰值，分别为 43.50mg/kg、54.54mg/kg、

41.41mg/kg、62.84mg/kg 和 41.73mg/kg，分别比培育第 110 天增加了 9.46mg/kg、15.54mg/kg、7.55mg/kg、1.50mg/kg 和 7.08mg/kg。

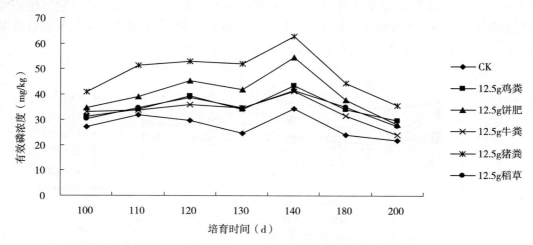

图 6-16　施用有机肥各处理（淹水转湿润培育）灰泥田土壤有效磷含量的变化

6.1.3　对植烟土壤速效钾含量的影响

（1）潮砂田

①湿润至淹水培育土壤速效钾含量变化状况

a. 湿润培育

湿润条件下在潮砂田中施用不同有机肥对土壤速效钾含量的影响，从图 6-17 可以看出，鸡粪施后 50d，土壤速效钾含量不断下降，而后有所上升。而其他有机肥处理的土壤速效钾含量，总体趋势为缓慢上升。在培育第 10 天，各处理土壤中速效钾含量的大小依次为稻草（249.19mg/kg）＞鸡粪（230.36mg/kg）＞牛粪（193.19mg/kg）＞饼肥（147.33mg/kg）＞猪粪（103.84mg/kg），依次比对照增加 182.19mg/kg、163.36mg/kg、126.18mg/kg、80.33mg/kg、36.84mg/kg。在培育结束时，各处理土壤速效钾的含量大小依次为稻草（291.25mg/kg）＞鸡粪（245.60mg/kg）＞牛粪（243.10mg/kg）＞饼肥（192.42mg/kg）＞猪粪（128.52mg/kg），稻草、鸡粪、牛粪、饼肥和猪粪处理比培育第 10 天时依次增加了 42.06mg/kg、15.23mg/kg、49.92mg/kg、45.10mg/kg 和 24.68mg/kg，与对照相比增加了 70.39～247.05mg/kg。试验表明，在一定范围内施用有机肥，土壤速效钾的增加量与所施肥料的钾含量呈正相关。随有机肥在土壤中培育时间的延长，土壤中的速效钾含量逐渐增加。

b. 湿润转换为淹水培育

培育100d后，原来的湿润条件转换为淹水环境，在110d潮砂田中土壤速效钾含量分别比对照增加 155.35mg/kg、119.26mg/kg、171.64mg/kg、39.85mg/kg 和 218.94mg/kg（图 6-18）。在 110～200d，各处理土壤含钾量大小依次为稻草＞牛粪＞鸡粪＞饼肥＞猪粪＞对照，这与所施有机肥含钾量次序一致。

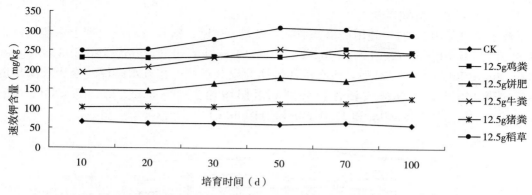

图 6-17　潮砂田湿润条件下施用有机肥对土壤速效钾含量的影响

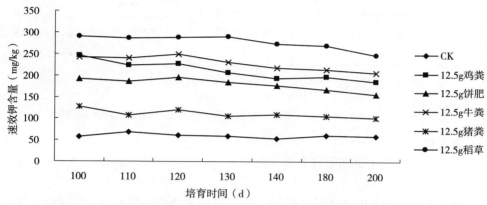

图 6-18　施用有机肥各处理（湿润转淹水培育）潮砂田土壤速效钾含量的变化

②淹水至湿润培育土壤速效钾含量变化状况

a. 淹水培育

由图 6-19 看出，淹水条件下在潮砂田中施入等量有机肥，各处理土壤速效钾在前 30d 呈平缓的上升趋势，各处理在 30d 时土壤速效钾含量分别为 248.39mg/kg、201.47mg/kg、261.97mg/kg144.35mg/kg、309.91mg/kg，对照为 69.74g/kg。与湿润条件下施用有机肥相比，土壤速效钾含量差异不明显。

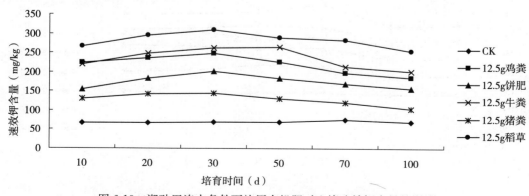

图 6-19　潮砂田淹水条件下施用有机肥对土壤速效钾含量的影响

b. 淹水转换为湿润培育

淹水培育至 100d 时，施用稻草、牛粪、鸡粪、饼肥、猪粪及对照处理土壤速效钾含量分别为 255.17mg/kg、200.78mg/kg、184.91mg/kg、156.75mg/kg、103.60mg/kg 和 68.85mg/kg，培育 100d 后，淹水条件转换为湿润环境，在淹水条件转换为湿润环境培育的第 110 天，土壤速效钾含量分别比对照增加了 189.30mg/kg、150.60mg/kg、124.08mg/kg、71.93mg/kg 和 42.01mg/kg（图 6-20）。

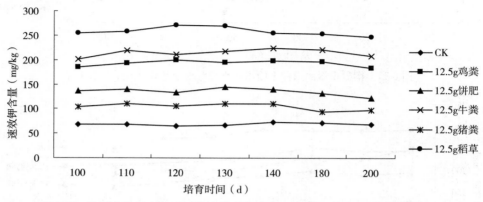

图 6-20　施用有机肥各处理（淹水转湿润培育）潮砂田土壤速效钾含量的变化

（2）灰泥田

①湿润至淹水培育土壤速效钾含量变化状况

a. 湿润培育

湿润条件下在灰砂泥田中分别施用 12.5g/kg 不同有机肥并培育一定时间后，土壤速效钾含量在培育过程中变化不大（图 6-21），且在培育 30d 时以是稻草处理的土壤速效钾增加量最高，比对照增加 236.93mg/kg，其次为牛粪和鸡粪的增加量较高，分别比对照增加 175.90mg/kg、150.30mg/kg，猪粪处理的土壤速效钾增加量最少，仅比对照增加 69.17mg/kg。培育第 100 天与第 10 天相比稻草、牛粪、鸡粪、饼肥、猪粪处理，土壤速效钾含量分别增加 30.24mg/kg、29.31mg/kg、23.37mg/kg、29.31mg/kg 和 12.15mg/kg。以上结果表明，施用稻草处理土壤速效钾增加量在整个培育过程中维持在最高的水平。

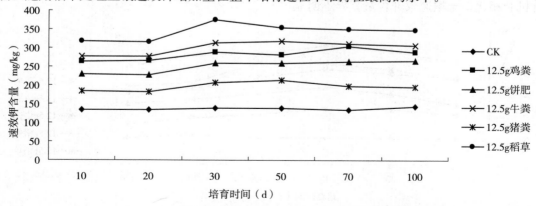

图 6-21　灰泥田湿润条件下施用有机肥对土壤速效钾含量的影响

b. 湿润转换为淹水培育

培育100d后，湿润条件转换为淹水环境，淹水中的土壤速效钾含量与湿润条件下的土壤速效钾含量差异不大。灰泥田中施用有机肥的各处理土壤速效钾含量变化规律（图6-18和图6-22）与潮砂田中相似。培育第110天，以稻草和牛粪处理的土壤速效钾增加量较高，分别比对照增加222.16mg/kg和195.94mg/kg。施用鸡粪、饼肥和猪粪处理的土壤速效钾含量，在110d时分别比对照提高160.65mg/kg、128.62mg/kg和64.16mg/kg，其中猪粪的增加量最少，可能是猪粪中含钾量低的缘故。

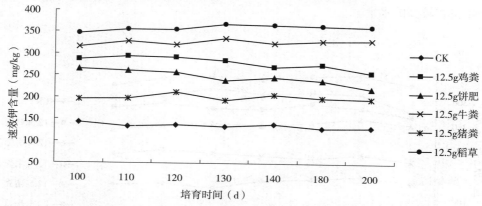

图6-22　施用有机肥各处理（湿润转淹水培育）灰泥田土壤速效钾含量的变化

②淹水至湿润培育土壤速效钾含量变化状况

a. 淹水培育

在淹水条件下对灰泥田施用各种有机肥对土壤速效钾含量的变化与湿润条件下有所不同。淹水状态下施用各种有机肥对土壤速效钾含量的影响，从图6-23可以看出，培育初土壤速效钾含量仍以稻草（338.67mg/kg）的含量最高，而后牛粪（288.33mg/kg）、鸡粪（266.33mg/kg）和饼肥（254.28mg/kg）的含量较高，猪粪（174.49mg/kg）的含量最低，但均高于对照。淹水培育至100d时，施用鸡粪、饼肥、牛粪、猪粪、稻草土壤速效钾含量分别比对照处理增加42.26～193.22mg/kg。

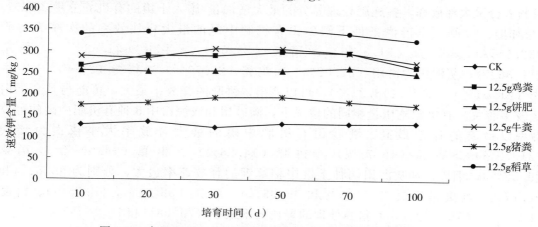

图6-23　灰泥田淹水条件下施用有机肥对土壤速效钾含量的影响

b. 淹水转换为湿润培育

培育 100d 后，淹水条件转换为湿润环境，不同种类有机肥在 110～200d 的培育过程保持较平稳（图 6-24），淹水条件转换为湿润环境培育第 110 天施用稻草的处理，土壤速效钾含量比对照高 135.09mg/kg，末期比对照增加了 196.03mg/kg，施用牛粪、鸡粪和饼肥的处理，培育第 110 天土壤速效钾含量分别比对照高 161.96mg/kg、135.09mg/kg、114.15mg/kg。猪粪处理的土壤速效钾增加量均比以上处理的低，在 110d 时仅比对照高 43.29mg/kg。以上表明，施用稻草、牛粪、鸡粪和饼肥的处理土壤速效钾增加量在培育过程中维持在较高的水平。

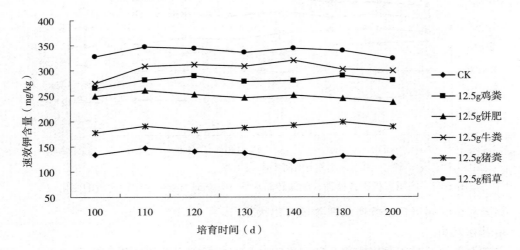

图 6-24　施用有机肥各处理（淹水转湿润培育）灰泥田土壤速效钾含量的变化

6.2　土壤干湿交替条件下有机肥氮、磷、钾的最大释放效率

潮砂田、灰泥田中施用不同种类有机肥后，养分最大释放率不同（表 6-3）。[有机肥料养分最大释放率＝各施肥处理养分的最大增加量/施入土壤的有机养分量×100%（鲁如坤，2000）]。湿润条件下潮砂田有机肥中氮的最大释放效率的次序为饼肥（32.55%）＞鸡粪（31.65%）＞猪粪（23.53）＞牛粪（21.63%）＞稻草（19.36%）；灰泥田为饼肥（31.02%）＞鸡粪（25.70%）＞猪粪（24.63%）＞牛粪（21.04%）＞稻草（18.21%）。可以看出，饼肥的释放率最大，可能与其含蛋白氮较多有关。有机肥施用量相同的情况下，潮砂田和灰泥田中 5 种有机肥中磷的释放效率以猪粪的释放最高。潮砂田有机肥中磷的最大释放率大小依次为猪粪（21.79%）＞鸡粪（16.78%）＞饼肥（14.86%）＞牛粪（14.09%）＞稻草（9.56%）。潮砂田和灰泥田两种土壤中稻草钾的释放速率最大，分别为 98.82% 和 94.77%，其次是牛粪（90.09% 和 92.36%）、鸡粪（88.56%，80.75%）、饼肥（83.93% 与 79.58%），而猪粪处理的释放效率最小（75.08% 和 79.39%）。

表 6-3　湿润条件下有机肥养分最大释放率（培育试验,%）

有机肥种类	潮砂田			灰泥田		
	N	P	K	N	P	K
鸡粪	31.65	16.78	88.56	25.70	19.43	80.75
饼肥	32.55	14.86	83.93	31.02	15.54	79.58
牛粪	21.63	14.09	90.09	21.04	11.40	92.36
猪粪	23.53	21.79	75.08	24.63	23.84	79.39
稻草	19.36	9.56	98.82	18.21	10.99	94.77

　　不同种类有机肥施入两种不同土壤后，在不同的条件下，养分最大释放率有所不同（表 6-4）。淹水条件下有机肥中氮的最大释放效率与湿润条件下有所不同，潮砂田中有机肥中氮的最大释放率大小为饼肥（29.15%）＞鸡粪（27.99%）＞猪粪（25.90%）＞牛粪（22.55%）＞稻草（16.10%）；灰泥田中氮的最大释放次序为饼肥＞鸡粪＞猪粪＞牛粪＞稻草。磷、钾的分解释放速率分别以猪粪和牛粪最大。有机肥施于潮砂田中磷的最大释放率大小依次为猪粪＞牛粪＞稻草＞鸡粪＞饼肥，灰泥田的顺序与潮砂田相一致，但磷的最大释放率略高于潮砂田。潮砂田中钾的最大释放率最大的为稻草，达 96.07%，最小的为猪粪（79.58）；灰泥田中磷的最大释放率最高的为稻草（91.20%）其次是牛粪（87.95%）、饼肥（82.53%）、鸡粪（79.02%），猪粪的磷最大释放率最低（75.79%）。以上结果表明，不同条件下，不同土壤中有机肥养分释放率有所差异，但是，每种元素的养分最大释放率的规律与有机肥元素含量一致，表明肥料的元素含量越多，对土壤的作用越大，养分相对释放的就多。

表 6-4　淹水条件下有机肥养分最大释放率（培育试验,%）

有机肥种类	潮砂田			灰泥田		
	N	P	K	N	P	K
鸡粪	27.99	14.51	84.07	23.50	17.89	79.02
饼肥	29.15	10.07	82.33	28.12	12.46	82.53
牛粪	22.55	9.97	91.21	19.14	10.78	87.95
猪粪	25.90	16.10	79.58	21.98	22.95	75.79
稻草	16.10	6.39	96.07	15.87	8.96	91.20

6.3　连续配施有机肥对大田烤烟生长、产量和品质的影响

　　采用大田试验探讨烟稻轮作系统中连续配施有机肥对大田烤烟的影响。供试烤烟品种为 K326。试验田由龙岩烟科所提供，地势平坦，排灌方便，土壤类型为灰泥田。试验地土壤的基本理化性状见表 6-5。

表 6-5　田间试验地土壤的基本理化性状

土壤类型	pH	有机质 （g/kg）	碱解氮 （mg/kg）	有效磷 （mg/kg）	速效钾 （mg/kg）	交换性镁 （mg/kg）
灰泥田	5.79	38.21	170.29	21.63	158.73	108.55

田间定位试验实行烟稻轮作，共种植了 3 季烤烟、3 季水稻，即：烤烟—水稻—烤烟—水稻—烤烟—水稻。每季种植烤烟都施用有机肥作基肥，有机肥采用鸡粪、饼肥、牛粪、猪粪、稻草，有机肥经堆沤腐熟，3 季烤烟供试各种腐熟有机肥的氮、磷、钾含量状况见表 6-6。

表 6-6　供试有机肥料的氮、磷、钾含量状况（％）

种植年限	养分	鸡粪	饼肥	牛粪	猪粪	稻草
第 1 年	全氮	2.44	5.44	1.48	0.80	0.90
	全磷	0.83	1.10	0.98	1.24	0.83
	全钾	1.62	0.99	0.44	0.48	1.80
第 2 年	全氮	2.21	4.33	1.48	2.09	0.88
	全磷	0.91	1.21	0.82	1.23	0.72
	全钾	1.70	1.38	1.71	0.75	2.00
第 3 年	全氮	2.45	5.02	1.17	1.68	0.51
	全磷	1.23	1.21	0.41	2.61	0.20
	全钾	2.00	1.38	1.49	1.36	1.83

大田烤烟试验设 6 个施肥处理：

处理 A：对照（纯化肥）；

处理 B：25％腐熟鸡粪（即有机氮占总施氮量的 25％，下同）＋化肥；

处理 C：25％腐熟饼肥＋化肥；

处理 D：25％腐熟牛粪＋化肥；

处理 E：25％腐熟猪粪＋化肥；

处理 F：25％腐熟稻草＋化肥。

试验处理小区面积为 108 m²，烤烟行株距为 1.2m×0.5m，各小区用田埂（宽25cm，高 30cm）隔开，田块四周设置保护行。

每季烤烟以总氮量 127.5kg/hm² 施入，各处理 N∶P₂O₅∶K₂O＝1∶1∶2.7，大田每公顷施 P₂O₅ 127.5kg、K₂O 344.25kg。施用适量的硼砂、氧化镁。有机肥先经堆沤处理，腐熟后于烟苗移栽前一次性施入土壤中。栽培技术措施按照当地技术要求规范操作。烤烟成熟后逐叶采收、烘烤，取样分析测定。

每季水稻施肥：在烤烟采收烘烤结束后，各处理区种植晚稻，每季水稻各处理的施肥量一致，即：施用碳酸氢铵（含 N16％）1 500kg/hm²，尿素（含 N45％）75kg/hm²，不施其他肥料。田间管理按常规栽培措施进行。

6.3.1　对大田烤烟农艺性状的影响

田间试验结果表明（表 6-7），烟稻轮作模式下在植烟土壤中配施一定量的有机肥后，烤烟各个生育期的株高、茎围、节距、叶片数和最大叶面积均有不同程度的增加。

施用 5 种有机肥的处理，株高、茎围、节距、叶片数和最大叶面积都大于对照。据第一年田间试验结果，就配施有机肥对株高的影响而言，团棵期以处理 D（25％牛粪）最高，比对照增加 3.36cm，增幅达 13.04％；处理 F（25％稻草）最低，仅比对照高 1.48cm，增幅为 5.75％。现蕾期株高以处理 B（25％鸡粪）的最高，比对照（处理 A）多 10.20cm，增幅达 10.05％；处理 D（25％牛粪）增幅最低，仅 3.51％。烤烟打顶期各处理株高增加特点，仍以处理 B（25％鸡粪）的株高最高（95.00cm），与对照相比增幅最大，达 4.88％。

从表 6-7 中可以看出，不同时期施用有机肥的处理茎围与对照比增长幅度基本相似，在烤烟团棵期、现蕾期和打顶期，其茎围均以处理 B（25％鸡粪）的增加最多，分别比对照（处理 A）增加 0.60cm、0.76cm 和 0.50cm，增幅为 9.29％、8.92％ 和 5.46％。有机肥的配施对烤烟节距的影响在各个生育期的增加量不尽相同。团棵期烤烟各配施有机肥处理的节距以处理 E（25％猪粪）增加最多，比对照增加 0.58cm，增幅为 27.62％；处理 F（25％稻草）增幅最少，仅为 15.23％。烤烟现蕾期节距以处理 C（25％饼肥）的最高，比对照（处理 A）增加 0.40cm，提高 10.20％；处理 D（25％牛粪）最低，仅比对照高 0.16cm。烤烟打顶期节距以处理 F（25％稻草）的最高，比对照增加 16.03％。

烟稻轮作下配施有机肥，对烤烟叶片数及最大叶面积的增加均有较大的影响。团棵期与打顶期，处理 B（25％鸡粪）的叶片数和最大叶面积最大。团棵期叶面积大小依序为鸡粪＞猪粪＞牛粪＞饼肥＞稻草，比对照的分别增加 198.788cm²、181.22cm²、177.20cm²、144.13cm²、105.05cm²，增幅分别为 28.87％、26.32％、25.73％、20.93％及 15.25％。现蕾期施用 25％牛粪的处理，对烤烟最大面积的影响大于其他处理，比对照增加了 219.65cm²，说明施用 25％牛粪有助于烟叶的开面。

表 6-7　烟稻轮作有机肥与化肥配施对大田烤烟农艺性状的影响（第 1 年田间试验）

处理	生育期	株高（cm）	茎围（cm）	节距（cm）	叶片数（片/株）	最大叶面积（cm²）
	团棵期	25.77	6.47	2.11	12.50	688.73
A＝化肥	现蕾期	101.53	8.53	3.93	20.70	1 371.25
	打顶期	90.59	9.17	4.75	18.50	1 497.83
	团棵期	28.45	7.07	2.57	13.10	887.51
B＝25％鸡粪	现蕾期	111.73	9.29	4.09	21.30	1 577.89
	打顶期	95.01	9.67	5.43	18.70	1 477.36
	团棵期	28.53	6.71	2.55	12.70	832.86
C＝25％饼肥	现蕾期	105.53	8.81	4.33	20.50	1 389.05
	打顶期	91.71	9.27	4.37	18.90	1 383.59
	团棵期	29.13	6.81	2.59	12.70	865.93
D＝25％牛粪	现蕾期	105.09	9.13	4.09	19.90	1 590.9
	打顶期	91.89	9.31	4.69	19.70	1 457.56

（续）

处理	生育期	株高 （cm）	茎围 （cm）	节距 （cm）	叶片数 （片/株）	最大叶面积 （cm²）
E＝25％猪粪	团棵期	29.11	7.01	2.69	12.70	869.95
	现蕾期	108.19	8.99	4.19	20.70	1 364.19
	打顶期	87.11	9.67	4.41	18.30	1 402.21
F＝25％稻草	团棵期	27.25	6.33	2.43	12.30	793.78
	现蕾期	105.71	8.89	4.23	19.70	1 489.61
	打顶期	91.63	9.33	5.51	18.70	1 466.54

在烟稻轮作的第2年，种植烤烟的田间试验结果（表6-8），不同有机肥用量处理的烤烟茎围和最大叶面积的增长规律基本相同。从株高生长状况来看，配施有机肥的各处理各生育期（除打顶期25％饼肥处理外）均比对照低，有机肥的肥效还未起到作用，化肥的肥效较快，有利烟叶生长，从茎围生长状况来看，现蕾期以处理B（25％猪粪）的增加最多，比对照（处理A）增加0.8cm，提高13.87％。打顶期茎围以处理C（25％饼肥）的最粗，比对照（处理A）增加0.3cm，增幅为2.95％。从节距生长状况来看，不同时期各处理茎围与对照相比增加幅度基本相似，均以处理B（25％鸡粪）的增加最多。在烤烟团棵期、现蕾期和打顶期其茎围均以处理B（25％鸡粪）的最粗，分别比对照（处理A）增加0.2cm、0.52cm和0.16cm，提高13.42％、10.97％和3.11％。就配施有机肥对烤烟最大面积的影响而言，不同时期各处理叶片数和最大面积与对照相比增加幅度均有不同，团棵期、现蕾期、打顶期分别以处理D（25％牛粪）、处理C（25％饼肥）、处理F（25％稻草）增长最大，分别比各生育期的对照（处理A）增加13.66cm²、235.85cm²、236.91cm²，增幅分别为2.07％、9.66％、9.41％。以上结果表明，各有机肥处理对烤烟的影响，与各生育期有关。

表6-8　烟稻轮作有机肥与化肥配施对大田烤烟农艺性状的影响（第2年田间试验）

处理	生育期	株高 （cm）	茎围 （cm）	节距 （cm）	叶片数 （片/株）	最大叶面积 （cm²）
A＝化肥	团棵期	12.74	5.74	1.49	13.20	660.56
	现蕾期	96.79	9.48	4.76	27.00	2 441.83
	打顶期	108.43	10.18	5.23	20.75	2 516.35
B＝25％鸡粪	团棵期	12.55	5.28	1.69	12.00	592.50
	现蕾期	86.74	9.29	5.28	23.50	2 533.58
	打顶期	107.16	10.11	5.39	17.75	2 598.08
C＝25％饼肥	团棵期	12.14	5.20	1.40	12.60	626.56
	现蕾期	90.18	9.42	4.72	25.00	2 677.68
	打顶期	110.48	10.48	4.98	19.75	2 665.62
D＝25％牛粪	团棵期	12.21	5.74	1.41	14.00	674.21
	现蕾期	90.78	8.91	4.52	24.00	2 490.71
	打顶期	92.22	10.24	5.19	16.50	2 585.60

（续）

处理	生育期	株高 （cm）	茎围 （cm）	节距 （cm）	叶片数 （片/株）	最大叶面积 （cm²）
	团棵期	11.62	6.54	1.26	13.80	610.19
E＝25％猪粪	现蕾期	94.58	9.11	4.75	23.50	2 303.93
	打顶期	91.50	10.04	5.28	17.50	2 383.47
	团棵期	8.96	6.27	1.24	12.60	552.15
F＝25％稻草	现蕾期	86.02	9.03	5.14	23.25	2 653.55
	打顶期	83.45	9.92	5.36	17.00	2 753.26

在烟稻轮作的第3年，种植烤烟的田间试验结果（表6-9），配施不同有机肥的处理，不同生育时期的烤烟叶高、茎围、节距、叶片数和最大叶面积的增长规律与前两年有所不同，第3年烟叶团棵期的株高、茎围、节距、叶片数和最大叶面积与第1年相比有所下降；现蕾期除了叶片数比第1年少以外，株高、茎围（除25％稻草处理外）、节距最大叶面积均比第1年的有所增加。第3年打顶期的叶面积与第1年相比整体上有所增加。

表 6-9　烟稻轮作有机肥与化肥配施对大田烤烟农艺性状的影响（第3年田间试验）

处理	生育期	株高 （cm）	茎围 （cm）	节距 （cm）	叶片数 （片/株）	最大叶面积 （cm²）
	打顶期	93.04	9.00	6.02	18.00	1 989.00
A＝化肥	团棵期	18.36	6.26	2.52	11.80	802.69
	现蕾期	115.00	10.62	5.28	16.40	1 875.58
	打顶期	94.36	9.46	5.44	17.80	2 092.93
B＝25％鸡粪	团棵期	18.30	5.90	2.44	10.60	702.46
	现蕾期	108.16	10.52	6.10	18.60	1 919.19
	打顶期	94.48	9.18	4.88	17.80	1 888.32
C＝25％饼肥	团棵期	16.48	6.34	1.66	13.20	780.60
	现蕾期	119.60	10.16	6.46	20.80	1 883.89
	打顶期	91.54	9.02	4.34	17.40	1 946.16
D＝25％牛粪	团棵期	18.92	5.96	2.70	12.00	790.78
	现蕾期	112.74	9.80	4.94	21.20	1 727.15
	打顶期	100.16	9.36	5.36	18.00	2 101.24
E＝25％猪粪	团棵期	17.58	6.04	2.32	11.60	773.20
	现蕾期	101.58	8.48	5.28	19.40	1 612.33
	打顶期	98.72	8.74	4.50	17.20	1 863.42
F＝25％稻草	团棵期	19.92	5.92	2.88	11.80	808.12
	现蕾期	121.82	9.52	4.62	18.40	1 858.69

6.3.2 对大田烤烟经济性状的影响

有机肥与无机肥配合施用，可以增加土壤肥力，提供烟叶生长所需的营养元素，但是不同有机肥与化肥配施的效果具有一定的差异。由表 6-10 可以看出，3 年定位试验配施有机肥，有利于提高烤烟的产量、产值、上中等烟比例和烤烟均价。第 1、2、3 年以处理 B（25％鸡粪）对烤烟产量、产值的作用效果最明显，经济效益最好；第 1 年处理 B 的产量和产值分别比对照（处理 A）提高 322.91kg/hm² 和 3 923.60元/hm²。其次是猪粪，处理 E（25％猪粪）产量和产值分别比对照提高 162.40 kg/hm² 和 1 918.28 元/hm²。第 2 年处理 B 的产量和产值分别比对照（处理 A）提高 894.55kg/hm² 和 11 963.72元/hm²。第 3 年处理 B 的产量和产值分别比对照（处理 A）提高 436.03 kg/hm² 和 6 710.64元/ hm²。第 2 年和第 3 年处理 D（25％牛粪）的产量分别比对照（处理 A）提高 789.52kg/hm² 和 121.031kg/hm²，产值比对照增加 10070.16 元、1918.28 元，增幅为 5.9％，9.2％。由于试验的第 2 年上半年气候较为干旱，烤烟生长受到一定的影响，产量、产值较低。均价在一定程度上反映了不同处理烟叶的外观品质，体现了烟叶外观品质的价格，从不同处理均价来看，第 1 年、第 2 年、第 3 年最高的分别是处理 D（25％牛粪），处理 B（25％鸡粪）、E（25％猪粪）均价高低次序为第 3 年＞第 2 年＞第 1 年，均价平均分别为 14.57 元/kg、12.68 元/kg 和 10.15 元/kg。3 年烟稻轮作中，从各处理上中等烟比例看出，第 1 年有机肥的施用，上中等烟比例为 81.18％～90.00％，比对照增加了 0.8％～9.62％。第 2 年、第 3 年上中等烟比例分别为 73.49％～88.46％和 86.65％～95.77％。

表 6-10 配施有机肥对大田烤烟经济性状的影响（田间试验）

种植年限	处理	产量 （kg/hm²）	产值 （元/hm²）	上等烟 （％）	中等烟 （％）	下等烟 （％）	均价 （元/kg）
第 1 年	A＝化肥	1 869.33	18 706.25	37.51	42.89	19.63	10.02
	B＝25％鸡粪	2 192.24	22 629.85	42.48	47.54	10.01	10.33
	C＝25％饼肥	1 915.68	18 737.77	43.98	37.22	18.83	9.79
	D＝25％牛粪	1 817.49	18 999.61	46.61	35.94	17.49	10.46
	E＝25％猪粪	2 031.73	20 624.54	40.56	44.69	14.78	10.16
	F＝25％稻草	1 902.18	19 326.30	43.31	42.30	14.42	10.17
第 2 年	A＝化肥	1 015.38	13 112.88	48.86	40.34	10.80	12.91
	B＝25％鸡粪	1 909.93	25 076.61	52.07	36.39	11.54	13.13
	C＝25％饼肥	1 360.43	16 557.37	42.97	30.52	26.51	12.17
	D＝25％牛粪	1 813.91	23 183.05	50.00	32.23	17.77	12.78
	E＝25％猪粪	1 317.79	16 232.57	49.58	28.99	21.43	12.32
	F＝25％稻草	1 234.77	15 768.43	48.67	35.84	15.49	12.77

（续）

种植年限	处理	产量 （kg/hm²）	产值 （元/hm²）	上等烟 （%）	中等烟 （%）	下等烟 （%）	均价 （元/kg）
	A＝化肥	2 056.52	29 285.11	43.60	40.41	15.99	14.24
	B＝25%鸡粪	2 492.55	35 995.74	56.57	30.28	13.15	14.44
第3年	C＝25%饼肥	2 071.15	29 920.38	46.24	40.67	13.09	14.45
	D＝25%牛粪	2 177.55	31 965.10	45.36	45.62	9.02	14.68
	E＝25%猪粪	1 960.07	29 989.03	59.89	35.88	4.24	15.30
	F＝25%稻草	1 911.99	27 406.72	39.36	50.44	10.20	14.33

表 6-11　年度间烤烟产量的差异显著性分析

种植年限	平均产量（kg/hm²）	$P_{0.05}$	$P_{0.01}$
第1年	1 954.68	a	A
第2年	1 442.04	b	B
第3年	2 111.64	a	A

表 6-12　处理间烤烟产量差异显著性分析

处理	平均产量（kg/hm²）	$P_{0.05}$	$P_{0.01}$
A＝化肥	1 647.04	b	B
B＝25%鸡粪	2 198.21	a	A
C＝25%饼肥	1 782.39	b	AB
D＝25%牛粪	1 936.28	ab	AB
E＝25%猪粪	1 769.83	b	AB
F＝25%稻草	1 682.95	b	B

通过对年度间烤烟产量进行统计分析得出，第 3 年与第 1 年间的烤烟产量差异不显著；但第 3 年、第 1 年的烤烟产量与第 2 年间的产量差异达极显著水平（表 6-11），因为第 2 年较为干旱所致。

对处理间烤烟产量进行统计分析表明，处理 B 产量与处理 D 的产量间差异不显著；处理 B 产量与处理 C、处理 E 的产量差异达显著水平，与处理 F 及处理 A 的差异达极显著水平（表 6-12）。

以上结果表明，处理 B（25%鸡粪）对烤烟产量、产值的作用效果最明显；其次是处理 E（25%猪粪）、处理 D（25%牛粪），施肥后使得 3 年中烤烟的产量产值较高，经济效益较好。

6.3.3　对大田烟后稻产量状况的影响

每季烤烟烘烤结束后种植晚稻，每季晚稻各处理的施肥量一致。从表 6-13 可以看出，第 1 年配施有机肥后水稻的产量均高于对照处理，其中以处理 B（25%鸡粪）的水稻产量最高（9 114.85kg/hm²）；第 2 年各处理水稻的增加量以 E 处理（25％猪粪）的水稻产量最高，比对照增加了 1 658.01kg/hm²；第 3 年除 B 处理外，其他处理水稻的产量与对照（处理 A）相比有所下降，但第 3 年水稻的整体产量均高于第 1 年和第 2 年。3 年烟稻轮作下配施有机肥水稻平均产量分别为 9 734.08 kg/hm²、9 988.17 kg/hm²、9 515.01 kg/hm²、10 006.02kg/hm²、91 662.41kg/hm²，饼肥与猪粪效果尤为显著。施用鸡粪、饼肥、牛粪、猪粪的产量分别比单施化肥增长 3.5％、6.0％、1.1％、6.3％。表明前作烤烟配施有机肥有利于后作水稻的生长，提高施肥效果，提高水稻产量。

通过对年度间水稻产量进行统计分析得出，第 3 年与第 2 年间的烤烟产量差异显著；第 1 年的水稻产量与第 2 年、第 3 年的产量差异达极显著水平（表 6-14）。

表 6-13　三年定位试验烟稻轮作配施有机肥对烟后稻产量影响（田间试验）

处理	第 1 年	第 2 年	第 3 年	3 年均值 (kg/hm²)
	产量（kg/hm²）			
A＝化肥	7 758.10	9 082.93	11 369.75	9 403.56
B＝25％鸡粪	9 114.85	9 883.17	10 204.31	9 734.08
C＝25％饼肥	8 719.60	9 194.18	12 050.84	9 988.17
D＝25％牛粪	8 160.91	10 203.09	10 181.13	9 515.01
E＝25％猪粪	8 765.88	10 740.94	10 511.35	10 006.02
F＝25％稻草	6 958.64	9 532.54	10 996.16	9 162.41

表 6-14　年度水稻产量的差异显著性

种植年限	平均产量（kg/hm²）	$P_{0.05}$	$P_{0.01}$
第 1 年	8 246.23	c	B
第 2 年	9 772.81	b	A
第 3 年	10 885.59	a	A

6.3.4　对大田烤烟矿质养分的影响

（1）对烟叶氮含量的影响

烤烟体内的氮素主要存在于烟碱、蛋白质和叶绿素中，一般优质烟叶的氮含量范围为 1.5％～3.0％。烟稻轮作下不同有机肥在不同年份的土壤中转化特点不同，烟叶对有机肥养分的吸收利用状况也有差异。从 3 年烟稻轮作有机肥与无机肥配施试验（表 6-15）看出，第 1 年和第 2 年烟叶的含氮量范围分别为 1.70％～2.23％和 1.78％～2.58％，第 3 年处理 F（25％稻草）中部和下部烟叶的含氮量低于 1.5％外，其他的均在适宜范围内。第 1 年、第 2 年和第 3 年上部烟叶的氮含量都以配施饼肥处理最高，分别为 2.23％、2.58％和 1.86％，对照（单施化肥）处理的含氮量为 2.19％、2.00％和 1.75％，与对照相比分别提高了 0.04～0.58 个百分点。

以上结果表明，配施饼肥处理的烟叶含氮量高于其他处理，且配施有机肥的烟叶氮含量均处在适宜范围内，有利于烟株的生长发育及烟叶品质的提高。

表 6-15　3 年烟稻轮作有机肥与无机肥配施对烟叶氮含量的影响（田间试验）

处理	烟叶等级	第 1 年	第 2 年	第 3 年
		全氮（%）		
A＝化肥	B2F	2.19	2.00	1.75
	C3F	1.85	2.06	1.75
	X2F	2.01	2.02	1.75
B＝25%鸡粪	B2F	2.03	2.17	1.75
	C3F	1.98	1.98	1.75
	X2F	1.99	2.03	1.75
C＝25%饼肥	B2F	2.23	2.58	1.86
	C3F	1.97	2.08	1.75
	X2F	2.19	2.13	1.75
D＝25%牛粪	B2F	1.93	1.89	1.59
	C3F	1.83	1.80	1.59
	X2F	2.18	1.78	1.67
E＝25%猪粪	B2F	1.90	2.06	1.63
	C3F	2.01	1.96	1.72
	X2F	1.99	1.81	1.75
F＝25%稻草	B2F	2.05	1.89	1.75
	C3F	1.70	1.87	0.99
	X2F	1.94	1.96	1.10

（2）对烟叶磷含量的影响

烤烟的产量和品质均同磷素含量密切相关，它是重要的生命元素，磷元素在烤烟体内是许多有机化合物的组成成分，并对促进烤烟生长发育和新陈代谢有十分重要的作用。从表 6-16 可以看出，同一处理，烟叶不同部位的磷含量为上部烟叶＞中部烟叶＞下部烟叶，这是由于磷在植物体内的分布随着生长点的转移而转移，并有明显的顶端优势，不同部位叶片中磷含量随着叶片着生部位的上升而逐渐增加。第 1 年、第 2 年、第 3 年不同种类有机肥与化肥配施对烟叶含磷量影响不同。第 1 年，烟叶含磷量最高的处理为配施 25%鸡粪，上部烟叶和中部烟叶分别比对照提高了 11.76%和 3.56%。第 2年，处理 B 和处理 D 的含量较高，上部烟叶磷含量比对照增加 0.18、0.11 个百分点；与对照相比中部烟叶增加 0.09%和 0.11%，而下部烟叶磷含量增加量为 0.01%和0.04%。第 3 年处理 B（鸡粪）、处理 D（猪粪）和处理 F（稻草）配施的烟叶含磷量均高于对照，其中处理 D（牛粪）的烟叶磷含量最高，上部烟叶、中部烟叶和下部烟叶分别比对照高 0.06%和 0.03%。以上分析可知，不同有机肥配施烟叶中磷含量均不同，第 1 年、第 2 年和第 3 年配施 25%鸡粪处理的烟叶含磷量都高于对照，施用鸡粪提高了烟叶中磷的含量。

表6-16　3年烟稻轮作有机肥与无机肥配施对烟叶磷含量的影响（田间试验）

处理	烟叶等级	第1年	第2年	第3年
		全磷（％）		
A＝化肥	B2F	0.33	0.27	0.30
	C3F	0.27	0.25	0.23
	X2F	0.23	0.22	0.20
B＝25％鸡粪	B2F	0.37	0.45	0.32
	C3F	0.28	0.34	0.24
	X2F	0.23	0.23	0.21
C＝25％饼肥	B2F	0.31	0.23	0.33
	C3F	0.25	0.19	0.26
	X2F	0.20	0.14	0.19
D＝25％牛粪	B2F	0.29	0.38	0.36
	C3F	0.23	0.30	0.26
	X2F	0.21	0.26	0.20
E＝25％猪粪	B2F	0.29	0.26	0.37
	C3F	0.25	0.21	0.21
	X2F	0.23	0.16	0.14
F＝25％稻草	B2F	0.30	0.29	0.30
	C3F	0.29	0.21	0.26
	X2F	0.19	0.20	0.23

（3）对烟叶钾含量的影响

钾是所有植物必需的营养元素，它是烤烟体内含量最丰富的阳离子。在烤烟中钾是以离子形态、水溶性盐类或吸附在原生质表面等方式存在，含钾量高低直接影响烟草的品质。不同种类有机肥与化肥配施对烤烟不同叶位含钾量影响不同（表6-17）。各年份5种有机肥处理的含钾量均为下部叶＞中部叶＞上部叶，处理F（25％稻草）对烟株下部叶的影响最为明显，第1年、第2年和第3年植烟土壤中施用稻草处理后烟株下部叶钾含量最高，与单施化肥（处理A）相比分别提高了4.08％、9.87％和5.60％。从表中可以看出，配施各种有机肥第3年的烤烟含钾量最高，表明有机肥的配施有助于钾含量的增加，利于烤烟对钾的吸收。

表6-17　3年烟稻轮作有机肥与无机肥配施对烟叶钾含量的影响（田间试验）

处理	烟叶等级	第1年	第2年	第3年
		全钾（％）		
A＝化肥	B2F	2.21	1.23	2.72
	C3F	2.59	1.39	3.24
	X2F	3.19	1.52	3.39

（续）

处理	烟叶等级	第 1 年	第 2 年	第 3 年
		全钾（%）		
B=25%鸡粪	B2F	2.32	1.03	2.92
	C3F	2.71	1.29	3.33
	X2F	2.96	1.66	3.56
C=25%饼肥	B2F	1.87	1.19	2.96
	C3F	2.97	1.23	2.97
	X2F	3.07	1.45	3.47
D=25%牛粪	B2F	1.99	0.93	2.95
	C3F	3.05	1.01	2.95
	X2F	3.21	1.46	3.46
E=25%猪粪	B2F	2.09	0.90	1.49
	C3F	2.74	1.14	2.55
	X2F	3.25	1.34	3.28
F=25%稻草	B2F	2.18	1.10	2.62
	C3F	2.46	1.31	2.93
	X2F	3.32	1.67	3.58

（4）对烟叶硫含量的影响

硫对烟叶的化学成分有一定的影响，一般认为烟叶中硫的含量为 0.2%～0.7%，低于 0.2% 时，调制后的烟叶颜色较浅，烟叶品质较差；硫元素供应过量时，烟叶较粗糙颜色发暗，其内在品质下降。不同种类有机肥料与化肥配施对烤烟不同叶位的含硫量影响不同（表 6-18）。从上到下，烟叶的含硫量大体呈递减趋势，这是由于烟叶中的硫主要是以含硫蛋白质和游离硫酸根形式存在，蒸腾作用会导致蛋白质的积累，使得上部位叶高于下部位叶。本试验腐熟有机肥施用的情况下，除了第 2 年 B 处理烟叶中硫的含量大于对照外，其他的并未使烟叶中硫含量增加，但是 3 年烤烟叶片的硫含量在 0.24%～0.50%，均在适宜范围内。

表 6-18　3 年烟稻轮作有机肥与无机肥配施对烟叶含硫量的影响（田间试验）

处理	烟叶等级	第 1 年	第 2 年	第 3 年
		硫（%）		
A=化肥	B2F	0.47	0.38	0.40
	C3F	0.46	0.36	0.34
	X2F	0.40	0.34	0.31
B=25%鸡粪	B2F	0.50	0.40	0.39
	C3F	0.42	0.38	0.29
	X2F	0.42	0.36	0.34

（续）

处理	烟叶等级	第1年	第2年	第3年
			硫（%）	
	B2F	0.43	0.40	0.43
C=25%饼肥	C3F	0.40	0.32	0.30
	X2F	0.47	0.30	0.24
	B2F	0.45	0.34	0.32
D=25%牛粪	C3F	0.44	0.42	0.27
	X2F	0.44	0.33	0.27
	B2F	0.47	0.37	0.38
E=25%猪粪	C3F	0.43	0.35	0.30
	X2F	0.38	0.36	0.29
	B2F	0.49	0.38	0.39
F=25%稻草	C3F	0.45	0.35	0.33
	X2F	0.45	0.32	0.37

（5）对烟叶铁、锰、铜、锌含量的影响

铜、锰和锌是烤烟生长发育所必需的微量元素，第1年植烟土壤中配施有机肥对烟叶微生物元素的影响（表6-19）表现为不同元素之间规律不同，烟叶从下至上，配施有机肥的烤烟处理中铜、锌和铁元素含量大小依次减小，即下部叶＞中部叶＞上部叶。而锰元素各叶位的分布规律为上部叶＞中部叶＞下部叶。施用化肥的处理中部叶和下部叶的铁含量最高，达161.53mg/kg和182.78mg/kg；施用25%的有机肥，中部叶和下部叶的铁含量比化肥低45.24～67.43mg/kg和59.22～103.87mg/kg。中部叶和下部叶的锰含量，除F处理（25%稻草）外，还是以化肥处理的含量最高，其余有机肥处理的中部叶和下部叶锰含量比化肥处理的低3.64～46.38mg/kg和8.07～33.03mg/kg，表明施用适量的有机肥使烟叶铁和锰含量降低，使烟株生长更协调，烟叶品质提高。不同种类有机肥与化肥配施对烤烟不同叶位微量元素浓度影响不同，就锌而言，除E处理（25%猪粪）、B处理（25%饼肥）外，其他处理烤烟的上部叶、中部叶和下部叶的锌含量与对照（处理A）相比分别增加11.08～16.61mg/kg、13.71～40.25mg/kg、0.41～40.52mg/kg，表明配施有机肥能提高烟叶中锌的含量，这可能与有机肥中含有锌元素有关。

表6-19 3年烟稻轮作有机肥与无机肥配施对烟叶含微量元素的影响（第1年，田间试验）

处理	等级	铜（mg/kg）	锰（mg/kg）	锌（mg/kg）	铁（mg/kg）
	B2F	16.67	183.90	63.22	91.57
A=化肥	C3F	17.67	144.89	63.98	161.53
	X2F	19.74	138.22	78.39	182.78

（续）

处理	等级	铜（mg/kg）	锰（mg/kg）	锌（mg/kg）	铁（mg/kg）
	B2F	17.35	164.65	79.83	97.23
B＝25％鸡粪	C3F	17.61	141.25	81.48	94.10
	X2F	20.05	128.10	82.99	98.67
	B2F	15.01	163.11	64.77	110.21
C＝25％饼肥	C3F	17.49	98.51	72.26	116.29
	X2F	20.85	116.15	74.28	78.91
	B2F	17.37	155.95	76.10	79.66
D＝25％牛粪	C3F	14.52	108.94	104.23	95.14
	X2F	17.33	130.15	118.91	74.17
	B2F	15.01	234.34	61.68	140.05
E＝25％猪粪	C3F	15.53	132.31	64.45	101.08
	X2F	17.31	105.19	75.56	120.43
	B2F	16.40	199.82	74.30	86.88
F＝25％稻草	C3F	16.94	184.38	77.69	88.29
	X2F	17.37	150.79	78.80	123.56

　　从第2年田间试验（表6-20）可以看出，配施不同种类的有机肥对烤烟不同叶位铜浓度影响不同，其中以烤烟上部叶含量最高，中部叶次之，下部叶最低。处理B、处理D、处理E和处理F烤烟叶片的铜含量与对照（处理A）相比均有所增加，其中以配施25％牛粪处理的叶片铜含量最高，上部叶、中部叶、下部叶比对照分别提高8.11mg/kg、4.67mg/kg和2.81mg/kg。锌元素在各叶位的分布规律为下部叶＞中部叶＞上部叶。配施5种不同种类的有机肥有利于烟叶中锌含量的提高，各处理烟叶的各叶位含锌量均大于对照，其中上部叶，以处理F烟叶的锌含量最高，达50.69mg/kg；中部叶和下部叶的锌含量以处理D（25％牛粪）最大，与对照相比分别增加了17.03mg/kg、12.72mg/kg。以上分析表明，配施有机肥有利于烟叶中铜元素和锌元素的提高，其中以处理D（25％牛粪）效果最为明显。

表6-20　3年烟稻轮作有机肥与无机肥配施对烟叶含微量元素的影响（第2年，田间试验）

处理	烟叶等级	铜（mg/kg）	锰（mg/kg）	锌（mg/kg）	铁（mg/kg）
	B2F	12.02	121.17	37.00	90.24
A＝化肥	C3F	9.15	145.06	42.04	96.11
	X2F	8.26	158.08	42.66	147.10
	B2F	12.42	118.32	39.91	83.31
B＝25％鸡粪	C3F	10.70	155.57	44.85	132.11
	X2F	8.83	157.30	50.54	184.04

（续）

处理	烟叶等级	铜（mg/kg）	锰（mg/kg）	锌（mg/kg）	铁（mg/kg）
C＝25％饼肥	B2F	9.36	155.18	47.04	101.14
	C3F	8.68	173.40	47.44	125.53
	X2F	8.37	196.78	51.29	194.05
D＝25％牛粪	B2F	20.13	90.12	41.58	76.13
	C3F	13.82	102.95	59.07	118.49
	X2F	11.07	98.63	55.38	159.91
E＝25％猪粪	B2F	12.08	110.02	44.74	108.77
	C3F	11.25	133.98	58.23	194.98
	X2F	11.08	126.64	53.43	174.21
F＝25％稻草	B2F	13.85	87.71	50.69	88.34
	C3F	12.81	140.53	50.75	145.75
	X2F	10.40	152.59	54.17	183.12

烟稻轮作第 3 年有机肥与无机肥配施，对微量元素的影响与第 2 年的规律基本相同（表 6-21）。烤烟中铜含量为上部叶＞中部叶＞下部叶。C 处理（25％饼肥）和 D 处理（25％牛粪）烤烟上部叶、中部叶、下部叶的铜含量分别为 27.83mg/kg、22.67mg/kg、11.25mg/kg 和 23.01mg/kg、17.85mg/kg、10.71mg/kg，分别比对照增加了 6.82mg/kg、6.34mg/kg、1.28mg/kg 和 2.00mg/kg、1.52mg/kg、0.74mg/kg。配施有机肥能够提高烟叶各叶位的锌含量，以牛粪处理的表现尤为明显。25％牛粪与化肥的处理，上部叶、中部叶及下部叶均比单施化肥处理的烟叶含锌量高出 19.64mg/kg、9.86mg/kg、4.95mg/kg。锌含量相差 1.54、1.25 和 1.13 倍。

以上结果表明，铜含量以处理 D（25％牛粪）和处理 C（25％饼肥）增加明显，有机肥配施的处理均能提高锌含量。

表 6-21　3 年烟稻轮作有机肥与无机肥配施对烟叶含微量元素的影响（第 3 年，田间试验）

处理	烟叶等级	铜（mg/kg）	锰（mg/kg）	锌（mg/kg）	铁（mg/kg）
A＝化肥	B2F	21.01	175.02	36.13	78.41
	C3F	16.33	253.87	37.35	207.49
	X2F	9.97	310.65	40.02	291.63
B＝25％鸡粪	B2F	21.40	173.02	39.71	83.00
	C3F	14.20	183.99	39.39	106.17
	X2F	11.98	196.98	44.21	162.98
C＝25％饼肥	B2F	27.83	141.59	40.29	82.33
	C3F	22.67	142.66	42.36	138.48
	X2F	11.25	244.61	47.24	148.06

（续）

处理	烟叶等级	铜（mg/kg）	锰（mg/kg）	锌（mg/kg）	铁（mg/kg）
	B2F	23.01	151.13	42.30	90.88
D＝25％牛粪	C3F	17.85	158.63	49.88	122.17
	X2F	10.71	216.81	55.77	153.29
	B2F	22.88	120.35	43.81	71.84
E＝25％猪粪	C3F	10.24	141.22	44.63	142.55
	X2F	10.03	224.57	47.82	157.91
	B2F	17.40	195.20	38.98	78.22
F＝25％稻草	C3F	14.63	203.75	45.96	95.23
	X2F	17.47	216.25	46.46	126.01

6.3.5　对大田烤烟化学成分的影响

国际型优质烟叶的标准为总氮/烟碱 0.5～1：1，质量较好的烟叶比值通常等于或小于 1。比值过高的烟叶化学成分不平衡，比值较低的烟叶通常烟碱含量较高。钾/氯 4～10：1，各叶位烟碱含量以上部烟叶＜3.5％、中部烟叶 2.0％～2.8％、下部烟叶 1.0％～2.0％为好，烟叶烟碱小于 1％时，烟叶劲头不足；大于 3.5％时，劲头又太强，质量不好，工业可用性差。3 年试验结果表明，配施有机肥降低了烟叶中的烟碱含量，第 1 年、第 2 年和第 3 年 3 年烟碱的平均含量分别为 2.65％、2.09％和 1.52％，但均在适宜范围内。田间试验结果表明，（第 1 年）饼肥处理的烟碱含量相对偏高（3.52％）；上部烟叶的烟碱含量以施用化肥的处理最高（4.06％），配施有机肥的处理上部烟叶的烟碱含量比化肥处理的低了 0.54～1.55 个百分点，其中以 F 处理（25％稻草）的上部烟叶烟碱含量最低，为 2.51％。第 1 年试验结果表明，除 E 处理（25％猪粪）外，其他处理烟叶的总糖含量以中部烟叶的含量最高，各处理烟叶的还原糖含量也是以中部烟叶的含量最高。配施不同有机肥对烤烟总糖与还原糖的影响均有不同，各处理上部烟叶的总糖和还原糖含量比化肥处理的高 2.24～6.15 和 2.37～6.23 个百分点，其中配施 25％猪粪处理的烟叶总糖和还原糖含量最高，分别达 27.86％、22.33％。

总糖和烟碱的比值与烟气的强度、柔和性有很大的关系，高于 15 的烟气虽柔和但香味不足；若低于 6，虽香气足了但是刺激性大，所以比值在 10 左右比较好。从表 6-22 看出，除了处理 A（对照）与处理 D（25％牛粪）糖碱比小于 6、大于 15 外，其余有机肥配施下各个部位烟叶总糖和烟碱的比值均在适宜范围内。从总氮和烟碱比例来看，对照处理（施用化肥）上部烟叶的总氮和烟碱的比值（0.53）小于适宜范围内，其他各施用有机肥的处理总氮和烟碱的比值较接近适宜范围，且总氮和烟碱含量均是随叶位的升高而逐渐增加。以上分析可知，在植烟土壤中适量施用腐熟有机肥使烟叶的烟碱含量、总糖和还原糖含量较为适宜，碳氮化合物比例适当，可提高烟叶内在质量，烟叶生长和代谢更为协调。

就氯而言，烤烟是对氯敏感的作物，少量的氯可以提高烟叶产量，改进品质，对烟叶烤后的吸湿性、弹性和膨胀性有良好的作用。一些研究指出，烟叶中正常含氯范围为 0.3％～0.8％（Laura Z et al.，2002；Ramage C M et al.，2002；Murchie E H et al.，2000），超过 1.0％时燃烧性会受到很大的影响，持火力差，易熄火。钾/氯比值大小影响烤烟的燃烧性，一定范围内，比值越高，燃烧性越强。由表 6-22 可以看出，第 1 年不同部位烟叶的氯含量与化肥相比有所下降，但规律不明显，且烤烟叶片的氯含量大多数在 0.3％以下，低于适宜的范围，影响烤烟的香味并降低烤烟的燃烧性。

表 6-22　种植第 1 年烟稻轮作配施有机肥对大田烤烟化学成分的影响

处理	烟叶等级	烟碱（％）	总糖（％）	还原糖（％）	氯（％）	氮/碱	总糖/碱	钾/氯
A=化肥	B2F	4.06	21.72	16.11	0.28	0.53	5.32	7.46
	C3F	2.43	30.67	23.41	0.22	0.75	12.59	11.43
	X2F	2.39	27.58	22.88	0.24	0.83	11.51	12.94
B=25％鸡粪	B2F	3.26	26.90	21.18	0.27	0.61	8.22	8.26
	C3F	2.91	30.07	21.95	0.29	0.67	10.29	9.03
	X2F	2.31	29.37	24.20	0.25	0.85	12.67	11.18
C=25％饼肥	B2F	3.52	23.96	18.48	0.27	0.62	6.78	6.60
	C3F	2.56	31.41	21.58	0.25	0.76	12.21	11.49
	X2F	2.54	22.89	17.98	0.25	0.85	8.97	10.31
D=25％牛粪	B2F	3.38	25.93	19.29	0.28	0.56	7.64	6.91
	C3F	1.97	31.84	27.07	0.27	0.92	16.09	10.67
	X2F	2.01	21.68	16.46	0.25	1.07	10.72	12.18
E=25％猪粪	B2F	2.90	27.86	22.33	0.25	0.64	9.57	8.00
	C3F	2.19	27.71	23.54	0.27	0.91	12.61	9.89
	X2F	2.46	26.91	21.69	0.25	0.80	10.90	12.37
F=25％稻草	B2F	2.51	27.23	21.66	0.25	0.81	10.78	7.62
	C3F	2.19	31.51	24.25	0.29	0.77	14.29	8.28
	X2F	1.84	27.45	22.78	0.36	1.04	14.82	8.93

　　第 2 年植烟土壤中配施有机肥（表 6-23），同一处理，不同部位的烟碱含量为上部烟叶＞中部烟叶＞下部烟叶。各有机肥处理的烤烟上、中、下部位烟叶的烟碱含量均低于 3.5％；各处理烤烟上、中部烟叶的氮/碱比值在 0.5～1∶1 范围内，各下部位烟叶的氮/碱比值在 1.09～1.52 之间，也接近 1∶1；从总糖/碱来看，5 种有机肥处理烤烟上部、中部烟叶比值在 6～15 之间，处理 D（25％牛粪）各部位烟叶的总糖/碱都在适宜范围内，比值为 13.15、14.29、13.71，与对照（处理 A）相比分别增加 4.05、4.40、3.35。可见第 2 年植烟土壤中配施 25％牛粪，烟叶的碳氮化合物含量、比例较为适宜，有利于优质烟叶的形成。

表 6-23 种植第 2 年烟稻轮作配施有机肥对大田烤烟化学成分的影响

处理	烟叶等级	烟碱（%）	总糖（%）	还原糖（%）	氯（%）	氮/碱	总糖/碱	钾/氯
A＝化肥	B2F	2.64	26.09	24.02	0.19	0.76	9.10	10.86
	C3F	2.03	23.81	20.10	0.22	1.02	9.89	13.34
	X2F	1.89	22.98	19.53	0.17	1.07	10.36	18.04
B＝25%鸡粪	B2F	2.97	26.01	23.76	0.23	0.73	7.99	8.48
	C3F	2.23	27.15	24.10	0.21	0.89	10.82	12.53
	X2F	1.48	25.17	23.06	0.25	1.37	15.55	11.72
C＝25%饼肥	B2F	3.42	18.91	17.90	0.18	0.76	5.24	13.38
	C3F	2.52	23.90	20.93	0.13	0.82	8.30	20.89
	X2F	1.47	21.55	19.36	0.18	1.45	13.19	16.25
D＝25%牛粪	B2F	2.22	31.04	29.16	0.39	0.85	13.15	4.60
	C3F	1.84	27.92	26.25	0.27	0.98	14.29	9.22
	X2F	1.64	24.78	22.47	0.30	1.09	13.71	10.13
E＝25%猪粪	B2F	2.49	25.69	24.20	0.24	0.83	9.72	7.95
	C3F	2.00	25.13	22.93	0.25	0.98	11.49	9.46
	X2F	1.26	24.68	22.28	0.25	1.44	17.70	11.59
F＝25%稻草	B2F	2.12	28.84	26.56	0.38	0.89	12.53	5.47
	C3F	2.14	28.78	26.03	0.34	0.87	12.16	7.24
	X2F	1.29	25.59	22.74	0.26	1.52	17.67	11.17

　　氯与烟草的生长和烟叶的品质有着密切的关系。第 3 年试验结果得出：施用不同有机肥的烟叶内在化学成分都较协调，第 3 年烤烟叶片的氯含量在 0.30%～0.54%，均在适宜范围，施用有机肥对烟叶中氯含量有一定的影响（表 6-24）。处理 B（25%鸡粪）和处理 C（25%饼肥）较明显，与对照处理 A（化肥）相比，处理 B（25%鸡粪）中各叶位含氯量分别增加 0.08%、0.14%、0.10%，而处理 C（25%饼肥）上、中、下部位烟叶的氯含量分别比对照增加 0.08%、0.11% 和 0.05%。说明在土壤施用有机肥的条件下，不同有机肥的配施对烟叶中氯的含量有一定的影响，鸡粪和饼肥的配施效果尤为明显。

表 6-24 种植第 3 年烟稻轮作配施有机肥对大田烤烟化学成分的影响

处理	烟叶等级	烟碱（%）	总糖（%）	还原糖（%）	氯（%）	氮/碱	总糖/碱	钾/氯
A＝化肥	B2F	2.29	26.75	19.55	0.46	0.81	11.69	7.54
	C3F	1.46	31.21	24.48	0.27	1.20	21.39	14.01
	X2F	1.39	18.32	13.43	0.40	1.26	13.14	9.72

（续）

处理	烟叶等级	烟碱（%）	总糖（%）	还原糖（%）	氯（%）	氮/碱	总糖/碱	钾/氯
B＝25％鸡粪	B2F	2.22	26.66	21.34	0.54	0.79	12.00	6.39
	C3F	1.11	30.20	22.75	0.41	1.59	27.31	9.16
	X2F	1.29	25.77	19.41	0.50	1.36	19.95	7.80
C＝25％饼肥	B2F	1.76	24.99	18.83	0.54	1.00	14.22	7.61
	C3F	2.37	32.06	24.66	0.38	1.34	24.56	10.56
	X2F	1.50	24.32	17.45	0.45	1.17	16.26	8.47
D＝25％牛粪	B2F	2.25	28.43	21.20	0.32	0.70	12.61	10.56
	C3F	1.27	30.36	24.73	0.32	1.25	23.88	11.31
	X2F	1.03	28.08	20.99	0.37	1.62	27.29	10.89
E＝25％猪粪	B2F	1.79	27.72	21.26	0.44	0.91	15.48	6.53
	C3F	1.07	31.30	24.57	0.30	1.61	29.28	12.43
	X2F	1.03	24.88	17.42	0.42	1.70	24.08	10.49
F＝25％稻草	B2F	1.31	24.98	21.34	0.32	0.74	10.54	9.70
	C3F	1.04	31.13	25.78	0.31	1.69	29.93	11.98
	X2F	1.12	24.77	20.47	0.37	1.57	22.18	10.90

6.4 连续配施有机肥对烟稻轮作土壤理化性状的影响

连续配施有机肥对烟稻轮作系统土壤理化性状影响的试验设置和栽培管理措施同"6.3 连续配施有机肥对大田烤烟生长、产量和品质的影响"。

6.4.1 对植烟土壤有机质含量的影响

土壤有机质是植物矿质营养和有机营养的源泉，是土壤中异养微生物的能源物质，还是形成土壤结构的重要因素，其含量的丰缺是土壤肥力高低重要的标志之一。由表 6-25 可以看出第 3 年植烟土壤有机质含量丰富，有机质含量在 38.21～40.16g/kg 之间。植烟土壤中施用有机肥对有机质有一定影响，各有机肥施入后，植烟土壤有机质含量分别比单施化肥增加了 0.36～0.87g/kg，处理 E（25％猪粪）增加最多，与对照相比提高 4.88％，处理 D（25％牛粪）次之，比对照高 1.9％。第 1 年种烟前土壤有机质含量为 38.21g/kg（表 6-5），第 3 年植烟土壤配施 5 种有机肥后有机质的含量与第 1 年相比增加 0.02～1.95g/kg。表明施用有机肥能够提高土壤有机质含量，提高土壤肥力，为作物生长提供较丰富的营养；而且有机质增加可使土壤保水保肥能力加强，减少养分的流失，提高肥料利用率。

表 6-25 烟稻轮作配施有机肥对烤烟收获后土壤有机质含量的影响（g/kg）

项目	处理	第 3 年
	A＝化肥	38.29
	B＝25％鸡粪	38.65
	C＝25％饼肥	38.76
烤烟收获后土壤	D＝25％牛粪	39.02
	E＝25％猪粪	40.16
	F＝25％稻草	39.23

6.4.2 对植烟土壤腐殖质含量的影响

土壤有机质组成中 80％以上是由土壤腐殖质所组成，土壤腐殖质在生物圈中起着巨大的作用。作为土壤肥力的基本要素，腐殖质的含量和特征有着重要的作用。表 6-26 是第 1 年植烟前土壤（CK）、第 3 年水稻收获后土壤可溶性腐殖质（胡敏酸和富里酸）的含量。配施有机肥与植烟前土壤总碳量相比均有不同程度的增加，方差分析表明，A（配施25％鸡粪）与 CK（植烟前土壤）差异显著。处理 E（配施 25％猪粪）与 CK（植烟前土壤）差异极显著。配施有机肥对土壤胡敏酸和富里酸比值影响规律不明显，施有机肥后富里酸的含量与植烟前土壤相比分别增加了 1.48～2.96g/kg。方差分析表明，富里酸含量除 D 处理和 F 处理外，其他有机肥处理的富里酸含量均与 CK 呈显著差异。处理 A、处理 C 和处理 E 均与 CK 差异显著。烟稻轮作，配施不同有机肥的 HA/FA 差异不明显，且有机肥处理的 HA/FA 比种烟前略低，其中以 A（配施 25％鸡粪）降低较多，比植烟前土壤降低了 0.30g/kg。

表 6-26 配施有机肥对土壤腐殖质含量的影响（g/kg）

项目	CK	A	B	C	D	E	F
总碳量	7.21	10.09	9.99	9.86	9.91	10.68	8.90
$P_{0.05}$	c	a	ab	ab	ab	a	abc
$P_{0.01}$	B	AB	AB	AB	AB	A	AB
胡敏酸	2.44	2.41	2.57	2.42	2.61	2.95	2.64
$P_{0.05}$	de	de	d	de	cd	bcd	cd
$P_{0.01}$	BCD	CD	BCD	CD	BCD	ABC	BCD
富里酸	4.78	7.68	7.43	7.44	7.30	7.74	6.26
$P_{0.05}$	bc	a	a	a	ab	a	abc
$P_{0.01}$	A	A	A	A	A	A	A
HA/FA	0.52	0.32	0.35	0.33	0.36	0.39	0.42
$P_{0.05}$	abc	c	c	c	c	bc	bc
$P_{0.01}$	ABC	C	BC	BC	BC	ABC	ABC

注：CK：第 1 年植烟前土壤。A：化肥；B：25％鸡粪；C：25％饼肥；D：25％牛粪；E：25％猪粪；F：25％稻草。

6.4.3 对烟稻轮作土壤主要矿质养分的影响

从表 6-27 和表 6-28 可以看出，3 年烟稻轮作下烤烟、水稻收获后，速效氮、磷、钾、镁、硫含量总体表现为采收烟叶后土壤的各种矿质养分含量均高于后作水稻收获后的土壤。说明施用不同有机肥于植烟土壤中，在烤烟生长期间，有机肥迅速分解释放出大量营养元素，有效地提供了养分的供应。就碱解氮来讲，有机肥施入土壤后，由于丰富的碳源使各种微生物活动旺盛，较多地吸收了土壤中的无机氮素，以构成微生物细胞体，使一部分无机态氮转化为有机态氮，从而有利于保存氮素，为作物的生长提供了足够的氮源。土壤中速效磷的含量范围为 $10\sim40mg/kg$，小于 $10mg/kg$ 的土壤为缺磷状态，$>40mg/kg$ 的土壤不需要施用磷肥。3 年的试验可以看出，施用有机肥对土壤速效磷有一定的作用，土壤速效磷的含量均在 $10mg/kg$ 以上，处于适宜范围。

表 6-27　3 年烟稻轮作下配施有机肥对土壤氮、磷、钾速效养分含量的影响 （mg/kg）

项目	处理	碱解氮			速效磷			速效钾		
		第 1 年	第 2 年	第 3 年	第 1 年	第 2 年	第 3 年	第 1 年	第 2 年	第 3 年
烤烟收获后土壤	A＝化肥	219.50	224.38	167.95	43.89	34.38	31.97	395.62	231.92	276.54
	B＝25％鸡粪	228.55	231.06	177.44	44.72	38.84	33.95	357.45	245.15	380.25
	C＝25％饼肥	211.31	210.16	178.13	34.81	40.93	26.91	363.22	289.74	307.75
	D＝25％牛粪	206.87	228.28	188.57	34.62	34.74	60.72	245.60	254.63	421.24
	E＝25％猪粪	215.92	221.03	189.99	41.83	52.13	65.68	237.95	231.09	310.22
	F＝25％稻草	233.75	222.04	179.49	53.85	37.68	45.80	194.04	305.57	266.30
水稻收获后土壤	A＝化肥	208.30	167.15	187.86	30.48	31.30	35.25	224.14	251.67	242.14
	B＝25％鸡粪	221.09	182.19	178.83	34.95	23.49	35.22	256.44	310.03	202.44
	C＝25％饼肥	219.10	185.88	184.14	38.27	25.95	34.36	279.92	295.69	258.88
	D＝25％牛粪	223.22	189.92	169.55	36.64	25.09	36.96	197.87	336.34	225.93
	E＝25％猪粪	213.94	185.43	170.49	43.30	25.37	46.89	207.56	268.35	193.99
	F＝25％稻草	224.47	180.44	149.91	35.94	26.34	39.64	236.59	283.27	180.03

表 6-28　3 年烟稻轮作下配施有机肥对土壤交换性镁、有效硫含量的影响 （mg/kg）

项目	处理	交换性镁			有效硫		
		第 1 年	第 2 年	第 3 年	第 1 年	第 2 年	第 3 年
烤烟收获后土	A＝化肥	105.92	113.61	117.98	15.68	15.79	16.74
	B＝25％鸡粪	116.90	129.42	127.11	28.08	22.64	26.88
	C＝25％饼肥	111.59	115.23	119.99	19.92	18.66	19.74
	D＝25％牛粪	114.12	124.15	129.82	15.37	18.58	18.73
	E＝25％猪粪	116.41	122.51	128.69	18.76	19.82	23.54
	F＝25％稻草	122.52	112.08	111.87	17.79	17.63	17.18

（续）

项目	处理	交换性镁			有效硫		
		第1年	第2年	第3年	第1年	第2年	第3年
水稻收获后土	A＝化肥	108.48	112.08	104.28	12.83	12.45	14.57
	B＝25％鸡粪	109.23	116.43	111.04	25.03	28.36	28.66
	C＝25％饼肥	104.82	113.69	99.84	20.14	19.37	20.22
	D＝25％牛粪	102.85	116.94	108.68	16.26	16.15	16.83
	E＝25％猪粪	109.92	118.60	120.46	19.11	19.46	20.01
	F＝25％稻草	116.11	117.95	114.50	18.81	18.13	19.61

6.5　连续配施有机肥对植烟土壤微生物含量的影响

微生物是土壤物质转化的重要参与者，是土壤的重要组成成分，还是土壤有机质和养分转化与循环的动力，其表现为通过土壤微生物的分解作用和新陈代谢作用，将土壤中无效的有机态养分转化为有效的无机态养分，还可将一些不溶于水的矿质元素转化为可溶性的营养元素（如解磷菌、解钾菌）供植物吸收利用。另一表现为输入到土壤生态系统中的营养元素被微生物吸收利用，使这些营养元素固持在微生物生物量中。已有研究表明，施用有机肥可以改善土壤微生物的生长环境，同时也是土壤微生物获取能量和养分的主要来源（滕桂香，2012）。

通过采集第3年烤烟（第五季）收获后各处理土壤样品（试验设置同"6.3 连续配施有机肥对大田烤烟生长、产量和品质的影响"），试验结果表明（表6-29），植烟土壤上配施一定量的有机肥后，土壤中的细菌、放线菌、真菌数量均有不同程度的变化。配施有机肥的处理中，细菌数量大小依次为 E（25％猪粪）＞B（25％鸡粪）＞C（25％饼肥）＞F（25％稻草）＞D（25％牛粪）。真菌数量大小依次为 B（25％鸡粪）＞F（25％稻草）＞E（25％猪粪）＞C（25％饼肥）＞D（25％牛粪）。放线菌数量大小依次为 E（25％猪粪）＞B（25％鸡粪）＞C（25％饼肥）＞D（25％牛粪）＞F（25％稻草）。方差分析和多重比较表明，处理 E（25％猪粪）土壤中的细菌数与对照处理 A（化肥）差异极显著。植烟土壤中的真菌处理 B（25％鸡粪）与对照（处理 A）差异极显著，处理 F（25％稻草）与对照（处理 A）则呈显著差异。植烟土壤中放线菌数量以处理 E（25％猪粪）与对照（处理 A）差异极显著。

表6-29　配施有机肥对第五季烤烟收获后土壤微生物含量的影响（田间试验，10^6个/g 干土）

处理	细菌	真菌	放线菌
A＝化肥	4.33 bcB	4.67cB	13.50bB
B＝25％鸡粪	8.00abAB	9.00aA	13.67 bB
C＝25％饼肥	7.33abAB	4.50 cB	9.50 bB
D＝25％牛粪	2.67cB	4.00 cB	8.67 bB
E＝25％猪粪	9.33aA	5.00 bcB	26.33aA
F＝25％稻草	4.67 bcAB	7.50abAB	8.00bB

第 7 章　餐厨废弃物及其复合调理剂施用效应的研究

烟叶质量易受土壤、烟株品种、栽培技术、气候以及烘烤技术等因素的影响，目前在植烟土壤上施用土壤调理剂已取得诸多的成效。胡亚杰等（2014）在植烟土壤上施用的主要原料为由农用保水剂及富含有机质、腐殖酸的天然泥炭或其他有机物的土壤调理剂，试验结果表明，施用土壤调理剂能够改善土壤性状，改善烟叶品质，提高烟叶产量。钟权等（2008）的试验烟田施用"免深耕"土壤调理剂，可以改善烟田土壤的理化性状，降低土壤容重，提高土壤孔隙度和土壤持水量，能够促进烟株根系和地上部分的生长。邵孝侯等（2011）、曾强等（2014）的研究表明，通过施用生物有机肥和土壤调理剂，可以实现改良土壤、改善土壤微生物环境、生态防治土传病害和提高烤烟品质等多重效果。

据研究，餐厨废弃物可以作为有机肥代替部分化学肥料和其他动物性有机肥，改善土壤养分状况，促进作物生长（杨丽娟等，2010）。餐厨废弃物的成分主要可以分为糖类、脂质、蛋白质、纤维素、半纤维素、木质素等，餐厨废弃物有机质、氮、磷含量较高，重金属含量低，有毒有害成分少（罗珈柠，2014）。目前，餐厨废弃物是否可作为福建植烟土壤的调理剂仍未有研究，因此，开展餐厨废弃物复合调理剂在植烟土壤上施用效应的研究，对龙岩烟区烤烟生产乃至福建烤烟生产的可持续发展都具有重要意义。但目前，还少有使用餐厨废弃物与其他有机物料制作植烟土壤复合调理剂，改善土壤物理化学性状，提高烤烟品质的研究。

7.1　餐厨废弃物与其他调理剂在烤烟上施用效应的比较

通过对餐厨废弃物等不同调理剂在烤烟上施用效应的比较试验，筛选出效果良好的调理剂，预期为复合调理剂的研制提供配方依据。

餐厨废弃物有机肥由福建省利洁环卫股份有限公司提供，同时根据福建烟区目前施用调理剂的种类及当地农业生产废弃物资源情况，采集珍珠岩、白云石粉、废弃烟秆、谷壳、稻草等与餐厨废弃物进行施用效应比较。废弃烟秆可能会存在一些病原菌，通常不能直接在烟田上应用，以免引起烟株病害；谷壳和稻草腐熟时间较长，直接施用其中的氮素养分等分解释放较慢，可能会使烟叶的落黄成熟延迟，从而影响烟叶品质，因此对废弃烟秆、谷壳、稻草等要进行高温厌氧碳化处理。珍珠岩、白云石粉、猪粪等由龙岩烟草公司采集提供，炭化烟秆、炭化谷壳、炭化稻草等样品由辽宁金和福农业开发有限公司生产。供试样品的基本理化性质见表 7-1。

表 7-1　供试样品基本理化学性质

供试样品	炭化稻秆	炭化烟秆	猪粪	炭化谷壳	白云石粉	珍珠岩	餐厨废弃物
pH	5.45	5.73	7.41	5.68	8.96	8.64	9.89
全氮（g/kg）	9.61	25.66	20.75	10.74	2.03	0.41	22.8
全磷（g/kg）	1.18	3.71	18.94	1.25	0.31	0.12	0.80
全钾（g/kg）	8.56	52.81	11.3	9.53	8.23	4.36	18.6
钙（g/kg）	3.26	9.46	2.70	2.22	3.67	2.23	9.87
镁（g/kg）	0.359	0.619	0.119	0.073	1.182	0.043	0.156
锰（mg/kg）	8 255.03	551.65	186.83	660.87	1 534.13	61.83	85.15
铜（mg/kg）	36.58	55.00	26.40	16.28	64.10	23.05	26.8
锌（mg/kg）	619.02	248.83	416.1	196.43	348.43	238.73	265.87
镉（mg/kg）	2.45	4.00	0.317	0.35	0.633	2.333	1.05
铅（mg/kg）	28.38	26.93	8.40	11.38	35.23	13.15	10.75

试验地点为福建省龙岩市长汀县濯田镇东山村，试验地土壤类型为水稻土，前作为水稻，土壤的基本理化性质见表 7-2。

表 7-2　土壤的基本理化性质（mg/kg）

pH	有机质（g/kg）	碱解氮	有效磷	速效钾	交换性钙	交换性镁	有效锰	有效铜	有效锌	有效镉	有效铅
4.90	30.77	133.31	33.67	131.23	555.42	82.16	13.81	1.63	4.19	0.211	15.14

试验设 8 个处理：

处理 1：对照，常规施肥；

处理 2：施珍珠岩 1 500kg/hm²；

处理 3：施白云石粉 1 500kg/hm²；

处理 4：施炭化谷壳 1 500kg/hm²；

处理 5：施炭化烟秆 1 500kg/hm²；

处理 6：施炭化稻秆 1 500kg/hm²；

处理 7：施猪粪 1 500kg/hm²；

处理 8：施餐厨废弃物 1 500kg/hm²。

处理 1（常规施肥）每公顷施总氮量 142.5kg，$N：P_2O_5：K_2O$ 比例为 1.0：0.8：2.5，处理 2 至处理 8 的施肥量按常规施肥量扣除调理剂中氮、磷、钾含量后施用。小区随机排列，设 3 次重复，共 24 个小区，每小区栽烟 60 株。行株距为 1.2m×0.5m，每公顷栽烟 16 500 株。施肥方法及其他管理措施按照当地技术要求规范操作，试验田内相同田间操作在同一天内完成。

7.1.1 对烤烟生育期、农艺性状及经济性状的影响

(1) 对烤烟生育期的影响

由表7-3可知，餐厨废弃物处理（处理8）烤烟团棵期与其他处理时间上基本一致，现蕾期比其他处理晚1～3d，比常规施肥处理（处理1）晚2d，脚叶、顶叶成熟期与处理1时间上基本一致。处理3（白云石粉）、处理4（炭化谷壳）、处理5（炭化烟秆）最早现蕾，处理1、处理6（炭化稻秆）、处理7（猪粪）稍迟1d。各处理脚叶和顶叶的成熟期时间相差不大，处理6比处理1提早1d，处理2（珍珠岩）、处理4和处理5比处理1迟1d。各处理烤烟大田生育期在127～129d。

表7-3 餐厨废弃物与其他调理剂对烤烟生育期的影响（日/月）

处理	播种期	成苗期	移栽期	团棵期	现蕾期	成熟期		大田生育期 (d)
						脚叶	顶叶	
1	5/12	13/2	17/2	31/3	15/4	12/5	21/6	128
2	5/12	13/2	17/2	31/3	16/4	13/5	22/6	129
3	5/12	13/2	17/2	31/3	14/4	12/5	21/6	128
4	5/12	13/2	17/2	31/3	14/4	13/5	22/6	129
5	5/12	13/2	17/2	31/3	14/4	13/5	22/6	129
6	5/12	13/2	17/2	31/3	15/4	11/5	20/6	127
7	5/12	13/2	17/2	31/3	15/4	12/5	21/6	128
8	5/12	13/2	17/2	31/3	17/4	12/5	21/6	128

(2) 对烤烟农艺性状的影响

表7-4可以看出，烟苗移栽后70d，餐厨废弃物处理（处理8）烤烟株高、茎围、节距、叶片数、腰叶长与宽等农艺性状均大于常规施肥处理（处理1）。处理2（珍珠岩）株高最高，为88.22cm，其次是处理3（白云石粉）、处理4（炭化谷壳），株高最矮的是处理7（猪粪）；处理2茎围最大，为9.81cm，其次是处理5（炭化烟秆），再次是处理3，茎围最小的是处理1（常规施肥），为9.00cm；各处理节距差别不大，处理6（炭化稻秆）最大，为4.63cm，处理1最小；叶片数以处理1最少，为19片/株；腰叶最大的是处理5，其次是处理4，再次是处理7，最小的是处理1。可以看出大部分处理农艺性状表现比对照好，处理4（炭化谷壳）、处理5、处理6和处理8表现较好。

表7-4 餐厨废弃物与其他调理剂对烤烟农艺性状的影响

处理	株高 (cm)	茎围 (cm)	节距 (cm)	叶片数 (片/株)	腰叶	
					长 (cm)	宽 (cm)
1	83.44	9.00	4.28	19	73.94	22.15
2	88.22	9.81	4.47	20	74.83	23.04
3	85.89	9.67	4.51	20	74.18	22.62
4	85.89	9.66	4.38	20	76.26	23.11

（续）

处理	株高 （cm）	茎围 （cm）	节距 （cm）	叶片数 （片/株）	腰叶	
					长（cm）	宽（cm）
5	84.78	9.72	4.56	20	74.86	24.14
6	83.22	9.07	4.63	20	74.63	22.33
7	82.89	9.11	4.60	20	74.96	23.41
8	86.32	9.23	4.37	20	75.83	23.01

（3）对烤烟经济性状的影响

由表 7-5 可知，餐厨废弃物处理（处理 8）的烟叶产量比常规施肥（处理 1）高 126.5kg/hm²，且高于处理 2（珍珠岩）、处理 3（白云石粉）和处理 7（猪粪），其产值、均价、上等烟比例和中上等烟比例均大于其他处理。烟叶产量最高的是处理 5，为 2 502.45kg/hm²，显著高于处理 1（常规施肥）、处理 7；处理 1 烟叶产量最低，为 2 254.95kg/hm²，显著低于处理 4（炭化谷壳）、处理 5（炭化烟秆）。烟叶产值最高的是处理 8（餐厨废弃物），为 56 821.3元/hm²，显著高于处理 1、处理 2、处理 7，分别比处理 1 至处理 7 提高 14.55％、12.93％、4.24％、3.92％、1.07％、4.45％、10.90％；各处理烟叶均价变幅为 22～23 元/kg，处理 8 最高，处理 2 最低，各处理之间无显著差异；上等烟比例、中上等烟比例均为处理 3 最高，显著高于处理 1、处理 2、处理 5，上等烟比例最低的是处理 1；中上等烟比例最低的是处理 2，处理 8 最高，各处理之间无显著差异。综合各处理各项经济性状对比，处理 4（炭化谷壳）、处理 5（炭化烟秆）和处理 8（餐厨废弃物）表现较好。

表 7-5　餐厨废弃物与其他调理剂对烤烟经济性状的影响

处理	产量（kg/hm²）	产值（元/hm²）	均价（元/kg）	上等烟比例（％）	中上等烟比例（％）
1	2 254.9c	48 553.9c	21.5a	39.9b	94.8a
2	2 365.1abc	49 476.0c	20.9a	43.0b	93.6a
3	2 358.2abc	54 411.5ab	23.1a	50.7a	96.5a
4	2 468.1ab	54 592.4ab	22.1a	44.6ab	96.4a
5	2 502.5a	56 212.1a	22.5a	42.9b	96.2a
6	2 385.6abc	54 292.5ab	22.8a	46.1ab	94.8a
7	2 296.2bc	50 629.5bc	22.0a	45.5ab	94.6a
8	2 381.4abc	56 821.3a	23.9a	50.6a	96.7a

7.1.2　对烤烟干物质及养分吸收的影响

（1）对烤烟干物质重的影响

由表 7-6 可知，餐厨废弃物处理烟根和烟茎干重均大于常规施肥处理，烟叶干重最大，为 149.58 g/株，显著大于常规施肥处理。各处理烟根干重以处理 3（白云石粉）最大，为 67.18 g/株，与处理 4（炭化谷壳）、处理 7（猪粪）无显著差异，显著大于其他处理；处理1（常规施肥）烟根干重最低，为52.98 g/株，显著低于处理3、处理7，与其他处理无显著差异。各处理烟茎干重以处理5（炭化烟秆）最大，为37.65 g/株，与处理2（珍珠岩）、处理3无显著差异，显著大于其他处理；处理1烟茎干重为28.38 g/株，与处理4、处理6（炭化稻秆）、处理7、处理8（餐厨废弃物）无显著差异，显著低于处理2、处理3、处理5。各处理烟叶干重以处理6烟叶干重最小，为132.97 g/株，常规施肥处理显著低于处理3、处理5、处理8，与其他各处理间无显著差异。

表7-6　餐厨废弃物与其他调理剂对烤烟干物质重的影响

处理	烟根干重（g/株）	烟茎干重（g/株）	烟叶干重（g/株）
1	52.98±1.31cd	28.38±0.77b	135.79±6.76b
2	55.41±1.75bc	37.02±0.5a	135.04±6.91b
3	67.18±1.24a	36.30±1.84a	147.13±3.51a
4	60.73±5.68abc	26.76±1.98b	138.89±5.47b
5	56.74±3.7bc	37.65±2.03a	147.13±5.49a
6	53.07±2.55cd	31.03±0.9b	132.97±4.96b
7	63.10±1.74ab	29.93±1.96b	143.18±7.02ab
8	57.23±2.48bc	30.85±2.75b	149.58±3.58a

（2）对烟株氮素吸收的影响

烟株对N、P、K、Ca、Mg等大量元素的吸收和积累量具有K＞N＞Ca＞Mg＞P的规律性，但植烟土壤养分含量和施肥量不同，对烟株吸收和积累各种养分量有很大影响（胡国松，2000；汪耀富等，2003）。由表7-7可知，餐厨废弃物处理烟根和烟茎氮含量均低于常规施肥处理（处理1），但烟叶氮含量和氮吸收总量均高于处理1。各处理烟根氮含量以处理1（常规施肥）最高，为2.14％，显著高于其他处理；处理4（炭化谷壳）烟根氮含量最低，为1.40％，与处理3（白云石粉）无显著差异，显著低于其他处理。各处理烟茎氮含量以处理3、处理5（炭化烟秆）最高，为0.97％，与处理3无显著差异，显著高于其他处理；处理1烟茎氮含量与处理6（炭化稻秆）、处理7（猪粪）、处理8（餐厨废弃物）无显著差异，显著低于其他处理。各处理烟叶氮含量以处理5最高，为2.48％，显著高于其他处理，处理1烟叶氮含量为1.85％，与处理2（珍珠岩）、处理6无显著差异，显著低于其他处理。各处理烤烟氮吸收总量以处理5最大，为5.068 g/株，显著高于其他处理；处理2烤烟氮吸收总量最低，为3.670 g/株，显著低于处理3、处理5、处理7、处理8。

表7-7　餐厨废弃物与其他调理剂对烤烟氮素吸收的影响

处理	氮含量（％）			总量（g/株）
	烟根	烟茎	烟叶	
1	2.14±0.038a	0.80±0.008cd	1.85±0.015e	3.873±0.25d
2	1.65±0.060d	0.89±0.011b	1.80±0.026e	3.670±0.174d
3	1.44±0.008e	0.97±0.007a	2.10±0.038c	4.402±0.118b

（续）

处理	氮含量（%）			总量（g/株）
	烟根	烟茎	烟叶	
4	1.40±0.053e	0.95±0.019a	2.03±0.025d	3.917±0.004cd
5	1.86±0.051b	0.97±0.02a	2.48±0.009a	5.068±0.368a
6	1.74±0.002cd	0.82±0.012c	1.94±0.025e	3.754±0.179d
7	1.71±0.021cd	0.79±0.016cd	2.12±0.017c	4.353±0.209bc
8	1.78±0.015bc	0.76±0.006d	2.21±0.013b	4.356±0.191b

（3）对烤烟磷素吸收的影响

烤烟吸收的磷以 $H_2PO_4^-$ 和 HPO_4^{2-} 为主，肥料中的磷素施入土壤后极易被固定，形成难以利用的矿物态，导致植烟土壤总磷含量高，而磷肥利用率普遍偏低（王艳丽等，2015）。磷元素是烤烟体内许多重要有机化合物的组成成分，也烤烟生长发育和新陈代谢的必需元素，提高烤烟对磷肥的吸收与利用非常重要（唐先干等，2015）。由表 7-8 可知，餐厨废弃物处理烟根、烟茎和烟叶的磷含量，以及含磷总量均低于常规施肥处理（处理1）。各处理烟根磷含量以处理 5（炭化烟秆）最高，为 0.230%，显著高于其他处理；处理 6（炭化稻秆）烟根磷含量最低，为 0.112%，与处理 3（白云石粉）、处理 4（炭化谷壳）、处理 8（餐厨废弃物）无显著差异，显著低于其他处理；处理 1（常规施肥）烟根磷含量为 0.185%，显著低于处理 5，显著高于处理 3、处理 4、处理 6，与其他处理无显著差异。各处理烟茎磷含量以处理 4 最高，为 0.121%，与处理 2（珍珠岩）、处理 5、处理 6 无显著差异，显著高于其他处理；处理 1 烟茎磷含量为 0.100%，显著低于处理 4、处理 6。各处理烟叶磷含量以处理 1、处理 5 最高，为 0.224%，显著高于处理 3、处理 8，其他处理间无显著差异。各处理烤烟磷吸收总量以处理 5 最大，为 0.502g/株，显著高于其他处理；处理 4 烤烟磷吸收总量最低，为 0.364g/株，与处理 3、处理 6、处理 8 无显著差异，显著低于其他处理；除处理 5 以外，各处理烤烟磷素总量均低于常规施肥处理，这可能与植烟土壤中磷素含量较高有关。

表 7-8　餐厨废弃物与其他调理剂对烤烟磷素吸收的影响

处理	磷含量（%）			总量（g/株）
	烟根	烟茎	烟叶	
1	0.185±0.019b	0.100±0.006bc	0.224±0.01a	0.428±0.017b
2	0.158±0.012bc	0.108±0.002ab	0.208±0.005ab	0.409±0.022b
3	0.134±0.012cd	0.085±0.001c	0.186±0.013b	0.395±0.023bc
4	0.116±0.006cd	0.121±0.010a	0.188±0.008ab	0.364±0.01c
5	0.230±0.029a	0.108±0.003ab	0.224±0.011a	0.502±0.043a
6	0.112±0.008d	0.120±0.003a	0.210±0.015ab	0.377±0.031bc
7	0.157±0.001bc	0.086±0.007c	0.198±0.022ab	0.408±0.036b
8	0.136±0.016bcd	0.084±0.006c	0.185±0.013b	0.387±0.016bc

（4）对烤烟钾素吸收的影响

烤烟生产对土壤钾素水平要求较高，钾素生理效率、农艺效率和利用效率等指标能够充分反映作物对钾素的利用情况（王强盛等，2004；张翔等，2012）。由表 7-9 可知，餐厨废弃物处理烟根钾含量低于常规施肥处理（处理 1），但烟叶、烟茎钾含量和含钾总量均高于处理 1。各处理烟根钾含量以处理 5（炭化烟秆）最高，为 3.47%，显著高于其他处理；处理 3（白云石粉）烟根钾含量最低，为 2.59%，与处理 4（炭化谷壳）无显著差异，显著低于其他处理。各处理烟茎钾含量以处理 4 最高，为 2.96%，处理 1（常规施肥）烟茎钾含量最低，为 2.66%，显著低于处理 4，与其他处理无显著差异。各处理烟叶钾含量以处理 6（常规施肥）最高，为 3.78%，与处理 2（珍珠岩）、处理 3、处理 7（猪粪）无显著差异，显著高于其他处理，处理 1 烟叶钾含量最低，为 3.35%。各处理烤烟钾吸收总量以处理 7 最大，为 8.163g/株；处理 1 烤烟钾吸收总量最低，为 6.914g/株，与处理 4 无显著差异，显著低于其他处理。

表 7-9　餐厨废弃物与其他调理剂对钾素吸收的影响

处理	钾含量（%）			总量（g/株）
	烟根	烟茎	烟叶	
1	3.06±0.049c	2.63±0.043bc	3.35±0.102c	6.914±0.063c
2	2.91±0.002d	2.82±0.04ab	3.63±0.018ab	7.561±0.03b
3	2.59±0.015e	2.46±0.051c	3.61±0.032ab	7.943±0.016ab
4	2.62±0.001e	2.96±0.095a	3.52±0.017bc	7.273±0.167bc
5	3.47±0.011a	2.8±0.111ab	3.38±0.042c	7.999±0.048a
6	3.03±0.004c	2.83±0.033ab	3.78±0.066a	7.513±0.034b
7	3.25±0.026b	2.66±0.108bc	3.71±0.008a	8.163±0.033a
8	3.04±0.031c	2.74±0.031ab	3.46±0.025bc	7.794±0.048ab

（5）对烟叶品质的影响

我国"国际型优质烟叶"项目的化学成分指标主要有：总糖 18%～24%，还原糖 16%～22%，还原糖/总糖≈90%；烟碱 1.5%～3.5%，总氮 1.5%～3.0%；糖碱比≈8～12，碱氮比≥1；钾离子 2.0%～3.5%，氯离子 0.3%～0.8%，钾氯比≥4，石油醚提取物≥7%。

一般认为福建烟区优质烟叶的总氮含量一般范围是 1.5%～3.0%，而烟碱含量以上部烟叶低于 3.5%、中部烟叶 2.0%～2.8%、下部烟叶 1.0%～1.2% 为最好。当烟叶烟碱含量大于 3.5%，烟味辛辣，味苦，劲头太强，刺激性大；小于 1% 时，烟叶的吃味平淡，劲头不足。地区不同，优质烟叶的判断标准也会有所差异。

由表 7-10 可知，不同处理烟叶总烟碱含量上部叶＞中部叶＞下部叶。处理 2（珍珠岩）、处理 3（白云石粉）、处理 4（炭化谷壳）、处理 6（炭化稻秆）和处理 8（餐厨废弃物）下部烟叶总烟碱含量分别为 1.11%、1.14%、0.97%、0.89% 和 1.19%，属于优质下部烟叶（烟碱含量 1.0%～12%），处理 1（常规施肥）、处理 5（炭化烟秆）和处理 7（猪粪）下部烟叶总烟碱含量均高于 1.2%；不同处理中部烟叶烟碱含量较低，处理 8 中部烟叶烟碱含量最大，为 2.01％，其余处理中部烟叶的烟碱含量均低于优质中部烟叶的烟碱含量（2％～2.8％）；各处理上部烟叶烟碱含量较低，处理 1 上部烟叶烟碱含量最大，为 2.34％，其他处理上部烟叶烟碱含量较常规施肥处理低，但上部烟叶烟碱含量均处于优质烟叶范围。处理 2 至处理 8 上部烟叶烟碱含量比处理 1（常规施肥）低 4.27％～22.75％，说明不同调理剂处理均降低了上部烟叶烟碱含量，其中以餐厨废弃物处理的上部烟叶烟碱含量最低。

各处理烤烟不同烟叶部位总氮的含量都在优质烟叶总氮含量的范围内，处理 2、处理 3、处理 4、处理 5 和处理 7 烤烟上部烟叶总氮含量均高于常规处理，分别提高 15.05％、10.75％、19.89％、6.99％和 1.61％。各处理烤烟中部、下部烟叶总氮的含量均低于常规施肥处理，但差异性不显著。

一般认为优质烟叶中总糖的含量为 25％～35％，由表 7-10 可知，除了处理 1、处理 2 和处理 7 的上部叶，以及处理 1、处理 2 的下部叶，不同处理烟叶总糖含量均在优质烟叶总糖含量范围内。

表 7-10　餐厨废弃物与其他调理剂对烤烟叶片烟碱、总糖、还原糖等含量的影响

处理	等级	总烟碱（％）	总糖（％）	还原糖（％）	总氯（％）	总氮（％）	总磷（％）	总钾（％）	pH
	B2F	2.34	21.55	20.79	0.42	1.86	0.15	2.83	5.07
1	C3F	1.76	29.50	27.36	0.34	1.83	0.20	3.14	5.20
	X2F	1.31	22.65	19.53	0.44	1.87	0.24	4.20	5.11
	B2F	2.11	20.84	20.62	0.69	2.14	0.20	3.04	5.08
2	C3F	1.58	30.77	28.3	0.40	1.74	0.17	3.43	5.21
	X2F	1.11	22.89	19.05	0.40	1.78	0.24	4.57	5.09
	B2F	1.99	26.43	25.41	0.36	2.06	0.16	3.08	5.12
3	C3F	1.37	30.21	27.49	0.42	1.59	0.21	3.35	5.17
	X2F	1.14	27.31	23.83	0.46	1.60	0.22	4.51	5.18
	B2F	2.09	25.87	24.44	0.51	2.23	0.14	3.23	5.16
4	C3F	1.55	29.3	26.79	0.44	1.79	0.16	3.03	5.20
	X2F	0.97	27.17	23.35	0.42	1.61	0.21	4.49	5.18
	B2F	2.11	23.76	22.55	0.48	1.99	0.17	2.79	5.15
5	C3F	1.58	32.39	29.76	0.51	1.64	0.21	3.36	5.12
	X2F	1.27	28.83	26.71	0.36	1.68	0.26	3.92	5.21
	B2F	2.24	24.01	23.13	0.59	1.75	0.22	3.46	5.08
6	C3F	1.50	30.01	28.31	0.52	1.51	0.21	3.68	5.09
	X2F	0.89	28.63	25.11	0.57	1.37	0.19	4.62	5.05
	B2F	2.11	26.83	25.16	0.46	1.89	0.19	3.53	5.13
7	C3F	1.9	31.32	29.23	0.38	1.53	0.23	3.5	5.11
	X2F	1.21	30.46	26.17	0.45	1.65	0.24	4.18	5.16

（续）

处理	等级	总烟碱（%）	总糖（%）	还原糖（%）	总氯（%）	总氮（%）	总磷（%）	总钾（%）	pH
	B2F	1.81	28.23	26.52	0.60	1.69	0.16	2.95	5.13
8	C3F	2.01	30.01	27.78	0.35	1.78	0.18	3.23	5.12
	X2F	1.19	26.48	21.95	0.37	1.71	0.22	4.33	5.11

　　由表 7-11 可知，不同处理烟叶氮/碱值下部叶＞中部叶＞上部叶，处理 2（珍珠岩）、处理 3（白云石粉）和处理 4（炭化谷壳）的氮/碱值较高，分别为 1.01、1.04 和 1.07，高于国际型优质烟叶标准的总氮/烟碱（0.5～1：1）。各处理中部烟叶氮/碱比值偏高，只有处理 7（猪粪）和处理 8（餐厨废弃物）中部烟叶氮/碱比值在优质烟叶范围内，上部烟叶氮/碱比值均高于国际型优质烟叶标准的总氮/碱比值。各处理烟叶总糖/碱的比值［除处理 8（餐厨废弃物）外］均是下部叶＞中部叶＞上部叶，处理 1 和处理 2 上部烟叶总糖/碱的比值较小，分别为 9.21、9.88，其他处理上部烟叶总糖/碱的比值在优质烟叶标准范围内（总糖/烟碱 10～15：1），但各处理中部、上部烟叶总糖/碱比值均高于国际型优质烟叶标准的总糖/碱比值，且常规处理中部、上部烟叶总糖/碱比值最低。处理 2、处理 4、处理 5 和处理 8 下部叶钾/氯比值较高，各处理烤烟上、中、下部烟叶的钾/氯比值均符合国际型优质烟叶的标准（K/Cl 4～10：1）。

表 7-11　餐厨废弃物与其他调理剂对烤烟叶片氮/碱、总糖/碱、总糖/氮和钾/氯等比值的影响

处理	等级	氮/碱	总糖/碱	总糖/氮	还原糖/总糖	钾/氯
	B2F	0.79	9.21	11.59	0.96	6.74
1	C3F	1.04	16.76	16.12	0.93	9.24
	X2F	1.43	17.29	12.11	0.86	9.55
	B2F	1.01	9.88	9.74	0.99	4.41
2	C3F	1.10	19.47	17.68	0.92	8.58
	X2F	1.60	20.62	12.86	0.83	11.43
	B2F	1.04	13.28	12.83	0.96	8.56
3	C3F	1.16	22.05	19.00	0.91	7.98
	X2F	1.40	23.96	17.07	0.87	9.80
	B2F	1.07	12.38	11.60	0.94	6.33
4	C3F	1.15	18.90	16.37	0.91	6.89
	X2F	1.66	28.01	16.88	0.86	10.69
	B2F	0.94	11.26	11.94	0.95	5.81
5	C3F	1.04	20.50	19.75	0.92	6.59
	X2F	1.32	22.70	17.16	0.93	10.89
	B2F	0.78	10.72	13.72	0.96	5.86
6	C3F	1.01	20.01	19.87	0.94	7.08
	X2F	1.54	32.17	20.90	0.88	8.11

（续）

处理	等级	氮/碱	总糖/碱	总糖/氮	还原糖/总糖	钾/氯
	B2F	0.90	12.72	14.20	0.94	7.67
7	C3F	0.81	16.48	20.47	0.93	9.21
	X2F	1.36	25.17	18.46	0.86	9.29
	B2F	0.93	15.60	16.70	0.94	4.92
8	C3F	0.89	14.93	16.86	0.93	9.23
	X2F	1.44	22.25	15.49	0.83	11.70

7.1.3　对土壤 pH 及速效养分的影响

（1）对土壤 pH 及速效养分的影响

土壤速效养分是作物吸收的主要养分形态，也是施肥补充的主要养分形态（王宝峰等，2012）。土壤速效养分直接关系到土壤的供肥能力和作物的产量（吕国红等，2010）。由表 7-12 可知，采烤结束后，餐厨废弃物调理剂处理的植烟土壤 pH 和速效钾相比常规施肥均有提高。相比常规施肥，处理 2（珍珠岩）、处理 3（白云石粉）、处理 5（炭化烟秆）、处理 4（炭化谷壳）、处理 6（炭化稻秆）、处理 7（猪粪）、处理 8 相比常规施肥处理均能提高土壤 pH，分别提高 0.83%、10.12%、2.05%、8.47%、3.93%、9.09%、8.06%。不同调理剂处理的植烟土壤碱解氮含量变幅为 115.01～135.80mg/kg，处理 2、处理 3、处理 5、处理 6 和处理 7 土壤碱解氮含量均高于处理 1（常规施肥）的土壤碱解氮含量，分别提高 9.55%、5.27%、8.27%、8.4%、5.93%；处理 4（炭化谷壳）和处理 8（餐厨废弃物）土壤碱解氮含量相较于处理 1 的土壤碱解氮含量分别降低 4.09%、5.01%。处理 2 土壤有效磷含量最高，为 74.81mg/kg，显著高于其他处理；处理 1 土壤有效磷含量为 58.93mg/kg，与处理 3、处理 6、处理 7、处理 8 无显著差异，显著低于处理 2、处理 4、处理 5。处理 5 土壤速效钾含量最高，为 161.21mg/kg，与处理 2 无显著差异，显著高于其他处理；处理 6 和处理 8 土壤速效钾含量较低，分别为 193.83mg/kg和 183.96mg/kg，相比处理 1 的土壤速效钾含量，分别降低 20.93% 和 24.96%，处理 2、处理 3、处理 4 和处理 7 各处理土壤速效钾含量均高于常规施肥处理，分别提高 57.16%、18.52%、30.59%、2.41%。

表 7-12　餐厨废弃物与其他调理剂对土壤 pH 及速效养分的影响（mg/kg）

处理	pH	碱解氮	有效磷	速效钾
1	4.84cd	123.96±6.14ab	38.93±2.96c	99.63±2.79c
2	4.88cd	135.80±5.89a	54.81±4.22a	155.68±7.44a
3	5.33a	130.49±6.90ab	37.89±3.77c	117.79±8.83bc
4	4.68d	118.89±5.82b	44.72±0.95b	129.63±7.95b
5	5.25ab	134.21±6.86a	48.05±3.53b	161.21±2.69a
6	5.03bc	134.37±9.12a	41.34±3.19bc	79.11±4.95d

（续）

处理	pH	碱解氮	有效磷	速效钾
7	5.28ab	131.31±2.60a	37.52±3.47c	102.04±9.86c
8	5.23ab	117.75±2.51b	36.70±4.66c	115.16±1.97bc

（2）对土壤中、微量元素的影响

烟草对中微量元素需求量较少，但其对烟草生理、品质具有极其重要的作用（谢强等，2012）。每一种元素都有其特殊功能，烟叶中所含微量元素的丰缺，将在一定程度上影响烟叶品质的好坏（于建军等，2010）。由表 7-13 可知，采烤结束后，相比常规施肥处理（处理 1），餐厨废弃物处理（处理 8）显著提高了土壤交换性钙、镁的含量，降低了土壤有效锰、有效锌的含量，土壤有效铜、有效镉和有效铅没有显著差异；不同处理土壤交换性钙含量以处理 3（白云石粉）最高，为 700.56mg/kg，显著高于其他处理；处理 1（常规施肥）的土壤交换性钙含量为 570.66mg/kg，与处理 5（炭化烟秆）无显著性差异，显著高于处理 4（炭化谷壳），显著低于其他处理。处理 8（餐厨废弃物）的交换性镁含量最高，为 124.37mg/kg，显著高于其他处理；处理 1 的土壤交换性镁含量为 90.39mg/kg，显著低于处理 3、处理 8，高于处理 5、处理 7。处理 3 的土壤有效锰含量最高，为 23.39mg/kg，与处理 2（珍珠岩）、处理 4 无显著差异，但显著高于其他处理；处理 7 土壤有效锰含量最低，为 7.45mg/kg，与处理 8 无显著差异，但显著低于其他处理；处理 1 的土壤有效锰含量为 17.70mg/kg，显著低于处理 2、处理 3、处理 4，显著高于其他处理。处理 7 土壤有效铜含量最高，为 1.83mg/kg，与处理 6 无显著差异，显著高于其他处理；处理 1 的土壤有效铜含量为 1.46mg/kg，与处理 4、处理 5 无显著差异，显著低于其他处理。处理 1 的土壤有效锌含量最高，为 7.71mg/kg，与处理 2 无显著差异，显著高于其他处理。不同处理土壤有效镉含量变幅为 0.205～0.230mg/kg，各处理间无显著差异。不同处理土壤有效铅含量变幅为 12.87～13.75mg/kg，处理 4 最低，其他各处理间无显著差异。

表 7-13　餐厨废弃物与其他调理剂对土壤中、微量元素含量（mg/kg）

处理	交换性钙	交换性镁	有效锰	有效铜	有效锌	有效镉	有效铅
1	570.66±8.96c	90.39±3.30c	17.70±0.56b	1.46±0.04e	7.71±0.18a	0.205±0.021a	13.15±0.15a
2	627.31±13.93b	96.00±2.68bc	21.80±0.12a	1.57±0.06c	7.69±0.06a	0.225±0.003a	13.74±0.24a
3	700.56±6.39a	103.29±4.47b	23.39±2.12a	1.58±0.03c	4.70±0.47e	0.219±0.005a	13.37±0.14a
4	464.43±10.38e	92.21±2.67bc	22.09±0.32a	1.42±0.02e	6.39±0.07b	0.211±0.004a	13.11±0.31a
5	571.69±10.01c	85.94±2.73c	14.22±0.79c	1.50±0.04de	6.08±0.30bc	0.210±0.001a	13.59±0.15a

（续）

处理	交换性钙	交换性镁	有效锰	有效铜	有效锌	有效镉	有效铅
6	513.58± 7.51d	90.48± 5.13c	9.73± 1.11d	1.75± 0.14ab	5.36± 0.43cde	0.211± 0.008a	13.47± 1.30a
7	609.04± 12.21b	85.44± 1.68c	7.45± 0.52e	1.83± 0.02a	5.88± 0.92bcd	0.230± 0.015a	13.75± 0.24a
8	613.39± 5.29b	124.37± 7.05a	8.25± 0.60de	1.63± 0.01bc	5.05± 0.41de	0.228± 0.006a	13.33± 0.33a

本试验选取的调理剂在烤烟上施用效应的结果表明，相比常规施肥，各种调理剂均能提高烤烟经济效益，且各有不同优点，但考虑福建植烟土壤有机质较低，以及畜禽粪便中重金属含量超标等问题（姜娜，2011），选择具有高密度孔隙结构、吸附性好、含碳量较高（林燕辉，2015；张继义，2012），且施用效果较好的炭化烟秆、炭化谷壳与餐厨废弃物在不同比例上的组合，进一步开展餐厨废弃物复合调理剂在烤烟施用效应上的研究。

7.2　餐厨废弃物与其他有机物料配比调理剂对土壤 pH 及速效养分的影响

根据田间试验结果，餐厨废弃物与炭化烟秆、炭化谷壳在烤烟上施用效果较好，因此进一步研究餐厨废弃物与炭化烟秆、炭化谷壳配比对土壤 pH 及有效养分的影响，进行土壤培育试验。

采集水稻土耕层土壤，自然风干后，挑除土中杂物后充分混匀，过 1mm 筛，其基本理化性质见表 7-14。

表 7-14　土壤基本理化性质（mg/kg）

pH	碱解氮	有效磷	速效钾	交换性钙	交换性镁	有效锰	有效铜	有效锌	有效镉	有效铅
5.80	82.43	10.35	113.51	615.50	80.31	54.96	1.09	5.95	0.04	13.70

餐厨废弃物有机肥样品由福建省利洁环卫股份有限公司提供，炭化烟秆和炭化谷壳由辽宁金和福农业开发有限公司生产，其基本理化性状见表 7-1。

餐厨废弃物与炭化烟秆、炭化谷壳的配比（重量比）试验设置 8 个处理：

处理 1（对照）：空白；

处理 2：餐厨废弃物；

处理 3：餐厨废弃物：炭化烟秆（1∶0.2）；

处理 4：餐厨废弃物：炭化谷壳（1∶0.2）；

处理 5：餐厨废弃物：炭化烟秆：炭化谷壳（1∶0.1∶0.1）；

处理 6：餐厨废弃物：炭化烟秆：炭化谷壳（1∶0.2∶0.1）；

处理 7：餐厨废弃物：炭化烟秆：炭化谷壳（1∶0.1∶0.2）；

处理 8：餐厨废弃物：炭化烟秆：炭化谷壳（1∶0.2∶0.2）。

　　餐厨废弃物与炭化烟秆、炭化谷壳根据各处理比例分别称取重量，每盆施用总量 4 g，与 2 kg 的供试土壤拌匀放入塑料桶中。每个塑料桶中定时浇水，使土壤水分为田间持水量的 70%。每个处理 3 次重复，共分 7 次取样，取样时间分别为培育试验开始后的 5 d、10 d、20 d、30 d、50 d、70 d、90 d。

7.2.1　对土壤 pH 的影响

　　土壤酸碱度是土壤理化性状的重要特征，与土壤中的微生物分布、土壤养分有效性等均有密切关系，且对烟叶物理性状、化学成分、中性香气物有重要影响（邓小华等，2010；袁玉波，2013；周米良等，2012）。从表 7-15 可以看出，随着培育时间的变化，处理 1（空白对照）、处理 2（餐厨废弃物）、处理 3（餐厨废弃物：炭化烟秆＝1：0.2）土壤 pH 的变化趋势均是逐渐降低，处理 4（餐厨废弃物：炭化谷壳＝1：0.2）、处理 5（餐厨废弃物：炭化烟秆：炭化谷壳＝1：0.1：0.1）、处理 6（餐厨废弃物：炭化烟秆：炭化谷壳＝1：0.2：0.1）、处理 7（餐厨废弃物：炭化烟秆：炭化谷壳＝1：0.1：0.2）和处理 8（餐厨废弃物：炭化烟秆：炭化谷壳＝1：0.2：0.2）土壤 pH 的变化趋势均是先降低而后升高。除了在培育 50 d 时，处理 4（餐厨废弃物：炭化谷壳＝1：0.2）土壤 pH 为 5.05，比处理 1 低 0.21 个单位，在不同时间段，处理 1 土壤中 pH 相比其他处理均最低。处理 1 至处理 8 各个处理土壤 pH 分 7 次取样的均值分别为 5.39、5.53、5.55、5.50、5.61、5.95、5.86、5.93，处理 1 最小，处理 6（餐厨废弃物：炭化烟秆：炭化谷壳＝1：0.2：0.1）最大。在培育 90 d 时，各处理土壤 pH 从大到小依次为处理 6＞处理 8＞处理 4＞处理 7＞处理 5＞处理 2＞处理 3＞处理 1，相比处理 1，各处理均能够提高土壤 pH。

表 7-15　餐厨废弃物与其他有机物料配比调理剂对土壤 pH 的影响

处理	培育时间（d）						
	5	10	20	30	50	70	90
1	5.83e	5.54e	5.29de	5.25d	5.26d	5.35e	5.21d
2	6.04c	5.86d	5.35de	5.26d	5.28d	5.54c	5.39c
3	6.03cd	5.89d	5.40cd	5.32d	5.30d	5.56c	5.34cd
4	5.98d	5.83d	5.23e	5.11e	5.05e	5.43e	5.84b
5	6.14b	6.11c	5.55bc	5.47c	5.34d	5.25f	5.44c
6	6.36a	6.29a	5.67ab	5.77a	5.75a	5.79b	5.99a
7	6.37a	6.26ab	5.69ab	5.66b	5.54c	5.77b	5.76b
8	6.35a	6.22b	5.75a	5.73ab	5.68b	5.92a	5.87ab

7.2.2　对土壤碱解氮的影响

　　土壤中的碱解氮（Alkali-hydrolyzable nitrogen，AN）是土壤所提供的植物生活所必需的易被作物吸收利用的营养元素，它包括无机态氮和部分有机质中易分解的、比较简单的有机态氮，它们是铵态氮、硝态氮、氨基酸氮和易水解蛋白质氮的总和（赵业婷等，

2013）。碱解氮能较好地反映近期内土壤氮素供应状况和氮素释放速率，是反映土壤供氮能力的重要指标之一（张忠启等，2013）。由表 7-16 可知，处理 1 至处理 8 在培育 90d 时，土壤碱解氮含量分别增加 11.63%、27.14%、28.29%、18.57%、30.30%、24.09%、20.65%、17.81%，处理 5（餐厨废弃物：炭化烟秆：炭化谷壳＝1：0.1：0.1）的土壤碱解氮含量最高，为 107.41mg/kg，显著高于处理 1（空白对照）、处理 4（餐厨废弃物：炭化谷壳＝1：0.2）、处理 7（餐厨废弃物：炭化烟秆：炭化谷壳＝1：0.1：0.2）、处理 8（餐厨废弃物：炭化烟秆：炭化谷壳＝1：0.2：0.2），处理 1 的土壤碱解氮含量最低，为 92.02mg/kg，显著低于其他处理。

表 7-16　餐厨废弃物与其他有机物料配比调理剂对土壤碱解氮的影响（mg/kg）

处理	培育时间（d）						
	5	10	20	30	50	70	90
1	82.60±0.55a	83.31±3.51a	82.70±1.47a	84.16±0.75a	87.82±1.80ab	96.56±0.89cd	92.02±1.51d
2	87.05±6.31a	87.05±4.00a	85.10±2.24a	84.65±0.04a	89.78±4.80ab	109.43±2.94a	104.8±2.21ab
3	86.83±4.14a	88.39±1.83a	75.50±3.10a	83.05±1.05a	86.45±1.86ab	99.45±4.84abc	105.75±2.85ab
4	79.70±1.99a	90.83±6.12a	82.97±5.56a	84.53±1.67a	91.04±2.69ab	107.04±2.57ab	97.74±2.52c
5	82.37±2.34a	88.83±5.01a	82.70±4.31a	82.40±1.00a	93.22±0.81a	98.01±1.58bc	107.41±1.36a
6	86.16±3.40a	87.27±4.07a	82.83±4.98a	84.61±3.42a	83.99±1.81b	92.89±2.65c	102.29±0.85abc
7	85.27±7.57a	87.83±3.29a	77.76±1.46a	81.17±1.03a	87.59±0.17ab	87.33±1.17d	99.45±2.39bc
8	82.15±1.17a	87.05±2.04a	82.43±0.75a	80.59±0.98a	87.03±2.32ab	97.26±6.30bcd	97.11±0.12c

7.2.3　对土壤有效磷的影响

土壤中磷素的丰缺状况，是衡量土壤肥力水平高低的标志之一，而土壤有效磷是当季作物从土壤中获取的主要磷养分资源（曾招兵等，2014）。郭燕等（2010）认为，烤烟磷含量与土壤有效磷含量呈极显著的正相关关系，即在一定范围内烤烟磷含量随土壤有效磷含量的升高而升高。由表 7-17 可知，处理 1 至处理 8 在培育 90d 时，土壤有效磷含量分别比空白土壤初始值增加 3.29%、32.17%、24.15%、38.07%、63.57%、46.96%、23.96%、76.04%，处理 8（餐厨废弃物：炭化烟秆：炭化谷壳＝1：0.2：0.2）土壤有效磷含量最大，为 18.22mg/kg，与处理 5（餐厨废弃物：炭化烟秆：炭化谷壳＝1：0.1：0.1）无显著差异，显著高于其他处理，处理 1（空白对照）土壤有效磷含量最小，为 10.69mg/kg，显著低于其他处理。

表 7-17　餐厨废弃物与其他有机物料配比调理剂对土壤有效磷的影响（mg/kg）

处理	培育时间（d）						
	5	10	20	30	50	70	90
1	10.23± 0.60b	10.54± 0.67bc	11.61± 1.23ab	12.37± 1.83ab	11.09± 0.61b	10.45± 0.56e	10.69± 0.57e
2	11.86± 0.97ab	15.85± 1.14a	12.18± 1.13ab	14.67± 0.65ab	17.91± 1.57a	13.36± 0.70cd	13.68± 0.72cd
3	9.91± 0.47b	11.16± 0.36bc	13.66± 1.08a	13.07± 2.61ab	12.32± 1.19b	10.60± 0.29e	12.85± 0.30d
4	10.93± 0.53ab	9.44± 0.24c	12.41± 1.12ab	10.65± 1.06b	11.55± 0.8b	13.98± 0.13cd	14.29± 0.12cd
5	9.81± 0.36b	16.24± 1.50a	14.99± 1.49a	15.54± 0.94ab	10.41± 0.31b	16.53± 0.28ab	16.93± 0.34ab
6	11.32± 0.74ab	12.10± 1.09b	9.98± 1.61b	16.19± 2.94a	11.39± 0.79b	14.87± 0.91bc	15.21± 0.95bc
7	10.43± 0.24b	10.90± 0.45bc	9.84± 0.43c	10.95± 1.50b	10.93± 0.24b	12.55± 0.81d	12.83± 0.83d
8	12.72± 1.43a	10.93± 0.50bc	14.05± 1.00a	12.50± 0.66ab	12.54± 1.33b	17.83± 0.47a	18.22± 0.11a

7.2.4　对土壤速效钾的影响

烟草是喜钾作物，钾素的充足供应对其生长发育、产量和品质以及卷烟制品的安全性均具有重要作用（邓小华等，2013）。土壤速效钾含量能够直观反映可供植物利用的钾素含量，在土壤养分循环与利用方面具有重要地位，能直接反映土壤的钾素肥力状况（陈钦程等，2014）。由表 7-18 可知，处理 1 至处理 8 在培育 90d 时，土壤速效钾含量分别比空白土壤初始值增加−5.87％、16.91％、16.89％、8.33％、16.97％、19.79％、14.11％、19.80％，处理 8（餐厨废弃物∶炭化烟秆∶炭化谷壳＝1∶0.2∶0.2）土壤速效钾含量最大，为 135.99mg/kg，处理 1（对照）土壤速效钾含量最小，为 106.85mg/kg，显著低于其他处理，其他各处理间无显著差异性。

表 7-18　餐厨废弃物与其他有机物料配比调理剂对土壤速效钾的影响（mg/kg）

处理	培育时间（d）						
	5	10	20	30	50	70	90
1	113.45± 0.04b	113.46± 5.62c	113.45± 0.04c	123.21± 5.67a	113.40± 5.66c	116.53± 3.27d	106.85± 3.24b
2	113.35± 5.60b	123.03± 5.63bc	123.10± 5.60bc	126.35± 3.26a	123.17± 5.61bc	132.84± 5.64bc	132.71± 5.71a
3	123.15± 5.67ab	132.74± 0.06a	142.62± 5.65ab	129.62± 3.23a	142.73± 11.26a	132.79± 5.62bc	132.68± 0.02a
4	113.32± 5.65b	123.23± 5.61bc	123.06± 5.59bc	123.06± 5.59a	123.19± 5.63bc	123.01± 0.03cd	122.96± 5.63a

（续）

处理	培育时间（d）						
	5	10	20	30	50	70	90
5	123.12± 0.07ab	132.72± 5.57ab	132.82± 5.61ab	132.78± 5.61a	142.70± 5.57a	132.76± 5.56bc	132.77± 11.16a
6	123.02± 5.66ab	142.57± 5.70a	132.76± 5.66ab	132.76± 11.29a	142.71± 5.68a	142.50± 5.59ab	135.97± 8.58a
7	123.00± 5.61ab	132.90± 5.71ab	132.73± 5.61ab	132.73± 0.01a	132.88± 16.88ab	145.84± 8.65ab	129.53± 8.62a
8	132.61± 5.64a	142.54± 5.56a	142.34± 5.64a	135.85± 8.57a	142.62± 5.62a	152.27± 5.63a	135.99± 3.20a

经过 90d 的餐厨废弃物与其他有机物料配比调理剂培育试验，各处理土壤 pH 以处理 6（餐厨废弃物：炭化烟秆：炭化谷壳＝1：0.2：0.1）最大，为 5.99；土壤碱解氮含量以处理 5（餐厨废弃物：炭化烟秆：炭化谷壳＝1：0.1：0.1）最高，为 107.41mg/kg；土壤有效磷含量以处理 8（餐厨废弃物：炭化烟秆：炭化谷壳＝1：0.2：0.2）最大，为 18.22mg/kg；土壤速效钾含量以处理 8 最大，135.99mg/kg，综合各土壤 pH、碱解氮、有效磷及速效钾养分状况，以处理 8 较好。

7.3 餐厨废弃物与其他有机物料配比调理剂对烤烟生长效应的影响

根据不同调理剂在烤烟上施用效应的试验结果，筛选出炭化烟秆、炭化谷壳与餐厨废弃物配合研制烤烟有机复合调理剂，并进行盆栽试验。

供试土壤采自水稻土耕层土壤（0～20cm），自然风干后挑除土中杂物后压碎，充分混匀备用。试验地点设在福建农林大学南区盆栽房。土壤基本理化性质见表 7-14。

餐厨废弃物与炭化烟秆、炭化谷壳的配比（重量比）试验设置 8 个处理：

处理 1（对照）：化肥；

处理 2：餐厨废弃物；

处理 3：餐厨废弃物：炭化烟秆（1：0.2）；

处理 4：餐厨废弃物：炭化谷壳（1：0.2）；

处理 5：餐厨废弃物：炭化烟秆：炭化谷壳（1：0.1：0.1）；

处理 6：餐厨废弃物：炭化烟秆：炭化谷壳（1：0.2：0.1）；

处理 7：餐厨废弃物：炭化烟秆：炭化谷壳（1：0.1：0.2）；

处理 8：餐厨废弃物：炭化烟秆：炭化谷壳（1：0.2：0.2）。

上述各处理每盆施用 N 1.2g，$N：P_2O_5：K_2O=1：0.8：2.5$。处理 2 至处理 8 每盆施用有机物料 20g，并根据各处理餐厨废弃物、炭化烟秆、炭化谷壳的比例分别称取重量，混合均匀，测定氮、磷、钾含量。上述处理 2 至处理 8 的化肥施用量按对照处理施肥量扣除调理剂中的氮、磷、钾含量后施用。

盆栽试验采用直径 20cm，高 50cm 规格的塑料桶，每个桶底有 4 个直径 1cm 的圆孔，用孔隙 1mm 的纱网铺在桶底，每盆装风干土 10kg，装桶前与各处理所施用肥料混合均匀。

每盆种植烟苗 1 株，供试品种为云烟 87，随机排列，每一处理重复 4 次，定期观察记载烟株的生物学特性。烟株现花蕾后打顶，并定时抹去腋芽。烟叶生理成熟后采摘并烘干。烟叶采摘完成后将烟株的茎秆、根系全部收取，并洗净、烘干，测定烟株各部分的干物质积累量和养分含量。

7.3.1 对烤烟农艺性状的影响

（1）烤烟移栽后 30d 农艺性状

由表 7-19 可知，烟苗移栽 30d 后，处理 8 株高显著高于处理 1（化肥），其他处理间无显著差异，处理 3（餐厨废弃物：炭化烟秆＝1：0.2）、处理 4（餐厨废弃物：炭化谷壳＝1：0.2）、处理 5（餐厨废弃物：炭化烟秆：炭化谷壳＝1：0.1：0.1）的最大叶长显著低于处理 1，处理 4 至处理 8 的最大叶宽显著高于处理 1，处理 8（餐厨废弃物：炭化烟秆：炭化谷壳＝1：0.2：0.2）的茎围显著高于处理 1 至处理 5，处理 1 至处理 7 之间的茎围无显著差异，处理 2 叶片数最大，处理 8 的叶片数显著低于处理 1，各处理间整体农艺性状没有显著差异性，处理 2（餐厨废弃物）的主要农艺性状均高于处理 1。

表 7-19 餐厨废弃物与其他有机物料配比调理剂对
烤烟农艺性状的影响（移栽后 30d）

处理	烟株高（cm）	最大叶长（cm）	最大叶宽（cm）	茎围（cm）	叶片数（片/株）
1	21.17±0.33b	33.50±0.76a	7.17±0.60c	2.73±0.03b	8b
2	23.33±0.17ab	34.33±0.33a	7.83±0.17abc	2.80±0.00b	9a
3	21.17±0.88b	28.17±2.89b	7.50±0.50bc	2.70±0.01b	8b
4	21.02±0.87b	21.00±0.87c	8.50±0.76ab	2.63±0.12b	8b
5	22.50±1.04ab	22.55±1.04c	8.13±0.13abc	2.86±0.07b	8b
6	21.33±1.01ab	35.17±0.44a	8.67±0.33a	2.97±0.03ab	8b
7	22.75±1.05ab	35.13±0.66a	8.58±0.08ab	2.96±0.08ab	8b
8	24.25±1.45a	35.75±0.66a	8.50±0.20ab	3.13±0.15a	8b

（2）烤烟移栽后 45d 农艺性状

由表 7-20 可知，烟苗移栽 45d 后，各处理烟株株高和最大叶宽没有显著差异，处理 4（餐厨废弃物：炭化谷壳＝1：0.2）、处理 7（餐厨废弃物：炭化烟秆：炭化谷壳＝1：0.1：0.2）的烟株最大叶长显著低于处理 1（化肥），处理 7 的烟株茎围最大，处理 3（餐厨废弃物：炭化烟秆＝1：0.2）的烟株茎围显著低于处理 1，处理 3（餐厨废弃物：炭化烟秆＝1：0.2）的烟株叶片数显著低于处理 1，各处理间整体农艺性状没有显著差异性。

表 7-20 餐厨废弃物与其他有机物料配比调理剂对烤烟农艺性状
的影响（移栽后 45d）

处理	烟株高（cm）	最大叶长（cm）	最大叶宽（cm）	茎围（cm）	叶片数（片/株）
1	36.25±1.75a	37.50±0.50ab	12.00±0.00a	3.15±0.15ab	11b
2	34.33±1.86a	37.50±0.58ab	11.77±1.30a	3.10±0.06ab	11b
3	33.67±0.73a	37.00±1.32abc	10.30±1.30a	2.83±0.17b	11b
4	33.50±1.89a	34.67±1.20bc	12.50±0.50a	2.97±0.12ab	10c
5	35.13±0.97a	35.25±1.03bc	12.38±0.55a	3.00±0.16ab	11b
6	35.17±0.17a	37.33±0.88ab	13.93±0.70a	3.13±0.09ab	11b
7	34.13±0.66a	34.38±0.75c	10.25±2.93a	3.23±0.05a	12a
8	35.00±1.53a	39.67±0.33a	11.27±0.67a	3.17±0.03ab	12a

（3）烤烟移栽后 60d 农艺性状

由表 7-21 可知，烟苗移栽 60d 后，处理 1（化肥）烟株株高最高，且处理 3（餐厨废弃物：炭化烟秆＝1：0.2）、处理 6（餐厨废弃物：炭化烟秆：炭化谷壳＝1：0.2：0.1）、处理 7（餐厨废弃物：炭化烟秆：炭化谷壳＝1：0.1：0.2）的烟株株高显著低于处理 1，这可能是餐厨废弃物、炭化谷壳、炭化烟秆的肥效释放较慢，而导致常规施肥处理长势更好。处理 1 至处理 5 的烟株最大叶长没有显著差异，处理 6、处理 7、处理 8（餐厨废弃物：炭化烟秆：炭化谷壳＝1：0.2：0.2）的烟株最大叶长显著高于其他处理，各处理的烟株最大叶宽没有显著差异性，处理 7 的烟株茎围最大，处理 5 至处理 8 的烟株茎围显著高于处理 1 至处理 4，处理 1 至处理 4 之间的烟株茎围无显著差异，处理 8 的烟株叶片数显著高于处理 1，处理 1 至处理 7 之间的烟株叶片数无显著差异。

表 7-21 餐厨废弃物与其他有机物料配比调理剂对烤烟农艺性状
的影响（移栽后 60d）

处理	烟株高（cm）	大叶长（cm）	最大叶宽（cm）	茎围（cm）	叶片数（片/株）
1	57.75±1.65a	39.50±0.50c	16.73±0.59a	3.50±0.07c	12b
2	57.00±1.15ab	38.00±2.08c	18.33±1.69a	3.40±0.00c	12b
3	49.75±1.93c	37.50±1.19c	17.25±0.43a	3.33±0.09c	12b
4	55.67±4.10abc	37.33±0.33c	18.17±0.33a	3.43±0.03c	12b
5	54.25±0.95ab	38.25±0.72c	18.88±0.72a	3.7±0.04b	13a
6	53.00±0.58abc	53.00±0.58ab	19.00±1.80a	3.80±0.12ab	13ab
7	51.33±0.67bc	51.33±0.67b	19.33±0.44a	3.90±0.00a	13ab
8	54.67±1.45abc	54.67±1.45a	18.67±1.20a	3.80±0.06ab	13a

（4）烤烟移栽后 75d 农艺性状

由表 7-22 可知，烟苗移栽 75d 后，处理 8 烟株株高最高，各处理的烟株株高无显著差异，处理 3（餐厨废弃物：炭化烟秆＝1：0.2）的烟株最大叶长最大，各处理的烟株最大叶长相较处理 1（化肥）没有显著差异性，各处理的烟株最大叶宽没有显著差异性，处理 4 至处理 8 的烟株茎围显著高于处理 1，处理 8（餐厨废弃物∶炭化烟秆∶炭化谷壳＝1∶0.2∶0.2）的烟株叶片数显著高于其他处理，处理 1 至处理 7 之间的烟株叶片数无显著差异。

表 7-22　餐厨废弃物与其他有机物料配比调理剂对烤烟农艺性状的影响（移栽后 7d）

处理	烟株高（cm）	最大叶长（cm）	最大叶宽（cm）	茎围（cm）	叶片数（片/株）
1	111.00±0.58a	44.33±0.67ab	20.00±0.76a	4.17±0.12d	19c
2	113.33±5.84a	43.33±0.88ab	20.50±0.87a	4.40±0.12bcd	19c
3	110.00±3.39a	45.00±0.71a	20.13±0.52a	4.33±0.11cd	19c
4	109.00±1.00a	43.33±0.33ab	21.33±1.01a	4.53±0.09abc	19c
5	107.25±1.80a	43.00±0.71ab	21.63±0.85a	4.60±0.04ab	19c
6	109.50±2.02a	42.25±0.85b	21.25±0.43a	4.45±0.13bc	20b
7	114.00±2.12a	42.50±0.87b	21.88±0.38a	4.58±0.05abc	20b
8	114.33±5.24a	42.67±1.67ab	20.83±0.60a	4.77±0.03a	21a

7.3.2　对土壤酶的影响

（1）对土壤酚氧化酶活性的影响

酚氧化酶包括多种单酚氧化酶和多酚氧化酶，它可以解聚或聚合土壤中的木质素分子和酚类化合物，是土壤有机碳合成和分解过程的关键酶类（高璟赟，2010）。其中土壤多酚氧化酶（Polyphenol oxidase，简称 PPO）主要来源于植物根系分泌、土壤微生物活动及动植物残体分解释放的复合性酶，可降解土壤中酚类物质，减缓植物间的化感作用，也因此为优势植物扩大其生境创造条件（谭波等，2010；杨梅等，2010）。由图 7-1 可知，处理 2（餐厨废弃物）的土壤酚氧化酶活性最高，为 0.008μmol/（g·h），显著高于处理 1（化肥）、处理 3（餐厨废弃物∶炭化烟秆＝1∶0.2）、处理 4（餐厨废弃物∶炭化谷壳＝

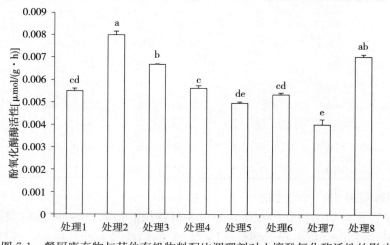

图 7-1　餐厨废弃物与其他有机物料配比调理剂对土壤酚氧化酶活性的影响

1∶0.2)、处理 5 (餐厨废弃物∶炭化烟秆∶炭化谷壳=1∶0.1∶0.1)、处理 6 (餐厨废弃物∶炭化烟秆∶炭化谷壳=1∶0.2∶0.1)、处理 7 (餐厨废弃物∶炭化烟秆∶炭化谷壳=1∶0.1∶0.2)。处理 7 土壤酚氧化酶活性最低，为 0.004μmol/ (g·h)，显著低于处理 1、处理 2、处理 3、处理 4、处理 5、处理 6、处理 8 (餐厨废弃物∶炭化烟秆∶炭化谷壳=1∶0.2∶0.2)。

(2) 对过氧化物酶活性的影响

土壤氧化还原酶是生态系统中生物化学代谢的重要参与者，在凋落物分解、有机质积累、养分循环等过程中起着十分重要的作用 (谭波等，2012)。由图 7-2 可知，处理 2 (餐厨废弃物) 的土壤过氧化物酶活性最高，为 0.103μmol/ (g·h)，显著高于处理 4 (餐厨废弃物∶炭化谷壳=1∶0.2)、处理 5 (餐厨废弃物∶炭化烟秆∶炭化谷壳=1∶0.1∶0.1)、处理 6 (餐厨废弃物∶炭化烟秆∶炭化谷壳=1∶0.2∶0.1)、处理 7 (餐厨废弃物∶炭化烟秆∶炭化谷壳=1∶0.1∶0.2)、处理 8 (餐厨废弃物∶炭化烟秆∶炭化谷壳=1∶0.2∶0.2)。处理 8 土壤过氧化物酶活性最低，为 0.076μmol/ (g·h)，显著低于处理 1 (化肥)、处理 2、处理 3 (餐厨废弃物∶炭化烟秆=1∶0.2)、处理 4、处理 5、处理 6。处理 1 的土壤过氧化物酶活性为 0.100μmol/ (g·h)，显著高于处理 4 至处理 8。

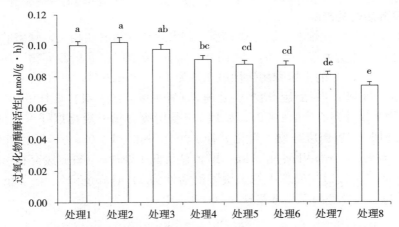

图 7-2　餐厨废弃物与其他有机物料配比调理剂对土壤过氧化物酶活性的影响

(3) 对纤维素酶活性的影响

纤维素 (cellulose) 是指能水解纤维素 β-1,4-葡萄糖苷键，使纤维素变成纤维二糖和葡萄糖的一组酶总称，它不是单一酶，而是起协同作用多组分酶系 (黄玉梓等，2009)。土壤中纤维素酶的来源是土壤中的植物残体，以及细菌和真菌 (Richmond P A，1991)。由图 7-3 可知，处理 2 (餐厨废弃物) 的土壤纤维素酶活性最高，为 3.333mg/ (10g·72h)，显著高于处理 4 (餐厨废弃物∶炭化谷壳=1∶0.2)、处理 5 (餐厨废弃物∶炭化烟秆∶炭化谷壳=1∶0.1∶0.1)、处理 6 (餐厨废弃物∶炭化烟秆∶炭化谷壳=1∶0.2∶0.1)、处理 7 (餐厨废弃物∶炭化烟秆∶炭化谷壳=1∶0.1∶0.2)、处理 8 (餐厨废弃物∶炭化烟秆∶炭化谷壳=1∶0.2∶0.2)。处理 8 土壤纤维素酶活性最低，为 2.522mg/ (10g·72h)，显著低于处理 1 (化肥)、处理 2、处理 3 (餐厨废弃物∶炭化烟秆=1∶0.2)、处理 4、处理 5、处理 6。处理 1 的土壤纤维素酶活性为 3.245mg/ (10g·72h)，显著高于处理 4 至处理 8。餐厨废弃物与其他有机物料配比调理剂对土壤纤维素酶活性的影响与其对土壤过氧化物酶活性呈现出相同的趋势，在餐厨废弃物中加入炭化烟秆或炭化谷壳越多，其土壤纤维素酶活性或土壤过氧化物酶活性就越低。

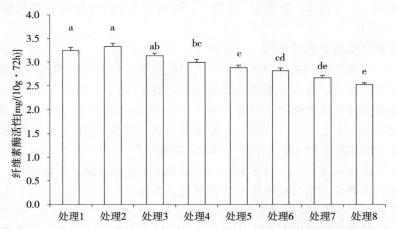

图 7-3　餐厨废弃物与其他有机物料配比调理剂对土壤纤维素酶活性的影响

（4）对脲酶活性的影响

脲酶能促使尿素生成氨、二氧化碳和水，氮水解与脲酶密切相关，脲酶的酶促产物氨是植物氮源之一（薛文悦等，2009）。由图 7-4 可知，处理 5（餐厨废弃物∶炭化烟秆∶炭化谷壳＝1∶0.1∶0.1）的土壤脲酶活性最高，为 13.843mgNH$_3$-N/（kg·h），显著高于处理 1（化肥）、处理 2（餐厨废弃物）、处理 3（餐厨废弃物∶炭化烟秆＝1∶0.2）、处理 4（餐厨废弃物∶炭化谷壳＝1∶0.2）、处理 7（餐厨废弃物∶炭化烟秆∶炭化谷壳＝1∶0.1∶0.2）、处理 8（餐厨废弃物∶炭化烟秆∶炭化谷壳＝1∶0.2∶0.2）。处理 7 土壤脲酶活性最低，为 11.017mgNH$_3$-N/（kg·h），显著低于处理 5（餐厨废弃物∶炭化烟秆∶炭化谷壳＝1∶0.1∶0.1）。处理 1 的土壤脲酶活性为 11.415mgNH$_3$-N/（kg·h），显著低于处理 5，与其他处理间无显著差异。

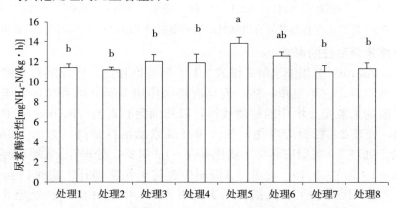

图 7-4　餐厨废弃物与其他有机物料配比调理剂对土壤脲酶活性的影响

综上所述，餐厨废弃物与其他有机物料配比调理剂各处理土壤酚氧化物酶、过氧化物酶和纤维素酶均以处理 2（餐厨废弃物）较高，且不同调理剂对土壤纤维素酶活性的影响与不同调理剂对土壤过氧化物酶活性呈现出相同的趋势，在餐厨废弃物中加入炭化烟秆或炭化谷壳越多，其土壤纤维素酶活性或土壤过氧化物酶活性就越低，这可能是因为餐厨废弃物的主要化学成分包括大量淀粉、蛋白质、脂类以及纤维素。各处理脲酶活性以处理 5（餐厨废弃物：炭化烟秆：炭化谷壳＝1：0.1：0.1）、处理 6（餐厨废弃物：炭化烟秆：炭化谷壳＝1：0.2：0.1）较高，相比处理 1（化肥）分别提高 21.27％、10.02％。

7.3.3　对土壤微生物的影响

（1）对土壤生物量碳氮的影响

土壤微生物量（MB）是指土壤中体积小于 $50\mu m^3$ 的生物总量，是活的土壤有机质组成部分（李胜蓝等，2014），直接参与调控土壤能量流动和养分（C，N，P 和 S 等）循环，对土壤养分转化、有效供应起着重要作用，能反映土壤同化和矿化能力，是土壤生物活性大小的标志，常用于评价土壤肥力和生态环境质量（郭晓霞等，2012）。由图 7-5 可知，烤烟移栽 60d 后，处理 4 的土壤 MBC 含量最高，为 257.73mg/kg，显著高于处理 1（化肥）、处理 2（餐厨废弃物）、处理 5（餐厨废弃物：炭化烟秆：炭化谷壳＝1：0.1：0.1），处理 1 的 MBC 含量最低，为 223.90mg/kg，显著低于处理 3 至处理 8，其他各处理无显著差异性。各处理土壤 MBN 含量差异性显著，处理 6（餐厨废弃物：炭化烟秆：炭化谷壳＝1：0.2：0.1）的土壤 MBN 含量最高，为 16.20mg/kg，显著高于其他处理，处理 2 的土壤 MBN 含量最低，为 1.98mg/kg，与处理 1 差异不显著，但均显著低于处理 3 至处理 8。

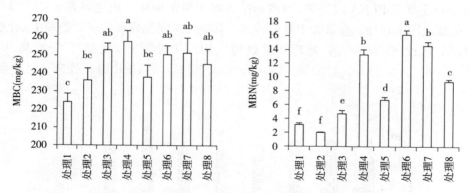

图 7-5　餐厨废弃物与其他有机物料配比调理剂对土壤生物量碳氮的影响

（2）对土壤微生物群落 PLFA 含量的影响

微生物是土壤生态系统中的重要组成部分，在有机物分解、养分循环、氮的固定、土壤结构等方面有着举足轻重的作用。磷脂脂肪酸（PLFA）是活体微生物细胞膜的重要组分，不同类群的微生物可通过不同的生化途径合成不同的 PLFA，一些 PLFA 可作为分析微生物量和微生物群落结构变化的"生物标记"（林黎等，2014）。本研究 PLFA 命名规则采取通用的 w 系统，前缀 a、i 和 cy 分别表示反式、顺式和环状支链构型，研究用到的PLFA 生物标记分组如表 7-23 所示。

表 7-23　表征微生物的 PLFA

分类单元	对应的 PLFA
细菌	i14：0，14：0，i15：0，a15：0，15：0，i15：1 G，i16：0，16：1 w9c，16：0，16：1 2OH，i17：0，a17：0，cy17：0，17：0，17：1 w8c，18：0，i19：0，20：0
革兰氏阳性菌	14：0，i15：0，a15：0，15：0，i16：0，16：0，i17：0，a17：0，17：0 (10Me)，18：0，20：0
革兰氏阴性菌	16：1 w5c，16：1 w9c，17：1 w8c，cy17：0
真菌	18：1 w9c，20：1 w9c
cy/pre ratio	(cy17：0＋cy19：0 w8c) / (16：1 w9c＋18：1 w7c＋18：1 w9c)
Iso/Antiso ratio	(i14：0＋i15：0＋i16：0＋i17：0＋i19：0) / (a14：0＋a15：0＋a16：0＋a17：0)
S/M ratio Saturated/monosaturated ratio	(14：0，15：0，16：0，17：0，18：0，20：0) / (16：1 w5，16：1 w5c，16：1w7，16：1 w9，16：1 w7t，18：1 w7，17：1 w8c，18：1 w8c，18：1 w9c，18：1 w9t)
G＋/G＝ratio	Gram-positive bacteria/Gram-negative bacteria
F/B ratio	Fungi/bacteria

　　PLFA 总量反映了土壤微生物总生物量（郭晓霞等，2012）。土壤微生物易受土壤营养状况、pH、质地、温度、水分和通气性等条件的影响，人类对土壤的利用方式和管理措施也会使土壤微生物发生变化（Yang D et al.，2014）。由图 7-6 可知，在烤烟移栽后 60d，各处理土壤总 PLFA 以处理 7（餐厨废弃物：炭化烟秆：炭化谷壳＝1：0.1：0.2）最大，为 22.47 nmol/g，显著大于其他处理，其他处理间无显著差异；处理 1（化肥）土壤总 PLFA 为 17.83 nmol/g，处理 2 至处理 8 均高于处理 1（化肥），分别高 9.63%、8.87%、6.38%、3.86%、4.23%、26.03%、4.35%。在 120d 时，处理 2（餐厨废弃

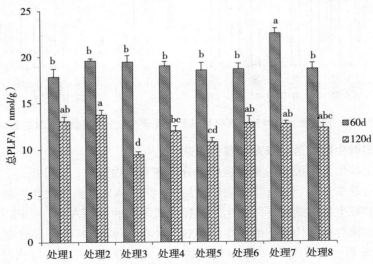

图 7-6　餐厨废弃物与其他有机物料配比调理剂对土壤微生物群落 PLFA 含量的影响

物）总 PLFA 最大，为 13.71 nmol/g，显著大于处理 3（餐厨废弃物：炭化烟秆＝1：0.2）、处理 4（餐厨废弃物：炭化谷壳＝1：0.2）、处理 5（餐厨废弃物：炭化烟秆：炭化谷壳＝1：0.1：0.1）；处理 1 的总 PLFA 为 13.02 nmol/g，显著大于处理 3、处理 5（餐厨废弃物：炭化烟秆：炭化谷壳＝1：0.1：0.1），与其他处理无显著差异。

（3）对土壤细菌 PLFA 的影响

真菌 PLFA 或细菌 PLFA 可以用来表征土壤碳、氮及微生物量碳水平（陈晓娟等，2013）。由图 7-7 可知，在烤烟移栽后 60d 时，各处理土壤细菌 PLFA 以处理 7（餐厨废弃物：炭化烟秆：炭化谷壳＝1：0.1：0.2）最大，为 15.47 nmol/g，显著大于其他处理；处理 1（化肥）细菌 PLFA 为 12.39 nmol/g，显著低于处理 2（餐厨废弃物）、处理 3（餐厨废弃物：炭化烟秆＝1：0.2）、处理 7（餐厨废弃物：炭化烟秆：炭化谷壳＝1：0.1：0.2），与其他处理无显著差异性。在 120d 时，处理 2（餐厨废弃物）细菌 PLFA 最大，为 9.54 nmol/g，显著大于其他处理；处理 1（化肥）细菌 PLFA 为 8.63 nmol/g，显著大于处理 3（餐厨废弃物：炭化烟秆＝1：0.2）、处理 5（餐厨废弃物：炭化烟秆：炭化谷壳＝1：0.1：0.1），与其他处理无显著差异。

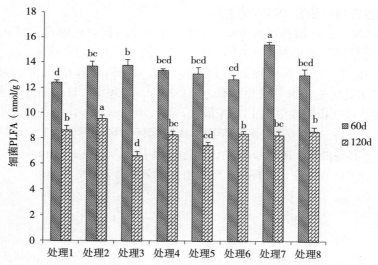

图 7-7 餐厨废弃物与其他有机物料配比调理剂对土壤细菌 PLFA 的影响

（4）对土壤革兰氏阳性细菌 PLFA 的影响

细菌细胞膜一般含有饱和、不饱和、支链或直链脂肪酸，其中革兰氏阴性细菌（G－）主要含有羟基、单烯和环丙烷脂肪酸，而革兰氏阳性细菌（G＋）主要含有支链脂肪酸（文倩等，2008）。由图 7-8 可知，在烤烟移栽后 60d，各处理土壤革兰氏阳性细菌 PLFA 以处理 7（餐厨废弃物：炭化烟秆：炭化谷壳＝1：0.1：0.2）最大，为 13.20 nmol/g，显著大于其他处理；处理 1（化肥）革兰氏阳性细菌 PLFA 为 10.71 nmol/g，显著低于处理 2（餐厨废弃物）、处理 3（餐厨废弃物：炭化烟秆＝1：0.2）、处理 7，与其他处理无显著差异性。在 120d 时，处理 2 革兰氏阳性细菌 PLFA 最大，为 8.30nmol/g，显著大于其他处理；处理 1 革兰氏阳性细菌 PLFA 为 7.66nmol/g，显著大于处理 3、处理 5、处理 8（餐厨废弃物：炭化烟秆：炭化谷壳＝1：0.2：0.2），与其他处理无显著差异。

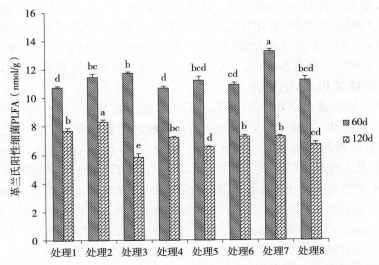

图 7-8　餐厨废弃物与其他有机物料配比调理剂对土壤革兰氏阳性细菌 PLFA 的影响

（5）对革兰氏阴性细菌 PLFA 的影响

由图 7-9 可知，在烤烟移栽后 60d，各处理土壤革兰氏阴性细菌 PLFA 以处理 7（餐厨废弃物：炭化烟秆：炭化谷壳＝1：0.1：0.2）最大，为 1.92 nmol/g，显著大于其他处理；处理 1（化肥）革兰氏阴性细菌 PLFA 为 1.34 nmol/g，显著低于处理 2（餐厨废弃物）、处理 3（餐厨废弃物：炭化烟秆＝1：0.2）、处理 7，与其他处理无显著差异性。在 120d，处理 2 革兰氏阴性细菌 PLFA 最大，为 1.09 nmol/g，与处理 4（餐厨废弃物：炭化谷壳＝1：0.2）、处理 6（餐厨废弃物：炭化烟秆：炭化谷壳＝1：0.2：0.1）无显著差异，显著大于其他处理；处理 1 革兰氏阴性细菌 PLFA 为 0.81 nmol/g，显著低于处理 2、处理 4、处理 6，显著高于处理 3，与其他处理无显著差异。

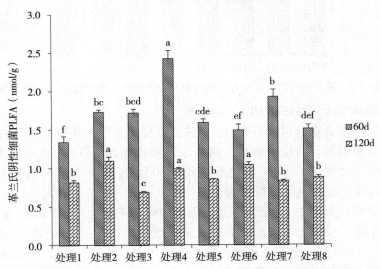

图 7-9　餐厨废弃物与其他有机物料配比调理剂对土壤革兰氏阴性细菌 PLFA 的影响

（6）对土壤真菌 PLFA 的影响

由图 7-10 可知，在烤烟移栽后 60d，各处理土壤真菌 PLFA 以处理 7（餐厨废弃物：炭化烟秆：炭化谷壳＝1：0.1：0.2）最大，为 2.29nmol/g，显著大于其他处理；处理 1（化肥）真菌 PLFA 为 1.76nmol/g，显著低于处理 2（餐厨废弃物）、处理 3（餐厨废弃物：炭化烟秆＝1：0.2）、处理 7（餐厨废弃物：炭化烟秆：炭化谷壳＝1：0.1：0.2），与其他处理无显著差异性。在 120d 时，处理 1（化肥）真菌 PLFA 最大，为 1.81nmol/g，显著大于其他处理。

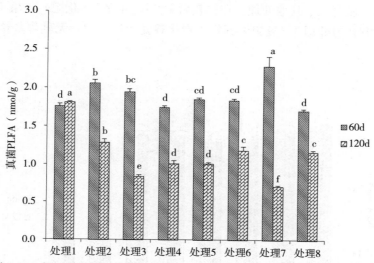

图 7-10　餐厨废弃物与其他有机物料配比调理剂对土壤真菌 PLFA 的影响

（7）对土壤微生物 cy/pre 指标的影响

土壤微生物环状支链的磷脂酸（cy）及其前体（pre，一般是单不饱和磷脂酸）之间的比值 cy/pre 往往随着环境胁迫作用的影响而发生改变（林黎等，2014）。由图 7-11 可

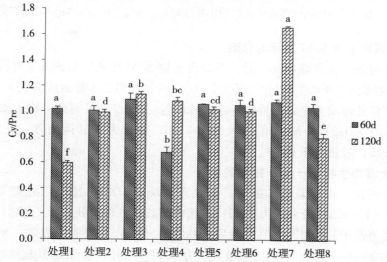

图 7-11　餐厨废弃物与其他有机物料配比调理剂对土壤微生物 cy/pre 指标的影响

知，在烤烟移栽后 60d，各处理土壤 cy/pre 比值以处理 3（餐厨废弃物：炭化烟秆＝1：0.2）最大，为 1.09；处理 4（餐厨废弃物：炭化谷壳＝1：0.2）cy/pre 比值最小，为 0.68，显著小于其他处理，其他处理间无显著差异性。在烤烟移栽后 120d，处理 7（餐厨废弃物：炭化烟秆：炭化谷壳＝1：0.1：0.2）cy/pre 比值最大，为 1.66，显著大于其他处理；处理 1（化肥）cy/pre 比值为 0.60，显著低于其他处理。

（8）对土壤微生物 Iso/Anteiso 指标的影响

由图 7-12 可知，在烤烟移栽后 60d，各处理土壤 Iso/Anteiso 比值以处理 1（化肥）最大，为 3.02，显著大于其他处理。在移栽后 120d，处理 1（化肥）土壤 Iso/Anteiso 比值最大，为 2.92，与处理 4（餐厨废弃物：炭化谷壳＝1：0.2）无显著差异，显著大于其他处理。

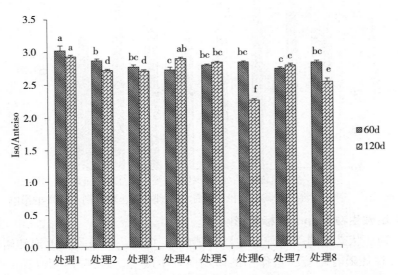

图 7-12　餐厨废弃物与其他有机物料配比调理剂对土壤微生物 Iso/Anteiso 指标的影响

（9）对土壤微生物 S/M 指标的影响

由图 7-13 可知，在移栽后 60d 时，各处理土壤 S/M 比值以处理 8（餐厨废弃物：炭化烟秆：炭化谷壳＝1：0.2：0.2）最大，为 2.13，处理 2（餐厨废弃物）S/M 比值最小，为 2.04，各处理间无显著差异性。在 120d 时，处理 7（餐厨废弃物：炭化烟秆：炭化谷壳＝1：0.1：0.2）S/M 比值最大，为 3.36，显著大于其他处理；处理 1（化肥）S/M比值为 1.75，显著低于其他处理。

（10）对土壤微生物 G－/G＋指标的影响

由图 7-14 可知，在移栽后 60d 时，各处理土壤 G－/G＋比值以处理 4（餐厨废弃物：炭化谷壳＝1：0.2）最大，为 0.23，显著大于其他处理；处理 1（化肥）G－/G＋比值为 0.12，显著低于其他处理。在移栽后 120d 时，处理 6（餐厨废弃物：炭化烟秆：炭化谷壳＝1：0.2：0.1）G－/G＋比值最大，为 0.14，与处理 4 无显著差异，显著大于其他处理；处理 1 的 G－/G＋比值为 0.11，显著低于其他处理。

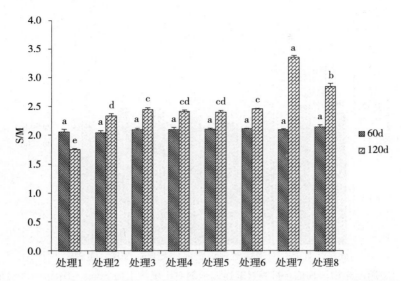

图 7-13　餐厨废弃物与其他有机物料配比调理剂对土壤微生物 S/M 指标的影响

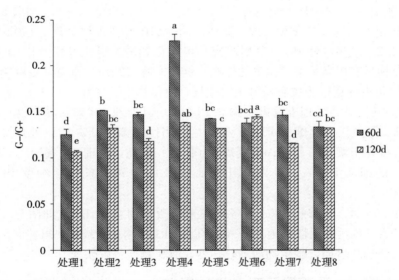

图 7-14　餐厨废弃物与其他有机物料配比调理剂对土壤微生物 G－/G＋指标的影响

（11）对土壤微生物 Fungi/ Bacteria 指标的影响

相关研究表明，土壤细菌与真菌 PLFA 比值与土壤生态系统越稳定相关，土壤细菌与真菌 PLFA 比值越低，土壤生态系统越稳定（De Vries F T et al.，2006；李忠佩等，2002）。由图 7-15 可知，在移栽后 60d，各处理土壤 Fungi/Bacteria 比值以处理 2（餐厨废弃物）最大，为 0.15，显著大于处理 4（餐厨废弃物：炭化谷壳＝1：0.2）、处理 8（餐厨废弃物：炭化烟秆：炭化谷壳＝1：0.2：0.2），与其他处理无显著差异；处理 1（化肥）Fungi/ Bacteria 比值为 0.14，与其他处理无显著差异性。在移栽后 120d，处理 1 的 Fungi/ Bacteria 比值最大，为 0.21，显著大于其他处理。

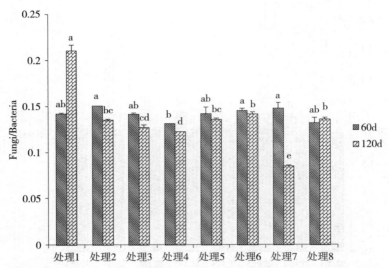

图 7-15　餐厨废弃物与其他有机物料配比调理剂对土壤微生物 Fungi/ Bacteria 指标的影响

综上所述，在移栽 60d 时，各处理土壤微生物总 PLFA 均以处理 1（化肥）最低，处理 7（餐厨废弃物∶炭化烟秆∶炭化谷壳＝1∶0.1∶0.2）的总 PLFA、细菌 PLFA、革兰氏阳性细菌 PLFA 和真菌 PLFA 最大，革兰氏阴性细菌 PLFA 以处理 4（餐厨废弃物∶炭化谷壳＝1∶0.2）最高，处理 7（餐厨废弃物∶炭化烟秆∶炭化谷壳＝1∶0.1∶0.2）次之。餐厨废弃物具有提高土壤微生物的作用，据庄军峰（2014）研究，餐厨废弃物中含有 18 种氨基酸，可有效促进土壤有益微生物生长，使作物生长良好。

在移栽 120d 时，各处理土壤微生物总 PLFA 均以处理 2（餐厨废弃物）最高，各处理细菌 PLFA、革兰氏阳性细菌 PLFA 和革兰氏阴性细菌 PLFA 均以处理 2（餐厨废弃物）最高，各处理土壤真菌 PLFA 以处理 1（化肥）最高，处理 3（餐厨废弃物∶炭化烟秆＝1∶0.2）的细菌 PLFA、革兰氏阳性细菌 PLFA、革兰氏阴性细菌 PLFA 和真菌 PLFA 均较低。

相比移栽 60d 时，在移栽 120d 时各处理土壤微生物总 PLFA、细菌 PLFA、革兰氏阳性细菌 PLFA、革兰氏阴性细菌 PLFA 和真菌 PLFA 均相对较低，可能是因为移栽 60d 时，烤烟生长处于旺盛期，微生物活动较强烈，有机物质分解快速。

7.3.4　对土壤 pH 及微量元素含量的影响

由表 7-24 可知，采烤结束后各处理土壤 pH，处理 1（化肥）显著低于其他处理，处理 2 至处理 8 没有显著差异性，处理 2（餐厨废弃物）的土壤 pH 最大。各处理土壤碱解氮的含量处理 1 最大，处理 5（餐厨废弃物∶炭化烟秆∶炭化谷壳＝1∶0.1∶0.1）最小，显著低于处理 1（化肥）、处理 2、处理 3（餐厨废弃物∶炭化烟秆＝1∶0.2）、处理 4（餐厨废弃物∶炭化谷壳＝1∶0.2）。土壤速效磷含量以处理 1 最大，各处理间没有显著差异性。土壤速效钾的含量以处理 5 最大，显著高于其他处理，处理 7（餐厨废弃物∶炭化烟秆∶炭化谷壳＝1∶0.1∶0.2）最小，显著低于处理处理 1、处理 8（餐厨废弃物∶炭化烟秆∶炭化谷壳＝1∶0.2∶0.2）和处理 5。处理 1 的土壤交换性钙含量最低，显著低于其他处理，同时处理 5 的土壤交换性钙含量显著低于处理 2、处理 3、处理 4、处理 6（餐厨废弃物：炭化烟秆：炭化谷壳＝1：0.2：0.1）、处理 8。处理 8 土壤交换性镁的含量显著高于其他处理，其他处理间没有显著差异性。

表 7-24　餐厨废弃物与其他有机物料配比调理剂对土壤 pH 及有效养分的影响（mg/kg）

处理	pH	碱解氮	有效磷	速效钾	交换性钙	交换性镁
1	5.34c	75.86±0.13a	19.09±0.10a	129.58±0.55b	514.31±4.12c	71.31±0.96b
2	5.76a	75.5±0.14a	18.29±0.23a	110.80±0.46bc	652.48±0.69a	74.11±1.70b
3	5.52b	75.63±0.05a	18.19±0.35a	110.74±0.13bc	663.22±5.60a	74.5±3.56b
4	5.63ab	74.13±0.53a	18.49±0.20a	110.76±0.19bc	660.00±1.43a	78.47±0.61b
5	5.69a	67.40±0.82b	18.69±0.33a	157.80±1.79a	591.56±8.11b	69.94±0.72b
6	5.64ab	72.15±0.57ab	18.49±0.04a	120.12±0.05bc	648.64±11.33a	73.98±2.35b
7	5.66a	70.16±0.22ab	18.09±0.03a	101.30±0.32c	631.58±2.47ab	70.88±4.16b
8	5.64ab	70.44±0.51ab	18.04±0.22a	129.49±0.61b	645.86±3.15a	90.29±1.24a

由表 7-25 可知，采烤结束后，处理 6（餐厨废弃物：炭化烟秆：炭化谷壳＝1：0.2：0.1）土壤有效锰的含量最大，处理 2（餐厨废弃物）和处理 8（餐厨废弃物：炭化烟秆：炭化谷壳＝1：0.2：0.2）显著低于处理 3（餐厨废弃物：炭化烟秆＝1：0.2）、处理 5（餐厨废弃物：炭化烟秆：炭化谷壳＝1：0.1：0.1）、处理 6、处理 7（餐厨废弃物：炭化烟秆：炭化谷壳＝1：0.1：0.2）。处理 5 和处理 6 土壤有效铜的含量显著高于其他处理，处理 1（化肥）土壤有效铜的含量最低。土壤有效锌的含量以处理 2 最高，显著高于其他处理，同时处理 5 和处理 6 土壤有效锌的含量显著高于处理 1、处理 3、处理 4、处理 8。处理 5 土壤有效镉的含量最高，显著高于处理 1、处理 2、处理 3、处理 7、处理 8，各处理间土壤有效铅的含量没有显著差异性。

表 7-25　餐厨废弃物与其他有机物料配比调理剂对土壤微量元素含量（mg/kg）

处理	有效锰	有效铜	有效锌	有效镉	有效铅
1	35.60±0.59ab	0.99±0.03b	4.00±0.60d	0.032±0.001b	15.82±0.10a
2	33.60±0.35b	1.02±0.00b	6.66±0.08a	0.033±0.001b	15.72±0.11a
3	36.69±0.98a	1.05±0.03b	4.11±0.78d	0.032±0.003b	16.01±0.44a
4	35.01±0.33ab	1.07±0.03b	3.99±0.16d	0.035±0.002ab	15.74±0.20a
5	36.22±0.46a	1.19±0.01a	5.56±0.69b	0.040±0.004a	16.03±0.31a
6	37.00±0.12a	1.19±0.02a	5.18±0.19bc	0.038±0.001ab	16.35±0.05a
7	36.84±0.54a	1.09±0.00b	4.29±0.27cd	0.033±0.002b	15.70±0.13a
8	34.34±0.10b	1.06±0.03b	3.89±0.06d	0.033±0.011b	15.96±0.09a

7.3.5　对烤烟生长及养分吸收的影响

（1）对烤烟根系体积的影响

由图 7-16 可知，各处理烤烟根系体积以处理 1（化肥）最小，为 73.45ml，分别比处理 2 至处理 8 低 18.11%、23.55%、0.07%、3.81%、15.72%、30.70%、22.19%，处理 7（餐厨废弃物：炭化烟秆：炭化谷壳＝1：0.1：0.2）烤烟根系体积最大，为96.00ml，处理 1、处理 4（餐厨废弃物：炭化谷壳＝1：0.2）、处理 5（餐厨废弃物：炭化烟秆：炭化谷壳＝1：0.1：0.1）显著低于处理 3（餐厨废弃物：炭化烟秆＝1：0.2）、处理 7、处理 8（餐厨废弃物：炭化烟秆：炭化谷壳＝1：0.2：0.2），其他处理间无显著差异。

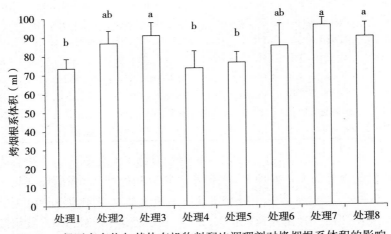

图 7-16　餐厨废弃物与其他有机物料配比调理剂对烤烟根系体积的影响

（2）对烤烟根茎叶干重的影响

由表 7-26 可知，餐厨废弃物与其他有机物料配比调理剂处理烟根重量以处理 7（餐厨废弃物：炭化烟秆：炭化谷壳＝1：0.1：0.2）最重，为 24.08g/株，处理 1（化肥）的烟根重量最轻，为 18.03g/株，各处理间没有显著差异性。各处理烟茎以处理 8（餐厨废弃物：炭化烟秆：炭化谷壳＝1：0.2：0.2）最重，显著高于处理 1、处理 3（餐厨废弃物：炭化烟秆＝1：0.2）、处理 4（餐厨废弃物：炭化谷壳＝1：0.2），处理 1 的烟茎重量最轻，为 43.41g/株。各处理烤烟下部叶重量以处理 4 最轻，显著低于处理 3、处理 6（餐厨废弃物：炭化烟秆：炭化谷壳＝1：0.2：0.1），其他各处理间无显著差异性，各处理烤烟下部叶重量以处理 7 最重，显著高于处理 1（化肥）、处理 2（餐厨废弃物）、处理 5（餐厨废弃物：炭化烟秆：炭化谷壳＝1：0.1：0.1）、处理 6（餐厨废弃物：炭化烟秆：炭化谷壳＝1：0.2：0.1），各处理烤烟上部叶以处理 1 最重，处理 6 最轻，显著低于处理 1（常规施肥）、处理 2（餐厨废弃物），其他各处理间无显著差异性。各处理烤烟总烟叶重以处理 7 最重，处理 4 最轻，各处理间无显著差异。

表 7-26　餐厨废弃物与其他有机物料配比调理剂对烤烟根茎叶干重的影响（g/株）

处理	烟根	烟茎	上部叶	中部叶	下部叶	烟叶（总）
1	18.03±1.08a	43.41±1.88b	20.58±3.51a	22.64±1.93b	27.69±2.12a	70.91±5.03a
2	22.64±5.98a	46.24±1.67ab	21.23±2.17a	22.01±0.56b	27.32±3.60a	70.56±5.67a
3	23.73±2.14a	44.73±2.53b	26.90±2.76a	26.47±2.73ab	21.85±0.68ab	75.21±4.04a

（续）

处理	烟根	烟茎	上部叶	中部叶	下部叶	烟叶（总）
4	22.09±5.74a	44.01±2.02b	18.33±2.57a	25.76±2.33ab	22.98±1.63ab	67.07±4.45a
5	20.25±2.42a	46.97±3.29ab	21.13±2.84a	25.17±1.17b	23.91±2.16ab	70.21±5.34a
6	21.46±3.27a	45.37±1.43ab	25.82±2.35a	24.68±0.74b	19.95±3.71b	70.45±5.76a
7	24.08±1.94a	49.46±2.72ab	25.35±1.92a	31.14±1.25a	23.32±1.08ab	79.82±2.63a
8	21.87±1.22a	51.24±0.60a	25.2±1.67a	25.70±2.81ab	23.97±2.15ab	74.87±2.28a

（3）对烤烟的氮素吸收的影响

由表 7-27 可知，餐厨废弃物与其他有机物料配比调理剂处理烟根氮含量以处理 1（化肥）最低，为 1.03%，处理 4（餐厨废弃物：炭化谷壳＝1：0.2）最高，为 1.16%，各处理间无显著差异；各处理烤烟茎氮含量变幅为 1.33%～1.48%，各处理间无显著差异；各处理烤烟上部叶氮含量以处理 6（餐厨废弃物：炭化烟秆：炭化谷壳＝1：0.2：0.1）最低，为 1.84%，与处理 4 无显著差异，显著低于其他处理，处理 7（餐厨废弃物：炭化烟秆：炭化谷壳＝1：0.1：0.2）烤烟上部叶氮含量最高，为 2.42%，与处理 2（餐厨废弃物）、处理 8（餐厨废弃物：炭化烟秆：炭化谷壳＝1：0.2：0.2）无显著差异，显著高于其他处理；各处理烤烟中部叶氮含量以处理 1 最大，为 1.98%，与处理 2、处理 3（餐厨废弃物：炭化烟秆＝1：0.2）、处理 4 无显著差异，显著高于其他处理；处理 7 烤烟上部叶氮含量最低，为 1.42%，与处理 5（餐厨废弃物：炭化烟秆：炭化谷壳＝1：0.1：0.1）、处理 7、处理 8 无显著差异，显著低于其他处理；各处理烤烟下部叶氮含量以处理 4 最大，为 2.36%，处理 3、处理 4、处理 6、处理 8 无显著差异，显著高于其他处理，处理 1 烤烟下部叶氮含量最低，为 1.48%，显著低于处理 4、处理 6；各处理烤烟总含氮量依次为处理 3＞处理 7＝处理 8＞处理 4＞处理 2＞处理 6＞处理 5＞处理 1，以处理 3 最高，为 2.366g，显著高于处理 1、处理 5、处理 6，与其他处理无显著差异，处理 1 烤烟总含氮量最低，为 2.049g/株，显著低于处理 2、处理 3、处理 4、处理 7、处理 8。

表 7-27　餐厨废弃物与其他有机物料配比调理剂对烤烟氮素吸收的影响

处理	烟根（%）	烟茎（%）	上部叶（%）	中部叶（%）	下部叶（%）	总含量（g/株）
1	1.03±0.02a	1.33±0.01a	2.08±0.02bc	1.98±0.04a	1.48±0.01b	2.049c
2	1.06±0.20a	1.37±0.02a	2.25±0.03ab	1.97±0.05a	1.72±0.04ab	2.255ab
3	1.09±0.02a	1.48±0.03a	2.16±0.06bc	1.78±0.16ab	1.80±0.03ab	2.366a
4	1.16±0.05a	1.44±0.04a	1.97±0.11cd	1.84±0.01ab	2.36±0.02a	2.267ab
5	1.14±0.03a	1.39±0.02a	2.16±0.01b	1.61±0.09bc	1.61±0.02b	2.129bc
6	1.14±0.06a	1.36±0.05a	1.84±0.03d	1.48±0.03bc	2.31±0.03a	2.164bc
7	1.07±0.04a	1.39±0.08a	2.42±0.02a	1.42±0.01c	1.51±0.01b	2.355a
8	1.13±0.06a	1.30±0.01a	2.22±0.01ab	1.53±0.03bc	2.01±0.03ab	2.346a

（4）对烤烟磷素吸收的影响

由表 7-28 可知，餐厨废弃物与其他有机物料配比调理剂处理烤烟根部位的磷素含量以处理 7（餐厨废弃物∶炭化烟秆∶炭化谷壳＝1∶0.1∶0.2）最大，为 0.12%，各处理间无显著差异。各处理烤烟茎部位的磷素含量在 0.09%～0.11% 之间，处理间无显著差异。各处理烤烟上部叶的磷素含量以处理 6（餐厨废弃物∶炭化烟秆∶炭化谷壳＝1∶0.2∶0.1）、处理 7 最大，为 0.26%，处理 1（化肥）烤烟上部叶磷素含量最低，为 0.21%，处理间无显著差异。各处理烤烟中部叶的磷素含量以处理 2（餐厨废弃物）最大，为 0.21%，显著大于处理 1，其他处理间无显著差异。各处理烤烟下部叶的磷素含量以处理 4（餐厨废弃物∶炭化谷壳＝1∶0.2）、处理 6 最大，为 0.20%，显著大于处理 1、处理 5（餐厨废弃物∶炭化烟秆∶炭化谷壳＝1∶0.1∶0.1）、处理 7，处理 7 烤烟下部叶的磷素含量最低，为 0.21%。各处理烤烟吸收磷素总量以处理 1 最低，为 0.180g/株，显著低于处理 2、处理 3（餐厨废弃物∶炭化烟秆＝1∶0.2）、处理 7、处理 8（餐厨废弃物∶炭化烟秆∶炭化谷壳＝1∶0.2∶0.2）。

表 7-28　餐厨废弃物与其他有机物料配比调理剂对烤烟磷素吸收的影响

处理	烟根（%）	烟茎（%）	上部叶（%）	中部叶（%）	下部叶（%）	总含量（g/株）
1	0.11±0.006a	0.09±0.009a	0.21±0.018a	0.16±0.007b	0.15±0.008b	0.180b
2	0.11±0.008a	0.11±0.006a	0.25±0.004a	0.21±0.008a	0.16±0.013ab	0.219a
3	0.10±0.003a	0.11±0.005a	0.22±0.009a	0.19±0.007ab	0.17±0.009ab	0.220a
4	0.11±0.002a	0.11±0.022a	0.24±0.008a	0.18±0.003ab	0.20±0.008a	0.209ab
5	0.10±0.004a	0.10±0.006a	0.23±0.003a	0.18±0.006ab	0.15±0.010b	0.197ab
6	0.10±0.007a	0.09±0.01a	0.24±0.010a	0.18±0.002ab	0.20±0.010a	0.209ab
7	0.12±0.003a	0.10±0.011a	0.26±0.003a	0.17±0.004b	0.14±0.006b	0.230a
8	0.11±0.001a	0.10±0.001a	0.26±0.004a	0.18±0.018ab	0.17±0.007ab	0.228a

（5）对烤烟钾素吸收的影响

由表 7-29 可知，餐厨废弃物与其他有机物料配比调理剂处理烤烟根部位的钾素含量以处理 4（餐厨废弃物∶炭化谷壳＝1∶0.2）最高，为 1.04%，显著高于处理 5（餐厨废弃物∶炭化烟秆∶炭化谷壳＝1∶0.1∶0.1）、处理 7（餐厨废弃物∶炭化烟秆∶炭化谷壳＝1∶0.1∶0.2），其他各处理间无显著差异。各处理烤烟茎部位的钾素含量以处理 1（化肥）、处理 3（餐厨废弃物∶炭化烟秆＝1∶0.2）最高，为 2.55%，处理 7 最低，为 1.79%，显著低于处理 1、处理 3（餐厨废弃物∶炭化烟秆＝1∶0.2）。各处理烤烟上部叶的钾素含量在 3.45%～3.66% 之间，处理 1 含量最高，各处理间无显著差异。各处理烤烟中部叶的钾素含量以处理 2（餐厨废弃物）最高，显著高于处理 4 至处理 8，处理 8（餐厨废弃物∶炭化烟秆∶炭化谷壳＝1∶0.2∶0.2）烤烟中部叶的钾素含量最低，为 3.11%，处理 5、处理 7、处理 8 烤烟中部叶的钾素含量显著低于处理 1 至处理 3。各处理烤烟中部叶的钾素含量以处理 8 最高，为 5.19%，处理 4（餐厨废弃物∶炭化谷壳＝1∶0.2）、处理 6、处理 8 烤烟中部叶的钾素含量显著高于其他处理，处理 3、处理 5 烤烟中部叶的钾素含量显著低于其他处理。各处理烤烟吸收氮素总量以处理8最高，为4.292g/株，处理5最低，为3.797g/株，显著低于处理1、处理3、处理8。

表7-29　餐厨废弃物与其他有机物料配比调理剂对烤烟钾素吸收的影响

处理	烟根（%）	烟茎（%）	上部叶（%）	中部叶（%）	下部叶（%）	总含量（g/株）
1	1.02±0.08ab	2.55±0.05a	3.76±0.07a	3.9±0.06ab	4.51±0.02b	4.194a
2	1.02±0.08ab	2.30±0.08ab	3.54±0.04a	4.24±0.16a	4.29±0.05c	4.147ab
3	0.87±0.08ab	2.55±0.09a	3.45±0.01a	3.9±0.09ab	4.62±0.03b	4.317a
4	1.04±0.03a	2.30±0.16ab	3.61±0.02a	3.54±0.10bc	5.02±0.06a	3.964ab
5	0.73±0.05b	2.16±0.02ab	3.61±0.09a	3.44±0.11c	4.22±0.03c	3.797b
6	1.00±0.08ab	2.16±0.23ab	3.74±0.08a	3.49±0.03bc	5.12±0.03a	4.043ab
7	0.71±0.05b	1.79±0.23b	3.74±0.02a	3.44±0.06c	4.52±0.07b	4.128ab
8	1.00±0.04ab	2.16±0.01ab	3.66±0.07a	3.11±0.03c	5.19±0.03a	4.292a

7.4　餐厨废弃物与其他有机物料配比调理剂对烤烟产量和品质的影响

根据不同调理剂在烤烟上施用效应的试验结果，筛选出炭化烟秆、炭化谷壳与餐厨废弃物配合研制烤烟有机复合调理剂，进行大田试验。

试验安排在龙岩市长汀县濯田镇东山村，该地交通方便，前作为水稻，试验地土壤质地为砂壤土，光照充足，地势平坦，排灌方便，肥力中等。试验地土壤基本理化性状见表7-30。

表7-30　试验土壤的基本理化性质

pH	有机质（g/kg）	碱解氮（mg/kg）	有效磷（mg/kg）	速效钾（mg/kg）
5.26	26.93	135.65	31.82	134.74

试验设5个处理。

处理1（对照）：化肥（常规施肥量）；

处理2：餐厨废弃物1 500kg/hm²；

处理3：餐厨废弃物1 500kg/hm²，炭化烟秆300kg/hm²；

处理4：餐厨废弃物1 500kg/hm²，炭化谷壳300kg/hm²；

处理5：餐厨废弃物1 500kg/hm²，炭化烟秆300kg/hm²，炭化谷壳300kg/hm²。

上述处理2至处理5按常规施肥量，但应扣除餐厨废弃物、炭化烟秆、炭化谷壳等的氮、磷、钾量，每公顷施总氮量142.5kg，$N：P_2O_5：K_2O$比例1.0：0.8：2.5。小区随机排列，设3次重复，共15个小区，每小区栽烟60株。行株距为1.2m×0.5m，每公顷栽烟16 500株（亩栽烟1 100株）。施肥方法及其他管理措施按照当地技术要求规范操作，试验田内相同田间操作在同一天内完成。

7.4.1 对烤烟生育期的影响

由表 7-31 可知，各处理于 2014 年 12 月 5 日播种，2015 年 2 月 9 日移栽。各处理大田前期长势比较一致，3 月 25 日左右达到团棵期，4 月 14 日左右现蕾。各处理烤烟成熟期差别不大，处理 3（餐厨废弃物＋炭化烟秆）、处理 4（餐厨废弃物＋炭化谷壳）和处理 5（餐厨废弃物＋炭化烟秆＋炭化谷壳）比对照迟 1d。

表 7-31　施用餐厨废弃物与其他有机物料配比调理剂对烤烟生育期的影响（日/月）

处理	播种	出苗期	移栽	团棵	现蕾	脚叶	顶叶	大田生育期（d）
1	5/12	13/2	9/2	26/3	14/4	11/5	18/6	125
2	5/12	13/2	9/2	26/3	14/4	11/5	18/6	125
3	5/12	13/2	9/2	26/3	14/4	12/5	18/6	126
4	5/12	13/2	9/2	26/3	14/4	12/5	18/6	126
5	5/12	13/2	9/2	26/3	14/4	12/5	18/6	126

7.4.2 对烤烟农艺性状的影响

农艺性状调查结果（表 7-32）表明，烟苗移栽后 75d，各处理与常规施肥（处理 1）相比较，处理 4（餐厨废弃物＋炭化谷壳）的株高、茎围、节距、叶片数、腰叶长、腰叶宽等农艺性状较好，处理 2（餐厨废弃物）株高、茎围、节距和叶片数等农艺性状较好，但腰叶长、腰叶宽最小。

表 7-32　施用餐厨废弃物与其他有机物料配比调理剂对烤烟农艺性状的影响

处理	株高（cm）	茎围（cm）	节距（cm）	叶片数（片/株）	腰叶长（cm）	腰叶宽（cm）
1	92.5	10.3	5.8	15	81.4	31.8
2	98.9	10.0	5.9	15	77.1	30.7
3	91.7	10.0	5.7	15	81.1	32.0
4	96.7	10.0	5.8	15	83.1	32.9
5	95.0	10.5	6.1	15	79.0	32.2

7.4.3 对烤烟病虫害的影响

试验田块病害情况，气候性斑点病、青枯病轻微，发病较严重的是花叶病。由表 7-33 可知，烤烟各处理的发病率在 11.29％～23.12％之间，病指在 5.68～12.96 之间，发病最重的是处理 1（常规施肥），发病率和病指为 23.12％、12.96，发病较轻的是处理 5（餐厨废弃物＋炭化烟秆＋炭化谷壳），发病率和病指是 11.29％、5.68。

表 7-33　施用餐厨废弃物与其他有机物料配比调理剂对烟株抗病性的影响

处理	株数	发病率（％）	病指
1	60	23.12	12.96

（续）

处理	株数	发病率（%）	病指
2	60	17.20	9.92
3	60	13.44	5.56
4	60	18.82	8.90
5	60	11.29	5.68

7.4.4　对烟叶品质的影响

我国目前正在进行的"国际型优质烟叶"项目的化学成分指标主要有：总糖18%～24%，还原糖16%～22%，还原糖/总糖≈90%；烟碱1.5%～3.5%，总氮1.5%～3.0%；糖碱比≈8～12，碱氮比≥1；钾离子2.0%～3.5%，氯离子0.3%～0.8%，钾氯比≥4，石油醚提取物≥7%。

由表7-34可知，各处理中部叶总糖含量高于国际标准，处理2（餐厨废弃物）、处理3（餐厨废弃物＋炭化烟秆）的各部分烟叶含量均高于国际标准，处理1（常规施肥）、处理5（餐厨废弃物＋炭化烟秆＋炭化谷壳）的上部叶与处理1、处理4（餐厨废弃物＋炭化谷壳）、处理5的下部叶位于国际标准内（总糖18%～24%）。处理1、处理2、处理3的中部叶以及处理2的上部叶还原糖含量高于国际标准，处理4、处理5的各部分烟叶还原糖含量符合国际型优质烟叶标准。各处理下部烟叶的总烟碱含量较低，中上部叶烟碱含量符合国际型优质烟叶标准。综合比较，处理5（餐厨废弃物＋炭化烟秆＋炭化谷壳）降低了烟叶中总烟碱、总糖、还原糖、总氯的含量；对总氮、总磷、总钾的含量有所提高。

表 7-34　不同处理烤烟叶片烟碱、总糖、还原糖等含量状况

处理	等级	总烟碱（%）	总糖（%）	还原糖（%）	总氯（%）	总氮（%）	总磷（%）	总钾（%）	pH
	B2F	2.64	19.44	17.34	1.43	2.26	0.20	4.08	5.16
1	C3F	1.91	26.52	22.88	1.48	1.79	0.17	4.12	5.20
	X2F	1.46	22.18	19.20	1.00	1.97	0.18	4.59	5.12
	B2F	2.01	26.15	23.71	1.31	1.92	0.18	3.38	5.12
2	C3F	1.94	26.2	23.56	1.51	1.76	0.18	4.24	5.17
	X2F	1.48	26.43	22.90	1.44	1.85	0.16	4.62	5.10
	B2F	2.16	24.08	21.13	1.42	2.15	0.17	3.84	5.20
3	C3F	1.84	27.94	24.83	1.38	1.61	0.22	3.92	5.26
	X2F	1.46	24.01	19.95	1.27	1.89	0.22	4.49	5.18
	B2F	2.29	24.07	21.76	1.39	2.25	0.21	3.62	5.07
4	C3F	2.07	25.19	21.18	1.29	1.81	0.24	4.35	5.27
	X2F	1.46	22.13	17.99	0.97	1.92	0.18	4.97	5.27

（续）

处理	等级	总烟碱 （%）	总糖 （%）	还原糖 （%）	总氯 （%）	总氮 （%）	总磷 （%）	总钾 （%）	pH
	B2F	2.42	19.11	16.79	1.29	2.24	0.19	4.27	5.04
5	C3F	2.03	24.02	21.76	1.42	1.89	0.23	4.38	5.15
	X2F	1.28	20.12	16.87	1.23	1.97	0.23	5.07	5.07

由表7-35可知，除处理3（餐厨废弃物＋炭化烟秆）下部叶、处理4（餐厨废弃物＋炭化谷壳）中下部叶的还原糖/总糖偏低，各处理各部位烟叶还原糖/总糖≈90%，符合国际标准。各处理中上部烟叶碱氮比≥1，符合国际标准，各处理下部烟叶碱氮比均小于1，其中处理5（餐厨废弃物＋炭化烟秆＋炭化谷壳）下部烟叶碱氮比最小，为0.65。各处理中下部烟叶糖碱比普遍偏大，为11.83，处理1（常规施肥）、处理5上部烟叶总糖与总烟碱比偏小，处理2（餐厨废弃物）上部烟叶总糖与总烟碱比偏大，只有处理3、处理4的总糖与总烟碱比符合国际型优质烟叶标准。各处理各部位烟叶钾氯比均偏小，仅有处理1、处理4、处理5下部烟叶钾氯比≥4，各处理中上部烟叶中仅有处理4中部叶和处理5中上部叶钾氯比＞3。

表7-35　不同处理烤烟叶片氮/碱、总糖/碱、总糖/氮和钾/氯等比值状况

处理	等级	碱/氮	总糖/碱	总糖/氮	还原糖/总糖	钾/氯
	B2F	1.17	7.36	8.60	0.89	2.85
1	C3F	1.07	13.88	14.82	0.86	2.78
	X2F	0.74	15.19	11.26	0.87	4.59
	B2F	1.05	13.01	13.62	0.91	2.58
2	C3F	1.10	13.51	14.89	0.90	2.81
	X2F	0.80	17.86	14.29	0.87	3.21
	B2F	1.00	11.15	11.20	0.88	2.70
3	C3F	1.14	15.18	17.35	0.89	2.84
	X2F	0.77	16.45	12.70	0.83	3.54
	B2F	1.02	10.51	10.70	0.90	2.60
4	C3F	1.14	12.17	13.92	0.84	3.37
	X2F	0.76	15.16	11.53	0.81	5.12
	B2F	1.08	7.90	8.53	0.88	3.31
5	C3F	1.07	11.83	12.71	0.91	3.08
	X2F	0.65	15.72	10.21	0.84	4.12

7.4.5　对烤烟经济性状的影响

由表7-36可知，各处理烤烟的产量、产值和均价均高于处理1（常规施肥），处理5（餐厨废弃物＋炭化烟秆＋炭化谷壳）烤烟的产量、产值、均价和上等烟比例均较好，对

比处理 1 有显著提高，处理 5 烤烟的上等烟比例相比其他处理提高 10.61％～15.84％，各处理烤烟产值为处理 5＞处理 3＞处理 2＞处理 4＞处理 1，处理 2、处理 3 和处理 5 烤烟产值对比处理 1 有显著提高，各处理间烤烟的中上等烟比例没有显著差异，处理 5 的中上等烟比例最大。

表 7-36　施用餐厨废弃物与其他有机物料配比调理剂对烤烟经济性状的影响

处理	产量 （kg/hm²）	产值 （元/hm²）	均价 （元/kg）	上等烟比例 （％）	中上等烟比例 （％）
1	2 049.0b	44 259.0c	21.6b	42.8b	91.4a
2	2 097.0ab	47 133.0b	22.5ab	43.3b	91.1a
3	2 127.0ab	47 178.0b	22.2ab	42.3b	90.0a
4	2 107.5ab	46 648.5bc	22.1ab	44.3b	90.9a
5	2 178.0a	50 412.0a	23.2a	49.0a	91.9a

结　　论

本研究采取田间试验、培育试验与盆栽试验等相互结合的方法，研究餐厨废弃物及其复合调理剂在植烟土壤上的施用效应，从餐厨废弃物与其他调理剂在烤烟田间试验的施用效应上，餐厨废弃物与珍珠岩、白云石粉、炭化烟秆、炭化谷壳、炭化稻秆、猪粪等调理剂均能提高烤烟产值，分别提高 1.90％、12.06％、12.44％、15.77％、11.82％、4.27％、17.03％，且均能提高土壤 pH，相比常规施肥处理，餐厨废弃物处理显著提高土壤交换性钙、交换性镁的含量，降低土壤有效锰、有效锌的含量，土壤有效铜、有效镉和有效铅没有显著差异。

餐厨废弃物与其他有机物料配比调理剂的培育试验表明，培育 90d 时，相比空白处理，餐厨废弃物与其他有机物料配比调理剂处理土壤 pH 及有效养分均有提高，综合各处理土壤 pH、碱解氮、有效磷及速效钾养分状况，以处理 8（餐厨废弃物：炭化烟秆：炭化谷壳＝1：0.2：0.2）较好。

盆栽试验表明，相比处理 1（化肥），处理 2（餐厨废弃物）、处理 3（餐厨废弃物：炭化烟秆＝1：0.2）、处理 8（餐厨废弃物：炭化烟秆：炭化谷壳＝1：0.2：0.2）显著提高土壤酚氧化物酶活性；处理 2 土壤纤维素酶活性和过氧化物酶活性均高于常规施肥处理；处理 5（餐厨废弃物：炭化烟秆：炭化谷壳＝1：0.1：0.1）、处理 6（餐厨废弃物：炭化烟秆：炭化谷壳＝1：0.2：0.1）显著提高土壤脲酶活性。餐厨废弃物与其他有机物料配比调理剂各处理均能提高土壤中生物量炭含量，其中以处理 4（餐厨废弃物：炭化谷壳＝1：0.2）最高；含有炭化烟秆或炭化谷壳各调理剂处理的生物量氮均显著高于常规施肥处理。在烤烟移栽 60d 时，餐厨废弃物与其他有机物料配比调理剂各处理的土壤 PLFAs 总量均高于化肥处理，处理 7（餐厨废弃物：炭化烟秆：炭化谷壳＝1：0.1：0.2）有显著提高。

餐厨废弃物与其他有机物料配比调理剂在烤烟田间试验的施用效应上，餐厨废弃物与其他有机物料配比调理剂均能降低烟叶的发病率和发病指数，其中又以处理 5（餐厨废弃物＋炭化烟秆＋炭化谷壳）效果最好；处理 2 至处理 5 烤烟产值均高于化肥处理，分别提高 6.49%、6.60%、5.40%、13.90%。

综合餐厨废弃物与其他有机物料配比调理剂在烤烟盆栽、田间试验的施用效应，餐厨废弃物与炭化烟秆、炭化谷壳混合施用效果更好，能促进烤烟生长，且提高经济效益。其中处理 7（餐厨废弃物∶炭化烟秆∶炭化谷壳＝1∶0.1∶0.2）在盆栽试验中烟叶生物量最大，且土壤 PLFAs 总量也最大，是较好的餐厨废弃物复合调理剂。

第 8 章　卡拉胶副产品调理剂施用效应的研究

　　福建烟区是我国主要的烟区之一，以生产优质烤烟而闻名。但福建高温多雨，土壤钙、镁等盐基离子淋失严重，土壤普遍呈酸性；同时由于福建烟区一直实行烟稻轮作，随着复种指数和生产年限的增加，烟农单一的施肥措施，重化肥，轻有机肥，使得福建烟区土壤酸化日趋明显。2006 年对福建省南平市 10 个县（市、区）1 067个具有代表性的植烟土样的土壤分析，南平烟区土壤 pH 值在 4.01～7.43 之间，平均 5.28。多数土壤 pH 值集中在 5.0～5.5 之间，占 42.96％，适宜的土壤 pH 值（5.5～6.5）占 29.09％，pH 值<5.5 的土壤占 69.97％（吕谭斌，2008）。熊德忠等（2007）2007 年对福建省烟区主要物理化学性质的分析研究，南平、龙岩、三明市土壤 pH 与第二次土地普查相比，其 pH 值<5.5 的土壤分别增加了 27.16％、34.77％、15.2％，而 pH 值在 5.5～6.5 的土壤分别减少了 56.72％、61.7％、47.23％。根据谢喜珍等（2010）2010 年对福建省龙岩市烟区土壤主要化学性状的研究调查，龙岩市烟区土壤 pH 值在 5.5～6.0 的土壤样品数占总样品数的 12.59％；而 pH 值<5.5 的土样数量占总数的 82.69％；pH 值>6.5 的仅占 1.09％，说明福建省三大烟区的土壤均面临土壤较酸的现状和土壤酸化趋势明显的压力。

　　福建省烟区土壤酸化问题制约着福建烤烟的品质和产量的进一步提高，因此要提高福建省烤烟的品质和产量必须改良烟区的酸性土壤，但目前福建省烟区酸性土壤调理剂品种单一，主要是石灰和白云石粉，由于长期施用石灰，土壤出现还原态氮、硫的释放，因而会使复酸化程度加强，引起土壤板结而形成"石灰板结田"等一系列问题（龚智亮，2009），长期施用白云石粉同样也会导致土壤有机质矿化加强，土壤结构破坏，土壤板结。

　　卡拉胶又名角叉聚糖（Owen R et al.，2003），是一类从海洋生物红藻细胞壁中提取的水溶性非均一多糖，美国化学学会于 20 世纪 50 年代将它正式命名为卡拉胶（carrageenan）（徐强等，1995）。由于卡拉胶具有形成亲水胶体、增稠、乳化、成膜、稳定分散等诸多物理化学特性，故可作为胶凝剂、乳化剂、增稠剂或悬浮剂使用（魏玉，2010）。在卡拉胶生产过程中会产生大量的副产品，副产品常年大量堆积，成为难以处理的固体废弃物，严重影响了当地的环境。考虑到卡拉胶作为一种安全的食品添加剂且无任何副作用，卡拉胶副产品作为卡拉胶的工业废弃物，呈中性偏碱，密度小，质地疏松，其中也仍然富含各种有机、无机养分，如酯类、乳糖及钾、钙、镁等元素，于是将卡拉胶副产品作为一种酸性土壤调理剂改良土壤不失为一种良策，不仅能处理固体废弃物，改善环境，同时为酸性土壤提供一种新型改良资源。因而考虑将卡拉胶副产品应用于福建植烟土壤以研究其改良效果，但考虑到卡拉胶副产品的有机质含量较低，根据福建烟区目前调理剂的应用种类及农业生产废弃物的资源情况，选择餐厨废弃物、废菌棒、白云石粉、贝壳粉等原料，与卡拉胶副产品进行配合，研制卡拉胶副产品复合调理剂，从而为福建省酸性植烟土壤提供一种新型的调理剂资源。

8.1 卡拉胶副产品及其复合调理剂对土壤酸度和速效养分的影响

试验土壤取自福建烟区水稻土耕作层，其基本理化性质见表 8-1。

表 8-1 试验土壤基本理化性质

pH	有效磷 (mg/kg)	速效钾 (mg/kg)	碱解氮 (mg/kg)	交换性钙 (mg/kg)	交换性镁 (mg/kg)
5.56	14.69	113.51	82.43	616.08	80.12

由于卡拉胶副产品有机质含量较低，考虑福建烟区有机废弃物资源和目前使用的调理剂种类，选择餐厨废弃物、废菌棒、白云石粉、贝壳粉等原料，与卡拉胶副产品进行配合作为复合调理剂。供试卡拉胶副产品由石狮市鑫民食品有限公司提供，餐厨废弃物由福建省利洁环卫股份有限公司提供，废菌棒由福建农林大学食用菌场提供，白云石粉由龙岩市烟草公司提供，贝壳粉由平潭综合实验区渔业公司提供，各种调理剂的基本性质见表 8-2 和表 8-3。

表 8-2 调理剂基本理化性质

调理剂	pH	全氮 (g/kg)	全磷 (g/kg)	全钾 (g/kg)	全钙 (g/kg)	全镁 (g/kg)
卡拉胶副产品	7.85	3.11	0.69	2.37	1.97	0.30
废菌棒	6.93	13.27	1.47	11.73	4.33	0.25
餐厨废弃物	6.20	19.82	0.74	22.34	9.81	0.14
白云石粉	8.96	2.22	0.38	14.34	3.05	1.13
贝壳粉	8.64	2.50	0.91	0.01	2.65	0.30

表 8-3 调理剂重金属含量 （mg/kg）

调理剂	全锰	全铜	全锌	全镉	全铅
卡拉胶	387.61	10.94	119.16	0.22	3.22
废菌棒	30.61	12.17	83.68	0.12	4.27
餐厨废弃物	42.09	12.09	123.50	0.44	3.83
白云石粉	738.73	32.69	162.27	0.32	18.14
贝壳粉	217.98	15.66	120.42	0.15	16.10

采用土壤培育试验，研究卡拉胶副产品及其复合调理剂对土壤酸度和有效养分的影响。

（1）卡拉胶副产品不同用量对土壤酸度和有效养分的影响

CK：不添加卡拉胶副产品；

T1：添加卡拉胶副产品 3g/kg 土；

T2：添加卡拉胶副产品 6g/kg 土；

T3：添加卡拉胶副产品 9g/kg 土；

T4：添加卡拉胶副产品 12g/kg 土；

T5：添加卡拉胶副产品 15g/kg 土。

（2）卡拉胶副产品复合调理剂对土壤酸度和有效养分的影响

由于卡拉胶副产品有机质含量低，并考虑福建烟区有机废弃物资源情况和目前使用的调理剂种类和用量，选择餐厨废弃物、废菌棒、白云石粉、贝壳粉等原料，与卡拉胶副产品进行不同比例的配合作为复合调理剂，卡拉胶副产品每盆施用量为 4g，卡拉胶副产品与餐厨废弃物、废菌棒、白云石粉、贝壳粉等进行不同比例（重量比）试验，培育试验共设置 5 个处理：

CK：不添加任何调理剂；

D1：卡拉胶副产品：餐厨废弃物：废菌棒：白云石粉：贝壳粉为 1：0.2：0.2：0.1：0.1；

D2：卡拉胶副产品：餐厨废弃物：废菌棒：白云石粉：贝壳粉为 1：0.4：0.4：0.1：0.1；

D3：卡拉胶副产品：餐厨废弃物：废菌棒：白云石粉：贝壳粉为 1：0.6：0.6：0.1：0.1；

D4：卡拉胶副产品：餐厨废弃物：废菌棒：白云石粉：贝壳粉为 1：0.8：0.8：0.1：0.1。

每个处理称取过 1mm 筛的土壤 1kg，将不同调理剂按设定量与土壤充分混合，装入 2 000ml 容量的塑料小桶中，每个处理设 3 次重复，培育期间土壤水分含量保持在田间持水量的 70%。培育 40d 之前每 10d 取一次土样，从培育 40d 开始每 20d 取一次土样，培育 80d 后一直到第 110 天取最后一次土样，土样取出后于室内风干、磨碎、过 1mm 筛，备用。

8.1.1　卡拉胶副产品不同用量对土壤酸度和速效养分的影响

（1）对土壤 pH 的影响

土壤 pH 是土壤的重要化学性质之一，是反映土壤酸度的一个重要指标，对植物生长，微生物活性，养分的有效性等方面具有重要影响（李仲林等，1987）。福建植烟土壤 pH 普遍较低，因此，研究卡拉胶副产品对土壤 pH 的影响具有重要意义。由试验结果可知（表 8-4），随着培育时间的推进各处理的变化趋势大体一致。T5（添加卡拉胶副产品 15g/kg 土）处理在整个培育期的土壤 pH 均为最高，而 CK（对照）的土壤 pH 一直最低，说明卡拉胶副产品不同施用量的处理对提高土壤 pH 产生了一定的作用，对改良土壤酸性有一定的效果。培育 10d 时，施用卡拉胶副产品不同用量的 T1~T5 处理的土壤 pH 均与对照呈显著差异，T1~T5 的土壤 pH 比对照高出 0.18~0.5 个单位；培育 40d 时，处理之间的差异逐渐缩小，T1~T5 的土壤 pH 比对照高出 0.06~0.43 个单位；培育 110d 时，T1~T5 的土壤 pH 比对照高出 0.05~0.51 个单位，其中 T5 的土壤 pH 最高，达到 5.99，与其他处理呈显著差异。

表 8-4　不同培育时间不同用量卡拉胶副产品对土壤 pH 的影响

处理	10d	20d	30d	40d	60d	80d	110d
CK	5.75c	5.18c	5.19c	5.34c	5.56d	5.28c	5.48d
T1	5.99b	5.54b	5.48b	5.56b	5.92ab	5.52b	5.72b
T2	5.93b	5.60b	5.45b	5.40c	5.67c	5.43b	5.60bc
T3	6.03b	5.61b	5.44b	5.41c	5.85b	5.49b	5.53cd
T4	6.01b	5.65b	5.57ab	5.64b	6.01a	5.40b	5.58c
T5	6.25a	5.74a	5.69a	5.77a	6.04a	5.68a	5.99a

注：同一列数字后标不同字母表示处理间差异显著性（$P<0.05$），下表同。

（2）对土壤碱解氮的影响

土壤碱解氮是反映土壤供氮水平的重要指标，由试验结果可知（图 8-1），在卡拉胶副产品单独施用的条件下，各处理土壤碱解氮的含量在各培育期的差异不大，但均高于 CK（对照）。培育第 10 天时，CK（对照）的土壤碱解氮含量有所下降，降低至 77.15mg/kg，施用不同用量卡拉胶副产品的处理（T1~T5）碱解氮含量在 81.34~ 85.52mg/kg 之间，培育第 20 天时，土壤碱解氮含量有所上升，T1~T5 处理的含量在 85.91~90.58mg/kg 之间，与对照呈显著差异；培育第 30 天时，T1~T5 处理的土壤碱解氮含量在与 76.62~80.44mg/kg 之间，且处理之间无显著差异。培育 30d 后，土壤碱解氮含量开始上升，到 60d 时，CK 的土壤碱解氮含量为 90.05mg/kg，T1~T5 处理的土壤碱解氮含量上升到 93.54~99.15mg/kg 之间；培育 80d 后，土壤碱解氮含量变化接近平稳，培育结束时（110d），T2~T5 处理的碱解氮含量在 79.85~84.21mg/kg 之间，均显著高于 CK。

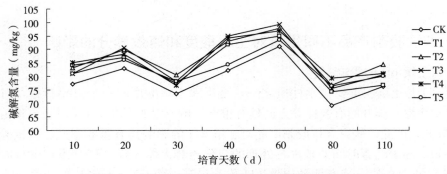

图 8-1　卡拉胶副产品不同用量对土壤碱解氮的影响

(3) 对土壤有效磷的影响

土壤有效磷含量是衡量土壤磷素供应强度的重要指标，由培育试验结果可知（表8-5），培育10d时，各处理的土壤有效磷含量在15.34～18.60mg/kg之间，T1～T5处理的土壤有效磷均高于CK，其中T4（添加卡拉胶副产品12g/kg土）处理的含量最高，与其他处理差异显著。培育20d时，T1、T4和T5处理的有效磷含量显著增高，比对照的土壤有效磷分别高出28%、15%、42%，呈显著差异。培育40d时，土壤有效磷含量在10.20～11.82mg/kg之间，各处理之间的有效磷含量均无显著差异。培育60d时，各处理的土壤有效磷含量变化不大，在9.57～13.04mg/kg之间，其中T2（添加卡拉胶副产品6g/kg土）和T3处理（添加卡拉胶副产品9g/kg土）的含量较高，分别为12.38mg/kg和13.04mg/kg，与对照呈显著差异，其他处理则与对照无显著差异。培育60d之后，T1～T5处理的土壤有效磷含量均高于对照。培育110d时，T2和T3处理的土壤有效磷含量依然最高，达到16mg/kg，与CK呈显著差异，其他处理的土壤有效磷含量则均在13mg/kg左右，与CK无显著差异。

表8-5 卡拉胶副产品不同用量对土壤有效磷的影响（mg/kg）

处理	10d	20d	30d	40d	60d	80d	110d
CK	15.34b	15.55c	11.53b	10.36a	9.69b	9.45c	13.14b
T1	15.46b	22.53ab	14.37a	10.56a	9.57b	11.49b	13.47b
T2	16.85b	16.06c	11.26b	11.62a	12.38a	14.30a	16.22a
T3	16.28b	18.34c	13.37a	10.92a	13.04a	11.60b	16.06a
T4	18.60a	20.28b	14.94a	10.20a	10.86ab	12.41ab	14.42ab
T5	16.65b	24.98a	12.98a	11.82a	10.25b	12.54ab	13.53b

(4) 对土壤速效钾的影响

土壤钾素供应是否充足取决于土壤速效钾的水平。由培育试验结果（图8-2）可以看出，不同处理的土壤速效钾含量随着培育时间的推移呈现出大体一致的变化趋势。培育第10d时，各处理的土壤速效钾含量在108.24～116.14mg/kg之间，处理之间差异不明显。培育10d后，土壤速效钾含量均缓慢上升，到达第30天时，土壤速效钾含量在118.14～141.87mg/kg之间，CK最低为118.146mg/kg，并且土壤速效钾随着卡拉胶副产品施用

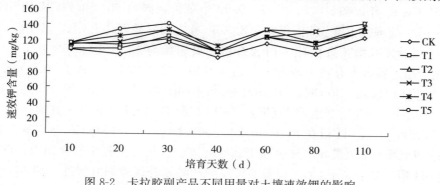

图8-2 卡拉胶副产品不同用量对土壤速效钾的影响

量的增加而呈增长的趋势，T1～T5 处理分别比 CK 高出 3％、6％、13％、13％、20％，其中 T3～T5（每千克土壤分别添加卡拉胶副产品 9g、12g、15g）处理与对照呈显著差异。培育 60d 时，土壤速效钾含量在 116.96～134.87mg/kg 之间，T1～T5 处理分别比对照高出 8％、8％、8％、16％、16％，其中 T4 和 T5 处理与对照呈显著差异。培育 110d 时，土壤速效钾含量提高到 125.76～143.90mg/kg，T1～T5 处理分别比对照高出 7％、7％、15％、10％、15％，其中 T3 和 T5 处理与对照呈显著差异，其他处理与对照差异不显著。

综上所述，卡拉胶副产品对降低土壤酸度和提高土壤碱解氮和速效钾含量具有一定的作用，但对土壤有效磷的影响较小。

在培育期内，试验土壤 pH 值在 5.18～6.25 之间，对照土壤 pH 值在各培育期内最低，说明卡拉胶副产品可以在一定程度上提高土壤 pH 值，其中 T5（添加卡拉胶副产品 15g/kg 土）处理的土壤 pH 值始终保持在 5.5～6.5 之间，平均比对照高 0.5 个单位，并与对照呈显著性差异，改良土壤酸性效果最好。

氮素是烟草生长的大量元素，对烟草的产量有着重要的影响。在本试验中，对照的土壤碱解氮含量在各培育期内均处于最低水平，含量在 69.08～91.05mg/kg 之间，施用卡拉胶副产品处理的土壤碱解氮含量在 74.21～99.15mg/kg 之间，说明卡拉胶副产品的施用对提高土壤碱解氮含量有一定的效果，但不同用量的卡拉胶副产品处理的土壤碱解氮含量没有表现出明显的差异。

烟草为喜钾植物，钾素同时也是烟草的品质元素，烟草中钾的吸收来源主要是土壤中的速效钾。添加了卡拉胶副产品之后，土壤速效钾含量均显著高于对照，说明卡拉胶副产品可以显著提高土壤中的速效钾含量，其中每千克土添加 15g 卡拉胶副产品的处理在整个培育期的速效钾含量最高，且从培育第 20 天开始均比对照高出 15％以上，效果最明显。

施用卡拉胶副产品后，大部分处理的土壤有效磷含量得到提高，但各培育期处理之间差异不明显，且无明显规律。

8.1.2 卡拉胶副产品复合调理剂对土壤酸度和速效养分的影响

(1) 对土壤 pH 的影响

由试验结果（表 8-6）可知，培育第 10 天时，D1～D4 处理的土壤 pH 值均达到 6 以上，分别比 CK 高出 0.61、0.7、0.57、0.92 个单位。到第 20 天时，CK 的 pH 值降至 5.18，D1～D4 处理的土壤 pH 值仍在 5.85～6.06 之间，显著高于 CK，其中以 D3（卡拉胶副产品：餐厨废弃物：废菌棒：白云石粉：贝壳粉为 1：0.6：0.6：0.1：0.1）、D4（卡拉胶副产品：餐厨废弃物：废菌棒：白云石粉：贝壳粉为 1：0.8：0.8：0.1：0.1）处理的土壤 pH 值较高；40d 时，D1～D4 处理的土壤 pH 值均小幅下降，土壤 pH 值降至 5.55～5.93 之间，但仍然显著高于 CK，其中 D2 和 D4 处理显著高于其他处理；在培育结束时（110d），土壤 pH 值在 5.46～6.28 之间，D1～D4 处理与 CK 呈显著差异，其中以 D2 处理的土壤 pH 值最高，显著高于其他处理。可见，在各个培育期内，D1～D4 处理的土壤 pH 值均显著高于 CK，说明卡拉胶副产品复合调理剂对酸性土壤 pH 值有显著的改良作用，且培育前期，土壤 pH 值以 D4 处理的最高，之后一直以 D2 处理的为最高。

一般认为，生产优质烤烟的土壤 pH 值应在 5.5～6.5 之间，D1～D4 处理的各个培育期的土壤 pH 值均高于 5.5，将有利于烤烟的生长

表 8-6　卡拉胶副产品复合调理剂对土壤 pH 的影响

处理	10d	20d	30d	40d	60d	80d	110d
CK	5.75c	5.18c	5.19c	5.34c	5.56c	5.28d	5.46d
D1	6.36b	5.85b	5.81b	5.55b	5.93b	5.53c	6.08b
D2	6.45b	5.92ab	6.15a	5.93a	6.23a	6.07a	6.28a
D3	6.32b	6.06a	5.78b	5.62b	5.89b	5.73b	5.77c
D4	6.67a	6.01a	6.05a	5.93a	6.09a	5.74b	6.04b

（2）对土壤碱解氮的影响

由试验结果（图 8-3）可知，培育第 10 天开始，处理之间的土壤碱解氮差异就较明显，CK 的土壤碱解氮含量为 77.32mg/kg，D1～D4 处理的土壤碱解氮含量在 80.54～85.65mg/kg 之间，均显著高于对照，其中 D3 和 D4 处理的土壤碱解氮含量最高，显著高于 D1 和 D2 处理；培育 30d 时，土壤的碱解氮含量有所下降，CK 下降至 73.45mg/kg，D1～D4 处理的下降至 77.68～84.31mg/kg 之间，D4 处理的含量仍然最高，显著高于其他处理。培育 60d 时，土壤碱解氮的含量明显上升，达到培育期最高水平，CK 的含量上升至 91.05mg/kg，D1～D5 处理的土壤碱解氮含量在 94.56～98.65mg/kg 之间，均显著高于对照，其中 D2 处理的土壤碱解氮含量最高，且与 D4 处理无显著差异。在培育结束（110d）时，土壤碱解氮的大小顺序为：D3＞D4＞D1＞D2，其中 D3 和 D4 处理显著高于其他处理。试验表明，CK 处理在整个培育期的土壤碱解氮水平均处于最低，且多数时期与其他处理均呈显著差异，说明卡拉胶副产品复合调理剂对提高土壤碱解氮含量有显著效果。

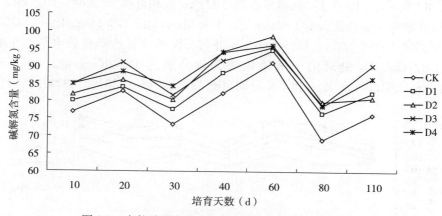

图 8-3　卡拉胶副产品复合调理剂对土壤碱解氮的影响

（3）对土壤有效磷的影响

卡拉胶副产品复合调理剂对土壤有效磷的影响的试验结果表明，在培育第 10 天时，土壤有效磷的含量在 16.30～17.39mg/kg 之间，处理之间均无显著差异；培育第 20 天

时，各处理土壤有效磷含量有所增高，D1～D4 处理均与对照呈显著差异，分别比对照高 12％、49％、21％、32％，其中 D2 处理土壤有效磷含量达到最高（23.23mg/kg），且与 D4 处理无显著差异；培育 30d 时，仅 D4 处理（卡拉胶副产品：餐厨废弃物：废菌棒：白云石粉：贝壳粉为 1：0.8：0.8：0.1：0.1）的土壤有效磷含量显著高于其他处理，比 CK 和 D1～D3 处理分别高出 32％、47％、18％、12％；培育 60d 时，土壤有效磷含量在 9.69～11.40mg/kg 之间，处理之间的差异不大；80d 时，土壤有效磷含量在 9.45～14.37mg/kg 之间，且 D1～D4 处理均显著高于 CK，分别比 CK 高出 44％、39％、33％、52％，D1～D4 处理之间无显著差异；110d 时，土壤有效磷含量在 13.14～17.52mg/kg 之间，各处理均高于 CK，其中 D2、D3、D4 处理与 CK 呈显著差异，由此可见，复合调理剂对土壤有效磷的提高作用前期不稳定，后期表现稳定，提高了土壤有效磷的含量。

表 8-7 卡拉胶副产品复合调理剂对土壤有效磷的影响（mg/kg）

处理	10d	20d	30d	40d	60d	80d	110d
CK	16.34a	15.55c	11.53cd	10.36bc	9.69b	9.45b	13.14c
D1	16.39a	17.45b	10.40d	10.08b	11.40a	13.62a	14.35bc
D2	16.80a	23.23a	12.89c	12.64a	10.81ab	13.13a	16.93a
D3	17.39a	18.83b	13.61bc	9.07b	11.33a	12.55a	17.52a
D4	16.30a	20.52ab	15.24a	8.68c	10.43ab	14.37a	16.13ab

（4）对土壤速效钾的影响

试验结果（图 8-4）表明，各培育处理土壤速效钾含量的变化趋势大体一致，大小顺序明显，在各培育时期内的大小顺序均为 D4＞D3＞D2＞D1＞CK。在培育第 10 天时，各处理之间差异不大，仅 D3（卡拉胶副产品：餐厨废弃物：废菌棒：白云石粉：贝壳粉为 1：0.6：0.6：0.1：0.1）和 D4（卡拉胶副产品：餐厨废弃物：废菌棒：白云石粉：贝壳粉为 1：0.8：0.8：0.1：0.1）处理显著高于对照；在培育第 30 天时，D1、D2、D3、D4 处理的土壤速效钾含量分别为 141.85mg/kg、153.54mg/kg、173.14mg/kg、173.50mg/kg，比 CK 分别高出 20％、30％、46％、46％，并与 CK 的差异达到显著水平；在培育 60d 时，D1、D2、D3、D4 处理的土壤速效钾含量分别为 129.96mg/kg、144.05mg/kg、161.82mg/kg、161.98mg/kg，比 CK 分别高出 11％、23％、38％、38％；到培育第 110

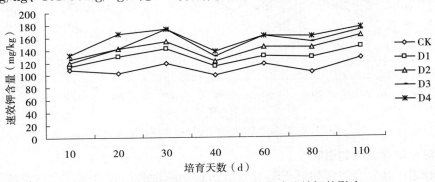

图 8-4 卡拉胶副产品复合调理剂对土壤速效钾的影响

天时，D1、D2、D3、D4 处理的土壤速效钾含量分别为 143.98mg/kg、161.77mg/kg、170.42mg/kg、175.67mg/kg，比 CK 分别高出 14%、28%、35%、39%，均显著高于 CK，其中 D3 和 D4 处理显著高于 D1 和 D2 处理。由此可见，土壤速效钾的含量在相同的卡拉胶副产品施用量的基础上，随着废菌棒和餐厨废弃物施用比例的增加而增加，说明复合调理剂可显著提高土壤速效钾的含量。

综上所述，卡拉胶副产品、餐厨废弃物、废菌棒、白云石粉、贝壳粉的配比施用改善了土壤的理化性质。施入卡拉胶副产品复合调理剂后，土壤的 pH 在培育前期比对照平均高出 0.6～0.96 个单位，培育后期高出 0.21～0.82 个单位，显著提高了土壤 pH，改良了土壤酸性。且施入复合调理剂后土壤的 pH 整体高于单施卡拉胶副产品的土壤 pH，说明卡拉胶副产品与餐厨废弃物、废菌棒、白云石粉、贝壳粉配施后进一步改良了土壤酸性。

施入卡拉胶副产品复合调理剂后，土壤的碱解氮含量得到提高，各培育阶段施用复合调理剂的处理土壤碱解氮含量均大于对照，且处理之间的差异明显，D3（卡拉胶副产品：餐厨废弃物：废菌棒：白云石粉：贝壳粉为 1：0.6：0.6：0.1：0.1）和 D4（卡拉胶副产品：餐厨废弃物：废菌棒：白云石粉：贝壳粉为 1：0.8：0.8：0.1：0.1）处理整体高于 D1（卡拉胶副产品：餐厨废弃物：废菌棒：白云石粉：贝壳粉为 1：0.2：0.2：0.1：0.1）和 D2（卡拉胶副产品：餐厨废弃物：废菌棒：白云石粉：贝壳粉为 1：0.4：0.4：0.1：0.1）处理。

复合调理剂的施用显著提高了土壤速效钾含量，D3 和 D4 处理的土壤速效钾含量整体高于 D1 D2 处理，D1 和 D2 处理平均比对照高出 20% 左右，D3 和 D4 处理则平均比对照高出 40% 左右，并且复合调理剂施用后的土壤速效钾含量整体上高于卡拉胶副产品单独施用的土壤速效钾含量，可见餐厨废弃物和废菌棒的施用进一步提高了土壤速效钾含量。复合调理剂的施用整体上提高了土壤有效磷含量，但培育中前期提高的效果不稳定且规律不明显，培育 80d 后，表现出了稳定的提高作用，但各处理之间（D1～D4）的土壤有效磷含量仍然没有表现出明显的大小规律。

8.2　卡拉胶副产品及其复合调理剂对烤烟生长及土壤理化性质的影响

试验于福建农林大学南区盆栽房内进行，供试土壤取自水稻土耕作层，土壤基本理化性质见表 8-1。卡拉胶副产品、废菌棒、餐厨废弃物、白云石粉、贝壳粉等调理剂的基本性质见表 8-2、表 8-3。

试验分为两部分：

(1) 卡拉胶副产品不同用量对烤烟生长及土壤理化性质的影响

盆栽试验共设置 5 个处理。对照（CK）：不施卡拉胶副产品；T1：施卡拉胶副产品 30g/盆；T2：施卡拉胶副产品 60g/盆；T3：施卡拉胶副产品 90g/盆；T4：施卡拉胶副产品 120g/盆；T5：施卡拉胶副产品 150g/盆。

各处理每盆施用纯 N1.2 克，$N：P_2O_5：K_2O$ 比例为 1.0：0.8：2.5，除 CK 外各处理的施肥量扣除调理剂中氮磷钾含量后施用。

（2）卡拉胶副产品复合调理剂对烤烟生长及土壤理化性质的影响

卡拉胶副产品每盆施用量为 40g，卡拉胶副产品与餐厨废弃物、废菌棒、白云石粉、贝壳粉等进行不同比例（重量比）试验，盆栽试验共设置 5 个处理：

CK（对照）：不施卡拉胶副产品及其他调理剂；

D1：卡拉胶副产品：餐厨废弃物：废菌棒：白云石粉：贝壳粉为 1：0.2：0.2：0.1：0.1；

D2：卡拉胶副产品：餐厨废弃物：废菌棒：白云石粉：贝壳粉为 1：0.4：0.4：0.1：0.1；

D3：卡拉胶副产品：餐厨废弃物：废菌棒：白云石粉：贝壳粉为 1：0.6：0.6：0.1：0.1；

D4：卡拉胶副产品：餐厨废弃物：废菌棒：白云石粉：贝壳粉为 1：0.8：0.8：0.1：0.1。

各处理每盆施用纯 N1.2 克，$N : P_2O_5 : K_2O$ 比例为 1.0：0.8：2.5，除 CK 外各处理的施肥量扣除调理剂中氮磷钾含量后施用。

上述两组试验每盆称取风干土壤 10kg，根据各处理调理剂比例分别称取各调理剂重量，与土壤充分混合，装于高 40cm、直径 30cm 的大桶。

上述两组盆栽试验每一处理重复 4 次，随机排列。定期观察记载烟株的生物学特性。烟株现花蕾后打顶，并定时抹去腋芽。烟叶生理成熟后分上、中、下部采摘，并烘干。烟叶采摘完成后将烟株的茎秆、根系全部收取，并洗净、烘干，测定烟株各部分的干物质积累量和养分含量。

移栽后 60d 时，于每个试验桶用土钻取 10cm 深的土壤进行研磨，过 1mm 筛后放入 4℃和零下 80℃冰箱分开储存，以进行土壤酶活性和微生物活性的测定。采烤结束后，将盆栽土壤搅拌均匀，取土样 3kg 风干，研磨，过 1mm 筛以测定土壤基本理化性质。

8.2.1 卡拉胶副产品不同用量对烤烟生长及土壤理化性质的影响

（1）对植烟土壤物理性质的影响

土壤物理性质是指土壤固、液、气三相态的有机组合结构，对土壤供肥能力有着重要的影响，土壤容重可以反映土壤的疏松程度，土壤疏松多孔则土壤容重越小；土壤含水率和土壤孔隙度则是土壤物理性质的重要参数（黄昌勇等，2010）。由试验结果（表 8-8）可知，T1～T5（依次施用卡拉胶副产品 30g/盆、60g/盆、90g/盆、120g/盆、150g/盆）处理的土壤容重均小于对照，其中 T2、T4、T5 处理与 CK 的差异显著，T5 处理的土壤容重最小，达到 1.08g/cm³，与其他处理呈显著差异；T1～T5 处理的土壤含水率均高于对照，其中 T2、T4 和 T5 处理的与对照呈显著差异，T5 处理的土壤含水率最高，达到 20.06％，T1～T4 处理的土壤含水率在 18.67％～19.93％之间，互相无显著差异。土壤毛管空隙度和总孔隙度同样以 T5 处理的最高，分别达到 39.47％和 55.02％，显著高于其他处理；T1～T4 处理的土壤毛管孔隙度无显著差异，且均显著高于对照；而 T1～T4 处理的土壤总孔隙度则与 CK 之间均无显著差异。综上所述，卡拉胶副产品的施用降低了土壤容重，提高了土壤的含水率和孔隙度，对改良土壤结构具有明显的效果，其中以 T5

（施用卡拉胶副产品 150g/盆）处理的改良效果最好。

表 8-8　卡拉胶副产品不同用量对植烟土壤物理性质的影响

处理	容重（g/cm³）	含水率（%）	毛管孔隙度（%）	总孔隙度（%）
CK	1.17a	17.71c	35.71c	50.92b
T1	1.16ab	18.87bc	38.32b	49.62b
T2	1.15bc	19.63ab	37.93b	52.71b
T3	1.16a	18.67bc	38.32b	51.45b
T4	1.14c	19.93ab	37.85b	51.99b
T5	1.08d	20.06a	39.47a	55.02a

（2）对植烟土壤化学性质的影响

通过在土壤中施用不同用量的卡拉胶副产品后，土壤的化学性质发生了不同程度的变化。由试验结果（表 8-9）可知，烟叶采烤结束后，CK 的土壤 pH 有所下降，而施入卡拉胶副产品后，T1～T5 处理的土壤 pH 显著高于对照，其中 T2（施卡拉胶副产品 60g/盆）处理的土壤 pH 最高，比对照高出 0.61 个单位，其次为 T1（施卡拉胶副产品 30g/盆）和 T3（施卡拉胶副产品 90g/盆）处理，比对照分别高 0.37 和 0.45 个单位。T1～T5 处理的土壤碱解氮含量均显著高于对照，且相互之间无显著差异。T1、T3、T5 处理的土壤有效磷含量显著高于对照，其中以 T3 处理的土壤有效磷含量最高，达到 18.28mg/kg。T1～T5 处理的土壤速效钾含量均显著高于对照，分别比对照高出 18%、23%、50%、27%、45%，其中 T3 和 T5 处理的土壤速效钾含量最高，显著高于其他处理。钙和镁同样是烤烟必需的中量营养元素，而烤烟吸收的钙素和镁素主要来自土壤交换性钙和交换性镁。由试验结果可知，采烤结束后，土壤的交换性钙含量在 412.68～512.73mg/kg 之间，仅 T2 处理的土壤交换性钙含量显著高于对照，T1 和 T3 处理的与对照无显著差异，T4 和 T5 处理则显著低于对照，但均大于植烟土壤交换性钙的适宜水平（>400mg/kg）（袁可能，1983）。采烤结束后，土壤交换性镁含量均不同程度下降（植烟前为 80.12mg/kg），施用卡拉胶副产品之后，T1～T3 处理的土壤交换性镁显著高于对照，而 T4 和 T5 处理的则与对照无显著差异，且各处理的土壤交换性镁含量均大于植烟土壤交换性镁的适宜范围（50mg/kg）（袁可能，1983）。

表 8-9　卡拉胶副产品不同用量对植烟土壤化学性质的影响

处理	pH	碱解氮（mg/kg）	有效磷（mg/kg）	速效钾（mg/kg）	交换性钙（mg/kg）	交换性镁（mg/kg）
CK	5.45e	77.83b	12.42c	86.75c	490.52b	71.69b
T1	5.82bc	81.64a	17.75a	102.39b	500.66b	76.45a
T2	6.06a	81.54a	12.22c	106.54b	512.73a	77.25a
T3	5.90ab	80.39a	18.28a	130.04a	487.43b	77.68a
T4	5.72c	79.87a	12.80c	110.07b	428.27c	71.98b
T5	5.66d	81.86a	15.30b	126.10a	412.68c	70.60b

（3）对植烟土壤微量元素及重金属有效性的影响

锰、铜、锌是植物生长必需的微量元素，对于维持生物体正常的生长发育具有重要作用（陆景陵，2003），但是植物只能适应一定浓度范围的锰、铜、锌，过量的锰、铜、锌就会干扰植物生命代谢的各个过程，从而产生毒害。而镉和铅则是土壤中的有害重金属元素，植烟土壤如果受到重金属的污染则可能导致烟叶中重金属的富集，从而对人身健康造成威胁，因此在研究新型调理剂时要充分将调理剂的生态安全性作为考虑标准。

锰是形成叶绿素并维持其正常结构的必需元素，是许多酶的活化剂。烟草是高度需锰的作物，是除氯以外烟草微量元素中含量最多的元素，以叶片含量最高（朱光新，2013）。而酸性土壤易诱发锰毒现象，这成为酸性土壤中制约植物生长的一个重要因素，在铝毒之后，锰毒可能是酸性土壤第二重要的限制因素（Foy C D，1983）。一般认为，7mg/kg 是植烟土壤缺锰的临界指标，而当土壤有效锰含量＞50mg/kg 时，烟草则容易发生锰中毒现象（王小兵等，2013；李卫等，2010），由表 8-10 可知，本研究试验土壤有效锰含量较高，各处理的土壤有效锰含量均＞30mg/kg，而 T1～T5（依次施用卡拉胶副产品 30g/盆、60g/盆、90g/盆、120g/盆、150g/盆）处理的土壤有效锰含量均显著低于对照，这是由于卡拉胶副产品的施用提高了土壤 pH，降低了土壤酸度，使得土壤锰的有效性降低，其中 T2 和 T3 处理的土壤有效锰含量最低，与其他处理呈显著差异。

铜是植物必需的微量营养元素，是多种氧化酶的核心元素，在氧化原反应中起催化作用（朱光新，2013），铜还能提高植物抗病害的能力。但如果土壤有效铜过高，过量的铜进入植物体会引起光合作用的改变、呼吸作用的异常、酶活性的改变，影响植物的正常生长（葛才林等，2002；葛才林等，2005；Wisniewski L et al.，2003）。一般认为，当土壤有效铜＜0.5mg/kg 时，可能会引起植物缺铜，＞2mg/kg 时，则易发生植物铜毒害（彭琳等，1985）。由表 8-10 可知，本试验各处理的土壤有效铜含量在 0.91～1.08mg/kg 之间，处于中等水平，不会引起烤烟缺铜也不会对烤烟产生铜毒害，同时 T1 和 T5 处理与对照无显著差异，T2 和 T3 处理显著降低了土壤有效铜，而 T4 处理则显著增高了土壤有效铜含量，说明卡拉胶副产品对土壤有效铜含量的影响没有表现出一定的规律性。

烟草是缺锌的敏感作物，土壤缺锌直接影响烟草的生长发育，是烟草优质、高产的一个限制因子（莫尔维德特 J J，1984）。同时作为重金属元素，土壤有效锌含量过高，会直接造成植株矮小，叶片黄化（褚天铎等，1995）。一般认为，土壤有效锌＜0.5mg/kg 则易诱发植物缺锌，而＞20mg/kg 则易引起植物锌毒害（彭琳等，1985）。由试验结果（表8-10）可知，各处理的植烟土壤有效锌含量均在 3～6mg/kg 之间，含量偏低，T1～T4 处理与 CK（对照）之间均无显著差异，T5（施用卡拉胶副产品 150g/盆）处理则显著提高了土壤有效锌含量，比对照高出 49%，可促进烤烟对锌的吸收。

镉作为有毒重金属元素，对植物有着很强的毒害作用。烟草中的镉主要来源于土壤，烟草在生长过程中通过吸收、转运、富集土壤中的镉使镉进入烟草，对烟草的产量品质产生影响，当土壤镉含量过高时，则会导致烟草减产甚至死亡（赵秀兰等，2007）。根据贾洋洋（2014）就土壤中镉对烟草的毒害效应和植烟土壤镉临界值的研究，当福建省植烟土壤 DTPA 提取镉＜0.15mg/kg 时，烟草中的镉不至于对人体健康产生危害。由表 8-10 可知，施用卡拉胶副产品后，土壤有效镉含量没有显著变化，土壤有效镉含量在 0.03～

0.04mg/kg 之间，含量较低，说明卡拉胶副产品对土壤有效镉含量无显著影响。

　　铅同样会对烟草产生严重的毒害作用，铅通过影响烟株的叶绿素蛋白质含量和各种酶的正常代谢，使烟株的生理生化过程受阻（王瀚等，2012；王树会等，2006；Nan U et al.，2010）。烟草中含有过量的铅时，人们在抽吸过程中，铅会以气溶胶的形式通过主流烟气进人体，对人体造成潜在危害（史宏志等，2011；Rim K et al.，2010）。李莛莛等（2014）就土壤中铅对烟草的毒害作用及安全临界值的研究，福建省植烟土壤有效铅的安全临界值应为 40mg/kg（DTPA 浸提）。由表 8-10 可知，本试验土壤的有效铅含量在 13～14mg/kg 之间，含量较低，同时施用卡拉胶副产品之后，土壤有效铅含量无显著变化，处理之间均无显著差异，说明卡拉胶副产品对土壤有效铅含量无显著影响。

表 8-10　卡拉胶副产品不同用量对植烟土壤微量元素及重金属
有效性的影响（mg/kg）

处理	有效锰	有效铜	有效锌	有效镉	有效铅
CK	38.36a	1.00b	3.56b	0.03a	13.70a
T1	34.62b	0.99b	3.46b	0.03a	13.68a
T2	30.74c	0.91c	3.40b	0.03a	13.94a
T3	31.26c	0.91c	3.39b	0.03a	13.37a
T4	34.65b	1.08a	3.19b	0.03a	13.46a
T5	35.55b	0.97bc	5.33a	0.04a	13.11a

（4）对植烟土壤酶活性的影响

　　土壤酶是由微生物、动植物活体分泌及动植物残体、遗骸分解释放于土壤中的一类具有催化能力的生物活性物质（曹慧等，2003）。土壤中的一切生化反应和物质循环都是在土壤酶的参与下进行，因而土壤酶活性可作为表征土壤肥力和土地质量等方面的一个重要指标（Dick R P，1997）。

　　脲酶是土壤中最活跃的水解酶类之一，对于土壤中尿素的转化具有重要的作用，并且与土壤中有机质和肥力关系密切，其活性的高低可以在一定程度上反应土壤中的氮素水平（曹慧等，2003；Kandeler E et al.，1988）。根据烤烟旺长期的土样测定结果（表 8-11）可知，卡拉胶副产品的施用均不同程度提高了土壤的脲酶活性，但卡拉胶副产品不同的施用量对土壤脲酶活性的影响不一样。以每盆施用 150g 卡拉胶副产品（T5）的脲酶活性最高，达到 24.848mgNH$_3$-N/（kg·h），与其他处理均呈显著差异，并比对照（CK）的脲酶活性高出 71%；其次为每盆施用 60g 卡拉胶副产品的处理（T2），比对照高出 44%；T3（施用卡拉胶副产品 90g/盆）和 T4（施用卡拉胶副产品 160g/盆）处理的脲酶活性同样显著高于对照，分别比对照高出 19% 和 13%；而 T1 处理的则与对照无显著差异，说明卡拉胶副产品的施用可以提高烤烟旺长期土壤脲酶的活性，有利于土壤中铵离子含量提高，从而提高烟草对氮的吸收利用。

　　磷酸酶是一种水解性酶，酶促作用能够加速有机磷的脱磷速度，提高土壤磷素的有效性（Dick R P，1997）。由试验结果（表 8-11）可知，酸性磷酸酶的变化结果与脲酶相似，施用卡拉胶副产品后，土壤的酸性磷酸酶活性均得到提高。其中以 T2（每盆施用 60g 卡拉胶副产品）处理的酸性磷酸酶活性最高，较对照（CK）高出 14％，差异达到显著；其次为 T1（每盆施用卡拉胶副产品 30g）和 T5（每盆施用卡拉胶副产品 150g）处理，T1 和 T5 处理的酸性磷酸酶活性分别比对照高出 10％和 12％，同样与对照达到显著差异；T3（每盆施用卡拉胶副产品 90g）和 T4（每盆施用卡拉胶产品 120g）处理的酸性磷酸酶活性较其他处理相对较小，其中 T4 处理与对照差异不显著，说明卡拉胶副产品的施用在烤烟旺长期对提高土壤酸性磷酸酶活性有明显效果，有利于植烟土壤有机磷的矿化，促进烤烟在旺长期对磷素的吸收。

纤维素是生物界中含量最丰富的有机化合物之一，植物生物合成作用的 50％都被用来将二氧化碳通过光合作用合成纤维素。在土壤中，微生物的增长直接依赖于土壤中纤维素的碳汇，而纤维素酶是催化纤维素分解的一类酶的统称（Eriksson K E L et al.，1990）。由试验结果（表 8-11）可知，施用卡拉胶副产品处理的纤维素酶活性低于 CK 处理，其中 T2（每盆施用卡拉胶副产品 60g）、T3（每盆施用卡拉胶副产品 90g）和 T4（每盆施用卡拉胶副产品 120g）处理的土壤纤维素酶活性与对照差异不显著，而 T1（每盆施用卡拉胶副产品 30g）和 T5（每盆施用卡拉胶副产品 150g）处理的土壤纤维素酶活性显著低于对照，说明卡拉胶副产品的施用在一定程度上抑制了土壤纤维素酶的活性，具体原因有待进一步研究。

土壤中的过氧化物酶属于氧化还原酶中的一种，主要参与土壤有机质的氧化与土壤腐殖质的形成（周礼恺等，1981）。与土壤纤维素酶活性结果一致，卡拉胶副产品的施用同样不同程度地降低了土壤过氧化物酶的活性，其中 T1（每盆施用卡拉胶副产品 30g）和 T5（每盆施用卡拉胶副产品 150g）处理的过氧化物酶活性最低，显著低于对照；而 T2（每盆施用卡拉胶副产品 60g）、T3（每盆施用卡拉胶副产品 90g）和 T4（每盆施用卡拉胶副产品 120g）处理的过氧化物酶活性则与对照差异不显著。有研究表明，非根系土壤的过氧化物酶活性主要受施肥因素的影响（何翠翠，2014）。由于本次试验根据施用的卡拉胶副产品的养分全量，减少了相应的化肥用量，可能由此导致了土壤过氧化物酶活性的降低。

表 8-11　卡拉胶副产品不同用量对植烟土壤酶活性的影响

处理	脲酶 [mgNH$_3$-N/（kg·h）]	酸性磷酸酶 [mgPhenol/（kg·h）]	纤维素酶 [mg/（10g·72h）]	过氧化物酶 [μmol/（g·h）]
CK	14.554d	8.166c	2.613a	0.081a
T1	15.086d	8.969a	2.213c	0.069c
T2	20.943b	9.285a	2.477ab	0.077ab
T3	17.279c	8.508b	2.468ab	0.076ab
T4	16.472c	8.441bc	2.529a	0.078a
T5	24.848a	9.120a	2.267bc	0.070bc

（5）对植烟土壤微生物的影响

微生物作为土壤生态系统中的重要部分，对土壤养分转化循环、土壤物质能量循环和土壤质量有着深刻的影响。土壤微生物参与土壤有机质的分解和矿化，促进养分的循环和生物有效性，直接影响土壤的供肥状况。土壤微生物的活性作为评价土壤肥力的重要指标，在一定程度上反映了土壤有机质的转化速度及各种养分存在的状态（邹雨坤等，2011）。土壤微生物群落主要包括细菌、真菌、放线菌等。

磷脂脂肪酸技术常被用于土壤微生物多样性的研究。磷脂是所有活细胞细胞膜的基本组成，PLFA 是磷脂的构成成分，固可通过土壤中 PLFA 的数量和结构来反映土壤微生物的数量和群落结构（白震等，2006；彦慧等，2006）。不同微生物对应的磷脂脂肪酸标记见表 8-12。

表 8-12　微生物磷脂脂肪酸标记

微生物类型	磷脂脂肪酸标记
常见细菌（吴愉萍，2009）	含有以酯链与甘油相连的饱和或单不饱和脂肪酸①（如 14：0、15：0、i15：0、a15：0、16：0、i16：0、16：1ω5、16：1ω9、16：1ω7t、17：0、i17：0、a17：0、cy17：0、18：1ω5、18：1ω7、18：1ω7t、i19：0、a19：0 和 cy19：0 等）
革兰氏阳性细菌（Kieft T L, et al., 1997；Moore-Kucera J, et al., 2008）	i15：0、a15：0、i16：0、i17：0
革兰氏阴性细菌（Kieft T L, et al., 1997；Moore-Kucera J, et al., 2008）	16：1ω7、cy17：0、18：1ω7、cy19：0
真菌（White D C, et al., 1979）	18：1ω9、18：2ω6
cy/pre 比（Kieft T L, et al., 1997；Moore-Kucera J, et al., 2008；Zelles L, 1999）	（cy17：0＋cy19：0）/（16：1ω7＋18：1ω7）

①对 PLFA 生物标记种类的影响

施用不同用量的卡拉胶副产品后，不同处理的土壤检测到包括饱和脂肪酸、单不饱和脂肪酸、多不饱和脂肪酸、环丙烷脂肪酸和甲基脂肪酸在内的磷脂脂肪酸共 47 种。其中 22 种 PLFAs（i14：0、14：0、15：0、i15：0、a15：0、16：0、i16：0、16：1ω5c、17：1ω8c、cy17：0、17：0、16：1 20H、10Me17：0、18：1ω9c、18：0、10Me18：0、11Me18：1ω7c、cy19：0、19：0、20：4ω6，9，12，15c、20：1ω9c、20：0）在所有处理中均被检测出。处理 T2（施用卡拉胶副产品 60g/盆）土壤检测出最多的单体 PLFAs（37 个），处理 T1 和 T5 其次，检测出 35 个单体 PLFAs，处理 T4 含有 33 个单体 PLFAs，处理 T3 和 CK 则均含有 32 个单体 PLFAs。

②对土壤 PLFA 总量的影响

PLFA 总量反映了土壤微生物总生物量。由试验结果（图 8-5）可知，不同处理之间的 PLFA 总量存在明显差异，施用卡拉胶副产品处理（T1～T5）的土壤微生物总量均显著高于对照（CK），分别比对照高出 17％、13％、36％、10％、21％，其中以处理 T3（施用卡拉胶副产品 90g/盆）的土壤微生物总量最高，达到 22.5nmol/g，显著高于其他处理，处理 T1、T2、T4、T5 之间则无显著差异。由此可知，卡拉胶副产品的施用，提高了土壤微生物总量，促进了土壤微生物的新陈代谢，从而改善了土壤的微生物环境，加速了土壤营养元素的矿化，提高了土壤肥力。

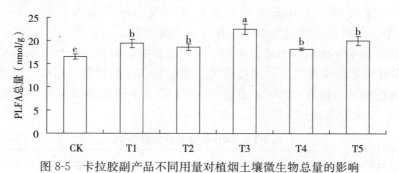

图 8-5　卡拉胶副产品不同用量对植烟土壤微生物总量的影响

③对土壤微生物群落的影响

不同卡拉胶副产品施用量处理的土壤微生物群落结构呈现明显的差异。随着卡拉胶副产品的施入，土壤的细菌、真菌、革兰氏阳性细菌、革兰氏阴性细菌生物量均有所增加。土壤的细菌 PLFA 含量以处理 T3 的最高，达到 13.64nmol/g，与其他处理呈显著差异，对照的细菌生物量最低，显著低于经过施用卡拉胶副产品的处理。处理 T3 和处理 T4 的土壤真菌生物量最高，分别达到 1.60nmol/g 和 1.49nmol/g，显著高于其他处理，而 CK 和 T5 的土壤真菌生物量则最低。处理 T1～T5 的土壤革兰氏阳性细菌 PLFA 含量分别比 CK 高出 56％、56％、81％、60％、13％，除处理 T5 外，其他处理均与对照呈显著差异；处理 T1～T5 的土壤革兰氏阴性细菌 PLFA 含量分别比 CK 高出 20％、14％、44％、40％、8％，处理 T1～T4 与对照均呈显著差异，其中以处理 T3（施用卡拉胶副产品 90g/盆）的土壤革兰氏阳性细菌 PLFA 含量和革兰氏阴性细菌 PLFA 含量最高。

由表 8-13 可知，施用卡拉胶副产品之后，土壤细菌生物量与真菌生物量的比值均显著高于对照，处理 T1～T3 的土壤细菌 PLFA/真菌 PLFA 比值较高且互相之间无显著差异。处理 T1～T5 的土壤革兰氏阳性细菌 PLFA 与革兰氏阴性细菌 PLFA 的比值与对照相比均有所升高，且处理 T1～T4 与对照呈显著差异，其中处理 T2 的比值最高，达到 2.66。土壤微生物环状支链的磷脂酸（Cy）及其前体（Pre，一般是单不饱和磷脂酸）之间的比值 Cy/Pre 往往随着环境胁迫作用的影响而发生改变（Kieft T L et al.，1997；Zelles L et al.，1999；Frostegand A et al.，1993；林黎等，2014）。林黎等（2014）研究表明，随着环境迫害的程度越深，Cy/Pre 比值越大。由表 8-13 可知，试验土壤的 Cy/Pre 比值在 0.89～1.05 之间，处理相互之间均无显著差异，说明卡拉胶副产品的施用对土壤生物环境没有造成不良影响。

表 8-13　卡拉胶副产品不同用量对植烟土壤微生物群落的影响

处理	细菌 PLFA（nmol/g）	真菌 PLFA（nmol/g）	革兰氏阳性细菌（nmol/g）	革兰氏阴性细菌（nmol/g）	细菌 PLFA/真菌 PLFA	G+PLFA/G−PLFA	Cy/Pre
CK	8.46d	1.25c	3.43c	1.77c	6.77d	1.94d	0.91a
T1	11.70bc	1.38b	5.35b	2.13b	8.49a	2.51ab	0.93a

（续）

处理	细菌 PLFA (nmol/g)	真菌 PLFA (nmol/g)	革兰氏阳性 细菌 (nmol/g)	革兰氏阴性 细菌 (nmol/g)	细菌 PLFA/ 真菌 PLFA	G^+PLFA/ G^-PLFA	Cy/Pre
T2	11.48bc	1.34c	5.35b	2.01b	8.56a	2.66a	0.89a
T3	13.64a	1.60a	6.22a	2.54a	8.52a	2.45b	1.05a
T4	12.20b	1.49a	5.50b	2.47a	8.17b	2.23c	1.02a
T5	10.30c	1.29c	3.87c	1.91c	7.98c	2.03d	1.01a

（6）对烤烟农艺性状的影响

①卡拉胶副产品不同用量对烤烟株高的影响

由图 8-6 可知，在烟苗移栽后 15～45d 之间，烟草生长缓慢，株高涨幅不大，但经过施用调理剂处理的株高均高于 CK，其中处理 T3（施用卡拉胶副产品 90g/盆）的株高最高，其次是处理 T5（施用卡拉胶副产品 150g/盆）；移栽 45d 之后，烟草生长进入旺长期，烤烟均快速生长，株高均显著提高，处理 T3 的株高仍然显著高于其他处理，而其他处理之间的差异不大，处理 T2 和 T4 与 CK 无显著差异。移栽 60d 之后，处理 T3 和 T5 的株高无显著差异，且显著高于其他处理，最终处理 T3（施用卡拉胶副产品 90g/盆）和 T5（施用卡拉胶副产品 150g/盆）的株高分别达到 119cm 和 123cm。

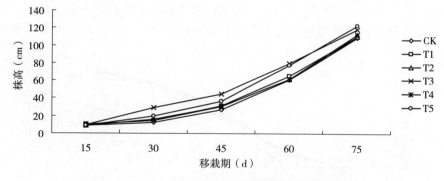

图 8-6　卡拉胶副产品不同用量对烤烟株高的影响

②卡拉胶副产品不同用量对烤烟叶片数的影响

由观察结果（表 8-14）可知，烤烟在移栽后 15d 时处理间叶片数的差异不大，只有处理 T2 比对照多 2 片/株，呈显著差异，其他处理之间均无显著差异；移栽后 30d 时，处理 T3 和 T5 与对照之间呈显著差异，其他处理之间则无显著差异，移栽后 45d 时以处理 T2 的叶片数最多，但仅与对照呈显著差异，与其他处理之间无显著差异；移栽后 60d 时，处理之间的差异性逐渐显著，依然以处理 T2 的叶片数最多，与对照呈显著差异，且除处理 T4 外，其他处理的叶片数均显著高于对照。移栽 75d 时，处理 T1～T5 的叶片数之间均无显著差异，其中以处理 T3 和 T4 的叶片数最多，处理 T2 最少，为 21 片/株。由此可知，卡拉胶副产品的施用增加了烤烟的叶片数，但不同用量的卡拉胶副产品对烤烟叶片数的影响相互之间差异不大。

表 8-14　卡拉胶副产品不同用量对烤烟叶片数的影响（片/株）

处理	移栽后天数				
	15d	30d	45d	60d	75d
CK	4.0b	7.0b	12.0b	15.0c	20.0b
T1	5.0ab	8.0ab	13.0ab	17.0ab	22.0a
T2	6.0a	8.0ab	13.5a	18.0a	21.0ab
T3	5.0ab	8.5a	12.5ab	17.0ab	22.3a
T4	5.0ab	8.0b	12.5ab	16.0bc	22.5a
T5	5.0ab	9.0a	12.5ab	17.0ab	22.0a

③卡拉胶副产品不同用量对烤烟最大叶面积的影响

通过记录不同移栽期烟叶最大叶片的长和宽，计算出烟叶的最大叶面积，由结果（图 8-7）可知，在移栽后 30d 之前烟叶的生长速度较慢，其中以对照的生长速度最慢，其他处理在移栽 30d 时的最大叶面积均显著大于对照，其中以 T5 处理的叶面积最大，达到 216.52cm²；在移栽后 30～45d 之间，烟叶的生长速度在整个生长期内最快，在移栽后 45d 时，处理之间的差异较小，仅 T1 和 T4 处理的最大叶面积显著大于 CK，其他处理与对照均无显著差异。移栽 45d 后，烤烟烟叶生长速度变慢，且在移栽 60d 时，处理之间均无显著差异，移栽 60d 后，处理之间的差异逐渐变大，T1～T5 处理的最大叶面积分别比 CK 大 11%、6%、14%、12%、12%，其中除 T2（施用卡拉胶副产品 120g/盆）处理与对照无显著差异外，其他处理均与对照呈显著差异，但 T1～T5 处理之间无显著差异。

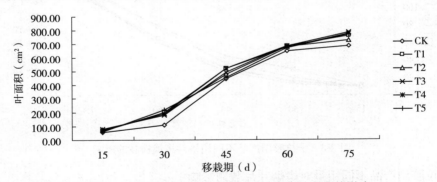

图 8-7　卡拉胶副产品不同用量对烟叶最大叶面积的影响

（7）卡拉胶副产品不同用量对烤烟生物量的影响

植物生物量反映了植物生长的一般情况，由盆栽试验结果（图 8-8）可知，卡拉胶副产品的施用对烤烟的生长起到了一定的促进作用。烤烟的根系以 T1 处理的生物量最高，达到 22.37g/株，显著高于其他处理，此外，T3～T5 处理的根系生物量也显著高于对照，比对照（11.65g/株）分别高出 5.84g/株、6.41g/株、7.98g/株，说明卡拉胶副产品的施用促进了烤烟根部的发育，有利于烤烟更好地吸收养分。T1～T5 处理烤烟茎部的生物量均高于对照，分别比对照高 9%、8%、15%、12%、21%，其中除 T1 和 T2 处理与对照无显著差异外，其他处理与对照均呈显著差异，但 T1～T5 处理之间无显著差异。T1～T5 处理烟叶的生物量无显著差异，分别比对照高出 20%、11%、33%、23%、18%，且除 T3 外，其他处理与对照均无显著差异。T1～T5 处理的烤烟生物总量均显著高于对照，分别比对照高出 24%、10%、28%、22%、24%，以 T1、T3 和 T5 处理的生物总量最高，分别达到 135.19g/株、139.48g/株和 135.98g/株。

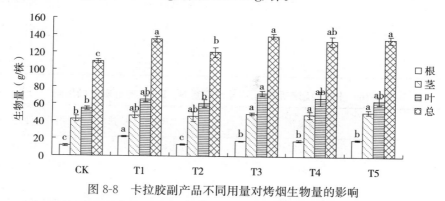

图 8-8 卡拉胶副产品不同用量对烤烟生物量的影响

（8）卡拉胶副产品不同用量对烤烟养分吸收的影响

①烟叶 N、P、K 吸收状况

N、P、K 是烤烟生长的三大营养元素，直接影响到烤烟的生长发育及品质产量。由试验结果（表 8-15）可知，整体而言烟叶总钾吸收量＞总氮吸收量＞总磷吸收量，与烤烟的养分需求规律一致。T1～T5 处理的烟叶吸收的总氮含量分别比对照高出 15%、4%、24%、11%、8%，其中仅 T3（施用卡拉胶副产品 90g/盆）处理烟叶的总氮吸收量与 CK 呈显著性差异，其他处理与 CK 差异不显著。烟叶总磷的吸收状况与总氮吸收状况类似，T1～T5 处理与对照相比均有所提高，其中以 T3 处理的总磷吸收量最高，比对照高出 0.051g/株，呈显著差异，而其他处理与对照则差异不显著。T1～T5 处理的总钾吸收含量分别比照提高了 40%、22%、51%、41%、30%，其中除 T2（施用卡拉胶副产品 60g/盆）处理外，其他处理均与对照呈显著差异。就烟叶的氮磷钾吸收结果而言，以 T3 处理的养分吸收量最高，这与烟叶的生物量结果一致。

②烟茎 N、P、K 吸收状况

施入不同用量的卡拉胶副产品后，T1～T5 处理烟茎对总氮的吸收量均高于对照，分别比对照高出 13%、19%、14%、6%、9%，其中仅 T2 处理与对照呈显著差异，而其他处理则与对照差异不显著，且 T1～T5 处理之间的差异也不显著。卡拉胶副产品对促进烟茎对总磷的吸收不太明显，T1～T5 处理的总磷吸收量均与对照无显著差异。T1～T5 处理的烟茎总钾吸收总量均与对照无显著差异，其中 T1、T2 和 T3 处理不同程度地降低了烟茎总钾的吸收量，T4 和 T5 处理则提高了烟茎总钾的吸收量，说明卡拉胶副产品对促进烟茎对总钾的吸收作用不显著。

表 8-15 卡拉胶副产品不同用量对烟叶 N、P、K 养分吸收的影响

处理	烟叶总氮量（g/株）	烟叶总磷量（g/株）	烟叶总钾量（g/株）
CK	0.683b	0.080b	1.240c
T1	0.790ab	0.111ab	1.737ab

（续）

处理	烟叶总氮量（g/株）	烟叶总磷量（g/株）	烟叶总钾量（g/株）
T2	0.709b	0.113b	1.520bc
T3	0.846a	0.131a	1.873a
T4	0.760ab	0.125ab	1.751ab
T5	0.739b	0.118b	1.616ab

表 8-16　卡拉胶副产品不同用量对烟茎 N、P、K 养分吸收的影响

处理	烟茎总氮量（mg/株）	烟茎总磷量（mg/株）	烟茎总钾量（mg/株）
CK	277.47b	38.19a	680.93ab
*T1	313.41ab	43.77a	644.36ab
T2	331.77a	40.24a	580.83b
T3	317.47ab	41.18a	648.36ab
T4	296.16ab	43.70a	714.04a
T5	304.50ab	43.80a	713.51a

③烟根 N、P、K 吸收状况

与烤烟养分分配规律一致，本试验烟根的氮、磷、钾吸收量明显低于烟叶和烟茎。就烟根的总氮吸收量而言，T1～T5 处理分别比对照高出 91.19mg/株、28.4mg/株、61.61mg/株、37.22mg/株、66.69mg/株，均与对照呈显著差异，其中以 T1（施用卡拉胶副产品 30g/盆）处理的总氮吸收量最高，显著高于 T2、T3 和 T4 处理；T5（施用卡拉胶副产品 150g/盆）处理为其次，显著高于 T2 和 T4 处理；T2（施用卡拉胶副产品 60g/盆）处理烟根的总氮吸收量则最低。施入卡拉胶副产品的处理烟根的总磷吸收量与对照相比均得到显著提高，同样以 T1 和 T5 处理的烟根总磷吸收量最高，与其他处理呈显著差异，比对照分别高出 14.49mg/株和 13.01mg/株。T1～T5 处理的总钾吸收量与对照相比得到不同程度的提高，分别比对照高出 105.33mg/株、30.35mg/株、59.34mg/株、40.12mg/株、104.47mg/株，其中 T1、T3 和 T5 处理与对照呈显著差异，而 T2 和 T4 处理则与对照差异不显著，且 T2～T4 处理之间也无显著差异。由烟根对氮、磷、钾养分吸收的结果可知，不同用量卡拉胶副产品处理烟根的养分吸收含量差异较大，其中以 T1（施用卡拉胶副产品 30g/盆）和 T5（施用卡拉胶副产品 150g/盆）处理的烟根养分吸收量较高，而 T2 处理的烟根养分吸收含量较低 。

表 8-17　卡拉胶副产品不同用量对烟根 N、P、K 养分吸收的影响

处理	烟根总氮量（mg/株）	烟根总磷量（mg/株）	烟根总钾量（mg/株）
CK	78.63e	11.51d	113.55c
T1	169.82a	26.00a	218.88a
T2	107.03d	15.53c	143.90bc
T3	140.24bc	19.85b	172.89ab

（续）

处理	烟根总氮量（mg/株）	烟根总磷量（mg/株）	烟根总钾量（mg/株）
T4	115.85cd	20.23b	153.67bc
T5	145.32ab	24.52a	218.02a

④烟叶 Ca、Mg 的含量状况

钙是烟草灰分的主要成分（周辉，2011）。由表 8-18 可知，烟叶不同叶位的含钙量基本为下部叶＞中部叶＞上部叶。上部叶的含钙量在 1.54%～1.77%之间，T1～T5 处理的钙含量均大于 CK，分别比 CK 高 9%、2%、6%、15%、8%，其中 T1 和 T4 处理与对照呈显著差异，其他处理与对照差异不显著。中部叶的含钙量在 1.58%～1.91%之间，T1、T3、T4 处理与 CK 之间无显著差异，且均显著大于 T2 和 T5 处理。下部叶中 T4 和 T5 处理的含钙量与对照无显著差异，T1～T3 处理的含钙量则显著高于 CK，分别比对照高 33%、21%、26%。

镁是叶绿素的成分，缺镁烟叶调制后无光泽，油分差，叶片深，无弹性（周辉，2011）。由表 8-19 可知，烟草不同叶位全镁的含量大小基本为下部叶＞上部叶＞中部叶。在上部叶中，除 T1、T2 处理外，其他处理均显著高于 CK，以 T4 和 T5 处理上部叶的含镁量最高，比对照分别高出 8%和 7%；在中部叶中，T2（施用卡拉胶副产品 60g/盆）处理的镁含量显著低于 CK，而 T1 和 T5 处理与 CK 无显著差异，T3 和 T4 处理处理则显著大于 CK，比对照分别高出 18%和 9%；T1～T5 处理下部叶的镁含量均显著高于对照，分别比对照高出 36%、20%、34%、17%、11%，其中 T1（施用卡拉胶副产品 30g/盆）和 T3（施用卡拉胶副产品 90g/盆）处理显著高于其他处理。

由此可知，卡拉胶副产品的施用整体上提高了上部叶和下部叶的钙含量，但对中部叶的钙含量影响不明显；烤烟上中下部叶的镁含量则整体上均得到提高，其中卡拉胶副产品对下部叶镁含量的提高作用最明显。

表 8-18　卡拉胶副产品不同用量对烟叶 Ca 含量的影响

处理	上部叶（%）	中部叶（%）	下部叶（%）
CK	1.54c	1.84a	2.24c
T1	1.68ab	1.82a	2.97a
T2	1.57bc	1.58b	2.70b
T3	1.63bc	1.91a	2.83ab
T4	1.77a	1.83a	2.25c
T5	1.67abc	1.63b	2.11c

表 8-19　卡拉胶副产品不同用量对烟叶 Mg 含量的影响

处理	上部叶（%）	中部叶（%）	下部叶（%）
CK	0.44c	0.33c	0.55d
T1	0.45bc	0.33c	0.75a

（续）

处理	上部叶（%）	中部叶（%）	下部叶（%）
T2	0.44c	0.29d	0.66b
T3	0.45b	0.39a	0.74a
T4	0.48a	0.36b	0.64bc
T5	0.47a	0.35bc	0.61c

8.2.2 卡拉胶副产品复合调理剂对烤烟生长及土壤理化性质的影响

（1）卡拉胶副产品复合调理剂对植烟土壤物理性质的影响

由试验结果（表 8-20）可知，卡拉胶副产品复合调理剂的施用有效改良了植烟土壤的物理性质，D1～D4 处理的土壤容重与对照相比均显著下降，各处理土壤容重大小为 D1＞D4＞D3＞D2，其中 D2 处理（每盆施用卡拉胶副产品 40g，卡拉胶副产品∶餐厨废弃物∶废菌棒∶白云石粉∶贝壳粉为 1∶0.4∶0.4∶0.1∶0.1）的容重最小，达到 1.08 g/cm³，显著小于其他处理。处理之间含水率的差异不大，仅 D2 和 D3（卡拉胶副产品∶餐厨废弃物∶废菌棒∶白云石粉∶贝壳粉为 1∶0.6∶0.6∶0.1∶0.1）处理与对照呈显著差异，其他处理与对照差异不显著。土壤孔隙度是土壤孔隙容积与土壤总体积的百分比，决定了土壤的保水透气性，是评价土壤的重要指标。在本试验结果中，复合调理剂的施用有效提高了土壤的毛管孔隙度和总孔隙度，其中毛管孔隙度以 D1（卡拉胶副产品∶餐厨废弃物∶废菌棒∶白云石粉∶贝壳粉为 1∶0.2∶0.2∶0.1∶0.1）和 D3 处理的最高，显著高于对照；D1～D4 处理的土壤总孔隙度互相之间无显著差异，且均显著高于 CK。

表 8-20　卡拉胶副产品复合调理剂对植烟土壤物理性质的影响

处理	容重（g/cm³）	含水率（%）	毛管孔隙度（%）	总孔隙度（%）
CK	1.17a	17.71b	36.71b	50.92b
D1	1.13b	17.35b	39.10a	54.22a
D2	1.08c	18.13a	38.75ab	55.20a
D3	1.11b	18.26a	39.64a	54.71a
D4	1.12b	17.24b	38.51ab	53.48a

（2）卡拉胶副产品复合调理剂对植烟土壤化学性质的影响

通过在植烟土壤中加入卡拉胶副产品、废菌棒、餐厨废弃物、白云石粉、贝壳粉等复合调理剂，土壤的化学性质得到了不同程度的改良。由试验结果（表 8-21）可知，土壤 pH 显著提高，并达到植烟土壤 pH 的适宜水平（5.5～6.5），且 D1～D4 处理之间的差异不大，均未达到显著性差异。D1～D4 处理的碱解氮含量均显著高于对照，以 D3（卡拉胶副产品∶餐厨废弃物∶废菌棒∶白云石粉∶贝壳粉为 1∶0.6∶0.6∶0.1∶0.1）处理的碱解氮含量最高，达到 88.44mg/kg，显著高于其他处理。土壤有效磷含量仅 D4（卡拉胶副产品∶餐厨废弃物∶废菌棒∶白云石粉∶贝壳粉为 1∶0.8∶0.8∶0.1∶0.1）处理得到了显著提高，比 CK 高出 22%，与其他处理呈显著差异，而 D1～D3 处理的土壤有效磷含量则与对照无显著差异。土壤速效钾含量在统一的卡拉胶副产品施用量（40g）的基础上，有随着废菌棒和餐厨废弃物施用比例的增加而呈增长的趋势，D1～D4 处理的土壤速效钾含量大小为 D4＞D3＞D2＞D1，且均显著高于对照，说明废菌棒和餐厨废弃物对提高土壤钾素有效性具有显著效果。D2 和 D4 处理的土壤交换性钙含量与对照相比均得到显著提高，而 D1 和 D3 处理则与对照无显著差异，且所有处理的土壤交换性钙含量均大于400mg/kg，说明本植烟土壤的交换性钙含量较高。D1～D4 处理的土壤交换性镁含量均不同程度小于对照，可能是由于复合调理剂的施用促进了烤烟对土壤交换性镁的吸收，带走了土壤的镁，但各处理的土壤交换性镁仍然＞50mg/kg，大于植烟土壤的适宜水平。

表 8-21　卡拉胶副产品复合调理剂对植烟土壤化学性质的影响

处理	pH	碱解氮 （mg/kg）	有效磷 （mg/kg）	速效钾 （mg/kg）	交换性钙 （mg/kg）	交换性镁 （mg/kg）
CK	5.45b	77.84d	12.42b	86.75d	490.53c	71.69a
D1	5.92a	80.31c	12.01b	110.30c	475.30c	65.67c
D2	5.88a	83.99b	11.54b	126.11b	527.12b	69.96ab
D3	5.90a	88.44b	12.07b	133.80b	495.79c	67.87b
D4	5.98a	85.33b	15.18a	149.56a	562.51a	69.99a

（3）卡拉胶副产品复合调理剂对植烟土壤微量元素及重金属有效性的影响

由试验结果（表 8-22）可知，卡拉胶副产品复合调理剂的施用，有效降低了土壤锰的有效性，D1～D4 处理的土壤有效锰含量均显著低于对照，且相互之间无显著差异。土壤有效铜含量同样随着复合调理剂的施用而降低，其中 D1～D3 处理的土壤有效铜含量显著减少，但依然大于土壤有效铜缺素的临界值（0.5mg/kg），没有造成土壤缺铜。施用复合调理剂后，土壤有效锌含量得到不同程度的提高，其中 D1、D3 和 D4 处理显著高于对照，分别比 CK 高出 29%、36%、25%，但均远低于锌的毒害标准（＞20mg/kg），因此调理剂的施用有利于补充土壤有效锌含量，促进烤烟锌的吸收。卡拉胶副产品复合调理剂对土壤有效镉无明显影响，处理之间均无显著差异，且均远低于毒害标准（0.15mg/kg）（褚天铎等，1995），在安全范围以内。施用复合调理剂后，处理之间的土壤有效铅差异不大，在 13.54～14.67mg/kg 之间，其中 D1 和 D3 处理的土壤有效铅含量与对照差异显著，D2 和 D4 处理则与对照无显著差异，且各处理的有效铅含量均低于福建省植烟土壤有效铅的安全临界值（40mg/kg）（李莛莛等，2014），因此不会对烤烟产生危害和安全隐患。

表 8-22　卡拉胶副产品复合调理剂对植烟土壤微量元素及重金属
有效性的影响（mg/kg）

处理	有效锰	有效铜	有效锌	有效镉	有效铅
CK	38.29a	1.00a	3.44b	0.03a	13.72bc
D1	32.46b	0.93bc	4.43a	0.03a	14.67a
D2	32.96b	0.88c	4.14ab	0.03a	14.21b

（续）

处理	有效锰	有效铜	有效锌	有效镉	有效铅
D3	33.22b	0.92bc	4.69a	0.03a	14.38a
D4	33.35b	0.95ab	4.30a	0.03a	13.54c

（4）卡拉胶副产品复合调理剂对植烟土壤酶活性的影响

经过复合配比施用卡拉胶副产品、废菌棒、餐厨废弃物、白云石粉、贝壳粉等土壤调理剂，土壤的脲酶活性得到提高，D1～D4处理的脲酶活性分别比对照高29％、46％、41％、47％，均与对照达到显著差异（表8-23），表明卡拉胶副产品复合调理剂的施用能显著提高植烟土壤旺长期的脲酶活性，因为废菌棒、餐厨废弃物等有机物料的添加实际上就是对土壤进行"加酶"的过程，直接促进了土壤微生物的分解与转化，从而提高了脲酶的活性，加速了土壤氮素营养的矿化。

土壤的酸性磷酸酶活性同样得到了提高，D1～D4处理的酸性磷酸酶活性均与对照（CK）达到显著差异，分别比对照高22％、29％、24％、29％，且D1～D4处理之间差异不显著，说明卡拉胶副产品复合调理剂的施用，能显著增强旺长期植烟土壤酸性磷酸酶的活性，从而为烤烟提供更充足的磷素营养。

施用复合调理剂之后，土壤纤维素酶活性的差异不显著，在2.467～2.647 mg/（10g·72h）之间，CK与D1～D4处理之间均无显著差异，而在卡拉胶副产品单独施用的试验中，经过施用卡拉胶副产品处理的土壤纤维素酶活性均小于甚至显著小于对照，说明餐厨废弃物、废菌棒等有机物料的施用部分弥补了卡拉胶副产品单独施用对土壤纤维素酶的抑制作用。

土壤过氧化物酶活性在0.076～0.083μmol/（g·h）之间，D1～D4处理与CK之间均未达到显著差异，说明卡拉胶副产品复合调理剂对土壤过氧化物酶活性的影响不明显，也可能是由于施用调理剂的处理相应减少了化肥用量，使得土壤过氧化物酶活性没有得到有效提高（何翠翠，2014），具体情况有待进一步研究。

表8-23 卡拉胶副产品复合调理剂对植烟土壤酶活性的影响

处理	脲酶 ［mgNH$_3$-N/（kg·h）］	酸性磷酸酶 ［mgPhenol/（kg·h）］	纤维素酶 ［mg/（10g·72h）］	过氧化物酶 ［μmol/（g·h）］
CK	14.554c	8.166b	2.613a	0.081ab
D1	18.738b	9.970a	2.505a	0.079ab
D2	21.285ab	10.561a	2.647a	0.082ab
D3	20.499ab	10.100a	2.640a	0.083a
D4	21.436a	10.555a	2.467a	0.076b

（5）卡拉胶副产品复合调理剂对植烟土壤微生物的影响

①对PLFA生物标记种类的影响

经过卡拉胶副产品复合调理剂的施用，不同处理的土壤检测到包括饱和脂肪酸、单不饱和脂肪酸、多不饱和脂肪酸、环丙烷脂肪酸和甲基脂肪酸在内的磷脂脂肪酸共43种。

其中 26 种 PLFAs（i14：0、14：0、i15：0、a15：0、15：0、i16：1、i16：0、16：1ω5c、16：0、i17：0、a17：0、17：1ω8c、cy17：0、17：0、16：1 20H、10Me17：0、18：1ω9c、18：0、11Me18：1ω7c、10Me18：0、18：0 30H、cy19：0、20：4ω6，9、20：1ω9c、20：0）在所有处理中均被检测出。其中 D2（卡拉胶副产品∶餐厨废弃物∶废菌棒∶白云石粉∶贝壳粉为 1∶0.4∶0.4∶0.1∶0.1）处理检测出最多数量的 PLFAs 单体（37 个），D1 和 D4（卡拉胶副产品∶餐厨废弃物∶废菌棒∶白云石粉∶贝壳粉为 1∶0.8∶0.8∶0.1∶0.1）处理检测出 33 个 PLFAs 单体，D3 处理和 CK 均检测出 32 个 PLFAs 单体。

②对土壤 PLFA 总量的影响

由试验结果（图 8-9）可知，施用卡拉胶副产品复合调理剂的土壤微生物 PLFA 总量均高于 CK（对照），D1～D4 处理的微生物总量分别比 CK 高出 36%、45%、33%、51%，与对照均呈显著性差异，其中 D4（卡拉胶副产品∶餐厨废弃物∶废菌棒∶白云石粉∶贝壳粉为 1∶0.8∶0.8∶0.1∶0.1）处理的土壤微生物总量最高，达到 24.99nmol/g，这说明卡拉胶副产品、餐厨废弃物、废菌棒、白云石粉、贝壳粉的混合施用，改良了土壤的有机无机环境，从而为土壤微生物的繁殖、新陈代谢提供了一个良好的土壤环境，显著提高了土壤微生物总量，增加了土壤微生物活性。

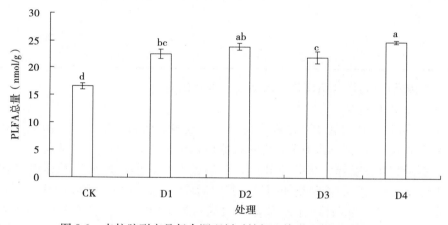

图 8-9　卡拉胶副产品复合调理剂对植烟土壤微生物总量的影响

③对土壤微生物群落的影响

施用卡拉胶副产品复合调理剂后，土壤的微生物群落结构发生了变化（表 8-24）。施用卡拉胶副产品复合调理剂后，土壤细菌生物量得到了提高，D1（卡拉胶副产品∶餐厨废弃物∶废菌棒∶白云石粉∶贝壳粉为 1∶0.2∶0.2∶0.1∶0.1）、D2（卡拉胶副产品∶餐厨废弃物∶废菌棒∶白云石粉∶贝壳粉为 1∶0.4∶0.4∶0.1∶0.1）、D3（卡拉胶副产品∶餐厨废弃物∶废菌棒∶白云石粉∶贝壳粉为 1∶0.6∶0.6∶0.1∶0.1）和 D4（卡拉胶副产品∶餐厨废弃物∶废菌棒∶白云石粉∶贝壳粉为 1∶0.8∶0.8∶0.1∶0.1）处理的土壤细菌生物量分别比 CK 高 23%、9%、36%、29%，其中 D1、D3 和 D4 处理与 CK 呈显著差异。土壤真菌 PLFA 含量以 D4 处理最高，达到 1.38nmol/g，显著高于 CK，而其他处理则均与对照无显著差异。土壤的革兰氏阳性细菌 PLFA 和革兰氏阴性细菌 PLFA

含量同样得到不同程度的提高，其中 D1、D3 和 D4 处理的土壤革兰氏阳性细菌 PLFA 含量均显著高于 CK，分别比 CK 高 37%、46%、23%。D1～D4 处理的土壤革兰氏阴性细菌 PLFA 含量则均显著高于 CK，其中 D3 和 D4 处理的土壤革兰氏阴性细菌 PLFA 含量最高，分别比 CK 高 30%、31%。

土壤的细菌 PLFA/真菌 PLFA 比值均得到显著提高，其中以 D3 处理的 PLFA 细菌/PLFA 真菌比值最大，显著大于其他处理，说明施用调理剂后土壤的细菌和真菌比例结构发生了明显变化，导致土壤微生物群落存在明显差异。土壤的革兰氏阳性细菌 PLFA/革兰氏阴性细菌 PLFA 比值同样发生了明显的变化，D1 和 D3 处理的土壤革兰氏阳性细菌 PLFA/革兰氏阴性细菌 PLFA 比值显著高于 CK，而 D2 处理的比值则显著低于 CK。处理之间的 Cy/Pre 比值则均无显著差异，说明复合调理剂的施用没有对土壤生物环境产生胁迫，这与卡拉胶副产品单独施用的试验结果一致。

表 8-24　卡拉胶副产品复合调理剂对植烟土壤微生物群落的影响

处理	细菌 PLFA （nmol/g）	真菌 PLFA （nmol/g）	革兰氏阳性 细菌（nmol/g）	革兰氏阴性 细菌（nmol/g）	细菌 PLFA/ 真菌 PLFA	G⁺PLFA/ G⁻PLFA	Cy/Pre
CK	8.46c	1.25bc	3.44c	1.77c	6.78c	1.94c	0.91a
D1	10.44ab	1.29ab	4.70a	1.97b	8.07b	2.39a	0.95a
D2	9.23bc	1.16c	3.52c	2.10b	7.95b	1.67d	0.95a
D3	11.53a	1.31ab	5.02a	2.30b	8.80a	2.18b	1.05a
D4	10.94a	1.38a	4.22cb	2.32a	7.93b	1.82cd	0.99a

（6）卡拉胶副产品复合调理剂对烤烟农艺性状的影响

①对烤烟株高的影响

由图 8-10 可知，移栽后 45d 之前，烤烟生长较慢，株高涨幅不大，但施用调理剂处理的株高均明显高于对照，其中 D1 处理的株高长势最好，与其他处理差异显著，D2～D4 处理之间则无明显差异；移栽 45d 后，烤烟进入旺长期，株高生长速度加快，同时 D1～D4 处理与对照之间的差距更加明显，其中 D4（每盆施用卡拉胶副产品 40g，卡拉胶副产品：餐厨废弃物：废菌棒：白云石粉：贝壳粉为 1：0.8：0.8：0.1：0.1）处理的株高生长速度最快，到移栽 60d 时，达到 85cm，与其他处理呈显著差异，而 D1～D3 处理

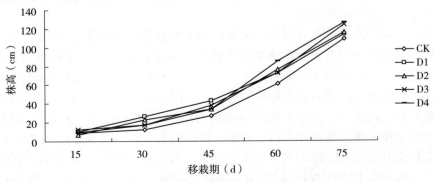

图 8-10　卡拉胶副产品复合调理剂对烤烟株高的影响

的株高在 73～76.5cm 之间，互相无显著差异；移栽 60d 后，D3（每盆施用卡拉胶副产品 40g，卡拉胶副产品∶餐厨废弃物∶废菌棒∶白云石粉∶贝壳粉为 1∶0.6∶0.6∶0.1∶0.1）处理的株高增加明显，在移栽 75d 时，烤烟的株高大小为 D4＞D3＞D2＞D1＞CK，其中 D3 与 D4 处理的无显著差异，且显著高于其他处理。

　　②对烤烟叶片数的影响

　　由观察结果（表 8-25）可知，烤烟在移栽后 45d 之前处理之间的差异不明显，45d 之后，随着烤烟进入旺长期，处理之间烤烟叶片数的差异随之明显；在移栽 60d 时，D1～D4 处理的叶片数显著大于对照，但 D1～D4 处理之间无显著差异；在移栽 75d 时，D4 处理的叶片数最多，为 24 片/株，D2、D3 和 D4 处理之间则无显著差异，但均与对照呈显著差异。

表 8-25　卡拉胶副产品复合调理剂对烤烟叶片数的影响（片/株）

移栽后天数	15d	30d	45d	60d	75d
CK	4.0b	7.0b	12.0a	15.0b	20.0c
D1	5.0ab	8.5a	12.5a	17.5a	22.0b
D2	5.0ab	8.0ab	12.5a	18.3a	23.5ab
D3	4.0b	7.0b	12.5a	18.0a	23.5ab
D4	5.5a	8.0ab	12.5a	17.5a	24.0a

　　③对烤烟最大叶面积的影响

　　由盆栽记录结果（图 8-11）可知，所有处理的烟叶生长规律一致，在移栽后 30d 前，烟叶生长速度较慢，移栽 30～45d 烟叶的生长速度在整个生长期最快，移栽 45d 后，烟叶生长速度减慢。在整个观察期间（移栽后 75d）CK 的最大叶面积一直显著低于 D1～D4 处理，在移栽 45d 之前 D1～D4 处理间差异不显著，在移栽 60d 后，处理之间的差异逐渐明显，在移栽 75d 时，烟叶的最大叶面积大小为 D4＞D3＞D2＞D1＞CK，D1～D4 处理的最大叶面积分别比 CK 大 11%、13%、18%、24%。

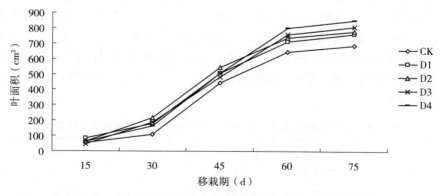

图 8-11　卡拉胶副产品复合调理剂对烤烟最大叶面积的影响

（7）卡拉胶副产品复合调理剂对烤烟生物量的影响

　　由盆栽试验结果（图 8-12）可知，卡拉胶副产品复合调理剂的施用有效促进了烤烟的生长发育。D1～D4 处理烤烟根部的生物量均显著大于对照，分别比对照高 7.02g/株、10.63 g/株、10.54 g/株、12.76 g/株。烤烟茎部的生物量同样以 CK 的最小，显著小于其他处理，且 D1～D4 处理茎部的生物量无显著差异，在 49.18～54.31g/株 之间。D1～D4 处理烤烟烟叶的生物量分别比对照高 16%、25%、27%、37%，其中 D2～D4 处理与对照呈显著差异，D1 处理则与对照差异不显著。不同处理烤烟的总生物量的大小为 D4＞D3＞D2＞D1＞CK，说明在相同卡拉胶副产品施用量的基础上，烤烟的生物量随着废菌棒和餐厨废弃物施用比例的增加而增加，废菌棒和餐厨废弃物的施用直接促进了烤烟的生长。

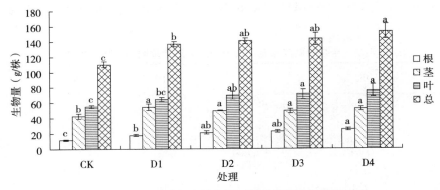

图 8-12　卡拉胶副产品复合调理剂对烤烟生物量的影响

（8）卡拉胶副产品复合调理剂对烤烟养分吸收的影响

①烟叶 N、P、K 养分吸收状况

由试验结果（表 8-26）可知，施用卡拉胶副产品复合调理剂后烟叶的氮、磷、钾单株吸收总量均高于对照，其中烟叶氮吸收量在卡拉胶副产品施用量一致时随着废菌棒和餐厨废弃物施用比例的增加而增加，D1～D4 处理分别比对照高 12%、18%、22%、32%，除 D1 处理外，其他处理均与对照呈显著差异。D1～D4 处理单株烟叶的磷吸收总量均显著高于对照，其中以 D4 处理最高，比对照高 0.11g/株，显著高于其他处理，D1～D3 处理则分别比对照高 0.05g/株、0.07g/株、0.06g/株。D1～D4 处理的单株烟叶钾吸收总量分别比对照高 28%、37%、47%、46%，与对照呈显著差异，其中 D3 与 D4 处理无显著差异，且显著高于 D1 和 D2 处理。由此可见，烟叶养分吸收状况以 D4（每盆施用卡拉胶副产品 40g，卡拉胶副产品∶餐厨废弃物∶废菌棒∶白云石粉∶贝壳粉为 1∶0.8∶0.8∶0.1∶0.1）处理最好。

表 8-26　卡拉胶副产品复合调理剂对烟叶氮、磷、钾养分吸收的影响

处理	烟叶总氮量（g/株）	烟叶总磷量（g/株）	烟叶总钾量（g/株）
CK	0.68c	0.08d	1.24d
D1	0.76bc	0.13c	1.59c
D2	0.81b	0.15b	1.70b
D3	0.83ab	0.14bc	1.83a

（续）

处理	烟叶总氮量（g/株）	烟叶总磷量（g/株）	烟叶总钾量（g/株）
D4	0.90a	0.19a	1.81a

②烟茎 N、P、K 养分吸收状况

施用卡拉胶副产品复合调理剂后（表 8-27），D1～D4 处理的烟茎氮吸收总量均显著高于对照，分别比对照高 22％、17％、25％、32％，但 D1～D4 处理相互之间差异不显著。D1～D4 处理烟茎磷的吸收总量均高于对照，其中 D2（每盆施用卡拉胶副产品 40g，卡拉胶副产品：餐厨废弃物：废菌棒：白云石粉：贝壳粉为 1：0.4：0.4：0.1：0.1）处理与对照差异不显著，D1、D3 和 D4 处理则显著高于对照，且 D1、D3 和 D4 处理相互之间磷吸收总量无显著差异。D1～D4 处理的烟茎钾吸收总量均与对照无显著差异，说明复合调理剂对烟茎钾素的吸收无明显作用。由试验结果可知，总体上卡拉胶副产品复合调理剂的施用提高了烟茎的养分吸收量，但处理之间（D1～D4）烟茎的养分吸收状况差异不明显，说明有机养分（餐厨废弃物、废菌棒）对烟茎的养分吸收影响不大。

表 8-27　卡拉胶副产品复合调理剂对烟茎 N、P、K 养分吸收的影响

处理	烟茎总氮量（mg/株）	烟茎总磷量（mg/株）	烟茎总钾量（mg/株）
CK	279.49b	38.50b	686.01ab
D1	342.81a	49.78a	768.29a
D2	328.98a	40.26b	646.27b
D3	350.72a	51.58a	696.87ab
D4	369.52a	53.26a	722.41ab

③烟根 N、P、K 养分吸收状况

施用卡拉胶副产品复合调理剂后（表 8-28），烤烟烟根的氮、磷、钾养分吸收总量均得到不同程度提高。烟根的氮吸收总量得到大幅度提高，D1～D4 处理的烟根氮吸收总量比对照分别高 61.01mg/株、67.18mg/株、93.96mg/株、98.89mg/株，均与对照呈显著差异，且烟根氮的吸收总量在卡拉胶副产品施用量一致时与废菌棒和餐厨废弃物的施用比例呈正比，说明废菌棒和餐厨废弃物有效地促进了烤烟根部的氮素吸收。卡拉胶副产品复合调理剂同样极大地促进了烟根对磷的吸收，D1～D4 处理的磷吸收总量分别比对照高 11.63mg/株、18.45mg/株、19.15mg/株、20.68mg/株，均与对照呈显著性差异，且 D1～D4 处理相互之间无显著差异。烟根钾素的吸收量得到显著提高，D1～D4 处理分别比对照高 68.95mg/株、110.27mg/株、117.6mg/株、115.2mg/株，且相互之间无显著差异。

表 8-28　卡拉胶副产品复合调理剂对烟根 N、P、K 养分吸收的影响

处理	烟根总氮量（mg/株）	烟根总磷量（mg/株）	烟根总钾量（mg/株）
CK	78.63c	11.51b	113.55b

（续）

处理	烟根总氮量（mg/株）	烟根总磷量（mg/株）	烟根总钾量（mg/株）
D1	139.64b	23.14a	182.50a
D2	145.81ab	29.96a	223.82a
D3	172.59ab	30.66a	231.15a
D4	177.52a	32.19a	228.75a

④烟叶钙、镁的含量状况

由试验结果（表 8-29）可知，卡拉胶副产品复合调理剂的施用不同程度地提高了烤烟上中下部烟叶的钙含量。其中对上部叶钙含量的提高效果最明显，D1～D4 处理的含钙量均与对照呈显著差异，分别比对照高 34％、35％、23％、42％。中部叶的含钙量在 1.83％～2.14％之间，除 D1 处理外，D2～D4 处理的含钙量均显著高于对照，且 D2～D4 处理相互之间无显著差异。烤烟下部叶的钙含量大于中上部叶，在 2.24％～2.74％之间，D1～D4 处理的下部叶钙含量均大于对照，其中 D4 处理显著高于其他处理，而 D1～D3 处理与 CK 之间无显著差异。复合调理剂的施用提高了烟叶的含钙量，其中对中上部的作用效果更明显。

表 8-29　卡拉胶副产品复合调理剂对烟叶钙含量的影响

处理	上部叶（％）	中部叶（％）	下部叶（％）
CK	1.55c	1.84b	2.24b
D1	2.08a	1.83b	2.44b
D2	2.10a	2.14a	2.39b
D3	1.91b	2.11a	2.35b
D4	2.21a	2.14a	2.74a

由试验结果（表 8-30）可知，卡拉胶副产品复合调理剂的施用不同程度地提高了烟叶的含镁量。D1～D4 处理的上部叶镁含量均高于对照，并与对照呈显著差异，其中 D4 处理的镁含量最高，达到 0.51％，与 D2 和 D3 处理无显著差异，但显著高于 D1 处理。D1～D4 处理的中部叶镁含量同样均显著高于对照，且 D2 和 D3 处理的中部叶镁含量最高，显著高于 D1 和 D4 处理。下部叶的镁含量大于上中部叶，仅 D2（每盆施用卡拉胶副产品 40g，卡拉胶副产品：餐厨废弃物：废菌棒：白云石粉：贝壳粉为 1：0.4：0.4：0.1：0.1）处理与对照无显著差异，其他处理的下部叶镁含量均显著大于对照，其中以 D1（每盆施用卡拉胶副产品 40g，卡拉胶副产品：餐厨废弃物：废菌棒：白云石粉：贝壳粉为 1：0.2：0.2：0.1：0.1）处理下部叶的镁含量最高，比对照高 24％。由此可知，复合调理剂的施用整体提高了烟叶的含镁量，但 D1～D4 处理之间差异不大，说明复合调理剂中的卡拉胶副产品、白云石粉、贝壳粉对提高烟叶的含镁量起到了重要作用。

表 8-30　卡拉胶副产品复合调理剂对烟叶镁含量的影响

处理	上部叶（%）	中部叶（%）	下部叶（%）
CK	0.44c	0.33c	0.55c
D1	0.47b	0.36b	0.68a
D2	0.50a	0.39a'	0.56c
D3	0.49ab	0.38a	0.65ab
D4	0.51a	0.36b	0.63b

8.3　卡拉胶副产品及其复合调理剂对烤烟品质和经济效益的影响

大田试验是在田间自然的土壤、气候等生态条件下进行的生物试验，与实际生产接近，可以较为客观地反映农业生产实际，因而其结果更有实际和直接的指导意义（蔡海洋等，2017）。卡拉胶副产品及其复合调理剂对烤烟品质和经济效益影响的试验选择在福建龙岩烟区长汀县濯田镇东山村进行，试验地交通方便，前作为水稻，试验地土壤质地为沙壤土，光照充足，地势平坦，排灌方便，肥力中等。供试品种为云烟87。试验地基本理化性质见表8-31。

表 8-31　田间试验土壤基本理化性质

pH	有机质 （g/kg）	碱解氮 （mg/kg）	有效磷 （mg/kg）	速效钾 （mg/kg）	交换性钙 （mg/kg）	交换性镁 （mg/kg）
4.73	15.97	135.44	49.05	169.58	386.11	32.09

试验分为两部分：

（1）卡拉胶副产品不同用量对烤烟产量、品质的影响，试验共设 5 个处理

处理1：对照，施卡拉胶副产品 $0kg/hm^2$；

处理2：施卡拉胶副产品 $300kg/hm^2$；

处理3：施卡拉胶副产品 $750kg/hm^2$；

处理4：施卡拉胶副产品 $1\ 200kg/hm^2$；

处理5：施卡拉胶副产品 $1\ 500kg/hm^2$；

上述各处理除卡拉胶副产品用量不同外，各处理每公顷施用纯 N 135kg，$N：P_2O_5：K_2O$ 比例为 $1.0：0.8：2.5$，施肥方法按常规施肥。每一处理设 3 次重复，共 15 个小区，小区随机区组排列。每小区栽烟 40 株，行株距为 $1.2m×0.5m$，每公顷栽烟16 500株。施肥方法及其他管理措施按照当地技术要求规范操作，试验田内相同田间操作在同一天内完成。

（2）卡拉胶副产品复合调理剂对烤烟产量、品质的影响，共设 4 个处理

处理A：对照（常规施肥）；

处理B：卡拉胶副产品 $1\ 500kg/hm^2$，餐厨废弃物 $600kg/hm^2$，废菌棒 $600kg/hm^2$，

石灰 600kg/hm²，卡拉胶副产品：餐厨废弃物：废菌棒：石灰为 1∶0.4∶0.4∶0.4；

处理 C：卡拉胶副产品 1 500kg/hm²，餐厨废弃物 900kg/hm²，废菌棒 900kg/hm²，石灰 600kg/hm²，卡拉胶副产品：餐厨废弃物：废菌棒：石灰为 1∶0.6∶0.6∶0.4；

处理 D：卡拉胶副产品 1 500kg/hm²，餐厨废弃物 1200kg/hm²，废菌棒 1 200 kg/hm²，石灰 600kg/hm²，卡拉胶副产品：餐厨废弃物：废菌棒：石灰为 1∶0.8∶0.8∶0.4。

各处理每公顷施用纯 N 135kg，N∶P_2O_5∶K_2O 比例为 1.0∶0.8∶2.5，上述 B、C、D 处理按常规施肥量，但应扣除调理剂等的氮、磷、钾量。每一处理设 3 次重复，共 12 个小区，随机区组排列。每小区栽烟 62 株，行株距为 1.2m×0.5m，每公顷栽烟16 500 株。施肥方法及其他管理措施按照当地技术要求规范操作，试验田内相同田间操作在同一天内完成。按规范采集土壤样品，观察记载各处理的农艺性状，烤烟成熟后采收、烘烤，测定各处理烟叶的经济性状。每个处理取 X_2F、C_3F、B_2F 各 1kg 进行分析测定。

8.3.1 卡拉胶副产品不同用量对烤烟品质和经济效益的影响

（1）卡拉胶副产品不同用量对烤烟生育期的影响

各处理于 2013 年 12 月 5 日播种，2014 年 2 月 17 日移栽（表 8-32）。各处理大田前期长势比较一致，3 月 31 日左右达到团棵，4 月 19 日左右现蕾（处理 4 为 4 月 18 日）。各处理成熟期略有差异，处理 3（施卡拉胶副产品 750kg/hm²）、处理 5（施卡拉胶副产品 1500kg/hm²）比对照早 1 天，处理 2（施卡拉胶副产品 300kg/hm²）、处理 4（施卡拉胶副产品 1200kg/hm²）比对照迟 1d。处理 2 和处理 4 的生育期比对照晚 1d，处理 1 和处理 3 的生育期则比对照早 1d。

表 8-32　卡拉胶副产品不同用量对烤烟生育期的影响（日/月）

处理	播种	成苗	移栽	团棵	现蕾	成熟期		大田生育期 (d)
						脚叶	顶叶	
处理 1	5/12	13/2	17/2	31/3	19/4	12/5	21/6	128
处理 2	5/12	13/2	17/2	31/3	19/4	13/5	22/6	129
处理 3	512	13/2	17/2	31/3	19/4	11/5	20/6	127
处理 4	5/12	13/2	17/2	31/3	18/4	13/5	22/6	129
处理 5	5/12	13/2	17/2	31/3	19/4	11/5	20/6	127

（2）卡拉胶副产品不同用量对烤烟农艺性状的影响

由表 8-33 可以看出，烤烟成熟时处理 3 至处理 5 的株高均高于对照，处理 4（施卡拉胶副产品1 200kg/hm²）和处理 5（施卡拉胶副产品1 500kg/hm²）的株高最高，分别达到 90.22cm 和 90.11cm；各处理的茎围差距不大，在 9.97～10.33cm 之间，以处理 5 的茎围最大；处理之间节距的差异不大，处理 4 的节距最大，达到 4.41cm；除处理 3（施卡拉胶副产品 750kg/hm²）外，其他处理的叶片数均大于对照，其中处理 5 的叶片数最多；处理 2 至处理 4 的腰叶长度均大于对照，以处理 2 的腰叶最长，达到 76.17cm，其次是处理 5，为 75.37cm；腰叶的宽度以处理 5 的最宽，达到 24.42cm，处理 1 至处理 4 的腰叶宽度则差异不明显。

表 8-33 卡拉胶副产品不同用量对烤烟农艺性状的影响

处理	株高 （cm）	茎围 （cm）	节距 （cm）	叶片数 （片/株）	腰叶长 （cm）	腰叶宽 （cm）
处理1	84.22	10.17	4.33	18.90	73.85	23.57
处理2	83.00	9.97	4.32	19.30	76.17	23.23
处理3	88.67	10.17	4.33	18.10	74.30	23.07
处理4	90.22	10.17	4.41	19.30	74.90	23.43
处理5	90.11	10.33	4.36	19.50	75.37	24.42

（3）卡拉胶副产品不同用量对烤烟经济性状的影响

由表 8-34 可知，处理 3 至处理 5 的产量在 2 151.90～2 179.35kg/hm² 之间，显著大于处理 1 和处理 2，且处理 3 至处理 5 之间无显著差异，处理 2 的产量与处理 1（对照）无显著差异。处理 3 至处理 5 的产值同样显著大于处理 1 和处理 2，同时以处理 5（施卡拉胶副产品 1 500kg/hm²）的产值最大，达到 51 249.90 元/hm²，但与处理 3 和处理 4 无显著差异，处理 2 的产值与处理 1（对照）无显著差异。各处理烤烟的均价不存在显著差异，在 22.52～23.74 元/kg 之间。处理 3（施卡拉胶副产品 750kg/hm²）的上等烟比例最大，显著大于对照，而其他处理的上等烟比例与对照无显著差异。烤烟的中上等烟比例同样以处理 3（施卡拉胶副产品 750kg/hm²）的最大，但与处理 1（对照）和处理 5 无显著差异，处理 2 和处理 4 的中上等烟比例则显著小于对照。

表 8-34 卡拉胶副产品不同用量对烤烟经济性状的影响

处理	产量 （kg/hm²）	产值 （元/hm²）	均价 （元/kg）	上等烟比例 （%）	中上等烟比例 （%）
处理1	2 110.65b	48 882.60b	23.16 a	55.70bc	95.44a
处理2	2 096.85b	47 221.05b	22.52 a	50.16c	89.84b
处理3	2 151.90a	51 064.65a	23.73 a	62.62a	95.53a
处理4	2 179.35a	50 691.75a	23.26a	58.04ab	90.22b
处理5	2 158.80a	51 249.90a	23.74 a	52.23bc	94.27ab

（4）卡拉胶副产品不同用量对烤烟烟叶化学成分的影响

烤烟的品质取决于烤烟的质量，最终影响到烤烟的市场价值，而烤烟的品质是由烤烟内部化学成分的高低、烤烟内部化学成分的协调性共同决定的，因此分析烤烟的化学成分至关主要。烤烟的化学成分主要包括烟碱、还原糖、总糖、总氮、总氯、总钾。

①对烤烟烟碱的影响

烟碱是烟叶中最主要的生理活性物质，影响烟叶吸味品质（赵晓会，2011）。烟碱含量适中，烤烟的吃香味好；烟碱含量过低烟气吸味平淡，没有劲头，过高则刺激性大、味苦（王瑞新，2003）。由表 8-35 可以看出，烤烟的烟碱含量呈现出上部叶＞中部叶＞下部叶的分布规律。经过卡拉胶副产品改良后，烤烟的上、中、下部烟叶的烟碱含量均有所下降，处理 2 至处理 4 的上部叶烟碱含量在 1.99％～2.11％之间，中部叶烟碱含量在 1.53％～1.58％之间，下部叶烟碱含量在 0.97％～1.27％之间。有研究指出，烤烟烟碱含量的适宜范围为 1.5％～3.5％，以 2.5％为最优（肖协忠，1997）。由此可知，卡拉胶副产品的施用降低了烟叶的烟碱含量，但中上部叶的烟碱含量均在适宜范围之内，因此没有降低烤烟的品质，同时烟碱含量的降低，更易于提高烤烟的糖碱比和氮碱比，从而提高烤烟内部协调性。

②对烤烟糖类的影响

糖类影响烟草的填充度和抗碎性等物理特性，同时还是形成香气物质和决定醇和度的重要因素，含糖量过低能引起刺呛的吃味，过高则能产生一种酸的吃味（赵晓会，2011）。由表 8-35 可知，经过施用卡拉胶副产品后，烤烟上、中、下部烟叶的总糖和还原糖含量较对照而言整体都有所提高。上部叶中处理 3 至处理 5 的总糖和还原糖含量均高于对照，其中以处理 3（施卡拉胶副产品 750kg/hm²）的总糖和还原糖含量最高，分别比对照高 23％和 22％，处理 4（施卡拉胶副产品 1 200kg/hm²）的总糖和还原糖含量分别比对照高 20％和 17％。烤烟中部叶的总糖和还原糖含量处理之间的差异不大，以处理 5（施卡拉胶副产品 1 500kg/hm²）的总糖和还原糖含量最高。处理 2 至处理 5 的下部叶总糖和还原糖含量均高于对照，其中处理 3 至处理 5 与处理 1（对照）的差异明显，处理 5 的总糖和还原糖含量最高，比对照分别高 27％和 32％。

一般认为烟叶的总糖适宜含量范围在 25％～30％之间，还原糖适宜含量范围在 15％～25％之间（王瑞新，2003），由此可知，上部叶只有处理 3 和处理 4 的总糖含量在适宜范围之内，而还原糖含量基本均达到适宜范围；中部叶的总糖含量基本达到适宜范围，略有偏高，还原糖含量则均偏高；下部叶的总糖和还原糖含量则均适宜。

③对烤烟总氮的影响

烟叶的总氮含量是烟草氮素代谢的指标，对烤烟的评吸质量和吃味有重要的影响（肖协忠，1997）。通常总氮的适宜含量为 1.5％～3.5％，最适含量在 2.5％左右（肖协忠，1997），烤烟总氮的不足或过多都会严重影响烤烟的品质。氮素不足时，烟叶身份轻，香气差，劲头不足；氮素过量时，烤烟贪青晚熟，烟碱含量过高，刺激性和劲头过大，影响烟叶品质（刘国顺等，2004）。由表 8-35 可知，施用卡拉胶副产品后，上部叶的总氮含量相比对照均有所上升，处理 2 至处理 5 上部叶的总氮含量分别比对照高 15％、11％、20％、7％，而中下部叶的总氮含量则有所下降，但上、中、下部烟叶的总氮含量均在适宜范围。

④对烤烟总钾的影响

烟叶钾含量影响烟草的燃烧性和吸湿性（肖协忠，1997）。钾含量高的烟叶油分充足，富有弹性和韧性，烘烤后颜色好，加工后燃烧性好，可减少焦油等有害物质的产生，提高其安全性，因此，烟叶中的钾含量常作为检验烟叶质量的标准（李春俭，2006）。由表 8-35 可知，上部叶的总钾含量在 2.79％～3.23％之间，除处理 5 外，其他处理的总钾含量均高于对照，其中以处理 4（施卡拉胶副产品 1200kg/hm²）的总钾含量最高，比对照高出 14％；在中部叶中，仅处理 4 的总钾含量低于对照，其他处理的总钾含量均明显高于对照；在下部叶中，仅处理 5 的含量低于对照，处理 2 至处理 4 的总钾含量明显高于对照，且相互之间差异不大。国际上认为优质烤烟烟叶的钾含量应在 2％以上，本研究所有处理均达到标准，说明本地区的烤烟品质较好，在此基础上，卡拉胶副产品的施用基本提高了烤烟全钾的含量，从而对提高烤烟品质具有促进作用。

⑤对烤烟总氯的影响

氯是烟草生长的必需营养元素之一，一般认为，烤烟中含氯的适宜范围应为 0.3％～ 0.8％（王瑞新，2003），当氯含量过高时，淀粉积累，叶片肥厚，烟叶吸湿性强，燃烧性差，甚至黑灰熄灭，品质低劣；当氯含量不足时，烟叶偏薄，弹性差，切丝率低。由表 8-35 可知，本研究中烤烟上、中、下叶片的总氯含量均在适宜范围内。上部叶的总氯含量在 0.26％～0.69％之间，仅处理 3 的总氯含量低于对照，其他处理的总氯含量均高于对照，其中以处理 2（施卡拉胶副产品 300kg/hm²）的含量最高，比对照高 64％；中部叶的总氯含量在 0.34％～0.51％之间，处理 2 至处理 5 的含量均高于对照，其中处理 5 的含量明显高于其他处理，比对照高 50％。下部叶的总氯含量在 0.36％～0.46％之间，且除处理 3 外，其他处理的总氯含量均低于对照，其中以处理 5 的含量最低。

表 8-35　卡拉胶副产品不同用量对烤烟烟叶化学成分的影响

处理	叶位	总烟碱（％）	总糖（％）	还原糖（％）	总氮（％）	总氯（％）	总钾（％）
处理 1		2.34	21.55	20.79	1.86	0.42	2.83
处理 2		2.11	20.84	20.62	2.14	0.69	3.04
处理 3	上部叶	1.99	26.43	25.41	2.06	0.36	3.08
处理 4		2.09	25.87	24.44	2.23	0.51	3.23
处理 5		2.11	23.76	22.55	1.99	0.48	2.79
处理 1		1.76	29.50	27.36	1.83	0.34	3.14
处理 2		1.58	30.77	28.30	1.74	0.40	3.43
处理 3	中部叶	1.53	30.21	27.49	1.59	0.42	3.35
处理 4		1.55	29.30	26.79	1.79	0.44	3.03
处理 5		1.58	32.39	29.76	1.64	0.51	3.36
处理 1		1.31	22.65	19.53	1.87	0.44	4.20
处理 2		1.11	22.89	19.55	1.78	0.40	4.57
处理 3	下部叶	1.14	27.31	23.83	1.60	0.46	4.51
处理 4		0.97	27.17	23.35	1.61	0.42	4.49
处理 5		1.27	28.83	25.71	1.68	0.36	3.92

（5）卡拉胶副产品不同用量对烤烟烟叶化学成分协调性的影响

烤烟品质的优劣不仅取决于烟叶各化学成分间含量的高低，还取决于化学成分之间是否协调平衡（窦逢科等，1992）。糖类物质燃烧时产生酸性物质，而含氮化合物则产生碱性物质，糖碱比和氮碱比是评价烟叶内部化学成分协调性的二级指标（赵晓会，2011）。糖碱比以接近 10 的烟叶品质最好，说明烟叶酸碱平衡性较协调，烟气强度适中，氮碱比则以 1：1 的比例为宜（肖协忠，1997）。钾和氯分别为烟草的助燃和阻燃元素，因此钾氯比可以作为评价烟叶燃烧性的指标,钾氯的比值一般以4~10为宜(闫克玉等,2000)。

由表8-36可知,烤烟烟叶糖碱比的大小顺序为下部叶>中部叶>上部叶,经过调理后的烟叶糖碱比均高于对照。在上部叶中,处理2(施卡拉胶副产品300kg/hm²)、处理5(施卡拉胶副产品1 500kg/hm²)的糖碱比分别为9.77和10.69,最接近10,糖碱成分最协调,而处理3和处理4的糖碱比则偏高,烤烟中下部叶的糖碱比分别在15.55~20.07和14.91~24.07之间,糖碱比均过高。烤烟上部叶的氮碱比经过施用卡拉胶副产品后均得到优化,使处理2至处理5的氮碱比均趋于1:1,氮碱协调性变好;中部叶中以处理1和处理5的氮碱比最好,达到1.04,处理2至处理4的氮碱比则均偏高;下部叶氮碱比均在1.32~1.66之间,糖碱比过高;上、中、下部烟叶的钾氯比基本在适宜范围之内,卡拉胶副产品的施用对烟叶钾氯比的影响不大。由此可知,卡拉胶副产品单独施用可以提高烟叶的糖碱比,且对优化烤烟上部叶的氮碱比有显著作用,而对烟叶钾氯比则影响不大。

表8-36　卡拉胶副产品不同用量对烤烟烟叶化学成分协调性的影响

处理	叶位	糖/碱	氮/碱	钾/氯
处理1		8.88	0.79	6.74
处理2		9.77	1.01	4.41
处理3	上部叶	12.77	1.04	8.56
处理4		11.69	1.07	6.33
处理5		10.69	0.94	5.81
处理1		15.55	1.04	9.24
处理2		17.91	1.10	8.58
处理3	中部叶	20.07	1.16	7.98
处理4		17.28	1.15	6.89
处理5		18.84	1.04	6.59
处理1		14.91	1.43	9.55
处理2		17.16	1.60	11.43
处理3	下部叶	20.90	1.40	9.80
处理4		24.07	1.66	10.69
处理5		21.03	1.32	10.89

综上所述,施用不同用量的卡拉胶副产品对烤烟生育期无明显影响,但当施用量≥750kg/hm²时,烤烟的株高得到明显提高;烤烟的茎围、叶片数、腰叶大小均以施用卡拉胶副产品1 500kg/hm²的处理最大。当卡拉胶副产品的施用量大于750kg/hm²时,烤烟的产量和产值均得到显著提高,其中施用卡拉胶副产品1 200kg/hm²的烟叶产量比对照高67.5kg/hm²,施用卡拉胶副产品1 500kg/hm²的烟叶产值比对照大2 367.30元/hm²,烤烟上等烟和中上等烟的比例均以施用卡拉胶副产品750kg/hm²的处理最高。

本次研究的烤烟中上部烟叶的烟碱、总氮、总钾、总氯含量,上部叶总糖和还原糖含量均在优质烤烟的适宜标准中，而中部叶的总糖和还原糖含量则整体偏高，说明本烟区烤烟的品质整体较高；卡拉胶副产品的施用总体上降低了烟叶的烟碱含量，提高了烟叶的总糖和还原糖含量、总钾含量，总氮含量上部叶得到提高，中部叶无明显变化。卡拉胶副产品的施用提高了烟叶的糖碱比和氮碱比，对钾氯比无明显影响，其中上部叶的糖碱比以施用卡拉胶副产品 $300kg/hm^2$ 和施用卡拉胶副产品 $1\,500kg/hm^2$ 的处理最协调，中部叶的糖碱比则整体偏高；施用卡拉胶副产品后，上部叶的氮碱比均得到明显改善，比例均接近1，中部叶的氮碱比则以施用卡拉胶副产品 $1\,500kg/hm^2$ 的处理最优，说明卡拉胶副产品的施用整体提高了烟叶的品质，其中对促进上部叶化学成分的协调性效果最好。

8.3.2 卡拉胶副产品复合调理剂对烤烟品质和经济效益的影响

（1）卡拉胶副产品复合调理剂对烤烟生育期的影响

各处理于2014年12月5日播种，2015年2月9日移栽（表8-37）。各处理大田前期长势比较一致，3月25日左右达到团棵，4月14日左右现蕾。各处理成熟期差别不大，处理D4（卡拉胶副产品 $1\,500kg/hm^2$，卡拉胶副产品：餐厨废弃物：废菌棒：石灰为1：0.8：0.8：0.4）烤烟生育期最长，为128d，处理B（卡拉胶副产品 $1\,500kg/hm^2$，卡拉胶副产品：餐厨废弃物：废菌棒：石灰为1：0.4：0.4：0.4）、处理C（卡拉胶副产品 $1\,500kg/hm^2$，卡拉胶副产品：餐厨废弃物：废菌棒：石灰为1：0.6：0.6：0.4）比对照迟2d。

表8-37 卡拉胶副产品复合调理剂对烤烟生育期的影响（日/月）

处理	播种	出苗	移栽	团棵	现蕾	成熟期		大田生育期（d）
						脚叶	顶叶	
A	5/12	13/2	9/2	26/3	14/4	11/5	18/6	125
B	5/12	13/2	9/2	24/3	12/4	12/5	20/6	127
C	5/12	13/2	9/2	24/3	12/4	13/5	20/6	127
D	5/12	13/2	6/2	24/3	12/4	13/5	21/6	128

（2）卡拉胶副产品复合调理剂对烤烟农艺性状的影响

由表8-38可知，处理D的株高最高，达到93.2cm，处理C的株高最小，为91.4cm；处理之间的茎围在9.7～10.3cm之间，相互差距不大；处理A（常规施肥）和处理C的节距为5.8cm，处理B和处理D的节距略小，为5.6cm；处理D的叶片数最多，为14.9片，处理C的叶片数最小，为14.3片；处理A的腰叶长势最好，腰叶长宽均为最大，而处理C的烟叶长宽均为最小。

表8-38 卡拉胶副产品复合调理剂对烤烟农艺性状的影响

处理	株高（cm）	茎围（cm）	节距（cm）	叶片数（片/株）	腰叶长（cm）	腰叶宽（cm）
A	92.5	10.3	5.8	14.7	81.4	31.8
B	92.4	10.1	5.6	14.8	77.6	31.9

（续）

处理	株高 （cm）	茎围 （cm）	节距 （cm）	叶片数 （片/株）	腰叶长 （cm）	腰叶宽 （cm）
C	91.4	10.3	5.8	14.3	76.5	29.6
D	93.2	9.7	5.6	14.9	78.3	31.2

（3）卡拉胶副产品复合调理剂对烤烟经济性状的影响

由表 8-39 可知，烤烟的各种经济指标均随着废菌棒和餐厨废弃物施用比例的增加而增加，烟叶产量大小为处理 D＞处理 C＞处理 B＞处理 A，处理 B、处理 C、处理 D 的产量分别比 A（常规施肥）高 $121.5kg/hm^2$、$175.5kg/hm^2$、$207.0kg/hm^2$，其中处理 D 和处理 C 与处理 A 呈显著差异。处理 B、处理 C、处理 D 的产值分别比对照高出 11％、16％、19％，均与对照呈显著差异；处理 B、处理 C、处理 D 的均价分别比对照高 1 元/kg、1.5 元/kg、1.7 元/kg，其中处理 C 和处理 D 与处理 A（常规施肥）呈显著差异。处理 B、处理 C、处理 D 烤烟的上等烟比例比对照分别高 11％、16％、23％，其中处理 C 和处理 D 显著提高了烤烟上等烟比例。处理之间烤烟的中上等烟则无显著差异。结果表明，卡拉胶副产品有机无机复合调理剂可以显著提高烤烟的产量、产值、均价和上等烟比例，其中以处理 D（卡拉胶副产品 $1\,500kg/hm^2$，卡拉胶副产品：餐厨废弃物：废菌棒：石灰为 1：0.8：0.8：0.4）的经济效益最好。

表 8-39　卡拉胶副产品复合调理剂对烤烟经济性状的影响

处理	产量 （kg/hm²）	产值 （元/hm²）	均价 （元/kg）	上等烟比例 （％）	中上等烟比例 （％）
A	2 049.0b	44 259.0b	21.6b	42.8b	91.4a
B	2 170.5ab	49 092.0a	22.6ab	47.7ab	91.0a
C	2 224.5a	51 370.5a	23.1a	49.6a	92.2a
D	2 256.0a	52 654.5a	23.3a	52.5a	92.5a

（4）卡拉胶副产品复合调理剂对烤烟烟叶化学成分的影响

由表 8-40 可知，经过施用调理剂的处理其上部叶和中部叶的烟碱与对照相比均不同程度下降，上部叶的烟碱含量在 1.89％～2.64％之间，中部叶的烟碱含量在 1.64％～1.91％之间，均在烤烟烟碱的适宜范围之内（1.5％～3.5％）。处理 B 和处理 D 均明显提高了烤烟上部叶的总糖和还原糖含量，处理 B（卡拉胶副产品 $1\,500kg/hm^2$，卡拉胶副产品：餐厨废弃物：废菌棒：石灰为 1：0.4：0.4：0.4）上部叶的总糖和还原糖含量分别比对照高 45％和 42％，处理 D（卡拉胶副产品 $1\,500kg/hm^2$，卡拉胶副产品：餐厨废弃物：废菌棒：石灰为 1：0.8：0.8：0.4）上部叶的总糖和还原糖含量则分别比对照高 47％、50％，处理 B 和处理 D 中部叶的总糖和还原糖含量则提高幅度不明显。下部叶的总糖和还原糖含量分别在 21.00％～27.61％和 16.82％～24.20 之间，均以处理 D 的总糖和还原糖最高。烤烟的上、中、下部烟叶的总氮含量均在适宜范围（1.5％～3.5％）之间，中上部叶处理 B 和处理 D 的总氮含量均小于对照，处理 C 则大于对照，下部叶中处理 A、处理 B、处理 C 之间无明显差异，处理 D 则明显小于其他处理。烤烟烟叶的总钾含量均大于2%，在适宜范围之内，其中处理C有效提高了烤烟中上部叶的总钾含量。本试验中烤烟的总氯含量均在0.3%～0.8%之间，总氯含量适宜，且处理之间差异不大。

表8-40 卡拉胶副产品复合调理剂对烤烟烟叶化学成分的影响

处理	叶位	总烟碱（%）	总糖（%）	还原糖（%）	总氮（%）	总氯（%）	总钾（%）
A		2.64	19.44	17.34	2.26	0.42	4.08
B	上部叶	1.89	28.28	24.71	1.90	0.37	3.56
C		2.43	19.18	16.79	2.32	0.39	4.16
D		1.88	28.66	25.97	1.75	0.43	3.52
A		1.91	26.52	22.88	1.79	0.34	4.12
B	中部叶	1.64	28.29	24.48	1.64	0.41	4.21
C		1.81	22.58	18.69	1.96	0.42	4.67
D		1.73	28.17	24.47	1.60	0.40	4.04
A		1.46	22.92	19.20	1.97	0.44	4.59
B	下部叶	1.54	21.00	16.82	2.00	0.47	4.66
C		1.55	24.55	20.87	1.97	0.51	4.61
D		1.14	27.61	24.20	1.66	0.49	4.69

（5）卡拉胶副产品复合调理剂对烤烟烟叶化学成分协调性的影响

由表8-41可知，施用调理剂后，上部叶的糖碱比均高于对照，其中处理B和处理D糖碱比最高，比对照分别高99%和110%，中部叶仍然以处理B和处理D的糖碱比最高，分别比对照高24%和18%，而处理C的糖碱比则与对照相差不大，下部叶的糖碱比以处理D的最高，比对照高61%，其他处理则差距不大。由此可知，卡拉胶副产品复合调理剂显著增加了烟叶的糖碱比，其中处理4的糖碱比最高。经过调理后，上部叶的氮碱比均得到提高，处理B、处理C、处理D的氮碱比分别比对照高17%、11%、8%，同时处理B、处理C、处理D上部叶的氮碱比更接近1，烤烟的氮碱协调性更好；中部叶的氮碱比则均在1左右，其中以处理B的氮碱比最好；下部叶的氮碱比则均偏高。烤烟上部叶的钾氯比均在4～10之间，钾氯比适宜，调理剂的施用降低了烤烟的钾氯比，使中下部叶的钾氯比协调性更好，但处理B、处理C、处理D的钾氯比差异不明显。

表8-41 卡拉胶副产品复合调理剂对烤烟烟叶化学成分协调性的影响

处理	叶位	糖/碱	氮/碱	钾/氯
A		6.57	0.86	9.71
B	上部叶	13.07	1.01	9.62
C		6.91	0.95	9.67
D		13.81	0.93	8.19

（续）

处理	叶位	糖/碱	氮/碱	钾/氯
A		11.98	0.94	12.12
B	中部叶	14.93	1.00	10.27
C		10.33	1.08	11.12
D		14.14	0.92	10.10
A		13.15	1.35	10.43
B	下部叶	10.92	1.30	9.91
C		13.46	1.27	9.04
D		21.23	1.46	9.57

综上所述，卡拉胶副产品复合调理剂的施用均延迟了烤烟的生育期，使其生育期比常规施肥晚了2～3d；同时复合调理剂的施用对烤烟的农艺性状无明显影响，但复合调理剂的施用均提高了烤烟的经济效益。在统一施用卡拉胶副产品1 500kg/hm² 的基础上，烤烟的经济性状随着餐厨废弃物和废菌棒施用比例的增加而增加，其中以卡拉胶副产品∶餐厨废弃物∶废菌棒∶石灰的比例1∶0.8∶0.8∶0.4的处理产量、产值、均价、上等烟比例、中上等烟比例最高，分别比对照高207kg/hm²、8395.5 元/hm²、1.7 元/kg、9.7%、1.1%。

本试验烤烟中上部叶的烟碱含量均在优质烤烟适宜范围之内，复合调理剂的施用均降低了烟叶的烟碱含量，提高了烟叶质量；以处理B（卡拉胶副产品1 500kg/hm²，卡拉胶副产品∶餐厨废弃物∶废菌棒∶石灰为 1∶0.4∶0.4∶0.4）和处理D（卡拉胶副产品1 500kg/hm²，卡拉胶副产品∶餐厨废弃物∶废菌棒∶石灰为 1∶0.8∶0.8∶0.4）的烤烟中上部叶总糖和还原糖的含量最高，并均达到优质烤烟总糖和还原糖的范围；各处理烟叶的总氮、总氯和总钾含量均在优质烤烟适宜范围之内，且复合调理剂的施用对其没有显著的影响。复合调理剂的施用提高了中上部叶的糖碱比和氮碱比，降低了钾氯比，使烟叶的糖碱比、氮碱比和钾氯比趋于协调。

参 考 文 献

白震，何红波，张威，等．2006．磷脂脂肪酸技术及其在土壤微生物研究中的应用［J］．生态学报，26（7）：2387-2394．

柴家荣，尚志强，戴福斌，等．2006．氮、磷、钾营养对白肋烟叶绿体色素、化学成分的影响及相关性分析［J］．中国烤烟科学（2）：5-9．

蔡海洋．2002．不同氮源的硝化特点及在烤烟上施用效应的研究［D］．福州：福建农林大学．

蔡海洋，熊德中．2015．优质烤烟生产养分平衡调换［M］．北京：中国农业出版社．

蔡海洋，曾文龙，熊德中．2017．烟稻轮作系统养分资源综合管理［M］．北京：中国农业出版社．

曹航．2011．中国烟草行业发展研究［J］．现代商贸工业（5）：4-5．

曹慧，孙辉，杨浩，等．2003．土壤酶活性及其对土壤质量的指示研究进展［J］．应用与环境生物学报，9（1）：105-109．

曹志洪．1991．优质烤烟生产的土壤与施肥［M］．南京：江苏科学技术出版社．

陈嘉勤，谭周磁．1997．硒对水稻不同生育期叶片中超氧化物歧化酶与丙二醛影响的研究［J］．湖南农业科学（6）：12-14．

陈江华，刘建利，李志宏，等．2008．中国植烟土壤及烟草养分综合管理［M］．北京：科学出版社．

陈钦程，徐福利，王渭玲，等．2014．秦岭北麓不同林龄华北落叶松土壤速效钾变化规律［J］．植物营养与肥料学报（5）：1243-1249．

陈荣业，范钦桢．1978．碳铵粒肥在非石灰性水稻土上深施的氮素供应状况［J］．土壤学报，15（1）：75-82．

陈少裕．1991．膜脂过氧化对植物细胞的伤害［J］．植物生理学通讯，27（2）：84-90．

陈星峰，张仁椒，李春英，等．2006．福建烟区土壤镁素营养与镁肥合理施用［J］．中国农学通报（5）：261-263．

陈振国，彭孟祥，李进平，等．2015．不同硼肥力土壤对烤烟酶学指标的影响［J］．西南农业学报，28（2）：659-662．

褚天铎，刘新保．1995．锌素营养对作物叶片解剖结构的影响［J］．植物营养与肥料学报，1（1）：24-29．

邓小华，谢鹏飞，彭新辉，等．2010．土壤和气候及其互作对湖南烤烟部分中性挥发性香气物质含量的影响［J］．应用生态学报（8）：2063-2071．

邓小华，杨丽丽，周米良，等．2013．湘西喀斯特区植烟土壤速效钾含量分布及影响因素［J］．山地学报（5）：519-526．

窦逢科，张景略．1992．烟草品质与土壤肥料［M］．郑州：河南科学技术出版社．

丁燕芳，孙计平，尚晓颖，等．2015．干旱对不同烤烟品种叶片细胞膜伤害和保护酶活性的影响［J］．西南农业学报，28（6）：2746-2749．

丁易飞．2016．不同施氮水平对砂梨生长及糖代谢的影响研究［D］．南京：南京农业大学．

杜文，谭新良，易建华，等．2007．用烟叶化学成分进行烟叶质量评价［J］．中国烟草学报，13（3）：25-31．

方桂鑫，莫建林，项彩花．1995．碳铵、尿素、氯化铵在早稻上的当季肥效比较［J］．土壤肥料（5）：39-40．

付国占，李友军，史国安，等．1997．增施钾肥对小麦旗叶活性氧代谢及产量的影响［J］．麦类作物学报（5）：54-56.

高明，车福才，魏朝富，等.2000.长期施有机肥对紫色水稻土铁锰铜锌形态的影响［J］.植物营养与肥料学报，6（1）：11-17.

高璟赟.2010.稻田土壤氧化酶活性与有机碳转化关系研究［D］.武汉：华中农业大学.

葛才林，杨小勇，刘向农，等.2002.重金属对水稻和小麦DNA甲基化水平的影响［J］.植物生理与分子生物学学报，28（5）：363-368.

葛才林，骆剑峰，刘冲，等.2005.重金属对水稻光合作用和同化物输配的影响［J］.核农学报，19（3）：214-218.

耿德贵，韩燕，王义琴，等.2002.杜氏盐藻的耐盐机制研究进展和基因工程研究的展望［J］.植物学通报，19（3）：290-295.

龚智亮.2009.福建浦城植烟土壤主要养分特征与施肥对策研究［D］.长沙：湖南农业大学.

郭胜利，党延辉，刘守赞，等.2005.磷素吸附特性演变及其与土壤磷素形态、土壤有机碳含量的关系［J］.植物营养与肥料学报，11（1）：33-39.

郭晓霞，刘景辉，张星杰，等.2012.免耕对旱作燕麦田耕层土壤微生物生物量碳、氮、磷的影响［J］.土壤学报（3）：575-582.

郭燕，许自成，毕庆文，等.2010.恩施烟区土壤磷素与烤烟磷含量的关系［J］.土壤通报（2）：403-407.

韩富根，赵铭钦.2014.烟草品质分析［M］.北京：中国农业出版社.

韩锦峰，郭培国.1989.不同比例铵态、硝态氮肥对烤烟某些生理指标和产质的影响［J］.烟草科技（4）：31-33.

韩锦峰，郭培国.1990.氮素用量、形态、种类对烤烟生长发育及产量品质影响的研究［J］.河南农业大学学报，24（3）：275-285.

韩锦峰，史宏志，官春云.1996.不同施氮水平和氮素来源烟叶碳氮比及其与碳氮代谢的关系［J］.中国烟草学报，3（1）：19-25.

韩锦峰，王瑞新，刘国顺.1986.烟草栽培原理［M］.北京：农业出版社.

韩小斌.2014.减量施肥对重庆烤烟生长及产量品质的影响［D］.重庆：西南大学.

何翠翠.2014.长期不同施肥措施对黑土土壤碳库及其酶活性的影响研究［D］.北京：中国农业科学院研究生院.

何电源.1994.中国南方土壤肥力与栽培植物施肥［M］.北京：科学出版社.

何电源，臧惠林，张效朴，1981.红壤的酸度与作物生长及石灰施用的研究［J］.农业现代化研究（2）：33-40.

何萍，金继运.1999.氮钾营养对春玉米叶片衰老过程中激素变化与活性氧代谢的影响［J］.植物营养与肥料学报，5（4）：289-296.

胡国松，郑伟，王震东，等.2000.烤烟营养原理［M］.北京：科学出版社.

胡霭堂.2003.植物营养学（下册）［M］.北京：中国农业大学出版社.

胡亚杰，孙建生，石保峰，等.2014.土壤调理剂对贺州烤烟质量及植烟土壤理化特性的影响［J］.广东农业科学（21）：56-60.

华珞，白铃玉，等.2002.有机肥—镉—锌交互作用对土壤镉锌形态和小麦生长的影响［J］.中国环境科学，22（4）：346-350.

黄燕翔，刘淑欣，熊德中，等.1995.福建烟区土壤条件与烤烟品质的关系［J］.福建农业大学学报，24（2）：201-204.

黄昌勇，徐建明.2010.土壤学［M］.北京：中国农业出版社.

黄建国.2003.植物营养学［M］.北京：中国林业出版社.

黄玉梓，樊后保，李燕燕，等.2009.氮沉降对杉木人工林土壤呼吸与土壤纤维素酶活性的影响［J］.

福建林学院学报，29（2）：120-124

贾洋洋 .2014. 镉、铬对 3 种烟草的毒害效应及植烟土壤镉、铬临界值研究［D］. 福州：福建农林大学 .

江朝静，周焱，朱勇 .2004. 不同施磷水平对烤烟生长和品质的影响［J］. 耕作与栽培（2）：27-29.

姜娜 .2011. 不同畜禽粪便配比在烤烟上的施用效应及对重金属吸收的影响［D］. 福州：福建农林大学 .

焦哲恒 .2016. 云南大理烤烟红花大金元产量结构与栽培模式研究［D］. 郑州：河南农业大学 .

晋艳，雷永和 .1999. 烟草中钾钙镁相互关系研究初报［J］. 云南农业科技（3）：3-5.

匡廷云 .2003. 光合作用原初光能转化过程的原理与调控［M］. 南京：江苏科学技术出版社 .

李春俭 .2006. 烤烟养分资源综合管理理论与实践［M］. 北京：中国农业大学出版社 .

李春俭，张福锁，李文卿，等 .2007. 我国烤烟生产中的氮素管理及其与烟叶品质的关系［J］. 植物营养与肥料学报，13（2）：331-337.

李春英，高伟民，陈腊梅，等 .2000. 福建烟区土壤镁素状况及其施用效果研究［J］. 河南农业大学学报，34（1）：63-66.

李伏生 .1994. 土壤镁素和镁肥施用的研究［J］. 土壤学进展，22（4）：18-25，47.

李淮源，雷佳，刘永来，等 .2018. 氮素水平对烤烟生长及经济效益的影响［J］. 安徽农业科学，46（33）：126-129.

李宏光，赵正雄，杨勇，等 .2007. 施肥量对烟田土壤氮素供应及烟叶产质量的影响［J］. 西南师范大学学报（自然科学版）（4）：37-42.

李茬茬，贾洋洋，王果 .2014. 土壤铅在烟草中的累积特征及其安全临界值［J］. 安全与环境学报，14（2）：305-309.

李君 .2020. 泸州烟区烤烟氮磷钾营养调控［D］. 北京：中国农业科学院 .

李光锐，郭毓德，陈培森 .1985. 尿素在石灰性土壤中移动、分解和转化的初步探讨［J］. 中国农业科学（1）：73-76.

李娟 .2003. 烤烟钾、钙、镁互作效应的研究［D］. 福州：福建农林大学 .

李立新，何宽信，肖仁平，等 .2004. 不同施磷量对烤烟主要产质性状的影响［J］. 中国烤烟科学（1）：28-31.

李杰 .2008. 有机肥在水稻生产中施用效果研究［J］. 辽宁农业职业技术学院学报（5）：17-18.

李菊梅，徐明岗，秦道珠，等 .2005. 有机肥无机肥配施对稻田氨挥发和水稻产量的影响［J］. 植物营养与肥料学报，11（1）：51-56.

李胜蓝，方晰，项文化，等 .2014. 湘中丘陵区 4 种森林类型土壤微生物生物量碳氮含量［J］. 林业科学（5）：8-16.

李忠佩，林心雄，车玉萍 .2002. 中国东部主要农田土壤有机碳库的平衡与趋势分析［J］. 土壤学报，39（3）：351-360.

李美如，刘鸿先 .1996. 钙对水稻幼苗抗冷性的影响［J］. 植物生理学报，22（4）：379-384.

李瑞滔 .2016. 中国烟草产业的国际竞争力研究［D］. 昆明：云南大学 .

李寿田，周健民，王火焰，等 .2003. 不同土壤磷的固定特征及磷释放量和释放率的研究［J］. 土壤学报，40（6）：908-914.

李卫，周冀衡，张一扬，等 .2010. 云南曲靖烟区土壤肥力状况综合评价［J］. 中国烟草科学，16（2）：61-65.

李延，刘星辉，庄卫民 .2000. 植物镁素营养生理的研究进展［J］. 福建农业大学报，29（1）：74-80.

李志宏，张云贵，刘青丽 .2016. 烤烟氮素养分管理［M］. 北京：科学出版社 .

李志强，秦艳青，杨兴有，等 .2004. 施磷量对烤烟体内氮磷钾含量、积累和分配的影响［J］. 河南农业科学（6）：24-28.

李仲林，周秀如 .1987. 论我国优质烤烟基地的土壤环境［J］. 中国烟草，4（1）：37-39.

黎文文，裘宗海.1990.氮、钾肥对烤烟生长前期营养元素吸收的影响［J］.山东农业大学学报（1）：13-20.

梁晓红.2009.不同供氮水平对烤烟碳氮代谢及烟叶品质的影响［D］.福州：福建农林大学.

连培康，许自成，孟黎明，等.2016.贵州乌蒙烟区不同海拔烤烟碳氮代谢的差异［J］.植物营养与肥料学报，22（1）：143-150.

廖兴国，郭圣茂，刘亮英，等.2014.不同氮素水平对桔梗叶绿素荧光特性的影响［J］.福建林业科技，41（3）：57-60.

林贵华，杨斌.2003.施用有机肥对龙岩特色烟叶香气质量的影响［J］.冲国烟草科学（3）：9-10.

林黎，崔军，陈学萍，等.2014.滩涂围垦和土地利用对土壤微生物群落的影响［J］.生态学报（4）：899-906.

林燕辉.2015.烟秆生物质炭化与成型燃料制备及性能表征［D］.杭州：浙江大学.

刘富林，韩润林，朱嘉倩，等.1991.Ca^{2+}对高温胁迫条件下小麦光合作用的影响［J］.华北农学报（S1）：15-20.

刘国顺.2003.国内外烟叶质量差距分析和提高烟叶质量技术途径探［J］.中国烟草学报，9（增刊）：54-58.

刘国顺.2003.烟草栽培学［M］.北京：中国农业出版社.

刘国顺，朱凯，武雪萍，等.2004.施用有机酸和氨基酸对烤烟生长及氮素吸收的影响［J］.华北农学报，19（4）：51-54.

刘国顺，彭智良，黄元炯，等.2009.N、P互作对烤烟碳氮代谢关键酶活性的影响［J］.中国烟草学报，15（5）：33-37.

刘欢.2016.餐厨废弃物及其复合调理剂在植烟土壤上施用效应的研究［D］.福州：福建农林大学.

刘娟.2010.烟稻轮作中施用有机肥效应的研究［D］.福州：福建农林大学.

刘灵，廖红，王秀荣.等.2008.不同根构型大豆对低磷的适应性变化及其与磷效率的关系［J］.中国农业科学，41（4）：1089-1099.

吕建波，徐应明，贾堤.2005.两种改性剂对油菜吸收Cd、Pb和Cu的影响［J］.农业环境科学学报，24（增刊）：5-8.

刘平，赵讲芬，江锡瑜.1991.硝态氮及铵态氮对烤烟N、P、K、Ca、Mg的含量及总灰分积累的影响［J］.西南农业大学学报，4（3）：44-49.

刘卫群，张联合，刘建利.2002.烤烟生长发育过程中叶片转化酶活性变化初探［J］.河南农业大学学报，36（1）：15-17

刘荣乐，李书田，王秀斌，等.2005.我国商品有机肥料和有机废弃物中重金属的含量状况与分析［J］.农业环境科学学报，24（2）：392-397.

刘添毅，李春英，熊德中，等.2000.烤烟有机肥与化肥配合施用效应的探讨［J］.中国烟草科学（4）：23-26.

刘伟宏，刘飞虎，D. Schachtman.1999.植物根部细胞钾离子转运机制及其分子基础［J］.江西农业大学学报（4）：451-455.

刘杏兰，高宗，刘存寿，等.1996.有机—无机肥配施的增产效应及对土壤肥力影响的定位研究［J］.土壤学报，33（2）：139-148.

刘雪松，刘贞琦，赵振刚，等.1991.烟草生育期光合特性的变化［J］.烟草学刊（2）：23-29.

刘雪琴.2007.有机肥对烤烟产量和品质的影响［D］.重庆：西南大学.

刘勇，郅军锐.2015.钙素在植物诱导防御中的作用［J］.山地农业生物学报，34（1）：77-83.

卢必威.1984.蔬菜缺钙及钙的施用［J］.土壤肥料（5）：27-28.

鲁剑巍，陈防，张竹青，等.2005.磷肥用量对油菜产量、养分吸收及经济效益的影响［J］.中国油料作物学报，27（1）：73-76.

陆景陵.2003.植物营养学（上）[M].北京：中国农业大学出版社.

陆引罡，杨宏敏，魏成熙，等.1990.硝酸铵施入烟草土壤中的去向 [J].烟草科技（2）：39-40.

骆爱玲，刘家尧，马德钦，等.2000.转甜菜碱醛脱氢酶基因烤烟叶片中抗氧化酶活性增高 [J].科学通报，45（18）：1953-1956.

骆园.2016.卡拉胶副产品调理剂在酸性植烟土壤上施用效应的研究 [D].福州：福建农林大学.

罗安程，周焱.1995."花而不实"油菜体内硼与氮、钾、镁和钙关系的研究 [J].土壤肥料（2）：39-41.

罗珈柠.2014.餐厨废弃物堆肥对园林植物生长的影响及其机理研究 [D].上海：华东师范大学.

罗鹏涛，邵岩.1992.镁对烤烟产量、质量、几个生理指标的影响 [J].云南农业大学学报（3）：129-134.

吕国红，张玉书，纪瑞鹏，等.2010.辽宁省农田土壤速效养分的空间分布 [J].贵州农业科学（6）：121-125.

孟繁静.1987.植物生理学基础 [M].北京：农业出版社.

莫尔维德特 J J.1984.农业中的微量营养元素 [M].北京：农业出版社.

茆寅生，许锡明，陈代友.1998.怎样种好优质烤烟 [M].北京：化学工业出版社.

平原野.2017.龙岩烟区烤烟育苗新基质材料筛选与配方的研究 [D].福州：福建农林大学.

彭桂芬，杨焕文，李佛琳.1994.不同氮素形态比例对烤烟品质的影响 [J].云南烟草（4）：73-77.

彭桂芬，肖桢林，张辉，等.1999.氮素形态对烤烟品质影响的研究 [J].云南农业大学学报，14（2）：141-147.

彭琳，余存祖.1985.土壤作物微量养分含量与营养诊断指标 [J].中国科学院西北水土保持研究所集刊（10）：70-80.

彭正萍.2019.植物氮素吸收、运转和分配调控机制研究 [J].河北农业大学学报，42（2）：1-5.

秦遂初.1988.作物营养障碍的诊断及其防治 [M].杭州：浙江科学技术出版社.

邱尧，周冀衡，黄劭理，等.2015.根部温度和氮素形态互作对烤烟生长和钾素积累的影响 [J].中国烟草学报，21（3）：88-92.

邱尧，周冀衡，黄劭理，等.2015.根区温度与氮素形态互作对烟株生物量和烟碱积累的影响 [J].烟草科技，48（3）：19-22，52.

冉邦定.1986.烤烟缺镁症初步调查 [J].中国烟草（1）：4-5.

任海红，刘学义，李贵全.2008.大豆耐低磷胁迫研究进展 [J].分子植物育种，6（2）：316-322.

邵孝候，胡霭堂，秦怀英.1993.添加石灰、有机物料对酸性土壤镉活性的影响 [J].南京农业大学学报，16（2）：47-52.

邵孝侯，刘旭，周永波，等.2011.生物有机肥改良连作土壤及烤烟生长发育的效应 [J].中国土壤与肥料（2）：65-67.

邵岩，雷永和，晋艳.1995.烤烟水培镁临界值研究 [J].中国烟草学报（2）：52-56.

沈红，曹志洪.1998.饼肥与尿素配施对烤烟生物性状及某些生理指标的影响 [J].土壤肥料（6）：14-16.

沈锦辉，王政仁，邓显明.2000.南雄烟区碱性紫色土施锰效应试验 [J].广东农业科学（2）：28-30.

史宏志.1998.烤烟碳氮代谢及其与烟叶品质关系的研究 [D].长沙：湖南农业大学.

史宏志，韩锦峰，赵鹏，等.1999.不同氮量与氮源下烤烟淀粉酶和转化酶活性动态变化 [J].中国烟草科学（3）：5-8.

史宏志，刘国顺，常思敏，等.2011.烟草重金属研究现状及农业减害对策 [J].中国烟草学报，17（3）：89-94.

史瑞和.1989.植物营养原理 [M].南京：江苏科技出版社.

石俊雄，孟琳，张恒，等.2011.烤烟新型育苗基质对烟苗生长的影响 [J].中国烟草科学，32（2）：43-47.

石屹，李晓 . 2002. 山东烟草抗旱栽培技术研究与应用展望 [J] . 中国烟草科学（2）：28.

舒海燕，杨铁钊，曹刚强，等 . 2007. 烟叶钾含量与烟株农艺性状和烟碱含量的相关分析 [J] . 中国农学通报（2）：275-278.

谭波，吴福忠，杨万勤，等 . 2012. 川西亚高山/高山森林土壤氧化还原酶活性及其对季节性冻融的响应 [J] . 生态学报（21）：6670-6678.

谭军，周冀衡，古琦，等 . 2017. 文山植烟土壤交换性钙镁分布特征及影响因素分析 [J] . 烟草科技，50（9）：15-22.

谭荫初 . 2002. 烟稻轮作效果好 [J] . 农村实用技术（5）：10.

唐莉娜，陈顺辉，林祖斌，等 . 2008. 福建烟区土壤主要养分特征及施肥对策 [J] . 烤烟栽培（栽培与调制）（1）：56-60.

唐先干，冯小虎，齐飞，等，2015. 磷钾肥配施对红壤旱地烤烟产量和品质的影响 [J] . 中国土壤与肥料（4）：76-81.

滕桂香 . 2011. 微生物有机肥对陇东烤烟生长的双重调控机理研究 [D] . 兰州：甘肃农业大学 .

汪邓民，范思锋 . 1999. 钾素对烤烟成熟生理变化及成熟度影响的研究 [J] . 植物营养与肥料学报，5（3）：244-248.

汪邓民，周冀衡，朱显灵，等 . 2000. 磷钙锌对烟草生长、抗逆性保护酶及渗调物的影响 [J] . 土壤（1）：34-37.

汪耀富，孙德梅，李群平，等 . 2003. 灌水与氮用量互作对烤烟叶片养分含量、产量、品质及氮素利用效率的影响 [J] . 河南农业大学学报（2）：119-123.

王宝峰，刘国顺，叶协锋，2012. 坡地植烟土壤速效养分空间分析 [J] . 西南农业学报（1）：217-222.

王光达 . 2010. 不同玉米品种抗病性与相关酶活性的研究 [D] . 延吉：延边大学 .

王瀚，河九军，杨小录 . 2012. 重金属铅 Pb（II）胁迫对萝卜种子萌发及幼苗叶绿素合成影响的研究 [J] . 种子，31（1）：42-44.

王开峰，彭娜，王凯荣，等 . 2008. 长期施用有机肥对稻田土壤重金属含量及其有效性的影响 [J] . 水土保持学报，22（1）：105-108.

王强盛，甄若宏，丁艳锋，等 . 2004. 钾肥用量对优质粳稻钾素积累利用及稻米品质的影响 [J] . 中国农业科学，37（10）：1444-1450.

王瑞新 . 2003. 烟草化学 [M] . 北京：中国农业出版社 .

王树会，许美玲 . 2006. 重金属铅胁迫对不同烟草品种种子发芽的影响 [J] . 种子，25（8）：27-29.

王小兵，周冀衡，李强，等 . 2013. 曲靖不同 pH 烟区土壤有效锰和烟叶锰含量的分布状况分析 [J] . 土壤通报，44（4）：969-973.

王艳丽，王京，刘国顺，等 . 2015. 磷胁迫对烤烟高亲和磷转运蛋白基因表达及磷素吸收利用的影响 [J]. 西北植物学报（7）：1403-1408.

王竹林，邓秀敏 . 2001. 有机肥的肥效 [J] . 农机安全监理（II）：54.

王子青 . 2014. 烟草生产技术 [M] . 北京：中国农业出版社 .

危跃，彭海峰，屠乃美，等 . 2008. 烟草肥效调控研究进展 [J] . 作物研究，22（5）：480-484.

魏玉 . 2010. k-卡拉胶的凝胶化作用及其与魔芋胶协同作用特性研究 [D] . 长沙：中南林业科技大学 .

文启孝 . 1983. 有机肥在养分供应和保持土壤有机质含量方面的作用 [J] . 中国土壤的合理利用和培肥（下册）：169-173.

文倩，林启美，赵小蓉，等 . 2008. 北方农牧交错带林地、耕地和草地土壤微生物群落结构特征的 PLFA 分析 [J] . 土壤学报（2）：321-327.

吴云霞，姚一萍，邮松岩 . 1995. 烤烟不同生育时期茎叶中氮磷钾含量的变化 [J] . 内蒙古农业科技（5）：10-11，28.

吴愉萍 . 2009. 基于磷脂脂肪酸（PLFA）分析技术的土壤微生物群落结构多样性的研究 [D] . 杭州：

浙江大学.

肖协忠.1997.烟草化学［M］.北京：中国农业科技出版社.

谢晋，严玛丽，陈建军，等.2014.不同铵态氮硝态氮配比对烤烟产量、质量及其主要化学成分的影响
　　［J］.植物营养与肥料学报，20（4）：1030-1037.

谢强，史双双，张永辉，等.2012.泸州植烟土壤中微量元素含量与烟叶品质的关系［J］.南方农业学
　　报（2）：200-204.

熊德中，蔡海洋，罗光，等.2007.福建烟区土壤主要物理化学性状的研究［J］.中国生态农业学报
　　（3）：21-24.

熊德中，刘淑欣，李春英，等.1996.有机—无机肥配施对土壤养分和烤烟生育的影响［J］.福建农业
　　大学学报（3）：96-100.

熊明彪.1998.烟草氮、钾、氯营养化学与产量、品质的关系［J］.土壤农化通报，13（3）：61-65.

谢喜珍，熊德中，曾文龙.2010.福建龙岩烟区土壤主要物理化学性状的研究［J］.安徽农业科学，38
　　（27）：14972-14974，14999.

徐强，管华诗.1995.卡拉胶研究的发展及现状［J］.青岛海洋大学学报：117-124.

许自成，张会芳，张莉，等.2005.不同氮素形态和用量对烤烟硝酸盐和亚硝酸盐含量的影响［J］.郑
　　州轻工业学院学报（自然科学版）（2）：4-71.

徐志红，曹志洪，李庆逵.1987.尿素粒肥在石灰性砂壤土上对夏玉米效应及氮素去向的研究［J］.土
　　壤学报，24（1）：51-58.

徐志平.2003.畜禽废弃物污染与商品有机肥料产业发展［J］.耕作与栽培（5）：57-58.

薛文悦.2009.北京山地森林土壤酶特征及其与土壤理化性质的关系［D］.北京：北京林业大学.

袁可能.1983.植物营养元素的土壤化学［M］.北京：科学出版社.

袁玉波.2013.土壤酸度调节对烤烟生长发育和产质量的影响［D］.长沙：湖南农业大学.

彦慧，蔡祖聪，钟文辉.2006.磷脂脂肪酸分析方法及其在土壤微生物多样性研究中的应用［J］.土壤
　　学报，43（5）：851-859.

闫克玉，李兴波，赵学亮，等.2000.河南烤烟理化指标间的相关性研究［J］.郑州轻工业学院学报
　　（自然科学版），15（3）：20-24.

杨苞梅，李进权，姚丽贤，等.2010.钾钙镁营养对香蕉生长和叶片生理特性的影响［J］.中国土壤与
　　肥料（1）：29-32，36.

杨洪强，接玉玲.2005.植物钙素吸收和运转（英文）［J］.植物生理与分子生物学学报（3）：227-234.

杨丽.2018.烤烟专用肥新配方对龙岩烤烟产量和品质的影响［D］.福州：福建农林大学.

杨丽娟，李天来，储慧霞，等.2010.餐厨废弃物作堆肥对盆栽番茄产量及品质影响［J］.沈阳农业大
　　学学报（6）：721-724.

杨梅，谭玲，叶绍明，等.2012.桉树连作对土壤多酚氧化酶活性及酚类物质含量的影响［J］.水土保
　　持学报（2）：165-169，174.

叶夏，黄惠珠，阮妙鸿，等.2009.福建省规模化畜禽养殖场沼气资源调查与分析［J］.中国农学通报，
　　25（7）：250-253.

叶协锋，凌爱芬，喻奇伟，等.2008.活化有机肥对烤烟生理特性和品质的影响［J］.华北农学报，23
　　（5）：190-193.

易江婷.2009.不同速效磷水平植烟土壤磷肥施用效应的研究［D］.福州：福建农林大学.

于建军，叶贤文，董高峰，等.2010.土壤与烤烟中微量元素含量的相关性［J］.生态学杂志（6）：
　　1127-1134.

喻曦，杨中义，周冀衡，等.2008.有机无机肥配合施用对烤烟生长和产质量的影响［J］.湖南农业科
　　学（2）：84-86.

原慧芳，岳海，倪书邦，等.2008.磷胁迫对澳洲坚果幼苗叶片光合特性和荧光参数的影响［J］.江苏

林业科技，35（1）：6-10.

曾强，李小龙，汪莹，等.2014.生物有机肥和土壤调理剂对烤烟生长发育和产、质量的影响［J］.河南农业科学（11）：36-40.

曾庆宾，李涛，王昌全，等.2016.微生物菌剂对烤烟根际土壤脲酶和过氧化氢酶活性的影响［J］.中国农学通报，32（22）：46-50.

曾招兵，曾思坚，汤建东，等.2014.广东省耕地土壤有效磷时空变化特征及影响因素分析［J］.生态环境学报（3）：444-451.

张春芳.2001.湖南烤烟栽培［M］.长沙：湖南科学技术出版社.

张昊青，赵学强，张玲玉，等.2020.石灰和双氰胺对红壤酸化和硝化作用的影响及其机制［J/OL］.土壤学报：1-13［2020-11-02］.http：//kns.cnki.net/kcms/detail/32.1119.P.20191029.1604.010.html.

张夫道，孙羲.1984.几种有机肥料的主要有机氮组成及猪粪在腐解过程中的变化［J］.中国农业科学（4）：66-71.

张继义，韩雪，武英香，等.2012.炭化小麦秸秆对水中氨氮吸附性能的研究［J］.安全与环境学报（1）：32-36.

张青，李菊梅，徐明岗，等.2006.改良剂对复合污染红壤中镉锌有效性的影响及机理［J］.农业环境科学学报，25（4）：861-865.

张树清，张夫道，刘秀梅，等.2005.规模化养殖畜禽粪主要有害成分测定分析研究［J］.植物营养与肥料学报，11（6）：822-829.

张翔，马聪，毛家伟，等.2012.钾肥施用方式对烤烟钾素利用及土壤钾含量的影响［J］.中国土壤与肥料（5）：50-53.

张小花，罗稳业，杨永吉，等.2018.不同硝态氮和铵态氮配比对烤烟产量、主要化学成分的影响［J］.江西农业（24）：30-32.

张忠启，于法展，李保杰.2013.土壤碱解氮空间变异与合理采样点数量研究［J］.水土保持研究（2）：66-68，72.

赵会杰.1996.烤烟叶片成熟过程中膜脂过氧化及脂肪酸含量变化的研究［J］.烟草科技（3）：32-34.

赵立红，黄学跃，许美玲.2004.施氮水平及钾素配比对晒烟生理生化特性的影响［J］.云南农业大学学报，19（1）：48-54

赵鹏，谭金芳，介晓磊，等.2000.施钾条件下烟草钾与钙镁相互关系的研究［J］.中国烟草学报（1）：24-27.

赵铁铮，邱韩英，王一丹，等.2013.商品有机肥在水稻生产的施用效果初探［J］.上海农业科技（4）：114-115.

郑祥灯，何立德，王娟，等.2012.有机肥在有机水稻生产中的施用效果研究［J］.新疆农垦科技，35（5）：44-45.

赵晓会.2011.不同培肥及改良措施对烟田土壤性质及烟草品质影响的研究［D］.杨凌：西北农林科技大学.

赵秀兰，李彦娥.2007.烟草积累与忍耐镉的品种差异［J］.西南大学学报（自然科学版）（3）：110-114.

赵业婷，李志鹏，常庆瑞.2013.关中盆地县域农田土壤碱解氮空间分异及变化研究［J］.自然资源学报（6）：1030-1038.

中国农业科学院烟草研究所.1987.中国烟草栽培学［M］.上海：上海科学技术大学出版社.

钟权，李宏光，肖艳松.2008."免深耕"土壤调理剂在烤烟田的应用效果研究［J］.江西农业学报（3）：70-71，74.

朱光新.2013.云南昭通市植烟土壤环境质量及其对烟叶化学品质的影响研究［D］.重庆：西南大学.

朱兆良，文启孝.1992.中国土壤氮素［M］.南京：江苏科学技术出版社.

邹邦基，何雪晖．1985. 植物的营养［M］．北京：农业出版社．

邹铁祥，戴廷波，姜东，等．2006. 钾素水平对小麦氮素积累和运转及籽粒蛋白质形成的影响［J］．中国农业科学（4）：48-54.

邹雨坤，张静妮，杨殿林，等．2011. 不同利用方式下羊草草原土壤生态系统微生物群落结构的 PLFA 分析［J］．草业学报，20（4）：27-33.

周辉．2011. 不同肥料配施对烤烟生长发育、品质及土壤养分的影响［D］．郑州：河南农业大学．

周冀衡．1996. 烟草生理与生物化学［M］．合肥：中国科学技术大学出版社．

周礼恺，张志明，陈恩凤．1981. 黑土酶活性［J］．土壤学报（2）：158-165.

周米良，邓小华，黎娟，等．2012. 湘西植烟土壤 pH 状况及空间分布研究［J］．中国农学通报（9）：80-85.

周卫，林葆，李京淑．1995. 花生荚果钙素吸收机制研究［J］．植物营养与肥料学报（1）：44-51.

庄军峰．2014. 餐厨废弃物及废弃烟叶制备复合有机叶面肥与应用效果［D］．福州：福建农林大学．

左天觉著，朱尊权，等译．1993. 烟草的生产、生理和生物化学［M］．上海：上海远东出版社．

Collins W K，Hawks S N 著，陈江华，杨国安译．1995. 烤烟生产原理［M］．北京：科学技术文献出版社．

Chouteau，D Fauconnier．1988. Fertilizing for high quality and yield tobacco［J］．International Potash Institute，Worblaufen-Bern/Switzerland.

Court W A，Herdel J G. 1986. Characteristics of flue-cured tobacco grown under varying proportions of ammonium and nitrate fertilization［J］．Tobacco International，21：35-37.

Bowler C，Von Montagu M. 1992. Superoxide dismutase and stress tolerance［J］．Ann. Rev. Plant Mol. Biol. 43：83-116.

Brinton W F. 2000. Compost Quality Standard & Guidelines［A］．Final Report. Woods end Research Laboratory Inc. Dec. Prepared for New Yord State Association of Recyclers.

Davis D L，Nielsen M T. 2003. 烟草—生产，化学和技术［M］．北京：化学工业出版社．

De Vries F T，Hoffland E，Van Eekeren N，et al. 2006. Fungal/bacterial ratios in grasslands with contrasting nitrogenmanagement［J］．Soil Biology and Biochemistry，38（8）：2092-2103.

Dick R P. 1997. Soil enzyme activities as integrative indicators of soil health，UK［J］：CAB international Wallingford，pp 121-157.

Eriksson K E L，Blanchette R A，Ander P. 1990. Biodegration of cellulose［J］．In：Eriksson KEL，Blanchette RA，Ander P（eds）Microbial and enzymatic degradation of wood and woodcomponents. Springer，New York，pp 89-180.

Flowers T H，O'callaghan J R. 1983. Nitrification in soils incubated with pig slurry or ammonium sulphate［J］．Soil Biol Biochem，15：337-342.

Foy C D. 1984. Soil Acidity and Liming Monograph［M］．NewYork：A. S. A，57-97.

Frostegand A，Baath E，Tunlid A. 1993. Shifts in the structure of soil microbial communities in limed forests as revealed by phospholipid fatty acid analysis［J］．Soil Biology and Biochemistry，25（6）：723-730.

GB 18877—2002. 有机—无机复混肥料标准［S］．

Kandeler E，Gerber H. 1988. Short-term assay of soil urease activity using colorimetric determination of ammonium［J］．Biol Fertil Soils（6）：68-72.

Kieft T L，Wilch E，O'Connor K，et al. 1997. Survival and phospholipid fatty acid profiles of surface and subsurface bacteria in natural sediment microcosms［J］．Applied and Environmental Microbiology，63（4）：1531-1542.

Laura Z，Sofia C，jaroslav T，et al. 2002. Oscillatory chlorine efflux at the pollen tube apex has a role in growth and cell vokume regulation and is targeted by inositol 3，4，5，6-tetrakisphosp-hate［J］．The

Plant Cell.，14：2233-2249.

Mishra N P，Mishra R K，Singhal G. 1993. Changes in the activities of anti-oxidant enzymes during exposure of intact wheat leaves to strong visible light at different temperatures in the presence of protein synthesis inhibitors [J]. Plant Physiol，102：903-910.

Moore-Kucera J，Dick R P. 2008. PLFA profiling of microbial community structure and seasonal shifts in soils of a Douglas-firchronosequence [J]. Microbial Ecology，55 (3)：500-511.

Murchie E H，Ferrario-Mery S，Valadier M H. 2000. Short-term nitrogen-induced modulation of phosphoenolpyruvate carboxylase in tobacco and maize leaves [J]. Journal of Experimental Botany，51 (349)：1349-1356.

NAN U，LIN Z F，LIN G Z，et al. 2010. Lead and cadium induced alterations of cellular functions in leaves of alocasia macrorrhiza L. Schott [J]. Ecotoxicology and environmental safety，73：1238-1245.

NY 525—2002. 有机肥料 [S].

Nanang Zulkarnaen，程谊，张金波. 2019. 土地利用方式对红壤氮素矿化和硝化作用的影响 [J]. 土壤通报，50 (5)：1210-1217.

Owen R，Felmem A. 2003. 食品化学 [M]. 北京：中国轻工业出版社.

Ramage C M，Richard R. 2002. Inorganic nitrogen requirements during shoot organogenesis in tobacco leaf discs [J]. Journal of Experimental Botany.，53 (373)：1437-1443.

Richmond P A. 1991. Occurrence and functions of native cellulose [J]. Biosynthesis & Biodegradation of Cellulose，pp 5-23.

Rim K，Amel H C. 2010. HEAD and neck cancer due to heavy metal esposure via tobacco smoking and professional exposure：Areview [J]. Toxicology and applied Pharmacology，24 (8)：71-78.

S L 蒂斯代尔，W L 纳尔逊，J D 毕滕著，金继运，刘荣乐，等译. 1998. 土壤肥力与肥料 [M]. 北京：中国农业出版社.

Scandalios J G. 1993. Oxygen Stress and Superoxide Dismutases. [J]. Plant Physiology，101 (1)：7-12.

Srivastava R P，D S Rao. 1986. Effect of different sources and methods of application of phosphorus on the chemical quality of cigar wrapper tobacco [J]. Tobacco Research. 12 (2)：144-149.

Sugges C W. 1986. Effects of tobacco ripeness at harvest on yield. Value leaf chemistry and Curing barn utilization potential [J]. Tob. Sci. 30：152-158.

Tso T C. 1990. Production，physiology and biochemistry of tobacco plant [M] USA：Ideals Inc.，Beltsville，MD，pp 753.

White D C，Bobbie R J，Herron J S，et al. 1979. Biochemical measure-ments of microbial mas sand activity from environmental samples. In：Costerton JW，Colwell RR. eds. Native Aquatic Bacteria：Enumer-ation，Activity and Ecology [M]. American Society for Testing and Mate-rials，Philadelphia.

Williams L M，G S Miner. 1982. Effect of urea on yield and quality of flue-cured tobacco Nicotina tabacum [J]. Agron. J. 74 (3)：457-462.

Wisniewlki L，Dickinson N M. 2003. Toxicity of copper to Quercus robur (English Oak) seedlings from a copper-rich soil [J]. Environmental Experiment Botony，50：99-107.

Verdonck O，Szmidt R A K. 1998. Compost Specifications [J]. Acta Horticulturae，469：169-177.

Yang D，Zhang M. 2014. Effects of land-use conversion from paddy field to orchard farm on soil microbial genetic diversity and community structure [J]. European Journal of Soil Biology，64：30-39.

Yong A J. 1991. The Photoprotective role of carotenoids in higher plants [J]. Physiol Plant. 83：702-708.

Zelles L. 1999. Fatty acid patterns of phospholipids and lipopolysaccharides in the characterisation of microbial communities in soil：a review [J]. Biology and Fertility of Soils，29 (2)：111-129.